KB265369

이 · 주

MIGRATION

이주 · MIGRATION

초판 1쇄 발행 2013년 7월 22일
초판 2쇄 발행 2017년 4월 3일

지은이 마이클 새머스
옮긴이 이영민·박경환·이용균·이현욱·이종희

펴낸이 김선기
펴낸곳 (주)푸른길
출판등록 1996년 4월 12일 제16-1292호
주소 (08377) 서울시 구로구 디지털로 33길 48 대륭포스트타워 7차 1008호
전화 02-523-2907, 6942-9570-2
팩스 02-523-2951
이메일 purungilbook@naver.com
홈페이지 www.purungil.co.kr

ISBN 978-89-6291-235-7 93980

*이 도서의 국립중앙도서관 출판시도서목록(CIP)은 서지정보유통지원시스템 홈페이지(http: //seoji.nl.go.kr)와 국가자료공동목록시스템(http: //www.nl.go.kr/kolisnet)에서 이용하실 수 있습니다.(CIP제어번호: CIP2013011163)

이 번역서는 2011년도 정부재원(교육과학기술부 사회과학연구지원사업비)으로 한국연구재단의 지원을 받아 연구되었음(NRF-2011-330-B00211).

This work was supported by the National Research Foundation of Korea Grant funded by the Korean Government (NRF-2011-330-B00211).

Key ideas in geography

이 주
MIGRATION

마이클 새머스 지음

이영민 · 박경환 · 이용균 · 이현욱 · 이종희 옮김

푸른길

옮긴이 머리말

2012년 현재 전 세계 인구의 약 3%(약 2억 2000만 명)는 자기가 태어난 기원국을 떠나 다른 국가에서 살고 있다. 절대적 비중이 그리 높지는 않지만 자본주의 경제의 글로벌화가 최근에 본격적으로 진행되면서 그 숫자는 가히 폭발적이라고 할 수 있을 만큼 빠르게 증가하고 있다. 특히 이러한 국제 이주자들의 삶의 궤적과 상황은 그들이 정착한 지역과 국가는 물론이고, 그들의 기원지 국가와 지역에도 큰 영향을 미치고 있다. 따라서 그들의 삶은 세계의 나머지 97%에 해당하는 비이주자들의 삶과도 밀접하게 연결되어 있으며, 앞으로 그 영향력이 더욱 커질 것이라고 쉽게 짐작해 볼 수 있다.

이와 관련하여 한국에서 벌어지고 있는 작금의 상황도 글로벌 시대의 국제 이주와 관련된 여러 가지 특징들을 잘 보여 주고 있다. 이주 노동자와 결혼 이주자는 물론이고 외국인 유학생과 관광객의 수도 크게 증가하고 있으며, 기업 활동 및 개인 사업에 종사하는 외국인들의 유입도 괄목할 만한 증가를 보이고 있어, 단일민족국가로서 오랜 역사적 전통을 지닌 한국 사회에 큰 변혁을 불러일으키고 있다. 소위 다문화 사회로의 전환은 이제 더 이상 남의 일이 아닌 것이 되어 버렸다. 또한 지난 100여 년간 지속된 한국인의 국외 이주도 세계 곳곳에 디아스포라 공간의 흔적들을 만들어 왔으며, 최근 한국인 '신'이주자들의 초국가적 이주는 새로운 방식의 사회성과 공간성을 실천해 가면서 기원지와 목적지의 변화를 유발하고 있다.

이러할진대 오늘날 우리가 바야흐로 이주의 시대 혹은 이동성의 시대를 살아가고 있다고 해도 과언은 아닐 것이다. 특히 최근 한국 사회에서 급속한

다문화 사회로의 전환에 대한 기대와 우려가 전례 없이 고조되고 있는 상황 속에서 그 기원이 되는 국제 이주 현상과 관련 정책에 관한 이론 및 실천의 문제들을 심도 있고 정확하게 파악하는 것이 시급히 요구되고 있다. 하지만 유감스럽게도 한국에서 이주 현상을 이론적으로 깊이 있게 분석한 개론서는 무척이나 부족한 실정이다. 이에 본 역자들은 『이주Migration』가 이주 관련 내용을 종합적이고도 축약적으로 잘 정리해 놓고 있음을 발견하고 내처 읽으면서 번역을 결심하게 되었다.

이처럼 이 책을 번역한 목적은 한국에서 이주에 대한 이해의 폭을 넓히고, 무엇보다 이주의 사회성과 공간성에 대한 관심을 높이기 위해서였다. 사회성과 공간성의 개념은 동전의 양면처럼 상호보완적인 개념인데, 이 중 사회성이라는 용어는 이주자의 사회적 관계의 특징을 아우를 수 있는 포괄적이며 익숙한 개념이다. 반면 공간성 개념은 독자들에게 다소 생소하게 들릴 수 있는데, 이는 다름 아닌 이주자의 사회적 관계가 공간과 장소에 반영되고, 뿌리를 내리게 되는 과정이라고 볼 수 있다. 현재 우리 사회에서 이주라는 용어는 보편적으로 사용되는 익숙한 개념이 되었다. 하지만 영어로 migration이란 용어가 불과 10년 전까지만 해도 그저 '인구이동'이라고 번역되어 사용되었고, 관련 연구도 그리 많지 않았음을 알고 있는 독자는 많지 않을 것이다. 2000년대에 들어서면서 갑자기 이주라는 용어가 한국의 관련 학계에서 광범위하게 사용되기 시작한 것은 왜일까? 즉, 단순한 공간적 인구이동을 뛰어넘어 이동성과 정주성의 상호 교차와 지역 및 장소의 변화, 그리고 인간관계의 변화로 이어지는 일련의 과정 모두에 주목하게 된 까닭은 무엇일까? 그리고 그러한 과정을 어떻게 포괄적으로 바라봐야 하는 것일까? 한국 학계의 이러한 의문과 요구에 부응하기에 적절한 내용을 담고 있는 이 책은 아직 이렇다 할 포괄적인 이주 연구 이론서를 갖지 못한 한국의 관련 학계에 큰 도움을 줄 수 있으리라고 판단된다.

『이주』는 지리학에서 강조하는 공간과 장소의 관점에서 이주와 관련된 다양한 내용들을 비판적으로 접근하고 있고, 이주에 관한 사회문화적, 정치경제적 특성을 포괄적으로 다루고 있는 수준 높은 저술이다. 이 책은 이주의 원인과 과정에 관한 이론들을 시대별로 일목요연하면서도 폭넓게 정리하고 있을 뿐만 아니라 아울러 최근의 이주 동향과 이슈를 경제, 정치, 사회, 문화 측면에서 지구촌의 다양한 사례들을 제시하며 포괄적으로 다루고 있다. 따라서 이 책은 단순히 여러 개념을 나열하여 백과사전식으로 정리한 수준을 뛰어넘어 이주의 사회와 지리에 대한 사회-공간적 특성을 그 맥락과 과정을 고려하면서 다양한 주제를 상정하여 훌륭하게 논의를 전개하고 있어 그 학술적 가치가 높다고 하겠다.

이 책에서는 이주 현상을 네 가지 주제를 통하여 체계적으로 다루고 있다. 첫 번째 주제는 국가 경계를 가로지르는 이주에 대한 다양한 관점과 이론에 관한 것이다. 이 부분에서는 각 관점과 이론에 대한 관련 학파와 그 핵심적 내용을 체계적으로 잘 소개하면서, 아울러 이주 연구의 분석 단위와 공간에 대한 인식 등도 잘 정리하고 있다. 이 부분을 다룬 2장만 읽어도 이주 연구의 관점 및 이론적 동향을 파악할 수 있을 것이다.

두 번째 주제는 이주자와 노동시장, 그리고 이주자의 지위와 상황에 따른 이주와 노동의 관계에 대한 것이다. 이 주제와 관련된 내용에서는 이주와 경제의 관계를 이중 노동시장과 노동시장의 분절화라는 맥락에서 접근하고 있으며, 소위 글로벌 북부의 산업 재구조화와 노동력 수요의 변화, 그리고 글로벌 남부와의 연계 등이 잘 소개되어 있다. 특히 이주자의 상황에 따른 민족 경제와 노동의 재생산 관계가 사례를 통해 잘 설명되고 있다.

세 번째 주제는 이주 통제의 지정학적 경제에 대한 것으로 선진국과 개발도상국의 이주 정책과 관련하여 신자유주의와 이주 관리의 관계, 민족 정체성과 이주자 스케일 정치의 관계, 이주와 젠더의 관계 등이 세부적으로 잘 설명되어 있다. 민족국가는 이주자를 통제하지만 또한 다른 측면에서 이주자와 이주자를 둘러싼 지정학적 관계가 역으로 국민국가를 통제하기도 한다. 비록 이주자에 대한 상위국가적(글로벌) 또는 하위국가적(로컬) 정책이 이주자의 문제를 해결할 수 있는 것처럼 보이나, 실제적으로 국민국가의 정책은 경쟁력 강화라는 맥락에서 고숙련 노동자와 부유한 사람에게 특권을 부여하게 됨을 간과할 수 없음이 이 부분에서 잘 설명되고 있다.

네 번째 주제는 시민권 및 소속의 지리에 대한 것이다. 이 부분에서는 이주자와 시민권의 관계를 신자유주의의 확대 및 국민국가의 역할과 관련지어 설명하고 있으며, 국가를 뛰어넘는 초국가적 스케일에서 시민권이 어떻게 작동되고 있는지를 유럽을 사례로 하여 설명하고 있다. 또한 국적과 시민권의 관계를 폭넓게 논의하면서 신자유주의 확대에 따른 이주자의 사회적 권리 약화에 대해서도 세부적으로 다루고 있다. 이주자의 소속belonging을 배제 및 주변화와 관련하여 설명하면서 동화, 다문화주의, 통합의 관계를 초국가적 소속감과 관련지어 잘 설명하고 있다. 더 나아가 이주자의 초국가적 실천과 종교 및 정치 참여의 특성을 다양한 인종, 민족 및 국가의 사례를 통해 잘 제시하고 있다.

이 책의 번역자들은 한국연구재단의 한국사회기반연구지원사업SSK의 지원을 받아 "글로벌 시대의 이주자 민족경관의 사회성과 공간성"이라는 주제를 가지고 장기 연구프로젝트를 수행하는 중에 있다. 본 연구단에서는 앞으로도 지속적으로 이주 관련 학술 저서 및 번역서를 출간할 예정이며, 이 책은 그 여정의 첫 작품이라고 할 수 있다. 이 책의 번역은 연구책임자를 포함한 공동연구원, 연구보조원의 공동참여로 이루어졌다. 1장의 서론과 6장의 결론은 이영민, 2장의 국제 이주에 대한 해석은 이종희, 3장의 이주와 노동의 지리는 이현욱, 4장의 이주 통제의 지정학적 경제는 박경환, 5장의 이주, 시민권 그리고 소속의 지리는 이용균이 각각 번역하였다. 그 외 이화여대 연구보조원들(이은하, 신지연, 김수정, 이화용, 박현서)이 큰 도움을 주었기에 감사를 드린다. 또한 연구단의 유일한 인문학자로서 상호문화적 시각에서 이주를 이해하고 그 개념을 적용할 것을 지적하고 독려해 주고 있는 이화여대 불어불문학과의 장한업 교수님께 감사를 드린다. 마지막으로 이 책이 번역될 수 있도록 수고해 주신 (주)푸른길에도 감사를 드린다.

이 책은 이주에 대한 다양한 이론, 정책, 사례를 폭넓게 다루고 있기에 인문사회과학의 여러 학문 분야에서 학문적·교육적 용도로, 그리고 정책 및 실무 관련 분야에서 정책적 용도로 다양하게 활용될 수 있으리라고 기대한다. 역자 일동은 이 책이 일반인들을 포함한 모든 독자들에게 이주자의 소외와 배제를 제대로 이해할 수 있는 기초가 될 수 있기를 희망한다. 더 나아가 한국 사회가 지향해야 할 다문화 사회의 참된 방향을 모색하는 다양한 주체들이 열린 공간에서 함께 고민하고 토론해 나갈 때 그 기초자료로서 활용될 수 있기를 희망한다.

역자를 대표하여
이영민, 이용균
2013년 6월

한국 독자들에게

본인의 저서, 『이주Migration』의 한국어판 출간에 즈음하여 기쁜 마음으로 서문을 작성하고자 합니다. 사실 이 책은 본인이 거쳐 온 그동안의 학문적 여정을 잘 반영하고 있습니다. 그 시작은 본인이 1980년대에 옥스퍼드대학에서 박사학위를 이수하던 시절, 연구 주제였던 프랑스 자동차 산업의 재구조화와 알제리 및 모로코 출신 이주 노동자들 간의 관계로 거슬러 올라갑니다. 박사학위를 마친 1990년대 초부터는 연구 관심사를 확대시켜 시민권과 '소속감', 젠더, 정체성, 이민자·난민의 의료 문제, '이주-개발 연계', 종교, 이주자의 안전 문제, 매춘 관련 인신매매, 밀입국, 초국가주의, 미등록 이주자·망명 신청자·난민들의 삶을 향한 다양한 투쟁, '숙련 기술자'로 간주되는 이주자의 모집과 선발, 여성 이주 가사 노동자, 그리고 이러한 다양한 이동을 조절하고 조장하는 '이주 관리'의 담론과 실천 등의 연구를 꾸준히 진행해 오고 있습니다.

그러면서 새로운 과제를 스스로 상정하게 되었는데, 그것은 바로 이러한 여러 이슈들과 그 변화들을 망라하는 저서를 집필하는 것이었고, 때마침 지리학의 핵심 아이디어Key Ideas in Geography 시리즈의 일환으로 들어갈 단행본의 집필을 요청받았습니다. 이에 본인은 사회과학을 공부하는 다양한 사람들에게 호응을 얻을 수 있고, 동시에 비판적이고도 핵심적인 주장들을 발전시켜 나갈 수 있는 간(間)학문적 개론서를 만들게 되었습니다. '공간'의 문제는 결코 지리학자들만의 배타적인 영역이 아니기 때문에 간(間)학문적 개론서를 공간적, 지리적 관점에서 쓰게 된 것입니다. 여하튼 본인이 이러한 과제를 수행할 수 있었던 동기는 이주와 이민 문제를 다룬 기존의 문헌들이 지니고 있는 한계 때문이었습니다. 즉, 공간적 메타포를 암묵적으로 혹은 명시적으로 다루고는 있지만, 그에 대한 심도 있는 비판적 논의가 부족하다는 점이 저에게는 큰 아쉬움이었습니다. 그러한 점을 반영하여 이 책은 비판적 논의를 강화한 이론적, 개념적 텍스트로서 분명한 모습을 지니게 되었습니다. 앞서 출간된 영어판과 이탈리아어판의 서평자들이 지적한 것처럼, 많은 학생들에게 그 내용이 다소 까다롭지 않느냐는 비판도 있는 듯합니다. 저는 이러한 어려움이 있다는 것에 동의합니다. 하지만 저는 이 책의 내용이 영어판과 이탈리아어판, 그리고 한국어판 독자들에게 공히 뭔가 새로운 것을 밝혀 주는 역할을 해 줄 수 있기를 희망해 봅니다.

애당초 이 책은 캐나다, 영국, 미국 등 영어권 독자들을 고려하여 집필되었고, 많은 경험적 증거들도 주로 영어권에서 취합되었습니다. 따라서 유럽연합과 북미 지역에 주로 초점이 맞추어져 있는 것이 사실입니다. 이 부분이 다소 아쉬움으로 남긴 하지만, 이는 어쩔 수 없이 다음의 세 가지 상황에서 연유한 것임을 밝혀둡니다. 첫째 영어권 지역들은 오랫동안 제가 연구해 왔던 익숙한 지역이었기 때문입니다. 둘째, 지면이 한정되어 있는 관계로 내용의 범위를 제한하게 되었습니다. 오랫동안 지속되어 온 이주의 일반적 흐름은 과거 식민지 지배를 받았던 아프리카와 라틴아메리카의 가난한 국가들로부터 유럽연합과 북미 지역의 국가들로 향하는 것이었습니다. 따라서 여기에 한정해야만 좀 더 '손쉬운' 집필이 가능할 수 있었고, 이론적이고 개념적이며 경험적인 내용의 완결성을 높일 수 있으리라 판단했습니다. 셋째, 영어권 지역이 다른 지역보다도 더 많은 독자들이 있으리라고 단순하게 생각했었습니다. 그럼에도 불구하고 이 책은 나름대로 한국을 포함한 아시아 국가들을 향한 이주의 사례를 포함시키고 좀 더 넓은 시야에서 여러 관심사들을 조명하려는 노력을 담고 있습니다. 여러 아시아 국가들은 소위 '정착 사회settler societies' 와는 매우 상이한 발전의 역사와 종족의 역사들을 가지고 있습니다. 최근 중국, 일본, 한국과 같은 아시아의 일부 국가들은 인구 성장이 둔화되는 가운데 경제 발전은 가속화되는 현상을 겪으면서 더 많은 이민자를 받아들여야 하는 압력을 받고 있는 듯합니다.

한국인들에게는 아마도 자국민의 국외 이주와 관련된 문제들이 한국으로의 유입 이주와 관련된 문제들만큼이나 흥미로운 이슈가 되고 있지 않나 생각해 봅니다. 로스앤젤레스, 뉴욕, 시애틀, 토론토, 밴쿠버 등 서구 대도시 안팎에 자리 잡고 있는 다양한 모습의 '한인 타운'과 한인 '민족교외지ethno-burbs'에 비추어 볼 때, 이 책은 많은 한국의 독자들에게 한인의 이주 및 이민의 역사를 어느 정도 밝혀 주는 데 도움을 줄 수 있으리라 생각됩니다. 이런 맥락 속에서 이 책이 흥미로우면서도 많은 생각을 불러일으키는, 그래서 학문적인 매력을 갖춘 읽을거리가 될 수 있기를 기대해 봅니다. 더 나아가 이 책을 통하여 한국과 다른 지역의 관련 연구자들 상호 간에 지속적인 논의가 더욱 활성화될 수 있기를 희망해 봅니다.

마이클 새머스

켄터키대학 지리학과

2013년 5월 31일

머리말

『이주Migration』는 루트리지Routledge 출판사에서 기획한 '지리학의 핵심 아이디어Key Ideas in Geography' 시리즈의 일환으로 출간되었다. 이 책은 이주와 이민이라는 주제에 대해 비판적이고 다학문적이며 한층 심화된 논의를 다루고 있는 개론서로 학부 고학년 및 대학원 과정에서 관련 주제를 다룬 강좌의 교재로 쓰기에 손색이 없으리라고 본다. 사실 이주라는 주제는 사회과학 전반에 걸쳐 다양한 학술지와 학술서를 통해 많은 관심을 받아 왔다. 하지만 이에 대한 개론적 저술은 많지 않으며 그 내용도 천차만별이다. 더군다나 공간적 개념을 **비판적**이고도 **명시적**으로 수용하면서 이주 문제를 탐구하고 있는 학술서는 더욱 드물다. 지리학자들조차도 공간적 개념을 중심으로 이주 혹은 이민의 문제를 구체적으로 다룬 저서를 출간한 경우는 매우 적었다.*

이러한 실정에서 이 책은 5가지의 차별화된 특성을 갖추고 있다. 첫째, 이 책은 이주 현상을 이해하는 데 지리적 혹은 공간적 개념들이 어떻게 비판적으로 활용될 수 있는지를 잘 보여 준다. 이와 관련하여 이 책은 최근 10년 사이의 유일무이한 저서가 되리라고 본다. 둘째, 이 책은 인문지리학, 정치학, 사회인류학, 사회학, 경제학 등으로부터 여러 내용들을 차용하여 명실공히 다학문적 저서가 될 수 있도록 기획되었다. 셋째, 이 책은 매 장마다 이주 및 이민과 관련된 핵심적인 **용어, 이론, 개념, 이슈**를 소개하는 데 초점을 맞추고 있다. 넷째, 이 책은 기존의 저서들과는 달리 세계 각 지역과 국민국가를 바탕으로 한 이주 관련 '사실'과 경향, 그 체계를 단순히 백과사전식으로 개괄하던 수준에서 벗어나 있다. 이 책은 중요한 논쟁거리들을 심도 있게 다룸으로써 학문적으로 가치를 지닐 수 있도록 구성되었다. 특히 이 책이 중점적으로 다루고 있는 논제의 핵심은 이주의 맥락 내에서 '초국가주의transna-tionalism' 같은 분명한 공간적 개념들을 다루되, 그 미묘한 차이를 좀 더 부각시켜 다루고 있다는 점이다. 또한 지금까지 공간을 무시했거나 공간적으로 '논의되지' 않았던 많은 이론과 개념들을, 공간을 염두에 두고 다시 기술해야 한다는 점도 강조하고 있다. 이것은 단순한 학문적 관심사의 문제가 아니다. 공간을 중요하게 평가함으로써 비로소 정책적 논의에 적절하게 개입할 수 있게 되기 때문이다. 그렇게 함으로써 어쩔 수 없이 이주를 단행할 수밖에 없는 사회적 약자들의 가련한 현실과 그들이 정착국에서 직면하게 되는 어려운 삶에 주목할 수 있게 된다. 이 책의 다섯 번째 특징은 교육적 목적과 관련이 있다. 특정 장소에서 일어난 이주자 관련 경험들에 대한 사례 연구들을 글상자를 통해 소개하였고, 심층적 이해에 보다 도움을 주고자 관련 저술과 유용한 웹사이트, 그리고 적절한 영상물들을 주석으로 달아 제시하였다. 또한 각 장의 마지막 부분에는 독자들의 학습에 도움을 줄 수 있도록 그 장의 내용을 요약한 질문들을 제시하였다.

'지리학의 핵심 아이디어' 시리즈가 추구하는 목표는 쉽게 이해할 수 있으면서도 좀 더 진전된 개론 수준의 내용을 쟁점이 되고 있는 여러 주제들과 결합시키는 것이다. 그런데 사실 이러한 목표는 이 시리즈를 집필하는 모든 필자들에게 참으로 어려운 요구가 아닐 수 없다. 특히 이주라는 주제를 다루어야 하는 이 책의 경우에는 더욱더 난감한 요구일지도 모르겠다. 이주라는 주제는 이론적 혹은 실질적 내용이 매우 포괄적이며 다양한 범위에 걸쳐 있기 때문에 이를 한 권의 책에 담아내는 것이 필자에게 커다란 부담이 되었던 것이 사실이다. 다양한 차원의 이주와 이민 연구가 매년 수천 개의 논문과 수백 개의 저서로 출간되고 있다. 이러한 상황에서 소개하고 싶었던 많은 연구들 중 일부를 어쩔 수 없이 추려내야 했고, 책의 내용을 좁혀 가면서 세 가지의 선택을 하게 되었다. 첫째, 이 책은 현재와 '가까운 과거'의 관련 내용을 다루고 있다. 이 책의 주요 자료들 대부분은 최근 10년 내의 것들이다. 물론 그보다 더 오래된 것들과 비교하는 내용들이 곳곳에 포함되어 있기는 하나, 그렇더라도 쟁점들에 관한 장기간의 역사적 변천 과정을 다루려는 것은 아니었다. 둘째, 필자는 독자들에게 이주라는 개념의 **학문적** 역사를 알려 주려고 노력하였다. 필자가 판단하기에 이주에 관한 많은 연구들은 유감스럽게도 학문적 기억상실에 빠져 있기 때문이다. 셋째, 필자는 이주 연구를 둘러싼 포괄적인 맥락 틀 속에서 좀 더 진전된 이주 연구가 이루어질 수 있도록 노력하였다. 최근 수년간 많은 이주 연구가 전문직 고소득 종사자의 이주보다는 가난한 국가에서 선진국을 향해 움직이는 '미숙련', '저소득' 종사자의 이주 문제에 좀 더 초점을 맞추는 경향을 보여 왔다. 이 책 역시 후자의 이주 경향을 좀 더 많이 다루고 있는 것이 사실이다. 하지만 필자는 이러한 주제와 지리에만 배타적으로 초점을 맞추는 데에서 탈피하여 그 이상의 진전된 논의로 이어질 수 있도록 노력하였다.

이주와 이민은 21세기의 경제적, 정치적, 사회적, 환경적 논쟁들의 중심에 자리 잡고 있다고 할 수 있다. 이러한 맥락에서 필자는 이 책이 독자들로 하여금 이해하기 쉬우면서도 문제의식을 불러일으키기에 부족함이 없기를 희망한다. 독자들이 이주와 이민의 문제를 단순히 현재의 틀 안에서만 바라보는 것이 아니라 과거 및 미래 지향적으로도 이해할 수 있기를 희망한다.

마이클 새머스

미국 켄터키 주 렉싱턴

2009년 5월 15일

사사와 인용 허락

이 책이 완성될 수 있었던 것은 주변 동료들의 도움 덕분이었다. 영국 리즈 대학교University of Leeds의 질 발렌타인Gill Valentine과 로보로우 대학교Loughborough University의 사라 홀로웨이Sarah Holloway는 '지리학의 핵심 아이디어' 시리즈의 한 부분인 이 책을 필자가 집필할 수 있도록 의뢰해 주었기에 특별히 감사를 표하고 싶다. 루트리지 출판사의 앤드류 몰드Andrew Mould와 마이클 존스Michael Jones는 필자가 이 프로젝트를 기획하고 무사히 끝마칠 수 있도록 독려해 주었다. 같은 출판사의 제니퍼 페이지Jennifer Page는 행정적인 세부 사항들을 처리해 주었고, 솔베이그 가드너 세르비안Solveig Gardner Servian은 집필 원고의 교열을 맡아 주었다. 켄터키 주립대학교University of Kentucky 지리학과의 패트리샤 에흐르캠프Patricia Ehrkamp와 앤디 우드Andy Wood는 초고 상태였던 몇 개의 장을 읽어 주었다. 오하이오 주립대학교Ohio State University 지리학과의 매튜 콜만Mathew Coleman은 유용한 참고문헌 일부를 필자에게 알려 주었다. 켄터키 주립대학교, 자이울러 포워 지도학 및 지리정보체계 센터Gyula Pauer Center for Cartography & GIS의 딕 길브레스Dick Gilbreath, 브리타니 프래슈어Brittany Frasure, 매튜 바산타Mathew Basanta, 에릭 트루스델Eric Truesdell 등은 지도와 그림, 도표 작업을 해 주었기에 진심 어린 감사의 말을 전하고 싶다. 다섯 분의 익명의 검토자들도 훌륭한 코멘트와 제안을 해 주었고, 이 책이 단지 필자만의 관심사와 고민으로만 구성되지 않도록 방향을 잡아 주었다. 마지막으로 데브라 골드Debra Gold는 대단한 인내심을 보여 주면서 내게 가장 필요했던 애정과 지원을 아끼지 않았다.

1장의 '아샤Asha'에 관한 논의와 관련하여 Tiilikainen, M., 2003, Somali Women and Daily Islam in the Diaspora, "*Social Compass*", 50(1), pp.59-69에 포함되어 있는 '아샤Asha' 이야기를 전재할 수 있도록 허락해 준 세이지Sage 출판사와 학술지 "*Social Compass*"에 감사드린다.

1장의 '릴리암Lilliam'에 관한 논의는 Jennifer Gordon, 2005, "*Suburban Sweatshops: The fight for immigrant rights*", Cambridge, Mass.：The Belknap Press of Harvard University Press, pp.11-12에 수록된 내용을 해당 출판사의 허락을 받아 전재하였다.

1장의 '라이카Laika'에 관한 논의는 Anne Marie Hilsdon, 2006, The case of Filipino Muslim women in Sabah, Malaysia, "*Women's Studies International Forum*", Vol. 29, p.12에 수록된 내용을 엘제비어Elsevier 출판사의 허락을 받아 인용하였기에 감사드린다.

그림 1.1은 국제연합 산하 경제사회국의 인구분과the United Nations, Department of Economic and Social Affairs: Population Division에서 발표한 *International Migration 2006*(온라인 벽보)에서 자료를 얻어 작성하였기에 감사드린다.

그림 1.2와 관련하여 경제협력개발기구에 감사드린다. 그 자료는 OECD (2006), International Migration Outlook: SOPEMI 2006, p.50, http://dx.doi.org/10.1787/2740734377771과 OECD(2007), International Migration Outlook: SOPEMI 2007, p.63, http://dx.doi.org/10.1787/ 022174831538에 바탕을 두고 있다.

그림 1.3은 Benton Short, L., Price, M.D. and Friedman, S., 2005, Globalization from below: the ranking of global immigrant cities, "*International Journal of Urban and Regional Research*", 29(4), pp.945-959에서 인용되었기에 해당 필자들과 출판사Wiley Blackwell에 감사드린다.

표 1.1은 유럽연합 산하 경제사회국의 인구분과에서 발표한 *International Migration 2006*(온라인 벽보)에서 자료를 인용하였기에 감사드린다.

표 1.2는 경제협력개발기구가 2007년에 발표한 International Migration Out-
look: SOPEMI 2007에 포함되어 있는 '표 A.1.4. 경제협력개발기구 국가들
의 외국 태생 인구 통계'에서 인용하였기에 감사드린다.

표 1.3도 역시 경제협력개발기구가 2007년에 발표한 International Migration
Outlook: SOPEMI 2007에 포함되어 있는 '표 A.1.4. 경제협력개발기구 국
가들의 외국 태생 인구 통계'에서 인용하였기에 감사드린다.

표 1.4는 경제협력개발기구가 2007년에 발표한 International Migration Out-
look: SOPEMI 2007에 포함되어 있는 '표 I.1. 2003~2005년 외국 국민들
의 유입'에서 인용하였기에 감사드린다.

표 1.6과 관련해서도 경제협력개발기구에 감사드린다. 그 자료는
OECD(2007), International Migration Outlook: SOPEMI 2007, p.53,
http://dx.doi.org/10.1787/0221748831538에 바탕을 두고 있다.

표 3.1도 경제협력개발기구에 감사드린다. 그 자료는 OECD(2006), In-
ternational Migration Outlook: SOPEMI 2006, p.50, http://dx.doi.
org/10.1787/2740734377771과 OECD(2007), International Migration Out-
look: SOPEMI 2007, p.63(http://dx.doi.org/10.1787/022174831538)에 바탕을
두고 있다.

표 5.1은 레이너 보벡Rainer Bauböck의 편저, 『Migration and Citizenship: Legal
status, rights and political participation』에 들어 있는 논문, Martiniello, M.,
2006, Political participation, mobilization and representation of immigrants
and their offspring in Europe의 pp.110-111에 삽입된 '표 2. 서부 유럽(25개
유럽연합 국가와 노르웨이, 스위스)에서 제3세계 국민들의 투표권'으로부터 인용
하였기에 저자인 마르코 마르티니엘로와 암스테르담 대학교 출판사에 감
사드린다.

차 례

그림 차례

지도 차례

표 차례

서론

서론

2007년 11월 6일자 프랑스 신문 『르몽드Le Monde』지에 짤막한 기사 하나가 실렸다. '은밀한(미등록 혹은 '불법')' 이주자 47명이 카나리아제도Canary Islands로 들어가려다가 모리타니Mauritania 해안 근처에서 익사했다는 내용이었다. 에스파냐령에 속하는 카나리아제도는 아프리카 이주자들이 에스파냐 본토, 더 나아가 유럽연합European Union에 최종 정착하기 전에 거쳐 가는 징검다리 역할을 하는 곳이다(지도 1.1).

이러한 비극적 참사는 결코 드물지 않게 반복되고 있는 실정이다. 그럼에도 언론은 이러한 종류의 사건을 기사화하는 데에는 소극적이다. 위의 『르몽드』지처럼 어쩌다 기사화가 되더라도 세계적인 반향이나 양심의 가책을 불러일으킬 만한 내용으로 구성되지는 않는다. 변변한 장비 하나 없이 쪽배에 최소한의 생필품을 싣고 바다를 건너는 이주자들의 삶을 적극적으로 옹호하는 것은 고사하고, 이주자들이 목숨을 담보로 사투를 벌이고 있는 모습을 있는 그대로 보여 주는 것조차도 하지 않는 이유는 무엇일까? 카나리아제도로 떠나는 이주자들이 좀 더 편한 육로를 마다하고, 왜 그토록 부실한 쪽배에 몸을 싣고 바다를 건너는 것일까? 그들은 어째서 불확실한 목적지와 불투명한 미래를 향해 나아가는 험난한 여정을 시작했던 것일까? 좀 더 포괄적으로 질문하자면 왜 사람들은 이주하는 것일까? 새로운 도착지에서 그들은 어떻게 받아들여질까? 어째서 그러한 비극에 대해서 우리는 그토록 무관심한 것일까? **어떻게 그런 일들이 벌어지고 있는 것일까?** 이 책은 이러한 의문을 포함하여 이주와 관련된 여러 질문에 대해서 **지리적** 혹은 **공간적** 관점에 기반한 답을 제시하고자 한다. 지리적·공간적 관점이라 함은 '공간'에 대한 관심, 즉 '장소', '결절', '거리 마찰', '영역', '스케일' 등과 같은 공간적 개념 혹은

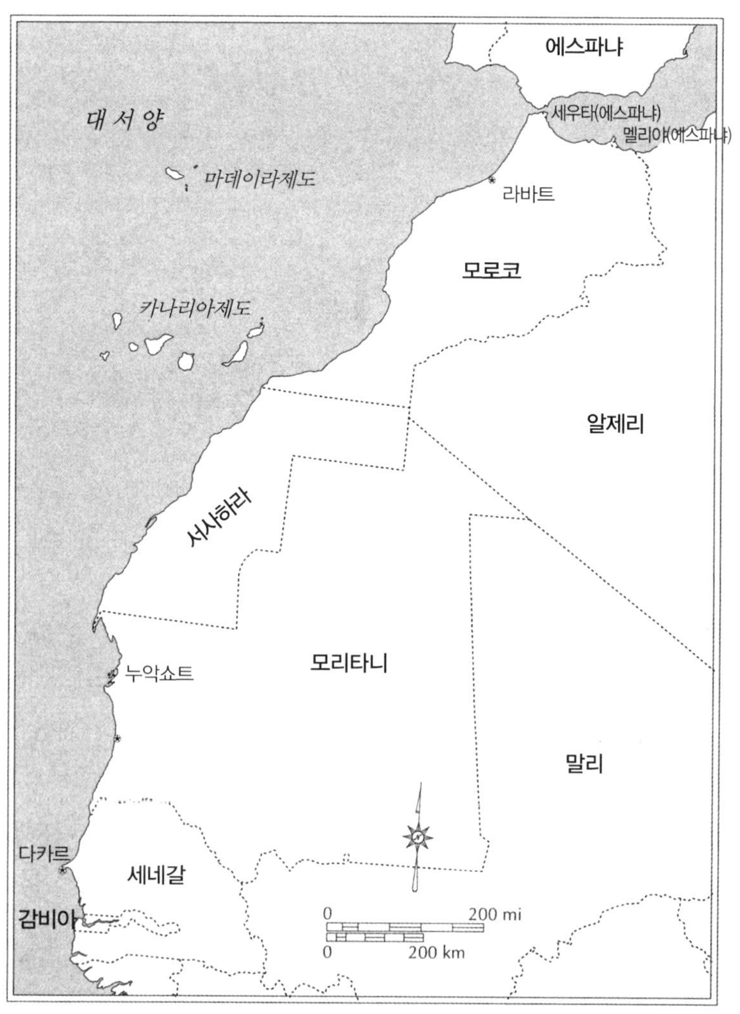

지도 1.1　유럽으로 건너가기 위한 경유지가 되고 있는 카나리아제도와 모로코 북부에 위치한 세우타, 멜리야 및 그 주변의 국가들

공간적 메타포에 주목하는 것을 의미한다. 필자가 이러한 접근을 시도하고 자 하는 이유는 그동안 매우 많은 저술들이 이주라는 주제를 다루고 있긴 하 지만, 유감스럽게도 공간적 개념을 명백하고도 비판적으로 이주와 연관시

켜 다룬 저술은 거의 없었기 때문이다.

『르몽드』지의 비극적 기사로 돌아가 보자. 서아프리카에서 유럽으로 가는 고난의 이주 경로에 대해 우리는 이미 많은 것을 알고 있다. 배에 몸을 실은 사람들 중에는 모리타니뿐만 아니라 세네갈, 나이지리아, 콩고, 라이베리아 등 더 남쪽에 있는 아프리카 국가 출신들도 다수 포함되어 있었다. 해로를 통한 이주의 흐름이 생겨나고, 특히 2005년 이후로 그 규모가 크게 증가한 것은 모로코 남부의 국경이 봉쇄되었기 때문으로 보이지만, 그렇게만 단정 짓기는 어렵다. 이는 오히려 모로코 북부 에스파냐령 세우타Ceuta와 멜리야Melilla를 통해서 에스파냐로 입국하는 것이 불가능해진 것과 관련이 있을수 있다. 더 이상 육로를 통해서는 모로코로, 세우타와 멜리야로, 에스파냐와 유럽으로 들어가는 것이 불가능해진 것이다.

많은 이주자들에게 세우타와 멜리야는 매력적인 목적지였다. 예를 들어 2002년 영국 공영 방송 BBC는 카품바Kafumba라는 23세 라이베리아 출신 이주자의 경험담을 방영했는데, 5시간이나 바다를 헤엄쳐 모로코 북부 지역에 도착했던 그는 다음과 같이 말했다. "어떤 아랍 사람이 세우타를 가리키며 저곳이 에스파냐 영토이고 … 만약 그곳에 도착한다면 문제가 해결될 것이라고 말했어요. 나는 그 말만 믿고 바다로 뛰어들었고 여기에 오게 되었지요. 무슨 일이 벌어질지, 성공할지 실패할지 아무 것도 장담할 수 없었어요. 어쨌든 여기에 도착하고 나니 정말 기뻐요."(2002년 5월 28일자, BBC 온라인 뉴스에서 재인용). 세우타와 멜리야의 국경은 과거에는 에스파냐 본토와 유럽연합 국가로 가는 비교적 쉬운 통로였다. 그러나 이제 이곳은 점점 요새화되었고, 마치 예전 베를린장벽처럼 고통의 메아리를 아로새기고 있다. 가시가 달린 철조망이 이중으로 쳐진 장벽과 감시탑, 물대포, 감시 카메라 등이 설치되면서 보안은 더욱 강화되었다. 에스파냐 국경수비대는 3~6m 높이의 장벽들 중간중간에 있는 2~5m 정도 되는 너비의 공간에서 총기로 무장한 채 경비를 서고 있다.

이렇게 보안이 강화된 것은 2005년에 발생했던 한 사건을 해결하는 데 유럽연합이 재정적 지원을 해 주었던 것이 계기가 되었다. 2005년 9월 29일부터 10월 3일까지 약 일주일에 걸쳐 이주자들과 에스파냐 당국 간에 충돌이 발생하였다. 이때 모로코 정부와 국제 구호 단체가 지원하는 난민 캠프에 수용되었던 수백 명의 이주자들은 자체 제작한 임시 사다리로 장벽을 넘어 에스파냐 영토로 들어가려고 했다. 이를 저지하기 위해 유럽연합은 약 4000만 유로를 에스파냐에 지원해 주었다. 대다수 이주자들이 국경을 넘는 데 성공했지만 에스파냐 국경수비대가 쏜 고무 총탄에 5명의 이주자가 목숨을 잃었다. 세우타와 멜리야를 통해 입국하는 것이 점점 더 어려워지자 모리타니와 카나리아제도 사이의 해로를 건너 입국하려는 이주자들이 생겨나게 되었다. 그 수가 수천 명을 넘어서자 2006년에 모로코와 에스파냐 당국은 상호 협조하에 모리타니와 카나리아제도 사이의 바다에서 순찰을 강화하기 시작했다. 매년 약 2100명으로 추산되는 이주자들을 뿌리 뽑기 위해 조치를 취한 것이다. 육로가 차단되었음에도 불구하고 이러한 조치는 오히려 세우타와 멜리야를 향한 이주를 증가시켰으며, 또한 더 멀리 남쪽의 세네갈에서 출발하는 해로 이주가 새롭게 열리는 결과를 초래했다(2002년 5월 28일자 BBC 온라인 뉴스에서 재인용).

지리적 개념을 중심에 놓고 이주 관련 문제를 조명해 보는 것이 과연 이와 관련된 일련의 사건을 이해하는 데 얼마나 도움을 줄 수 있을까? 우선 이주자들은 사회 네트워크를 통해 특정 목적지가 얼마나 이주할 만한 가치가 있는 곳인지에 대한 정보를 주고받는다. 세우타와 멜리야 같은 **장소**places는 카품바 같은 이주자에게 미래에 대한 상상이자 차후 현실이 될 약속을 던져 주는 목표 지점이 되곤 한다. 둘째, 이 같은 끔찍한 사건은 상이한 **스케일**scales 의 조절 양식을 잘 보여 준다. 즉, 누군가의 입국을 허가하고 결정하는 국민 국가 같은 **영역**territories이 어떤 능력과 역할을 발휘하는지, 유럽연합 같은 초국가적 영역이 이주를 통제하는 데 어떻게 개입하는지 등 스케일의 문제를 잘 보여 준다. 하지만 이주 규제를 강제하는 것은 결국 특정한 장소에서 벌어진다. 예를 들어 세우타와 멜리야에서의 이주자들과 에스파냐 국경 수비대 간의 상호작용은 로컬local에서 형성되는 독특한 강제시행의 지리geography of enforcement를 만들어 내는 것이다. 이처럼 로컬에서 형성되는 조정과 강제의 공간은 저 멀리 남쪽 세네갈까지 확장된 더 큰 이주 체계를 만들어 내는 데 영향을 미친다. 무엇보다 눈길을 끄는 것은 위에 기술된 사건들이 엄청난 거리의 이동을 마다하지 않는 이주자들의 절박한 상황을 보여 준다는 점이다. 이는 가장 저렴한 비용으로 유럽연합과 다른 선진국에 도달할 수 있는 방법인 것이다. 하지만 위의 논의는 선진국과 가난한 국가 간의 관계가 어떻게 이러한 이주를 만들어 내고 있는가, 만약 이주자들이 선진국에 정착하게 된다면 그 후에 어떤 대우를 받게 될 것인가 등과 같은 문제를 밝혀 주지는 못한다. 이 책에서는 바로 그런 이슈들을 탐구해 보고자 한다.

지리적 개념들을 비판적으로 적용해 보려는 까닭은 최근 쉘러와 어리 Sheller and Urry, 2006)가 제시한 사회과학의 '새로운 이동성 패러다임(the new mobilities paradigm'에 지리적 개념들이 기여하는 바가 크기 때문이다. 즉, 어떤 사건이나 현상의 자연스러운 상태가 안정성stability과 항상성stasis이라고 보지 않고, 그것을 이동성이라는 개념을 통해 탐구하고자 한다면 사회과학의 이론은 새로운 모습을 갖추게 된다고 보는 것이다.[1] 같은 맥락에서 파벨 (Favell, 2008)은 이주 연구가 이동성 연구의 '부분 집합'이어야 하며, 이동성과 이주가 규범적 개념으로서 인정되어야 한다고 주장한다. 이러한 주장을 받아들인다면 이동성과 이주 연구에 있어서 '국민국가'는 더 이상 기준 개념이 될 수 없을 것이다. 이 책은 안정성이나 항상성 혹은 국민국가 중심의 분석에서 벗어나 이동성을 강조하는 분석을 선호한다. 하지만 이동성이라는 것은 세계의 많은 사람들의 삶에 있어서 그저 한 부분에 지나지 않을지도 모른다. 국제 이주, 특히 망명 신청자, 난민, 저소득 이주자 등의 국제 이주를 이동성만으로 과연 얼마나 잘 설명할 수 있을지에 대해서는 여전히 의문이 남는다. 실제로 국가 영토를 기반으로 정의된 국경 및 이민 규제 방식이 이동성을 새롭게 만들어 가거나 이동성을 억제하는 경우가 있기 때문이다.

이 책은 경제학, 사회학, 인류학, 인문지리학, 정치학 등 사회과학 전반으로부터 여러 업적들을 모아 과감하게 엮어 내고 있다.[2] 이주 문제는 문화적, 경제적, 정치적, 사회적 차원에 걸쳐 있는 다면적 특성을 지니고 있기 때문에 수많은 분과 학문들의 경계를 넘어 연구 지평을 넓히는 것이 필수적이다. 물론 단 한 권의 책에 그토록 다양한 차원들을 수용한다는 것은 영원히 불가능할 수밖에 없는 도전임이 분명하다. 하지만 그러한 도전적 과제를 해결하기 위해 필지는 망명 신청자와 난민을 포함한 저소득층이 **국제** 이주와 이민의 문제, 그러한 이주의 원인과 결과, 이주자 및 이민자의 경험 등에 초점을 맞추어 논의를 진행하고자 한다. 그렇다고 해서 다른 부류의 이주를 무시하려는 것은 결코 아니다. 다만 필자가 그런 문제들에 초점을 맞추고자 하는 이유는 이 책을 통해 이주 문제에 관해 보다 비판적 논의를 제공하기 위해서이다. 필자는 이주에 대한 지리적 차원의 문제를 현실과 유리된 채 무미건조하게 설명하기를 원하지 않는다. 이주와 관련된 통계자료를 다양하게 제시하거나 모든 유형과 모든 차원의 이주를 개략적으로 나열하려는 것은 더더욱 아니다. 이 책이 비판적이라는 것은 공간적 개념과 아이디어를 단순히 '심사숙고'하고 있다는 점 때문이 아니라 아무 것도 갖지 못한 완전한 약자의 위치에 놓인 이주자들에게 관심을 두고 있다는 것을 의미한다.

이 책은 다음 네 가지 점에 주목한다. 첫째, 소위 '글로벌 남부'(대체로 가난한 국가들)에서 '글로벌 북부'(대체로 선진국들)로의 이주를 강조하고 있다. '남부'와 '북부'라는 두 개의 반구 사이에 존재하는 무수히 많은 다양성을 떠올려 볼 때 이러한 구분은 그저 대략적인 구분에 불과하다고 할 수 있다. 사람들이 이주 후에 어떤 노동에 종사하는가를 설명하는 데에는 이러한 구분이 그리 유용해 보이지는 않는다. 그러나 필자는 근본적인 이주의 이유가 무엇인지를 설명하는 데에는 이러한 구분이 중요하다고 본다. 둘째, 글로벌 북부 **내에서의** 이주자와 이민자들의 경험에 초점을 맞추고 있다. 그렇다고 해서 가난한 국가 내에서의 경험을 소홀히 다루는 것은 물론 아니다.

셋째, 이 책에서는 '고숙련' 혹은 '고소득' 이주자들에 대해서도 일부 논의하고 있다. 좀 더 비판적인 관점의 독자들이라면 고숙련 혹은 고소득 이주자들이 과연 학문적 탐구의 대상이 되어야만 하는 것인지에 대해 의문을 던질 수도 있을 것이다. 왜냐하면 그들은 상대적으로 아주 많은 것을 가지고 있는 유리한 상황에 처한 이주자들이기 때문이다. 필자는 그러한 견해에 부분적으로는 동의하지만 많은 고숙련 이주자들이 자신의 모국에서는 그렇게 대접받았을지 몰라도 이입국에서는 결국 비천한 일에 종사하게 되며, 인종차별주의와 기타 배제의 과정을 겪을 수 있다는 점을 지적하고 싶다. 고숙련 이주자에 대한 관심은 선진국의 경제 구조를 형성하는 데 그들이 적잖은 역할을 하고 있다는 점에서 비롯되었으며, 그들의 역할이 항상 가난한 국가의 많은 사람들의 희생을 토대로 이루어지는 것은 아니라는 점도 유념할 필요가 있다.

넷째, '국제 학생 이동성international stduent mobility'이라고도 불리는 학생들의 이주에도 주목하여 그 특성을 살펴보았다. 고숙련 이주자와 마찬가지로 많은 학생 이주자들은 다른 저소득 이주자 및 망명 신청자에 비해서 상대적으로 유리한 상황에 놓여 있다. 그러나 그들도 역시 안전에 대한 두려움, 구체적으로 엄격한 비자 제한과 같은 두려움에 노출되어 있으며, 인종차별주의자들의 폭력과 차별, 배제로 어려움을 겪고 있다. 이입국의 정부는 고숙련 이주자와 마찬가지로 학생들을 경제 발전의 견지에서 국가의 이익에 부응할 수 있도록 유도하고 있다. 대학 역시 더 많은 재정적 자원을 끌어모으고 학문적 명성을 높이기 위해 외국 학생 이주자를 유인하고자 노력하고 있다.

이 책의 목적이 제시하는 바와 같이 이주는 서로 다른 상황에 처해 있는 다양한 사람들과 연관되어 있으며, 어떤 이주는 다른 이주에 비해 상대적으로 더 절박한 상황 속에서 이루어지고 있다. 그런데 이러한 다양한 상황들에 대한 학술적 논의 대부분은 매우 추상적인 용어로 이루어지고 있다. 따라서 이 책의 서론에 해당하는 이번 장에서는 세 명의 이주자들의 삶을 조명해 봄으로써 제2장에서 전개될 이주의 범주 논의가 추상성을 극복하고 구체적인 인간성을 바탕으로 전개될 수 있도록 해 보고자 한다.

이주자 이야기, 그리고 이주 · 이민 연구의 핵심 용어와 범주

라이카(재클린), 말레이시아의 '불법' 이민자

힐스돈(Hilsdon, 2006, pp.4-5)은 자신의 논문에서 1990년대에 필리핀 민다나오Mindanao 섬을 떠나 보르네오 섬의 말레이시아령인 사바Sabah로 건너온 22살 라이카Laika(Jacqueline)의 이야기를 소개하고 있다. 그녀는 10대 때 사바 주 푸라우 자야Pulau Jaya에 도착했다. 그녀는 친척의 도움으로 필리핀을 떠나기 전에 여권과 비자를 '위조fixed'했다. 가짜 비자를 만든 것이다. 그녀는 사바 주에 있는 한 마을의 식당에서 일을 시작했고, 살림Salim이라는 남자와 결혼했다. 한 달에 약 300링깃ringgit, 미국 돈으로 환산하면 약 94달 러라는 형편없는 월급으로 연명하던 그녀에게 결혼은 선택이 아니라 필수였 다. 더군다나 갱신이 불가능한 그녀의 불법 비자마저 만기되면서 합법적으 로 고향으로 돌아가는 데 필요한 서류를 준비할 수도 없었다. 이와 비슷한 상황에 놓인 사람은 사실 라이카뿐만이 아니었다. 많은 여성들이, 물론 여 성들에게만 해당되는 것은 아니지만, 자신의 비자가 공식적인 검열을 통과 해 아무 문제없이 계속 유지될 수 있는 것인지, 아니면 문제가 있는 것인지 에 대해 확신할 수조차 없었다. 라이카와 같은 처지에 있는 사람들은 경찰 이나 다른 이민국 직원들의 검열을 피하기 위해 쇼핑센터, 시장, 병원, 관공 서, 공공 교통시설 등과 같은 공공 장소를 피해다녀야 했다.

핀란드의 망명 신청자, 아샤 이야기

스칸디나비아 지역에서 망명을 신청하는 것, 특히 중동 지역 출신자들이 이곳에서 망명을 희망하는 것은 대단히 특수한 경우의 이주라고 할 수 있다. 많은 소말리아 출신 망명 신청자들이 핀란드로 이주를 시작한 것은 1990년 경의 일이다. 티이리카이넨(Tiilikainen, 2003)은 자신의 논문에서 그런 부류의 이주자에 해당하는 아샤Asha라는 인물의 이야기를 우리에게 전해 준다.

모가디슈Mogadishu에서 태어난 아샤는 대학에서 2년간 공부하면서 결혼 을 했고, 딸 둘과 아들 하나를 낳았다. 소말리아에 내전이 발발하자 아샤는 고국을 떠났다. 24세의 여성이었던 아샤는 남자 형제가 있는 핀란드로 갔 고, 그곳에서 망명자 신분을 얻으려고 애를 썼다. 하지만 그녀의 남편은 결 국 오지 못했고 그들은 이혼하게 된다. 3년이 지난 후 그녀는 마침내 소말 리아로부터 3명의 자녀들을 데려올 수 있는 입국 허가를 받게 되는데, 여기에 더하여 세상을 떠난 자신의 남자 형제가 낳은 2명의 자녀도 입양하게 되었다. 아샤는 홀어머니가 되어 아이들을 키우고 가정을 꾸려 나가면서도 엄청난 노력을 기울여 공부를 한 끝에 간호보조원이 될 수 있었고 한 병원에서 일하기 시작했다. 하지만 해가 지날수록 그녀의 아들이 점점 문제를 일으키더니 결국은 집을 나가 버렸다. 새로운 땅에서 새롭게 발견하게 된 독실한 이슬람 종교문화를 아들의 삶과 적절하게 묶어 내지 못했던 그녀는 5명의 아이들 모두를 할머니가 있는 영국으로 데리고 가서는 그곳에 남겨 두고 홀로 핀란드로 돌아오게 된다. 하지만 그녀는 결국 다시 영국으로 돌아가게 되었고, 그곳의 한 지역 대학에 등록하여 자신의 아이들과 어머니와 함께 그 도시에서 정착하게 된다.

뉴욕의 '저소득' 이민자, 릴리암 이야기

뉴욕 교외에는 많은 라티노Latino[3] 이민자들이 살고 있다. 그들은 특히 롱아일랜드 북쪽 해안의 부유한 타운에서 곤궁한 생계를 힘들게 이어가고 있다. 고든(Gordon, 2005)은 릴리암Lilliam의 삶을 다음과 같이 기록하고 있다.

롱아일랜드 중산층 가정의 부엌으로 하루 해가 넘어가고 있었다. 이 가정에 함께 기거하고 있는 릴리암 아라우요Lilliam Araujo는 집 안 청소를 하며 그 가정의 딸을 돌보는 일을 한다. 그녀는 컴컴한 식탁에 앉아 전화선을 마치 탯줄처럼 어깨에 꽉 둘러멘 채 전화를 하고 있었다. 그녀는 2층에서 자고 있는 그 집 사람들이 잠에서 깨어날까 봐 조심하면서 나지막한 목소리로, 상냥하면서도 단호하게 속삭였다. "숙제는 다 했니? 형은 왔어? 안 돼. 퇴근하고 올 때까지 기다리지 마. 너무 늦었어…." 7살과 17살짜리 아이들은 멀리 2개의 타운 너머에 있는 작은 월세 아파트에 외롭게 살고 있다.

그녀가 엘살바도르를 떠났던 것은 아이들을 위해서였다. 큰 아이는 정부군과 게릴라군이 갈등을 벌이고 있는 마을에서 어느 쪽으로든 징집되는 것을 피하기 위해, 작은 아이는 엘살바도르 내전에서 빈번한 교전으로 인해 희생당하지 않도록 하기 위해, 그녀는 아들들을 데리고 그곳을 떠났다. 그러나 미국 땅에 도착하여 그녀가 구할 수 있었던 최선의 직업은 부잣집 가정에 기거하며 일하는 가사 도우미였다. 이는 일주일에 65시간을 일하고 160달러를 받는, 시간당 2.5달러에 불과한 일이었다. 홀어머니인 그녀는 이 일로 버는 돈을 가지고 아들 둘을 키울 수 있는 직장에서 가장 가까운 곳에 아파트를 얻었다. 다른 사람의 아이를 목욕시키고 차려 입히고 안아 주면서 그녀는 자신의 아이들을 이 미국 땅에서 잘 키울 수 있을지, 아니면 아이들의 장래를 더 어렵게 하는 것은 아닌지 고민하게 되었다. 그녀 자신을 위해서도 마찬가지였다. 부엌을 나와 계단으로 가면서 그녀는 과거 엘살바도르에서의 나날들을 회상해 본다. 그녀가 비서로 일했던 커피 재배 회사를 회상해 본다. 저녁 시간에, 그리고 주말에 자신이 살던 곳에 있던 전문대학에서 그녀가 심리학, 사회사업학 등의 과목들을 강의하면서 돈을 벌었던 일을, 자신이 소유했던 집을 회상해 본다. 그것은 지금과는 완전히 다른 삶이다.   (Gordon, 2005, pp.11-12)

위의 이야기들은 이 세상에서 벌어지고 있는 다양한 종류의 이주들 중 아주 작은 편린만을, 그리고 이주자들이 겪고 있는 많은 문제들 중 극히 일부만을 보여줄 뿐이다. 그래도 이 이야기들을 통해 적어도 이주자들이 이주 현상으로 인해 자신의 지위가 변하는 것을 겪기도 한다는 점과 이주 현상이 중층적인 지리적 궤적과 연관된 복잡하고도 고난스러운 과정이며 무척이나 다양한 현상이라는 점을 확실하게 알 수 있을 것이다. 어떤 필자들은 이것을 '이주성migrancy'의 조건으로, 다시 말해 '안정성과 고정성이 아닌 공간과 시간을 가로지르는 이동과 과정'(Harney and Baldassar, 2007, p.192)으로 보기도 한다. 이주자들이 얼마나 유동적인fluid 삶을 살아가는가의 문제와는 상관없이 어찌 되었든 정부, 시민, 미디어, 이주 관련 정책보고서 집필자, 이주 관련 서적의 필자 등은 그동안 대단히 유사한 방식으로 이주 관련 범주들을 사용하여 이주자들의 삶을 논의해 왔다. 이러한 기존의 범주들이 별로 쓸모가 없고 대단히 억압적이라는 비판을 제기할 수도 있다. 그러나 그러한 범주들을 사용하여 이주라는 주제를 다루어 온 그동안의 수많은 학술적, 비학술적 저술들이 국가적 차원의 이주 정책을 이해하는 데 도움을 주었다는 점을 부인할 수는 없다. 이러한 이유 때문에 우리는 이 책의 나머지 장에서 중점적으로 다루어질 용어와 범주적 이슈들을 먼저 주의 깊게 정리할 필요가 있다.

이주자들은 시민권이나 거주 지위를 의미하는 이주의 여러 유형 및 범주를 충실하게 수용하여 안착하기도 하지만 동시에 여러 유형과 범주를 유연하게 중첩하면서 살아가는 경향이 있다. 예를 들어 그러한 유형과 범주는 국내용이거나 국제용일 수 있고, 임시 체류이거나 영구 거주이기도 하며, 합법적이거나 미등록undocumented저일 수도 있다. 또한 입국 양식도 망명 신청자, 난민, 저소득 고숙련 노동자, 학생 등과 같이 매우 다양하다. 입국 양식과 관련하여 학자나 정책 입안자 혹은 통계 전문가들은 이주자를 '강제적' 혹은 '자발적' 이주자로 분류하기도 한다. 다양한 입국 양식과 범주를 가로지르는 이주자의 삶은 무척이나 가변적이기 때문에 이러한 지나친 범주화가 오히려 그들의 특성을 제대로 드러내 주지 못하는 경우도 많다. 더 나아가 그러한 지나친 범주화를 거부하는 움직임도 확산되고 있다(예를 들어 Faist, 2008; Richmond, 2002). 파이스트Faist는 다음과 같이 주장한다.

… '기원지' 대 '정착지', ' 이출emigration' 대 '이민immigration' 같은 이분법적 구

분은 이제 더 이상 유효하지 않다. 왜냐하면 많은 전통적 이출국들이 이제 환승 이주transit 국가나 이민 수용 국가가 되었기 때문이다. 터키가 전형적인 사례이다. '임시 이주' 대 '영구 이주', 혹은 '노동 이주' 대 '난민 이주'와 같은 또 다른 이분법도, 만약 그 구분의 목적이 이동하는 인구의 궤적을 정확히 그려 보고자 하는 것이라면, 더 이상 유효하지 않다. (Faist, 2008, p.36)

이주의 이분법적 구분을 없애거나 적어도 그 구분 범주를 모호하게 사용하는 모습은 아이러니하게도 유명 언론에서 보여 주고 있다. 예를 들어 매우 선정적인 기사를 싣는 것으로 유명한 영국의 타블로이드 신문들은 망명의 문제가 정치적 논쟁으로 격화되던 2000년대 초기에 '불법illegal 망명 신청자'라는 말도 안 되는 용어를 만들어 냈다. 이 용어가 말이 안 되는 이유는 아주 간단하다. 어느 누구도 망명 신청자이면서 동시에 미등록 이주자가 될 수는 없기 때문이다. 만약 망명 신청자의 요구가 거절된 후에 그가 당국의 눈을 피해 영국에 머물러 있기로 선택한다면, 그때야말로 '불법'이라고 부를 수 있을 것이고, 그는 이제 더 이상 망명 신청자가 아닌 것이다. 이를 통해 우리는 법적 지위 및 입국 양식과 관련한 범주들이 여전히 중요한 의미를 지니는 것으로 간주되고 있음을 확인할 수 있다. 그렇지만 이 책에서는 이주자들을 단순한 범주로 분류하기에는 그들의 상황이 매우 복잡하다는 점에 유념하면서 관련 논의를 전개하고 있다. 어쨌든 필자는 일반적으로 통용되는 이주 관련 용어들, 상이한 이주 유형과 범주들, 이주의 이유, 다양한 입국 양식 등을 아래와 같이 좀 더 정교하게 정리해 보고자 한다.

우선 **국내** 이주와 **국제** 이주의 단순한 구분에 대해 논의해 보자. 국내 이주는 농촌에서 도시로의 이주처럼 자신이 속한 국가 범위 안에서 이주하는 것을 의미한다. 이것은 때때로 이주자가 농촌과 도시를 왔다 갔다 하는 '순환 이주'의 형태를 띠기도 한다. 이 책에서는 중국 같은 대규모 국가의 국내 이주를 일부 다루기도 하지만 주된 관심사는 역시 국제 이주이다. 그렇다고 국내 이주와 국제 이주의 상호 연결성을 무시하는 것은 결코 아니다. **국제 이주**는 송출국에서 국경을 넘어 이입국에 거주하기 위해 이동하는 행위라고 정의될 수 있다.[4]

국제 이주는 각각 하나의 기원국과 목적국 사이에서 이루어지기도 하지만 또한 이주자가 여러 국가들 사이에 펼쳐진 다양한 '단계' 혹은 '무대'를 거친 후, 마침내 '최종' 목적지로 들어가게 되는 일련의 과정들과 관련이 있을 수도 있다. 이것은 흔히 일시적temporary 이주 혹은 **임시 체류**sojourner 이주로 정의된다. 이는 위에서 소개한 아샤의 이야기에서 살펴보았다. 경제협력개발기구OECD[5]는 특정 국가에서의 체류 기간이 3개월을 초과하지 않는 국제 이주를 일시적 이주로 정의하고 있다. 이것은 확실히 그럴듯한 정의라고 할 수 있는데, 왜냐하면 수많은 국가들이 그 나라에 유입되는 외국인들에게 3개월짜리 관광비자를 발급하여 그 기한 내에 출국하도록 제한하는 정책을 펴고 있기 때문이다. 또한 이주자들은 '영구적으로 일시적인permanently temporary' 체류 지위를 부여받기도 하는데, 이에 따라 어쩔 수 없이 기원국으로의 잦은 귀환 방문을 해야만 하는 상황에 처하기도 한다. 점점 많아지고 있는 이러한 순환 이주의 실천에 관해서는 최근 10년 동안 많은 것들이 알려지게 되었다.

어떤 이주자들은 해외 국가의 영주권 소지자로서 '귀화하지naturalizing' 않고, 즉 시민권을 취득하지 않은 채 여러 해 동안 거주하는 경우도 있다. 이러한 사람들은 **이주자**migrants라고 하기보다 **이민자**immigrants라고 부르는 것이 더 적절한 표현일 수 있다. 따라서 필자는 목적국에서 상대적으로 **더 일시적인**more temporary 거주 조건에 처해 있는 사람들과 그들의 이주 특성을 표현할 때 '이주자' 및 '이주'라는 용어를 사용하고자 한다. 사실 무엇이 이주이고 무엇이 이민인지 둘 사이를 확실하게 구분하는 것은 매우 어렵기 때문에 이주자와 이민자, 이주와 이민이라는 용어를 아무렇게나 동시에 사용하는 것은 독자들에게 혼란을 야기할 수 있다. 따라서 필자는 간혹, 특히 매우 광범위하고 일반적인 논의를 전개할 때, '이주'라는 용어만을 사용하여 두 개의 의미를 모두 함의하고자 한다.[6]

여기서 전체적인 논의를 진행하기에 앞서 한 가지 중요한 사항을 강조하고 싶다. 우리는 이주자 개인이 합법적인 장기간 거주와 노동의 지위를 가지고 있는지의 여부, 예를 들어 '그린카드Green Cards', 즉 여권에 찍히는 영구 거주 허가 스탬프를 갖고 있는지의 여부에 초점을 맞추는 경향이 있다. 그런데 또한 우리가 유념해야 할 사실은 바로 그 동일 인물이 기원국으로 돌아가는 희망을 늘 꿈꾸고 있을지도 모른다는 점이다. 이를 우리는 흔히 '귀환 신화myth of return'라고 부른다. 그러므로 이주자의 체류 특성이 일시적인지 영구적인지의 여부는 단순히 법적인 지위를 통해서가 아니라 심리적 입장을 통해서 이해될 수 있을 것이다. 사야드(Sayad, 1977; 1991)와 베일리 등(Bailey et al., 2002)이 주장한 것처럼 이주자들은 '일시적인 것에 대한 영구적인 의식'과 '영구적인 것에 대한 일시적인 의식'을 동시에 가지고 살아간다.

또 다른 명확한 구분은 **합법적**legal 이주와 **미등록**undocumented 이주이다. 합법적 이주자는 이입국에 거주해도 좋다는 허가를 국가정부로부터 제때에 신속하게 받은 사람들이다. 그런데 합법적 이주자는 보다 세분화된 구분이 필요한데, 거주의 허가만을 부여받은 이주자와 거주 및 노동의 허가를 모두 부여받은 이주자의 구분이 그것이다. 더 나아가 단순한 거주 허가만이 아니라 세부적으로 그것에 부가되는 조항 혹은 조건이 무엇인지, 즉 한 명 이상 몇 명까지 가족 구성원을 데려올 수 있는지, 주당 몇 시간까지 노동이 허락되는지 등과 같은 세부 사항들이 붙게 된다. 이와는 대조적으로 불법illegal, 비정상irregular, 숨어 사는clandestine, 무허가unauthorized 이주자 등으로도 불리는 미등록 이주자는 당국의 적발을 피하여(흔히 밀입국이라고 불린다) 국경을 넘어 들어온 사람들을 말하며, 비자 만료일이 지났음에도 불구하고 떠나지 않고 남아 있게 된 사람들도 이 부류에 포함된다. 필자는 '미등록'이라는 용어를 사용하고자 하는데, 이는 적어도 미국과 유럽의 여러 국가들에서 살고 있는 이주자들 스스로가 선호하는 용어라고 판단되기 때문이다.[7] 더군다나 일부 이주 관련 논객들과 이주자들 스스로는 '어떤 이주자도 불법적이지 않다'고 주장한다. 다시 말해 누구도 법규 바깥에 있어서는 안 된다는 것이다(예를 들어 Cohen, 2003). 흔한 경우는 아니지만 비자에 명기된 근로조건을 위반하는, 즉 허가받은 것보다도 더 많은 시간을 일하는 합법적 이주자의 경우를 앤더슨 등(Anderson et al., 2006)은 '법을 철저히 준수하지 않음semi-compliance'이라고 표현했다. 만약 이러한 경우가 발생되면 이주자는 '불법적인(법을 철저히 준수하지 않은) 것으로 간주되어 추방이라는 가혹한 현실을 맞이하게 된다.

이주 연구 논저에서 발견되는 또 하나의 분명한 학술적 구분은 **강제적** 이주와 **자발적** 이주이다. 이러한 구분은 이주자의 상이한 입국 양식을 논할 때 기초적인 기준으로 사용된다. 그러나 사람들이 이주하는 이유는 강제적 이주와 자발적 이주의 어느 한쪽 측면만을 가지고 있는 것이 아니라는 점을 강조하고 싶다. 누가 '강제적'으로 이주했고 누가 '자발적'으로 이주했는가를 정확하게 밝히는 것은 쉬운 문제가 아니다. 하지만 일반적으로 강제적 이주의 유형은 두 가지로 구분된다. 하나는 국제 협약에 의해 인정받은 망명 신청자 및 난민의 이주이고, 다른 하나는 소득이 낮은 궁핍한 사람들이 '어쩔 수 없이forced' 이주하게 되는 소위 '경제적 이주economic migration'이다. 망명 신청자 및 난민과 관련해서 가장 기본이 되는 두 가지의 국제 협약이 적용되는데, 그것은 바로 국제연합UN '제네바 협정'('난민 지위에 관한 1951년 협정')과 난민 지위에 관한 1967년('뉴욕') 협약이다.[8] 하지만 그러한 협약이 누구를 보호해야 할지, 누구를 보호하지 말아야 할지에 대해 강제적인 결정권을 행사하는 것은 물론 아니다.

이 협정들이 정의한 내용을 적용해 본다면 망명 신청자는 다른 국가에서 망명 혹은 난민 지위를 얻으려고 **노력하는 개인**individuals으로 이해되어야 한다. 따라서 그들은 애초부터 망명 신청자로 입국하는 것이다. 이후 그들은 특정 국가정부로부터 망명 지위나 난민 지위를 부여받기도 하고 거부되기도 한다. 난민의 경우는 종족적 혹은 민족적으로 정의된 집단을 일컫기도 하며, 어떤 국가에 도착하기 전부터 이미 국제법으로 인정받아 한 국가나 국제 조직에 의해 난민 지위를 부여받게 된다. 물론 개인이 오랫동안 망명을 시도한 끝에 난민 지위를 부여받게 되는 경우도 있다. 이 경우에는 입국 양식이 망명 신청자 혹은 난민들과는 사뭇 다를 수 있다. 망명 신청자가 처음부터 망명을 신청하여 입국을 시도하는 것이 아니라 비밀리에, 즉 불법적으로 입국에 성공한 후 나중에 그 국가에서 자신의 비밀스런 입국이 망명이었음을 주장할 수도 있다. 이주자에게 난민 지위나 혹은 다른 어떤 지위를 부여하느냐 마느냐의 여부는 관할 국가정부가 제네바 협정과 1967년 협약을 어떻게 해석하느냐에 따라 달라질 수 있다. 제네바 협정은 다음과 같이 명시하고 있다.

1951년 1월 1일 이전에 일어났던 많은 사건의 결과로, 그리고 인종, 종교, 국적, 소속되어 있는 특정 사회집단, 정치적 견해 등이 다르다는 이유로 박해를 받을 수 있다는 두려움이 뿌리 깊게 형성되어 있을 경우, 한 개인은 자신이 속한 국적의 국가 영역 바깥에 존재하게 된다. 따라서 그 국가의 보호를 받을 수 없거나 혹은 박해를 당할지도 모른다는 두려움 때문에 그 보호를 받기를 꺼리게 된다. 또한 그러한 사건의 결과로 국적을 갖지 못하게 되었거나 자신들의 삶의 터전이었던 곳이 다른 국가에 점령되어 쫓겨나게 됨으로써 그 바깥에 처하게 된 사람들도 그곳으로 돌아갈 수 없게 되었거나 혹은 그러한 두려움 때문에 돌아가기를 꺼리게 된다.[9]

제네바 협정에는 위의 내용과 더불어 난민과 관련하여 농르플망non-refoulement(강제송환 금지)의 원칙이 지켜져야 한다고도 명기되어 있다. 즉, 어떠한 국가도 '난민'을 그가 박해받을 것을 두려워하는 그 국가로 '적절한 과정', 즉 합법적인 소명 청취의 기회 없이 돌려보낼 수 없다는 것이다(Newbold, 2007). 제네바 협정은 제2차 세계대전의 맥락에서 출현하였기 때문에 유럽 내에서 1951년 이전에 이주했던 사람들에게만 적용되었다. 따라서 이 협정은 유럽이라는 제한된 지리적 영역에만 적용할 수 있는 것이다. 또한 이는 "아프리카 사람들과 아프리카 정치를, 유럽 중심적이고 오리엔탈리즘적이며 심지어는 인종차별적으로 구성한"(Hyndman, 2000, p.11) 것에 바탕을 두고 있다.

1967년 협약은 1951년 이후 망명을 요구하는 사람들을 고려하기 위해 지리적 제한성을 풀어 주었다. 하지만 이 협약의 효과가 진보적이며 환영받을 만한 것이라고 말하기는 어렵다. 2007년에 147개 국가에서는 이 두 개의 법적 수단 모두를 혹은 그중 하나를 비준하였다(UNHCR, 2008, 7조와 8조). 이제 '난민' 여부의 결정은, 비록 그 국가들이 두 개의 법적 수단을 혹은 그중 하나를 사실상 비준했음에도 불구하고, 각 국가가 그 법적 수단을 어떻게 해석하느냐에 따라 결정된다. 이러한 결정에서 큰 비중을 차지하는 것은 과연 '두려움'을 어떻게 해석하느냐의 문제이다(Hyndman, 2000; Newbold, 2007). 실제로 난민과 망명 신청자를 어떻게 정의하느냐의 문제는 적잖은 논란거리가 되고 있으며, 실제 현실에서도 국제 협약과 법규에 기재된 정의가 엄격하게 적용되기보다는 상당히 변질된 조치들이 실행되고 있는 실정이다.

어찌 되었든 만약 한 개인이 특정 국가정부로부터 난민 지위를 부여받게 되어 그 국가에 의존해서 살아가게 되었다면, 이는 원칙적으로 난민 자신과 그 가족 구성원들도 합법적 이주자들이 누리는 권리와 유사한 권리를 누리게 되고, 또 일부 사회적 지원까지도 얻게 된다는 것을 의미한다. 이러한 지원은, 법률적 지원은 물론이고 교육과 주택에 이르기까지 다양한 것들이 포함된다. 하지만 세계의 난민 대부분은 그러한 지원 네트워크에 포섭되어 있지 않다. 하물며 '적절한' 수준의 지원을 제공해 주는 다른 선진국으로 갈 수 있을 만한 자원을 개인적으로 갖추고 있는 것은 더더욱 아니다. 따라서 그동안 많은 수의 난민들은 빈민가 같은 곳에서 궁핍한 삶을 이어왔는데, 그 빈민가는 유럽이나 미국 같은 선진국 속에 있는 빈민가가 아니라 아주 가난한 국가들 속에 위치한 빈민가였다. 아니면 난민촌 안에 있는 UN난민고등사무소UNHCR 같은 난민 단체나 다른 '인도주의적' 단체의 도움을 받으며 연명해 가고 있는 것이다.

우리는 '경제적 이주'를 또 다른 형태의 강제적 이주로 범주화할 수 있다. 사람들은 가난이나 실업 상태, 낮은 생계 급료, 만성적 질병, 영양실조, 혹은 인간이 원인을 제공하여 오랫동안 만들어져 온 '환경적' 재앙 등으로부터 벗어나고자 노력한다. 그리고 그러한 여러 난제들의 원인 혹은 결과가 되는 것들도 당연히 피하고 싶어 한다. 선진국의 정부는 물론이고 그렇지 않은 국가의 정부도 마찬가지로 누가 '진짜' 망명 신청자이고 누가 아닌지를 판정하는 기준을 결코 확연하게 정립해 놓고 있지는 않다. 유럽과 같은 지역에서 지난 10년간 망명 신청자의 승인 비율은 오히려 감소하고 있다. 또한 많은 선진국 정부가 국제 난민 협약을 매우 제한적인 의미로 적용하고 있다. 이러한 점에 비추어 본다면 즉각적이고 심각한 정치적 위험에 처해 있기 때문에 이를 시급히 벗어나게 해야 한다고 판단되는 사람들 말고는 정부적 차원의 동정심을 끌어내기란 어려울 것이다. 21세기의 시작 단계에 있는 이 시점에서 그러한 상황은 더욱 확산되고 있다(예를 들어 Papastergiadis, 2006 참조). 간단히 말해 가난 때문에 '강제적으로' 이주하게 된 사람들일지라도 어떤 정부에서는 그들을 그저 '자발적' 이주자, 즉 '경제적 이주자'로 간주해 버린다. '경제적 이주(자)'라는 용어는 부정적인 의미를 내포하며, 경멸적인 어조로 통용된다. 다시 말해, 경제적 이주자라는 말은 '난민으로 받아들일 만한 자격이 있는more deserving' 난민들과 비교되곤 한다. 예를 들어 영국에서는 정부와 일반 대중이 특정 이주자를 '진짜' 망명 신청자가 아니라 '경제적 이주자'로 판단해 버리면, 이제 그 이주자는 '가짜' 망명 신청자로 낙인찍히는 것이다. 이때 중요한 문제는 선진국 정부가 정치적 박해로 고통받는 사람들과 심각한 경제적 어려움으로 고통받는 사람들을 과연 잘 구별하고 있는 것인지, 구별한다면 과연 어떻게 구별하고 있는지 하는 점이다. 특히 경제적 고통의 상황이 선진국의 정책에 의해 발생한 결과라고 한다면 더더욱 그러하다.

이 섬은 강제적 이주와 자발적 이주 간의 명확한 구분이 무엇인지, 고숙련 이주와 미숙련 · 저소득 이주 간의 관계가 무엇인지를 우리에게 환기시킨다.[10] 미숙련 이주와 고숙련 이주를 각각 강제적 이주와 자발적 이주로 대위시켜 단순하게 처리하기가 쉬운데 이는 잘못된 것임이 많은 사례를 통해 밝혀졌다. 첫째, 노동사회학자들은 무엇이 '숙련된' 것이고 무엇이 '덜 숙련된' 것인지에 대한 전 세계적으로 인정된 정의가 없다는 점을 오랫동안 충고해 왔다. 그리고 분명히 말할 수 있는 점은 '아무 기술이 없는unskilled' 사람은 있을 수 없다는 점이다(예를 들어 Gallie, 1991). 사실상 이주하는 사람들은 모두 제 나름대로의 기술을 지니고 있다. 다만 이입국에 도착하여 활동한 그 시점에 그 국가정부로부터 인정받지 못했을 뿐인 것이다. 때로는 그 국가 내의 특정 지역에서만 인정받지 못하는 경우도 있을 수 있다. 이러한 의미에서 '숙련됨'과 그렇지 않음에 대한 정부와 기업의 정의는 공간과 시간에 따라 달라질 수 있다. 어찌 되었든 많은 국가에서는 누가 숙련되었고, 덜 숙련되었고, 숙련되지 않았는지 혹은 그런 범주들의 중간 어디에 속하는지 등을 판별하는 나름의 이민 기준을 가지고 있다. 따라서 의사, 컴퓨터 엔지니어, 간호원, 은행원 등 중등 및 대학 이상의 교육을 받은 소위 고숙련 이주자는 그런 교육을 받지 못한, 즉 '고소득' 직종을 얻는 데 필요한 전문적 자질이 부족한 미숙련 이주자들과는 뚜렷한 차이가 있는 것이다.

둘째, 많은 고숙련 이주자들이 '자발적' 이주라고 여겨지는 이주를 하고 있다는 것은 쉽게 이해가 된다. 즉, 그들은 국제적 노동 활동 경험을 얻고자 하며, 새로운 사업을 창업하려 하고, 떨어져 지내던 가족과 결합하려는 등의 자발적 이주를 단행하고 있다. 그러나 수없이 많은 저소득 혹은 미숙련 이주자들은 자신들이 이용 가능한 경제적 선택의 범위 내에서 어쩔 수 없이 이주를 '할 수밖에 없는forced' 상황에 처해 있다. 그러나 고숙련 이주자들 중에서도 정치적 박해와 가난을 벗어나고자 이주하는 사람들이 있을 수 있으며, 반면에 미숙련 저소득 이주자 중에서도 더 많은 급료를 받기 위해, 가족과 결합하기 위해, 새로운 모험을 찾아서 혹은 그런 여러 가지의 복합적인 목적들을 달성하려고 상당히 자발적인 이주를 하는 사람들도 있다. 따라서 우리는 숙련성 여부와 자발적 혹은 강제적 이주 동기 등의 범주를 도식적으로 상호 대응시키는 관행을 걷어치워야 한다.

위와 같은 범주들은 정부, 미디어, 학계 혹은 다른 주체들에 의해 널리 사용되고 있는데, 이는 이주의 문제가 단지 이주자들만의 문제가 아니라는 사실을 명백히 보여 준다. 따라서 우리는 이주 문제와 정부와 시민 사이의 관계를 다룬 이슈와 논의들을 살펴볼 필요가 있다. 여기서 필자의 논의는 광범위한 내용을 종합적으로 다루도록 고안되지는 않았으며, 따라서 이 책의 내용도 그 모든 이슈들을 하나하나 꼼꼼히 다루고 있지는 않다. 오히려 이 부분은 뒤따르는 네 개의 장에서 다룰 연구 주제 분석을 위한 기초작업을 펼치려는 목적으로 기술된 매우 선택적인 논의일 뿐이다. 이러한 이슈들 중 첫 번째로 다룰 것은 바로 이주의 원인과 결과와 관련된 내용이다.

이주와 관련된 핵심 이슈와 논의들

이주의 원인과 결과

사람들은 왜 이주하는 것일까? 여러 다양한 종류의 이주들이 계속 일어나도록 조장하는 힘은 무엇일까? 이러한 문제와 과련하여 '공간'은 과연 얼마나 중요한 걸까? 간단히 말해 이주의 원인은 무엇일까? 이러한 질문들은 학문적 관심사로서만 국한된 것이 아니라 그 이상의 의미를 지닌다. 예를 들어 선진국 정부의 정책에서는 불균등한 무역 체계로 인하여, 특히 그것이 가난한 국가의 농부들에게 미치는 해악적 효과가 분명하게 드러날 경우에 한해 국제 이주가 일어난다고 설명한다. 선진국의 정책과 직·간접적으로 관련을 맺고 있는 전쟁, 환경 문제, 만성적 실업 등의 여러 문제들도 이주의 패턴을 만들어 나갈 수 있다. 미등록 이주 같은 특정한 종류의 이주는 부분적으로 국민국가의 제한적 이주 정책에 기인하기도 한다. 또한 어떤 국민국가에서 혹은 그 안의 어떤 지방에서 특정 집단의 사람들을 문화적, 정치적, 사회적으로 주변화하여 그들의 이출emigration을 강요하거나 권고할 때에도 그런 이주가 발생할 수 있다. 여러 상이한 장소에 거주하는 개인들을 연결시켜 주는 사회 네트워크에서도 그 원인을 찾을 수 있다. 사회 네트워크는 가족 구성원, 망명 신청자 혹은 학생 등 다양한 존재들로 구성될 수 있다. 이는 해외이주 모집 대행사의 형태로 혹은 밀수업자나 불법 중계무역상의 형태로 전개되어 때로는 국가 정책의 개입을 유도하기도 한다. 이주의 원인은 특정 국가에서의 젠더에 대한 억압과 기대로 인해, 다시 말해 특정 국가에서 내부적으로 여성에게 가해지는 폭력으로 인한 여성들의 이출이 나타나기도 하며, 남성이 '남성다운 남성이 되기 위해be a man' 떠나고 싶어 하는 경우로 나타나기도 한다. 예를 들어 이탈리아나 영국으로 이주하는 알바니아인들 중에는 그런 사례가 흔히 있다(King et al., 2006).

이러한 다양한 원인들과 관련하여 우리는 이 원인들 모두에 주목하거나 혹은 그중 어떤 특정한 원인에 주목해야 한다. 왜냐하면 그러한 원인들이 직접적으로 사람들에게 영향을 미쳐 이주를 단행하게끔 하기 때문이기도 하지만 사실 그보다는 오히려 그 원인들이 사회적 문제로 탈바꿈하여 적절하지 못한 정책으로 이어지고 있기 때문이다. 우리가 반드시 주목해야 하는 점은 바로 이것이다.

이주의 다양한 원인들은 서로 연결되어 있으며, 상호 영향을 주고받고 있다. 지난 한 세기 동안 깊이 있게 진행된 이주 연구들은 이주의 원인이 기원국에서 벌어지는 이주의 결과와 무관하지 않다는 점을 밝히고 있다. 특히 최근 10년 동안 이주를 연구하는 많은 학자들은 단순한 이주 과정에 대한 연구로부터 더 확장하여 이주와 발전 간의 관계에 새롭게 주목하기 시작했다. 이는 "이주-개발 연계migration-development nexus"라고 불린다(예를 들어 IOM, 2008a). 지난 40년간 선진국의 정부에서는 가난한 국가로부터 유입되는 미숙련 저소득 계층의 이주를 대체로 '나쁜 것bad thing'으로 치부하였다. 선진 국의 정부는 그동안 미숙련·저소득 이주자를 막을 수 있는 방법을 모색해 왔으며, 송출국에서 산업화나 민주화의 형태로 '발전'이 이루어지면 사람들 의 이주가 없어질 거라는 상투적인 가정을 제기해 왔다. 하지만 이제 이러한 가정은 점차 사그라들었고, 새로운 논쟁이 벌어지게 되었다. 이에 대해서는 제2장에서 다루고자 한다.

어쨌든 이주의 원인과 결과 간의 쌍방적인 관계에 대해 많은 학자들의 관 심이 증폭되고 있다. 예를 들어 캐슬과 밀러(Castles and Miller, 2009) 같은 학 자는 이주의 '근본 원인root causes'을 찾고 이해하려는 노력을 강조해 봤자 이 제는 그것이 아마도 헛된 노력에 불과할 것이라고 주장한다. 그 원인을 찾고 이해하여 '이주를 막으려고' 노력하기보다는 차라리 송출국과 이입국 양 국 가 모두에게 득이 되는 것은 물론이고, 이주자 자신에게도 득이 될 수 있도 록 하기 위하여 더 큰 규모의 이동성이 어떻게 원활하게 진행되고 있는지를 이해하는 쪽으로 우리의 관심을 돌리는 것이 현명하다는 것이다. 이것이야 말로 칭찬받을 만한, 그리고 주목받아 마땅한 연구 의제임이 확실하다. 하 지만 이 책에서는 또한 그러한 원인을 밝히는 것 역시 중요하다고 주장한다. 왜냐하면 그 이유를 정확히 밝혀내면 좀 더 공정한 세계로 나아가기 위한 기 조로 활용할 수 있기 때문이다. 공정한 세계가 펼쳐진다면 다양한 형태의 국 제 이주는 이제 더 이상 어쩔 수 없이 벌어지는 현상이라고만 단정지을 수는 없게 될 것이다.

이주자들의 고용 문제

두 번째 핵심 이슈는 이주자와 노동의 관계이다. 노동은 이주자들의 삶에 서 매우 중요한 문제이다. 망명 신청자, 가족 구성원, 학생 등 노동이 이주의 직접적인 목적이 아닌 경우라고 할지라도, 그들이 목적지에 도착하여 임금노동에 직접 종사하지 않는다고 할지라도 마찬가지이다. 따라서 노동과 관련된 제반 문제들은 정부, 시민, 이주자, 이주자 조직 등 이주 관련 주체들에게 큰 관심사가 아닐 수 없다. 그중에서도 가장 중요한 문제는 이주자들이 수행하는 노동의 특성이다. 이주자들이 광범위한 직업 스펙트럼에 걸쳐 다양한 노동에 종사하고 있긴 하지만 세계 곳곳의 수많은 이주자들은 그들이 숙련된 기술을 가지고 있건 없건 상관없이 농업, 돌봄 노동, 건설업, 광업, 호텔과 음식점 같은 서비스업 등에서 매우 힘들고 낮은 급료를 받는 노동에 종사하고 있다. 이주자들은 왜 그런 노동에 내몰려 있을까? 달리 말해 이주자들은 어째서 그런 노동을 알게 된 걸까? 그들은 직업을 찾는 과정에서 어떤 장애물에 부딪치는 걸까? 이러한 질문에 간단히 대답하자면 그들은 노동시장에서 기존 시민들과 경쟁할 만한 교육 수준이나 자질 혹은 기술을 갖고 있지 못하기 때문이다. 또한 고용주들이 갖고 있는 편견과 인종차별적 가정도 영향을 미치기 때문이다. 그런 편견과 인종차별적 가정은 확실히 지리적인 특성을 지니고 있다. 또 다른 합당한 대답을 꼽자면 새로운 이주자들이 먼저 와서 정착하고 있는 기존 이주자들과 어떤 네트워크를 형성하여 정착지의 직업 정보를 취득하느냐 하는 점도 중요한 변수일 것이다.

이주자들이 종사하는 노동은 흔히 비공식적인 특성을 지닌다. 노동이 정부 당국자의 규제 범위를 벗어나 있는 경우가 많다는 것이다. 이주자들은 일한 만큼의 적절한 급료를 받지 못하는 경우가 많으며, 앞서 언급한 것처럼 어떤 이주자들은 너무나 적은 급료를 받기 때문에 고향에서 그들의 도움을 기다리는 절박한 처지의 가족 및 친척들에게 송금을 보내는 것은 고사하고 자신들의 방세와 식비조차 감당하기가 어려운 상황에 처하기도 한다. 고용주가 미등록 이주자를 비공식 고용 분야에 널리 사용하고 있는 상황에 대해 어떤 정책이 마련되어 있는 걸까? 만약 좀 더 진전된 정책을 마련한다면 과연 그런 문제를 해결할 수 있을까? 이러한 질문들이 바로 이주의 거버넌스를 위한 과제인 것이다.

이주 문제의 거버넌스와 관련된 상충적 과제

세 번째 이슈는 이주 문제와 관련된 다양한 단계, 즉 다양한 '스케일'(국제적, 국가적, 지역적, 지방적 등)의 정부와 각각의 시민들이 이주 문제를 어떻게 바라보고, 그것에 어떻게 반응하는가 하는 점이다. 이주 및 기타 사회적 현상이 다양한 단계의 정부를 통해 규제될 때 그러한 규제를 우리는 **거버넌스**governance라고 부른다. 특정 정부와 시민들에게 이주는 적극 권장되는 과정이기도 하다. 하지만 다른 정부나 시민들에게는 강력하게 억제되어야 할, 때로는 엄청난 경제적·사회적 비용을 감수해야 하는 과정이기도 하다. 특히 외국 학생이나 고숙련 이주자가 아니라 저소득 이주자들의 유입이 권장되거나 망명 신청자와 난민을 받아들이게 될 경우 많은 국가의 시민들과 이민배척주의를 지향하는 언론의 분노가 촉발될 수 있다. 물론 예외도 있는데, 예를 들어 저임금 이주자에 의존하는 고용주와 그 대리인들은 좀 더 자유방임적인 태도를 취하기 마련이다.

이슈에 대한 반응은 단순히 특정 스케일의 정부만이 갖는 문제가 아니며, 상이한 이해관계를 지닌 독특한 사회집단의 산물로만 한정할 수 있는 문제도 아니다. 오히려 지리에 따라 다르게, 다시 말해 어떤 지역, 도시 혹은 마을의 경우 다른 곳보다 이주를 더 환영하거나 덜 환영하는 모습으로 복잡한 지리와 연관되어 있는 것이다. 예를 들어 원래 외국에서 이주해 온 시민들이 집중적으로 모여 있는 곳에서는 이주자들을 좀 더 받아들이는데 관대한 반면 외국 태생 거주자가 매우 적은 지역에서는 그렇지 못하다(Wright and Ellis,

2000b). 이는 거버넌스가 포함시키지 못하는 차원이며 이주, 이주자, 친이주 비정부 조직NGOs이 어떻게 이주 정책을 만들어 가는 데 일조하는가를 보여 주는 부분이다. 달리 말하면 정부는 이주를 완전히 통제할 수 있는 위치에서 한참 벗어나 있다고 볼 수 있는 것이다.

선진국의 정부에서는 제네바 협정 및 1967년 협약이 제시하고 있는 난민 관련 조항의 준수와 망명 신청자 및 난민의 숫자를 엄격히 제한하려는 시도 사이에서 균형을 맞추고자 노력하고 있다. 그런데 망명 신청자와 난민의 수용을 불법화하는 경우가 늘어나고 있다는 점, 그래서 본국의 박해를 피해 온 이들 이주자들이 최종적으로 자국 내로 유입되는 것을 막으려는 정책으로 이어지고 있다는 점은 매우 중요한 이슈가 아닐 수 없다. 이러한 불법화와 격리 정책은 최근 더욱 노골적으로 실행되어 멀리 떨어진 섬 지역의 억류 보호 센터나 다른 유사한 공간을 만드는 경우가 매우 많아지고 있다. 이러한 곳들은 국가법과 국제법의 적용 범위 바깥에 설치되어 부분적으로만 그 법의 영향을 받고 있는 것으로 보인다(예를 들어 Ong, 2006).

선진국의 정부들이 이주자들을 적극적으로 필요로 하지 않기 때문에 이러한 조치를 시행하고 있다고 판단하는 것은 잘못이다. 실제로 2007~2008년에 시작된 세계적 경기 침체 이전에는 소위 '능력 있는 이주자talent'를 찾는 작업이 활발히 진행되었는데, 이는 많은 국가들이 어떻게 하면 고숙련 이주자들을 선발할 수 있을까 하는 점과 어떻게 하면 그 외의 이주자들을 제한하거나 잘 관리할 수 있을까 하는 점을 동시에 깊이 있게 고민했었음을 의미한다. 역설적이게도 많은 정부에서는 자국 중산층 시민들이 포기한 저급 노동 분야에 미등록 이주자들이 채워짐으로써, 그들이 대단히 중요한 기여를 하고 있다는 점을 인정하고 있다. 이처럼 복잡한 목적들을 균형 있게 맞추려는 시도의 일환으로 소위 '이주 관리migration management' 독트린이 발표되고, 국제이주관리위원회 및 조직들이 형성되고 있으며, '글로벌 이동성 레짐 global mobility regime'의 가능성에 관한 논의들이 점점 증가하고 있다.

가난한 국가의 이주 정책은 여러 가지 면에서 선진국의 움직임을 따라가는 거울과도 같은 모습을 지니고 있다. 선진국에서 이민 문제에 골몰하는 것과 마찬가지로 가난한 국가에서도 역시 이출 문제에 골몰하고 있는 듯하다. 즉, 가난한 국가에서는 어떻게 하면 숙련 노동자를 붙잡아 두면서 동시에 미숙련 노동자는 외국으로 진출시켜 국내로의 송금을 지속시키고 실업률을 줄여 나갈 수 있을까 하는 점에 큰 관심을 가지고 있다. 또한 흥미로운 것은 이주 관리를 담당하고 있는 가난한 국가의 관련 정부 기관도 선진국과 **마찬가지로** 국경을 넘는 난민들의 이주 문제, 대규모의 이촌향도 이주 문제, 저소득 노동자의 자국 유입 문제 등으로 골치를 썩고 있다는 점이다.

이주자들을 위한, 이주자들에 의한 소속감과 시민권의 문제

마지막 이슈는 시민권과 관련된 문제이다. 이주와 시민권 연구 문헌에서 소위 '소속감belonging'이라고 하는 것이 바로 그것이다. 모두가 그런 것은 아니지만 오늘날 많은 이주자들이 소망하는 가장 근본적인 것은 이민 국가에서 법적인legal, 혹은 공식적인formal 시민권을 확보하는 것이다. 국민국가와 그 속에 있는 행성 지역, 도시 등은 각각 다른 법규를 가지고 있는데, 특히 공식적인 시민권과 관련하여 상이한 법규를 구축하고 있다. 대부분의 국가에서 시민권을 획득하는 것은 그리 쉬운 일이 아니다. 일부 국가의 시민권은 다른 국가에 비해 더 쉽게 획득될 수도 있는데, 이 경우 이주자가 지니고 있는 특성들에 따라 결정되는 경우가 많다. 예를 들어 경제적 능력, 기술, 체류 기간 등에 따라 시민권 획득 가능성이 결정되는 것이다. 또한 이는 이주자의 민족적 혹은 국가적 배경이 공식적으로 인정받고 있는 것인지 여부에 따라 결정되기도 한다. 이러한 가운데 상이한 스케일의 정부와 정착국의 기존 국민들은 이주를 수용하는 것이 그들에게 득이 되는 것인지에 대해 끊임없이 의문을 제기하고 있으며, 공식적 시민권이 너무 쉽게 주어지는 것 아니냐는 비판을 제기하고 있다. 이주자들에게 있어서 시민권을 취득하는 일이 정착국 내에서 '통합'이라 불리는 과정에 참여하게 되었음을 의미하는 것에 불과할 뿐이지만 말이다.

또한 이주자들은 **실질적인 시민권**substantive citizenship과 관련된 문제들로 고통을 받기도 한다. 실질적인 시민권이란 이민자들의 일상생활과 직결되는 중요한 문제로 이해될 수 있다. 즉, 실질적 시민권이 있어야 주거와 노동을 위한 장소를 찾을 수 있고, 그런대로 괜찮은 학교를 선택할 수 있으며, 필요한 단체와 이벤트에 참여할 수 있는 등 가족의 삶의 문제를 해결할 수 있다. 또한 양질의 법률 서비스와 의료 서비스도 받을 수 있게 되는 것이다. 그런데 이러한 일상 생활과 직결된 문제들은 인종차별주의 혹은 특정의 문화적 행태에 대한 기대감 등으로 더욱 악화되기도 한다. 그러한 왜곡된 인식은 다양한 국가 기반의 조직들 혹은 시민들, 심지어는 다른 이주자들에 의해서 만들어지기도 한다.

실질적 시민권은 또한 '소속감'과도 관련된 문제이다. 이주자 정체성은 시민들, 다른 이민자들, 본국에 남아 있는 동족들에 대응하여 끊임없이 변해 간다. 그리고 국가, 지역, 기원지 마을 등 공간적 특성과 연관된 영향력과 나이, 젠더, 종교, 피부색 등 차이를 나타내는 여러 변수들과 연관된 영향력에 의해 형성되어 간다. 그들이 정착하는 목적국에서 이러한 정체성(들)을 얼마나 표현할 수 있느냐의 문제는 많은 이민자들에게 큰 관심거리가 아닐 수 없다. 이와 동시에 여러 이주자들은 목적국의 대다수 시민들이 갖고 있는 문화적, 정치적, 사회적 관행을 적어도 일부라도 취득하고 싶어 한다. 하지만 사람들의 정체성의 표현이 만약 그저 개인적인 이슈일 뿐이라면 정부나 언론 누구도 그리 많은 관심을 보여 주지는 않을 것이다. 다양성을 관리하는 일, 다시 말해 사람들의 문화적, 정치적, 종교적 정체성을 관리하는 일은 중요한 문제임이 분명하다. 정부는 이주자, 시민, 경제 발전, 토착 정치 제도와 단체 등이 서로 맺고 있는 관계를 잘 조정해 나갈 필요가 있기 때문이다.

지구촌 이주의 추산적 패턴과 동향

캐슬과 밀러(Castles and Miller, 2009, pp.10-12)의 저서, 『Age of Migration』의 최신판에는 '현대의' 이주와 연관된 보편적 경향을 다음과 같이 6가지로 정리하고 있다.[11] 1) '이주의 글로벌화', 즉 이주의 다양화라고 흔히 지칭되는 현상이다. 2) '이주의 가속화', 즉 더욱더 많은 사람들이 이주하고 있음을 의미한다. 3) '이주의 차별화', 달리 말하자면 앞서 논의한 바 있는 입국 유형과 방식의 다양화가 진행되고 있음을 의미한다. 4) '이주의 여성화', 즉 남성과 비교해 볼 때 더 많은 비율의 여성이 이주하고 있음을 의미한다. 5) '이주의 정치화', 이는 이주가 글로벌 정치 논쟁 및 국가적 정치 논쟁의 중심적 주제가 되고 있음을 의미한다. 6) '이주의 환승(시) 증가', 즉 폴란드와 한국처럼 오랫동안 송출국으로 자리 잡고 있었던 일부 국가들이 이제 (이주) 환승 국가 혹은 영구 이민을 받아들이는 국가로 바뀌고 있다.

우리는 이미 '이주의 차별화'에 대해 앞부분에서 논의한 바 있다. 따라서 캐슬과 밀러의 6가지 경향 중 나머지 5가지에 대해 다루어 보도록 하자. 특히 여기서는 처음 두 가지, 즉 '이주의 가속화'와 '글로벌화'에 초점을 맞추고자 한다. 이를 통해 독자들은 출생국 이외의 다른 국가에 거주하는 이주자들의 수가 얼마나 되는지를 파악할 수 있을 것이다. 또한 이주의 가속화와 글로벌화 현상을 설명하기 위해 이주 이론들을 간략하게 살펴보고, 좀 더 상세한 논의는 제2장에서 다루고자 한다.

유감스럽게도 글로벌 이주를 대략적으로나마 개관하기 위해서는 어쩔 수 없이 '방법론적 국가주의methodological nationalist'라는 틀 속에서 국가 단위로 취합된 기존의 데이터를 사용할 수밖에 없다. 이러한 데이터는 인구 보유량stock과 인구 흐름flow을 산출한 것이다. 여기서 인구 보유량이라는 말은 특정 시기, 특정 국가의 이민자 수를 표현하기 위해 사용되는 투박한 은유적 용어이다. 흐름이라는 용어도 문제가 있기는 마찬가지인데, 하천의 흐름처럼 사람들의 일방향적one-way 이동을 기록하고자 하는 은유적 용어인 것이다. 특히나 가난한 국가의 일부 데이터는 매우 부실한 것으로 알려져 있다. 이주에 관한 데이터가 지닌 또 다른 분명한 한계는 국가 간 통계의 불일치성incompatibility의 문제이다. 각 국가들은 이주 관련 통계를 계산하면서 누가 이주자이고 누가 이민자인지를 매우 다른 방식으로 판단하는 경우가 많다. 어쨌든 데이터 문제는 많은 비판을 받는 문제인데, 이러한 가운데 유럽연합통계국EUROSTAT, 국제이주기구IOM, 경제협력개발기구OECD, 국제연합UN 같은 국제 조직들은 그러한 데이터의 불일치성을 정확히 인지하고 있고, 더 나아가 귀환 이주에 관해서 만큼은 합리적인 데이터를 제공하고 국가 단위로 수집된 데이터의 불일치성을 교정하기 위해 많은 노력을 기울이고 있다(IOM, 2008b).

이러한 데이터 관련 문제들을 차치하더라도 이주의 '가속화'는 선명하게 그 추이를 드러내고 있다. 2000년 당시에 전 세계의 이주자는 1억 7600만 명이었지만 불과 5년 후인 2005년에는 1억 9300만 명으로 증가하였다. 물론 그중 약 3000~4000만 명 정도는 '무허가'(미등록) 이민자들일 것으로 추산된다.[12] 우리는 데이터를 수집하는 목적이 무엇이냐에 따라 망명 신청자와 난민을 포함할 수도 있는데, 이들의 숫자는 무려 900만 명에서 1400여만 명 사이인 것으로 추산된다. 하지만 이주자 전체를 합해 보아도 그 비율은 2008년 세계 전체 인구의 약 3%에 불과하다(IOM, 2008b). 즐로트닉(Zlotnick, 1998)이 지적한 것처럼 비록 '우리 시대'가 '이주의 시대'라고 불리긴 하지만 지구촌 통계만을 놓고 보았을 때는 그런 결론을 도출하기가 조심스럽다.[13] 어쨌든 그러한 통계를 좀 더 깊이 있게 살펴보도록 하자.

표 1.1은 OECD에 속하지 않은 국가들[14] 중 **가장 많은** 이주자를 보유한 20개 국가를 순위별로 배열하여 비교한 것이다. 세 번째 열에는 전체 인구 수 대비 이주자 수의 비율을 표시하고 있고, 네 번째 열에는 이주자 인구수의 비율이 높은 순으로 국가명을 나열하고 있다. 그림 1.1은 표 1.1을 그래프로 표시한 것이다. 이 표와 그림에는 망명 신청자와 난민, 미등록 이주자는 포함되어 있지 않다.[15] 확연히 눈에 띄는 것은 아랍에미리트, 쿠웨이트, 사우디아라비아 등 걸프 지역 국가와 이란 및 요르단 등 그 인접 국가들이 **대단히 많은** 수의 이주자들을 보유하고 있다는 점이다. 이 점은 그 국가들이 총인구수 대비 이주자 수 비율을 보더라도 분명하게 드러난다. 유럽과 북미 지역이 높은 이주자 비율을 보일 것으로 생각하기 쉽지만 홍콩과 싱가포르 같은 국가들에 비하면 매우 적은 수준이나. 홍콩과 싱가포르의 경우 인구수의 거의 절반가량이 이주자인 것으로 알려져 있다.

표 1.2는 OECD 국가들의 이주자 인구('외국 태생 인구') 총수를 보여 주는 좀 더 정확한 자료이다. 대부분의 OECD 국가들에서는 이주자의 수가 1996년 이후 급증하고 있다. 표 1.3은 OECD 국가들의 **전체 인구 대비 이주자 인구('외국 태생 인구')**의 비율을 보여 주고 있다. 표 1.3의 내용을 그래프로 표시한 것이 그림 1.2이다. 표 1.3과 그림 1.2를 살펴보면 이주자의 비율

표 1.1 OECD 외 국가들의 이주자 수와 총인구 대비 비율, 그 비율이 가장 높은 국가들의 순위

국가 (이주자 수가 많은 순서)	이주자 수 (천 명)	총인구수 대비 이주자 비율(%)	총인구수 대비 이주자 비율이 높은 국가(순위별 기재)
러시아	12080	8.4	1. 아랍에미레이트연합
우크라이나	6833	14.7	2. 쿠웨이트
사우디아라비아	6361	25.9	3. 팔레스타인 점령지구
인도	5700	0.5	4. 홍콩
파키스탄	3254	2.1	5. 싱가포르
아랍에미리트	3212	71.4	6. 요르단
홍콩	2999	42.6	7. 사우디아라비아
카자흐스탄	2502	16.9	8. 카자흐스탄
코트디부아르	2371	13.1	9. 우크라이나
요르단	2225	39.0	10. 코트디부아르
이란	1959	2.8	11. 벨라루스
싱가포르	1843	42.6	12. 러시아
팔레스타인 점령지구	1680	45.4	13. 아르헨티나
가나	1669	7.5	14. 가나
쿠웨이트	1669	62.1	15. 말레이시아
말레이시아	1639	6.5	16. 이란
아르헨티나	1500	3.9	17. 남아프리카공화국
터키	1328	1.8	18. 파키스탄
벨라루스	1191	12.2	19. 터키
남아프리카공화국	1106	2.3	20. 방글라데시

출처: United Nations(2006)을 바탕으로 재구성

이 가장 높은 국가는 뜻밖에도 룩셈부르크, 오스트리아, 스위스 등으로 각각 20%를 상회하고 있다. 또한 1996년부터 2005년까지 이주자 수에 있어서 가장 빠른 증가율(4.1%)을 보인 국가는 아일랜드이다. 전자의 국가들에서는 숙련도가 가장 낮은 직종이 이주자들로 채워지고 있으며, 가족 결합 이주도 증가하여 높은 수치를 보이고 있다. 반면 아일랜드는 급속한 경제성장을 경험하면서 고숙련 이주자들에 대한 수요가 증가했고, 이 시기 동안 비교적 관대한 이주 정책을 시행했기 때문에 이주자의 비율이 높게 나타났다. 즉, 아

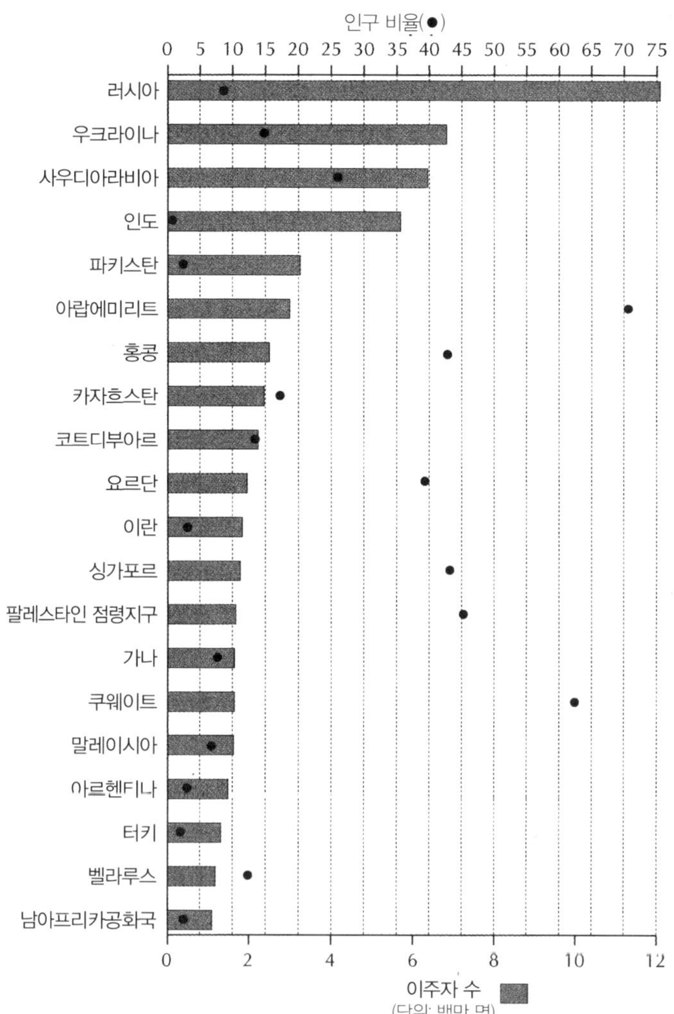

그림 1.1 OECD 외 국가들의 총인구 대비 이주자 인구('외국 태생 인구')의 비율

출처: 표 1.1의 자료

일랜드가 더 넓은 스케일의 유럽연합 이주 시스템으로 통합되었기 때문에 이주자가 급증하게 되었던 것이다.

표 1.4는 '외국 국민foreign nationals'의 '유입inflows'을 보여 주고 있다. 외국

표 1.2 OECD 국가별 이주자('외국 태생 인구')의 총수(단위: 천 명)

국가	1996	1997	1998	1999	2000	2001	2002	2003	2004	2005
오스트레일리아	4258.6	4315.8	4334.8	4373.8	4417.5	4482.0	4565.8	4655.3	4751.1	4829.5
오스트리아	–	–	895.7	872.0	843.0	893.9	873.3	923.4	1059.1	1100.5
벨기에	999.2	1011.0	1023.4	1042.3	1058.8	1112.2	1151.8	1185.5	1220.1	1268.9
캐나다	4971.1	5082.5	5165.6	5233.8	5327.0	5448.5	5568.2	5670.6	5774.2	5895.9
체코	–	–	440.1	455.5	434.0	448.5	471.9	482.2	499.0	523.4
덴마크	265.8	276.8	287.7	296.9	308.7	321.8	331.5	337.8	343.4	350.4
핀란드	111.1	118.1	125.1	131.1	136.2	145.1	152.1	158.9	166.4	176.6
프랑스	–	–	–	4306.0	4380.8	4469.8	4575.6	4691.3	4811.6	4926.0
독일	9708.5	9918.7	10002	10172	10256	10404	10527	10620	–	–
그리스	–	–	–	–	–	1122.9	–	–	–	–
헝가리	283.9	284.2	286.2	289.3	294.6	300.1	302.8	307.8	319.0	331.5
아일랜드	251.6	271.2	288.4	305.9	328.7	356.0	390.0	416.6	443.0	486.7
이탈리아	–	–	–	–	–	1446.7	–	–	–	–
룩셈부르크	130.9	134.1	137.5	141.9	145.0	144.8	147.0	148.5	149.6	152.1
네덜란드	1433.6	1469.0	1513.9	1556.3	1615.4	1674.6	1714.2	1731.8	1736.1	1734.7
뉴질랜드	605.0	620.8	630.5	643.6	663.0	698.6	726.3	748.6	763.6	796.1
노르웨이	246.9	257.7	273.2	292.4	305.0	315.2	333.9	347.3	361.1	380.4
포르투갈	529.0	523.4	516.5	518.8	522.6	651.5	699.1	705.0	714.0	661.0
스웨덴	943.8	954.2	968.7	981.6	1003.8	1028.0	1053.5	1078.1	1100.3	1125.8
스위스	1509.5	1512.8	1522.8	1544.8	1570.8	1613.8	1658.7	1697.8	1737.8	1772.8
영국	4131.9	4222.4	4335.1	4486.9	4666.9	4865.6	5075.6	5290.2	5552.7	5841.8
미국	27721	29272	29892	29592	31107	32341	35312	36520	37591	38343

출처: OECD/SOPEMI(2007b: 330)

(1) 멕시코, 폴란드, 터키는 데이터 부실과 지면 협소로 제외되었다.

(2) 1998년 이후 수치들 중 100만 명을 넘는 경우에는 반올림하여 소수점 이하 숫자를 생략했다.

표 1.3 OECD 국가들의 이주자 인구('외국 태생 인구') 비율(2005년도 비율이 높은 순서)

국가	1996	2000	2005	비율 변화
룩셈부르크	31.5	33.2	33.4	1.9
오스트레일리아	23.3	23.0	23.8	0.5
스위스	21.3	21.9	23.8	1.5
캐나다	17.4	18.1	19.1	1.7
뉴질랜드	16.2	17.2	19.4	3.2
오스트리아	–	10.5	13.5	–
독일	11.9	12.6	–	–
미국	10.3	11.0	12.9	2.6
스웨덴	10.7	11.3	12.4	1.7
벨기에	9.8	10.3	12.1	2.3
아일랜드	6.9	8.7	11.0	4.1
네덜란드	9.2	10.1	10.6	1.4
영국	7.1	7.9	9.7	2.6
노르웨이	5.6	6.9	8.2	2.6
프랑스	–	–	8.1	–
덴마크	5.1	6.0	6.5	0.005
포르투갈	5.4	6.3	6.3	0.9
체코	–	4.2	5.1	0.009
핀란드	2.1	2.7	3.4	0.006
헝가리	2.8	2.9	3.3	0.005

출처: OECD/SOPEMI(2007b: 330)를 바탕으로 재구성

국민이란 자국 내에 거주하는 이주자와는 다르다. 주목할 만한 것은 2004년 에서 2005년까지 포르투갈로 유입되는 이주자의 수가 −16%로 감소한 반면 뉴질랜드의 경우는 43%로 증가했다는 점이다. 캐나다, 미국, 영국에서도 이 주자의 수가 급증하였다.

표 1.5는 소위 '창고형warehoused', '비창고형non-warehoused' 망명 신청자와 난민들에 대한 추정 수치를 보여 준다.[16] 탄자니아와 같은 예외가 있긴 하지 만 가장 많은 수의 '창고형' 및 '비창고형' 난민들이 위치하고 있는 곳은 주로 중동과 남부 아시아 지역이다.

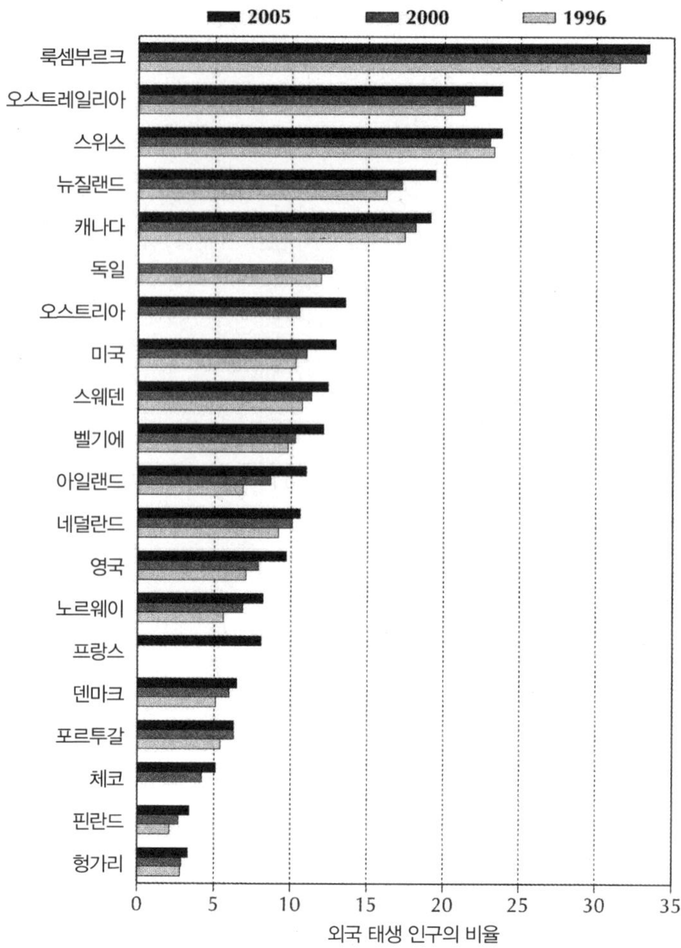

그림 1.2 OECD 국가별 이주자('외국 태생 인구') 수: 총인구 대비 이주자 비율

출처: 표 1.3의 자료

마지막으로 표 1.6은 학생 이주, 즉 '국제 학생 이동성international student mobility'의 수치를 보여 주고 있다. 1998년부터 2004년까지 외국 학생들의 숫자는 약 140만 명에서 270만 명으로 2배가량 증가하였다(IOM, 2008a). 이들은 지리적으로 보았을 때 선진국에 집중하는 경향을 보이는데, 전 세계 외

국가	2003	2004	2005	2004~2005	백분율 변화
포르투갈	12,900	15,900	13,300	−2,500	−16
독일	221,900	212,400	198,600	−13,800	−6
프랑스	168,900	173,900	168,600	−5,200	−3
스위스	79,900	80,700	78,800	−2,000	−2
오스트리아	51,900	57,100	56,800	−300	−1
노르웨이	—	24,900	25,800	900	4
네덜란드	60,800	57,000	60,700	3,800	7
오스트레일리아	150,000	167,300	179,800	12,500	7
일본	72,100	75,300	81,300	6,000	8
스웨덴	47,900	49,100	53,800	4,700	10
덴마크	17,400	16,400	18,000	1,700	10
핀란드	9,400	11,500	12,700	1,200	10
캐나다	221,400	235,800	262,200	26,400	11
미국	703,500	957,900	1,122,400	164,500	17
영국	258,200	307,300	362,400	55,100	18
이탈리아	120,100	153,100	184,300	31,200	20
뉴질랜드	48,400	41,600	59,400	17,700	43
벨기에	—	—	35,900	—	—
합계(벨기에, 노르웨이 제외)	2,244,500	2,614,000	2,915,100	300,800	12
합계(벨기에 제외)	—	2,637,200	2,938,000	301,700	11

출처: OECD/SOPEMI(2007b: 36)에서 재구성

국 학생의 약 85%가 선진국에 집중하고 있다. 그중에서도 특히 영어권 국가에 집중하고 있는 경향을 뚜렷이 확인할 수 있다. 외국 학생 수가 많은 **영어권** 국가를 순서대로 살펴보면 미국, 영국, 오스트레일리아, 캐나다, 뉴질랜드 등의 순이다. 이처럼 외국 학생들이 영어권으로 집중되는 이유는 영어 학습의 기회 확보, 우수한 고등교육기관에서 질 좋은 교육의 습득, 졸업 후 고용 및 정착 기회에 대한 기대 등을 들 수 있다. 미국의 경우 외국 학생의 **절대 수**는 약 50만 명 정도에 이르고 있으며, 다른 국가에 비해 압도적으로 많은 수의 외국 학생을 수용하고 있다. 그러나 국가별 **전체 학생 대비 외국 학**

표 1.5 '창고형' 및 '비창고형' 망명 신청자 및 난민의 수가 가장 많은 국가들: 유럽 및 북미 국가들과 기타 국가들의 비교(2007년 12월 31일)

국가	망명 신청자와 난민 수	총인구 대비 비율	최대 송출국(총수)
파키스탄	1,877,800	1.1	아프가니스탄(1,876,300)
시리아	1,852,300	9.7	이라크(1,300,000)
가자 지구	1,047,200	–	구팔레스타인(1,047,200)
이란	1,003,100	1.4	아프가니스탄(914,700)
서안 지구(West Bank)	745,000	–	구팔레스타인(745,000)
요르단	617,100	10.8	이라크(450,000)
탄자니아	432,500	1.1	브룬디(331,900)
인도	420,400	〈1	중국(110,000)
태국	406,000	〈1	미얀마(396,700)
레바논	325,800	9	구팔레스타인(270,800)
중국	323,600	–	베트남(310,900)
케냐	319,400	〈1	소말리아(196,200)
유럽 및 북미			
러시아	159,000	〈1	아프가니스탄(84,500)
미국	151,200	〈1	중국(16,800)
세르비아	97,800	〈1	크로아티아(70,000)
스웨덴	36,000	〈1	이라크(19,800)
독일	28,900	〈1	세르비아(9,700)
영국	26,600	〈1	에리트리아(3,600)
프랑스	17,000	〈1	스리랑카(2,000)

출처: World Refugee Survey(2008)
주: 인구는 2006년 자료임(United Nations, 2008)

생 비율에 있어서 미국은 35개 회원국들 중에서 32위에 그치고 있다. 마카오, 피지, 키프로스, 뉴질랜드, 카타르 등이 가장 높은 비율을 보이고 있으며, 러시아와 남아프리카공화국도 OECD 이외 국가들 중에서 가장 많은 외국 학생들을 보유하고 있다. 선진국에서 공부하는 외국 학생들 중 약 2/3 정도는 가난한 국가에서 온 학생들이다.

이처럼 다양한 이주가 전 세계적으로 크게 증가하고 있는 것은 분명한 사실이다. 하지만 이것만 가지고 이주의 다양성을 논하기는 어렵다. 기록으로

표 1.6 고등교육의 국제 학생 및 외국 태생(영주권 소유) 학생 수
(2004년 고등교육 기관 등록 외국 태생 학생의 비율이 높은 순서로 기재됨)

국가	고등교육에 등록한 국제 학생 비율(2004)		고등교육에 등록한 외국 태생 학생 비율(2004)		외국 태생 학생 수의 변화 지수 (2000=100)	외국 태생 학생 수 (2004)
	고등교육기관	연구 프로그램	고등교육기관	연구 프로그램		
뉴질랜드	–	–	28.3	36.6	456	68,900
오스트레일리아	16.6	17.8	19.9	26.4	158	167,000
스위스	12.7	42.5	18.2	42.4	137	35,700
영국	13.4	38.6	16.2	40.3	135	300,100
오스트리아	11.3	16.8	14.1	21.3	111	33,700
독일	–	–	11.2	–	139	260,300
프랑스	–	–	11.0	33.9	173	237,600
캐나다	8.8	23.3	10.6	34.1	116	133,000
벨기에	6.0	20.0	9.6	31.3	114	44,300
스웨덴	4.0	4.5	8.5	19.9	143	36,500
덴마크	4.6	7.0	7.9	20.4	133	17,200
체코	–	–	4.1	7.8	262	14,900
노르웨이	1.7	3.5	4.5	18.2	142	12,400
포르투갈	–	–	4.1	7.8	145	16,200
네덜란드	4.8	–	3.9	–	152	21,300
미국	3.4	–	3.4	–	120	572,500
아이슬란드	–	–	3.3	13.7	121	500
헝가리	2.8	6.9	3.1	7.4	130	12,900
일본	2.7	–	2.9	–	177	117,900
핀란드	3.4	7.0	2.6	7.0	142	7,900
그리스	–	–	2.4	–	167	14,400
에스파냐	0.8	5.5	2.3	17.5	164	41,700
이탈리아	–	–	2.0	3.6	163	40,600
슬로바키아	–	–	1.0	1.2	104	1,600
터키	–	–	0.8	–	87	15,300
폴란드	–	–	0.4	–	133	8,100
한국	–	–	0.3	–	320	10,800
아일랜드	6.7	–	–	–	171	12,700
OECD	6.5	16.1	7.3	19.5	141	2,255,900

출처: OECD/SOPEIM(2007b: 53)

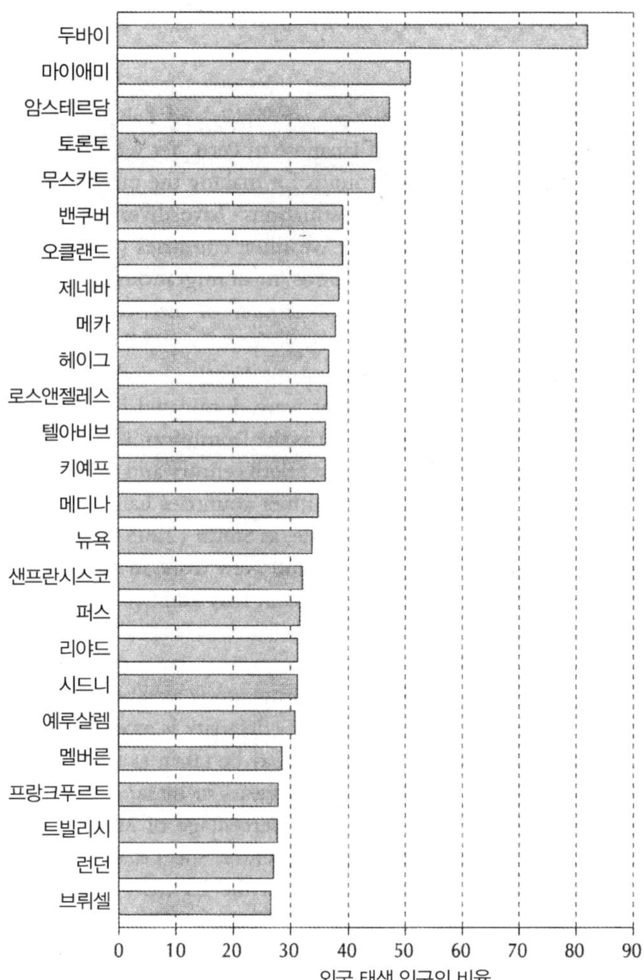

그림 1.3 외국 태생 거주자의 숫자가 가장 많은 도시들
출처: Benton-Short et al., 2005에서 재구성

남아 있는 자료가 그리 많지는 않지만 과거에도 19세기 말과 20세기 초에 걸쳐서 아주 놀랄 만한 이주가 진행되었다. 예를 들어 아르헨티나로 이주한 웨일스인과 레바논-시리아인, 피지로 이주한 인도인, 페루로 이주한 일본인

등이 그 예이다. 20세기 이후 이주자들의 기원지와 '목적지'는 점점 더 다양해지고 있는데, 특히 제2차 세계대전 이후 선진국에서 그러한 경향이 확대되었다(Faist, 2008). 1950년대부터 1980년대 사이에는 선진국으로 향하는 대부분의 이주가 '후기−식민적post-colonial' 혹은 '신−식민적neo-colonial'(Samers, 1997b)이라는 이름을 붙일 수 있을 만큼 뚜렷한 특성을 보였다. 즉, 과거 유럽의 식민지로부터 식민지 모국이었던 서유럽과 북유럽으로의 이주가 증가하였고, 미국 정부의 이해관계에서 큰 비중을 차지하는 도미니카공화국, 멕시코, 푸에르토리코 등의 국가로부터 미국으로의 이주가 증가하였다.

20세기 말에서 21세기 초에 이르러서는 선진국으로 들어가는 이주자들의 기원국의 수가 크게 증가하게 된다. 예를 들어 스미스(Smith, 2005)가 지적한 대로 1920년대에는 로스앤젤레스와 뉴욕에 대략 24개국에서 온 이주자들이 존재했지만, 지금은 약 150개국에서 온 이주자들이 존재하고 있다. 이탈리아와 레바논의 필리핀인, 리버풀과 미니애폴리스의 소말리아인, 런던의 알제리인, 파리의 스리랑카인, 아랍에미리트의 한국인 등 매우 다양한 이주가 이루어지고 있으며, 이는 후기 식민적 이주는 물론이고 과거의 식민지적 관계와는 무관한 이주를 모두 포함한다. 하지만 간혹 그 다양성이 과장되게 제시되어 오해를 불러일으키기도 하는데, 로스앤젤레스가 그 예이다. 로스앤젤레스는 다민족성poly-ethnicity을 보여 주는 선형적인 도시이긴 하지만 이주자 기원지의 다양성 측면에서 보자면 런던이나 뉴욕이 훨씬 더 다양하다고 볼 수 있다. 왜냐하면 로스앤젤레스에서는 멕시코 이주자들의 비율이 워낙 큰 비중을 차지하기 때문이다(Benton Short et al., 2005). 이와 관련하여 그림 1.3은 세계에서 가장 많은 수의 '외국 태생 거주자'를 보유한 25개의 도시를 보여 주고 있다.

이쯤에서 우리는 이주의 다양한 형태와 국가 영역 단위의 통계에 바탕을 둔 이주 패턴, 이주의 다양성 등에 대해 종합적으로 윤곽을 잡는 작업이 필요하다. 필자는 이제 인문지리학과 좀 더 포괄적인 사회과학에서 흔히 사용되고 있는 가장 기본적인 사회 구성의 기초 요소에 대하여 논의를 진행하고자 한다. 이러한 논의는 이 책에서 주장하는 내용들의 근거가 될 것이며, 궁극적으로는 이주의 여러 측면들을 설명하는 데 기초가 될 것이다.

사회 이론, 공간 개념, 그리고 이주 연구

사회 개념과 이주 연구

많은 사회과학자들에게 구조, 제도, 행위주체, 사회 네트워크 등의 개념은 다소 진부할 수도 있는 사회 이론 요소이면서도 가장 기본이 되는 개념들이다. 그중에서 가장 논란이 되고 있는 것은 아마도 구조 개념일 것이다. '구조'는 최소한 두 가지로 해석된다. '구조주의' 사상가 혹은 '기능주의' 사상가에게 있어서 구조는 건물의 뼈대와 유사한 것이다. 기든스(Giddens, 1984, p.16)가 지적했듯이 "인간 행위의 '바깥에'" 존재하고 있는 '무언가'인 것이다. 따라서 그것은 인간의 어떤 행위를 조장하거나 제한하는 것으로 여겨진다. 어떤 면에서 구조는 사회적으로나 공간적으로 인간을 자신의 장소에 계속 머무르게 하는 어떤 것으로 간주된다. 구조를 이러한 방식으로 이해하는 것은 다소 '투박한crude' 마르크스주의자와 1970년대 신마르크스주의자의 일부 저술에서 발견된다. 또한 1990년대 '글로벌화'에 대한 일부 초기 저술들에서도 발견된다. 즉, '글로벌 경제' 혹은 글로벌 경제보다 좀 더 비판적인 용어인 '글로벌 자본주의'를 국민국가, 제도, 사회 속의 집단과 개인 등을 억누르고 제한하는 구조로서 간주하는 경향이 있었다. 이러한 경향은 지금도 일부에서 여전히 지속되고 있다. 이에 많은 논자들은 구조라는 개념이 '글로벌 경제'나 '글로벌화' 같은 개념으로 물상화reification되고 있음을 지적했다. 달리 말하면 구조주의 사상가들은 추상적인 것(예를 들어 글로벌 경제)을 원인이 되는 힘으로 보았지만, 사실상 그것은 존재하지도 않으며, 원인이 되는 힘으로 작용하지도 않는다(Gibson-Graham, 1996; Massey, 2005). 하지만 인문지리학과 사회과학의 한 측면에서는 페미니스트 연구와 가부장주의 개념 등을 통해 여전히 구조 개념이 비중 있게 활용되고 있다.

이러한 물상화 비판에 가세하여 사회학자 기든스(Giddens, 1984)는 구조에 대한 다른 방식의 이해를 제시했다. 즉, 구조는 사회적 행위를 형성하는 '규칙과 자원'의 결합으로 구성되며(p.25), 따라서 사회적 행위를 제한하기만 하는 것이 아니라, 그 행위를 "만들어 낼 수 있도록 관여하기도 한다"(Cloke, Philo, and Sadler, 1991, p.98). 기든스는 이러한 구조의 이중성으로 말미암아 "사회 체계의 구조적 특성은 사회 체계가 순환적으로 조직하는 관습의 매개체이자 결과물"이라고 주장한다. 이러한 '구조의 이중성'은 그가 제시한 '구조화이론'의 한 부분을 구성하고 있다. 필자는 이 이론을 제2장에서 좀 더 상세하게 다루고자 한다. 이 이론이 이주와 이민의 결과와 경험을 설명하는 데는 적절하지 않더라도 적어도 이주의 원인을 파악하는 데는 유용한 방법이 될 수 있으리라 판단된다.

다시 '글로벌 경제' 혹은 '글로벌 자본주의'의 관념으로 돌아가보자. 필자는 이 책에서 글로벌 자본주의를 매개체로 보는 입장과 결과물로 보는 입장을 적절하게 엮어 보고자 한다. 한편으로는 글로벌 자본주의를 상대적으로 고정된 구조architecture를 지닌 일련의 동인forces으로 간주하여 이에 따라 가난한 국가의 사람들이 어쩔 수 없이 선진국으로 이주하도록 **확실한** 압력이 가해지고 있다고 보는 입장을 취할 것이다. 아울러 다른 한편으로는 글로벌 경제가 고정된 구조가 아닌 규칙을 만들고 자원을 조절해 가는 제도, 개인, 사회 네트워크 등으로 구성되어 있다고 보는 입장을 동시에 취하여 양자를 적절하게 접목해 볼 것이다.

사회과학에서 자주 사용되는 두 번째 개념은 '제도' 개념이다. 제도란 영국 내무부Home Office, 미국 국토안보부Department of Homeland Security, UN 난민고등판무관UN High Commission on Refugees, 이주자 운영 '향우회', 학교, 난민 지원 센터, 직업 소개소employer recruitment agencies 등과 같은 다양한 조직들을 의미한다. 이러한 제도들은 모든 가능한 담론들과 규칙화된 합리적techno-rational 절차들을 활용하여 권력을 구사하고 주요 정책과 사람들에 대한 지배력을 행사한다. 사회철학자 미셸 푸코(Michel Foucault, 1977)는 이를 소위 '테크놀로지technologies' 혹은 '권력의 테크닉techniques of power'이라고 칭하였다.

한편 '제도'는 결혼, 가족, 가정, 기타 다른 형태의 사회적 합의 같은 다소 불명확한 실체들을 포함하기도 한다. 이는 우리로 하여금 세 번째의 사회적 개념, 즉 '행위주체agents'에 주목하게 만든다. 필자는 '행위주체'를 인간 집단과 개인을 의미하는 것으로 간주한다. 예를 들어 에스파냐의 작은 마을에 있는 모로코 이민자들 같은 인간 집단이나 더 구체적인 개별 이주자가 바로 행위주체인 것이다. 이는 사회과학에서 다른 의미로 통용되는 행위주체와는 구별된다(예를 들어 Fuller, 1994; Murdoch, 1997 참조). 이러한 점에 있어서 행위주체는 '이미 형성되어 있는pre-formed 것이 아니라 구조와 제도에 의해 계속 형성되는 것이고, 다른 행위주체와의 상호작용으로 발전해 나가는 것이다. 여기에서 행위주체는 수동적인 존재, 즉 "…구조적인 결정에 쉽게 영향받는 존재"로 이해되어서는 곤란하다(Cloke, Philo, and Sadler, 1991, p.97). 다시 말해 행위주체는 '행위주체성agency', 즉 개인이나 집단으로서의 역량과 행태와 실천을 지니고 있는 것이다. 행위주체는 구조, 제도, 다른 행위주체, 사회 네트워크 등을 만들어 권력을 행사할 수 있고, 실제로 행사한다. '행위주체', 즉 이주자와 이주 집단이 실제로 구조와 제도와 다른 행위주체들을 지배하거나 그것들을 통하거나 그것들에 반하는 다양한 형태의 권력을 얼마나 행사할 수 있을 것인가의 문제는 이 책의 나머지 부분에서 다루어질 것이다.

사회 네트워크 개념은 사회과학, 특히 이민 연구에서 글로벌/로컬, 거시/미시 같은 '이원론'을 극복하는 방법으로 구조와 제도와 행위주체를 연결해 줄 수 있는 방법으로 매우 널리 다루어져 왔다. 한마디로 말하자면 이주를 설명하고 이민을 이해하기 위해 널리 사용되어 왔던 것이다. 고스와 린드키스트(Goss and Lindquist, 1995)의 주장에 의하면 '사회 네트워크'란 "대체로 친척, 친구 혹은 다른 지인들로 구성된 개인 간 상호작용의 망으로 정의된다. 그 망은 일종의 도관conduit처럼 기능하고 사회적·경제적 활동들을 통해 만들어지며, 그 망을 통해 정보, 자원 영향력 등이 흘러 다니게 된다"(p.329). 이러한 네트워크는 친척 관계에서부터 제도들 간의 관계, 제도와 개인 간의 관계, 개인과 개인 간의 관계에 이르기까지 여러 가지 다양한 형태를 띠고 있다. 개인들 간의 관계는 서로 간에 멀리 떨어져 있으면서도 서로를 알고 있는, 하지만 네트워크의 작동 내에서만 한정된 채 알고 있는 그런 관계인 것이다. 더군다나 이러한 네트워크들은 공식적일 수도 있지만 비공식적일 수도 있으며, 명시적일 수도 있지만 비밀스러울 수도 있고, 먼 거리에 걸쳐 있을 수도 있지만 국지적일 수도 있다. 또한 상대적으로 '약한 결속'(Granovetter, 1973)을 보일 수도 있지만 강한 결속을 보일 수도 있으며, 균형 잡힌 권력 관계와 연루되어 있을 수도 있지만 불균형적 권력 관계에 연루되어 있을 수도 있다. 불균형적 권력 관계의 네트워크에서는 모든 구성원들이 동등하게 권력을 행사하지 못한다. 만약 이주자 네트워크가 '사회자본'[17]을 강화하도록 작동된다면 이주자들의 복지 증진에 도움을 줄 수 있을 것이다. 하지만 그것이 다른 네트워크와 제도와 시장 등에 접근하는 것을 방해하는 방향으로 작동된다면 이주자들에게는 오히려 해악을 끼칠 수 있다.

그런데 사회 네트워크 개념, 좀 더 구체적으로 말하자면 **이주자** 네트워크 개념은(Boyd, 1989; Massey et al., 1987; Portes and Sensenbrenner, 1993) '혼돈스러운 개념chaotic conception'(Sayer, 1984)이라고 비판을 받기도 한다. 즉, 상황을 잘 밝혀 주기 보다는 오히려 더 모호하게 만드는 느슨한 우산 개념umbrella concept이라고 비판받는 것이다. 동시에 그러한 네트워크 개념은 그 구조 및 작동과 관련하여 적어도 두 가지 이유 때문에 부적절하게 이론화되었다는 지적을 받고 있다. 첫째, 고용주와 직업 소개소 같은 중요한 행위주체와 제도를 간과하고 있다는 점이다(Goss and Lindquist, 1995; Drissman, 2005). 둘째, 이주의 사회학적 이해에 있어서 사회 네트워크 혹은 이주자 네트워크가 큰 비중을 차지하게 되면서 공간의 중요성이 퇴색되는 결과가 야기되었다는 점이다. 달리 말하면 이주자가 거리나 국경의 제약 없이 자유롭게 지구를 횡단하여 서로 연결되고 있다는 인상을 심어 주고 있다는 점이다. 이러한 이유 때문에 우리는 이제 여러 **공간적** 개념에 주목하고자 한다.

공간적 개념과 이주 연구

이 장의 앞부분에서도 논의한 것처럼 기존의 이주 연구에서 벗어난 새로운 이주 연구를 진행하려는 이유는 비판적이고도 주의 깊은 '공간적 사고'가 상당히 부족했었기 때문이다. 특히 서로 상반된 위치에 놓여 있는 듯 보이는 두 개의 개념으로 인해 야기된 공간적 딜레마가 필자로 하여금 공간적 개념에 주목하게 하는 동기를 불어넣어 주었다. 그중 하나가 이주 관련 이슈를 분석함에 있어서 국민국가를 연구의 출발점, 내지는 기본 관점으로 삼으려는 시도이다. 이는 '착근된 국민국가통제주의embedded nation-statism'(Taylor, 1996), '영토적 함정territorial trap'(Agnew, 1994) 등으로 불려 왔으며, 최근에 는 '방법론적 국가주의methodological nationalism'(Beck, 2000b; Wimmer and Glick Schiller, 2003)라는 이름이 보다 일반적으로 사용되고 있다. 이와는 상반된 위 치에 놓인 또 하나의 문제적 개념은 '방법론적 초국가주의methodological trans-nationalsim'(예를 들어 Harney and Baldassar, 2007)라고 이름 붙여진 개념이다. 이 두 개념은 매우 상반된 위치에 놓여 있는데, 최근 확산되고 있는 초국가적인 관점으로의 전환이 부분적으로 '방법론적 국가주의'에 대한 불만을 반영하 고 있다는 점만큼은 분명하다고 할 수 있다.

방법론적 국가주의란 '국민국가'라는 렌즈를 통해서 사회적 과정을 조명 하려는 오래된 학문적 관행을 말한다. 세계를 바라보는 이러한 독특한 관점 에 대해서는 최근 십여 년 동안 많은 비판이 있어 왔다. 이주와 관련하여 초 국가주의는 대체로 '국민국가의 경계를 가로지르는 사람들 내지는 제도들 을 묶어 주는 다층적 연계와 상호작용'을 말한다(Vertovec, 1999, p.447). 1990 년대에는 초국가주의 개념을 다룬 연구들이 넘쳐 났다(그 흐름을 파악하고 싶다 면 Vertovec, 1999와 Portes et al., 1999를 참조하라). 하지만 유감스럽게도 그 연구 들은 '국가적national'이라는 말의 의미가 무엇인지, 이주 및 이민 형성에 있 어서 '초국가주의supra-nationalism' 혹은 '로컬리즘localism' 등이 얼마나 중요한 역할을 하는지를 충분히 개념화하지는 못했다.[18] 따라서 방법론적 국가주의 나 방법론적 초국가주의에서 제시되는 공간 개념보다도 좀 더 정교하게 공 간을 다루는 작업이 반드시 필요하다. 이러한 논쟁을 해결하고자 하는 노력 은 공간적 개념을 모색하여 이주 현상을 이해하려 하는 사회과학자들의 욕 망에서 부분적으로 유래하고 있다(Leitner et al., 2008). 하지만 이 책을 통해 필자는 그러한 노력이 아직은 결실을 맺지 못하고 있다고 주장하고 싶다. 이주 현상의 이해를 위해서는 더 많은 공간적 개념들이 필요한 것이다. 다음에서 필자는 우선 '공간' 그 자체의 의미들을 탐구한 후 이주 현상을 이해하기 위해 반드시 필요한 5가지의 공간적 개념들을 개략적으로 살펴보고자 한다.

- 장소
- 결절nodes
- 거리 마찰
- 영역과 영역성
- 스케일Scale

공간의 여러 의미들

다른 지리적 개념들과 마찬가지로 '공간' 개념도 명확히 파악하기가 쉽지 않은 논쟁적인 개념이다(Massey, 2005). '공간'의 본질에 관한 가장 단순하면서도 중요한 주장은 아마도 공간이 사회와의 관계 속에서 이해될 수 있다는 점일 것이다. 간단히 말하면 공간은 그 자체만으로는 아무런 의미를 갖지 못하며, 따라서 우리는 '사회—공간적' 관계, 즉 공간과 사회가 어떻게 상호작용 하는가를 논의해야 하는 것이다(Soja, 1989).

저명한 공간 이론가 앙리 르페브르(Henri Lefebvre, 1974[1991])는 공간에 대한 세 가지 측면의 이해를 발전시켰는데, '공간적 실천', '공간의 재현', '재현의 공간' 등이 바로 그것이다(p.33). 우리가 여기서 중시하게 될 측면은 공간의 재현과 재현의 공간이다. 공간의 재현은 건축가, 정부 공무원, 도시계획가, 이주 관련 연구 서적의 필자 등이 상상하게 되는 '공간'을 의미한다. 이와는 대조적으로 재현의 공간은 사람들이 그 삶 속에서 경험하는 공간에 대한 생생한 이해를 의미한다. 즉, 이주자 자신의 입장에서 보는 토착적인 공간인 것이다(Delaney, 2005). 공간에 대한 이러한 토착적 이해는 우리로 하여금 '공간'을 '장소'와 관계 속에서 어떻게 바라볼 것인가의 문제를 상기시켜 준다.

■ 장소와 이주

인문지리학자에게는 공간이 장소보다 더 추상화되어 있고, 더 비어 있는 것으로 간주된다(Cresswell, 2004). 예를 들어 만약 필자가 '이민의 규제적 공간'에 대해 언급한다면 이는 아마도 그다지 강렬한 감정적 느낌을 불러일으키지는 않을 것이다. 하지만 만약 필자가 어떤 망명 신청자에게 망명자 수용소에 관해 질문을 하게 된다면, 예를 들어 아주 구체적으로 영국의 캠브리지셔Cambridgeshire 주에 위치한 오킹턴 리셉션 센터Oakington Reception Centre에 대해 질문을 하게 된다면 사람들은 이곳을 생생한 경험의 '장소'이자 의미의 지점으로 떠올리게 될 것이다.

'장소'는 의식주 같은 기초 필수품이 공급되는 지점이기도 하다. 도시와 마을, 근린과 일터, 카페와 공원 등은 모두 '장소'의 사례인데, 이 모든 장소가 생생하고 의미 있는 경험과 관련되어 있고, 기초 필수품이 공급과 관련되어 있다. 이러한 의미에서 '장소'는 일반적으로 공간보다는 좀 더 로컬화된localized '어떤 것', 다시 말해 공간보다 '더 작은 스케일'에 놓여 있는 어떤 것으로 간수된다(Cresswell, 2004). 이 책에서는 '장소'와 '공간'에 대한 이러한 정의를 채택하고자 한다. 물론 모든 이들이 이러한 정의에 동의하지는 않을 것이고, 그래서 여전히 문제적인 개념으로 남아 있게 되겠지만 말이다(Massey, 2005).

그런데 우리는 장소에 대한 이러한 생각을 신중하게 다루어야 한다. 왜냐하면 장소가 항상 바람직한 경험, 즐거운 기억, 동질성, 안전성, 안정성, 우호적이고 수용적인 관계 같은 것에만 연루되어 있다고 생각할 위험성이 있기 때문이다(Harvey, 1996; Massey, 2005). 위에서 언급한 영국의 오킹턴 리셉션 센터 같은 사례는 동료 망명 신청자들 간에는 우호적인 관계의 장소일 것이다. 하지만 바람직한 경험이나 즐거운 기억의 장소는 아닐 것이다. 그럼에도 불구하고 매시(Massey, 1994)가 지적한 것처럼 '장소'는 이민자 같은 '외부인'에게도 개방된 다양하고도 범세계적인 곳일 수 있으며, 또한 내부 구성원들 중 일부를 외부인으로 규정지어 격리해 버리는 '배타적인' 곳일 수도 있다(Sibley, 1995; Cresswell, 2004).

■ 결절과 이주

'공간' 및 '장소'와 관련되어 있는 두 번째 개념은 결절nodes이다. 네트워크에 대한 수많은 연구들이 주장하는 바와 같이 결절은 '흐름의 공간'에서 네트워크의 한 부분을 형성한다(Castells, 1996, volume I, pp.410-418). 널리 인정받고 있는 캐슬의 분석에 의하면 경제는 점점 더 세계를 가로지르며 네트워크화되어 상호 연결성을 높여 가고 있다. 그는 특히 새로운 정보 통신 기술ICTs과 그 영향력에 주목하여 정보 통신 기술이 사람들에게 큰 영향력을 끼쳤음을 논의하였다. 그러나 필자는 그 영향력이 모든 사람들에게 일괄적으로 가해졌다고 보는 데는 주의할 필요가 있다고 본다. 특히 저소득 이주자의 경우에 있어서는 그러한 흐름 혹은 흐름 관련 메타포fluvial metaphor를 동일한 방식으로 적용할 수 없기 때문에 비판적인 입장을 견지할 필요가 있다고 본다. 왜냐하면 필자가 이 장의 초입에서 주장한 것처럼 많은 국가정부에서 저소득 이주자들에 의한 특정 형태의 이동성과 이주성을 더욱 어렵게 만들어 나가고 있기 때문이다. 물론 전체적으로 보았을 때 상대적으로 이주를 더 장려하는 국가도 있는가 하면 더 억제하는 국가도 있기 마련이다.

어찌 되었든 오스트레일리아 및 기타 국가에 정착하고 있는 인도인의 트랜스국가적 공동체의 삶의 모습을 탐구하고, 그것을 '지도화'했던 보이그트-그라프(Voigt-Graf, 2004)의 주장에 의하면 네트워크와 결절 개념을 통해서만이 '트랜스국가적 공간'을 이해할 수가 있다. 보이그트-그라트에게 결절은 "흐름을 통해 연결된 국가, 지역 혹은 장소"를 말한다(p.29). 결절은 '문화적 중심지'일 수 있다. 즉, 인도 북서부의 펀자브 지방에서와 같이 "이주자들의 문화가 독창적으로 발전하는"(p.29) 지역이 결절로 위치할 수 있는 것이다.[19] 또한 결절은 트랜스국가적 공동체의 '새로운 중심지'를 의미할 수도 있다. 오스트레일리아의 전체 펀자브인의 거의 절반가량이 살고 있는 시드니가 그 예이다. 여기서 중요한 점은 이러한 결절이 네트워크의 일부, 즉 특정 이주 집단이 지구촌 전역으로 퍼져 나갈 수 있는 경로라는 점이며, 동시에 이러한 '결절'은 실재하는 복잡한 '장소'(도시, 마을, 근린 등)라는 점이다. 그러한 장소에서 이주자는 성장하고, 노동하고, 살 집을 찾고, 민족 및 인종차별을 경험하며, 자식들을 기르고, 공동체를 만들어 간다.

■ 거리 마찰과 이주

'거리 마찰'은 "거리를 극복하는 데 소요되는 시간과 비용"(Knox and Marston, 2005, 25)을 의미한다. 이 개념이 이주 연구에서 거의 잊혀져 왔다는 점은 그리 놀랄 만한 일이 아니나. 이러한 경향이 일반화되어 버린 것은 이미도 교통(항공 여행 등)과 통신기술(인터넷, 이메일, 전화 등)의 혁신으로 말미암아 비용이 크게 절감되었고, 거리 극복의 시간도 크게 단축되어 이주자들이 아주 먼 거리를 정기적으로 이동할 수 있게 되었기 때문일 것이다. 그렇지만 이것이 세계 각처의 모든 이주자들에게서 공통적으로 일어나고 있는 현상 혹은 교통과 통신 비용이 이주자의 소득 및 다른 소비지출에 비해 상대적으로 훨씬 더 저렴해졌다고 단정하는 것은 적절하지 않다. 그동안 에너지 비용은 변동이 심했고, 이는 곧 '거리 극복'의 문제가 결코 완전히 사라져 버린 것이 아니라는 점을 암시한다.

우리가 만약 거리 **그 자체만을 가지고** 이주 패턴을 설명하려 한다면 그것은 너무나 빈약한 설명이 될 수밖에 없다. 예를 들어 인도네시아에서 전개된 네덜란드 식민주의의 영향으로 1960년대에 몰루카 인도네시아인들이 지구 반대편 네덜란드 땅에 정착하게 되었던 일을 생각해 보자. 거리 요소만 가지고는 그러한 원거리 이주를 절대 설명할 수 없다. 그러나 오늘날 말레이시아와 싱가포르의 중산층 가정에서 가정부로 일하는 수많은 인도네시아 여성들이 그곳으로 이주한 이유를 설명하는 데는 거리 마찰이 어느 정도 타당성을 갖는다. 이 두 지역은 말라카 해협을 사이에 두고 불과 수백 마일 떨어져 있을 뿐이다. 국경 바로 넘어 폴란드에서 일하고 있는 수많은 우크라이나인들이나, 역시 국경 바로 넘어 독일에서 일하는 폴란드인 이주자들의 경우도 마찬가지이다. 따라서 '거리는 더 이상 중요하지 않다'라고 하는 단순한 주장은 사려 깊은 비교 연구를 통해, 다양한 종류의 이주자들을 차별화하여 접근하는 연구를 통해 재평가되어야만 한다. 일반적으로는 흔히 지리를 그저 역사의 일부로 간주해 버리는 경향이 있지만 그 양자는 엄연히 다르다(예를 들어 Graham, 2002).

■ 영역, 영역성 그리고 이주

세 번째 부류의 공간적 개념인 영역과 '인간 영역성'(Sack, 1986)으로 넘어가 보자. 스토리(Storey, 2001)가 주장한 아주 간단한 정의에 의하면 '영역'이란 '어떤 제도나 사람 혹은 집단이 주장하거나 점유하고 있는 지리적 공간의 일부분이며, 따라서 "경계로 획정된 공간"'을 의미한다(p.1). 그리고 '인간 영역성'은 '그것에 영향을 미치고, 조정력을 행사하는 인간의 전략'(Sack, 1986, p.2)을 의미한다. 따라서 영역과 영역성은 '내부'와 '외부'의 구분을 수반한다 (Delaney, 2005). 이러한 '내부'와 '외부'의 구분은 경우에 따라서 대단히 선명하게 드러나고, 좀 더 정치적으로 작동하기도 하며, 상이한 의미로 채색되기도 한다. 딜라니(Delaney, 2005)는 "만약 누군가가 동료의 작은 방에 허락도 받지 않고 들어갔다면, 그것은 그러지 않도록 계도해야 할 일이지 무력적으로 보복해야 할 일은 아닐 것이다"(p.14)라고 주장한다. 그는 더 나아가 "모든 구획된 공간이라고 영역이 되는 것은 아니다. 구획된 공간이 하나의 영역이 되려면 우선 그것이 … [무언가를] … 의미해야 한다. 그리고 두 번째로는 그것이 담고 있는 혹은 전달하고 있는 의미가 사회적 권력을 함축하고 있어야 한다. 하지만 의미와 권력이 각자 독자적으로 존재하는 것은 아니다"(p.17)라고 주장한다. 그의 주장에 따르면 영역이 존재하여 '작동'되거나 수용될 수 있는 것은 권력과 의미의 관계가 당연하고도 분명한 것으로 간주되기 때문이다. 실제로 특수한 종류의 영역성으로 인하여 이득을 얻고 있는 그곳의 수많은 선주민들과 일부 이주자들에게 영역성은 의심의 여지가 없는 매우 신성한 것일 것이다. 특히 민족국가적 영역성의 신성함은 두말할 나위도 없다. 또한 그러한 구획된 공간에 대해 정부가 권력을 행사하는 것은 당연한 권한으로 여겨진다.

이와는 대조적으로 영역적 경계의 존재나 혹은 국가적 이주 정책 같은 영역적 규제를 못 마땅히 여기고 그에 저항하려는 이주자들의 입장에서 보면 영역과 영역성은 '당연한' 것이 아니라 유연적인 것일 뿐이다. 이주자들은 새로운 형태의 영역성이 구성되기를 희망하면서 살아간다. 따라서 영역과 영역성은 영구적으로 고정된 것이 아니며, 영역은 이주자들에게 **일방적으로** 영향을 미치는 것이 아니다. 영역은 고정적인 것이 아니라 다공질적porous인 것이기 때문에 이주자들은 스스로 영역과 영역성의 본질을 만들어

갈 수 있는 것이다.

인간 영역성은 민족국가의 영역에서부터 한 기업이나 조직의 영역에 이르기까지 다양한 범위를 갖는 공간이다. 그것은 영국이 될 수도 있고, 브라질 안의 한 주(하위국가적 지역)가 될 수도 있고, 유럽연합(거시 지역)이 될 수도 있다. 또한 '서부 사하라', 캐나다의 주, 이스탄불 시의 한 구역, 인도 섬유공장의 '공간', 어떤 근린지구, 소규모 작업장 같은 논란이 될 만한 지역이 될 수도 있다. 간단히 말해서 영역은 국민국가만을 지칭하는 것으로 생각해서는 안 되며 '미시 영역'도 '거시 영역' 만큼이나 중요하게 다루어져야 한다. 이처럼 인간 영역성이 대단히 다양한 범위를 갖고 있긴 하지만(Delaney, 2005), 그중에서도 특히 국민국가의 차원은 가장 중요한 의미를 지닌다. 따라서 이주와 이민에 대해 가장 큰 영향력을 발휘하는 것도 바로 국민국가이다. 이러한 이유 때문에 국민국가라는 특정 영역성이 공간적 개념들에서 가장 중심적으로 다루어져 왔던 것이다.

■ '스케일', '스케일의 공간성' 그리고 이주 연구와의 관계

앞서 논의한 영역 개념은 여기서 논의할 마지막 공간적 개념인 '스케일scale' 및 '스케일러scalar(스케일의 공간성)' 개념과도 연관되어 있다. 인문지리학에서는 물론이고 비판인문지리학에서조차도 '스케일'이라는 용어나 개념은 상당히 애매모호하게 사용되곤 한다. 하물며 이주 연구에서는 사실상 거의 사용되지 않고 있다(Glick-Schiller and Caglar, 2010). 비판인문지리학에서조차도 명확하게 정의되지 않은 채 사용되어 온 '스케일' 개념은 매우 난해하면서도 논쟁적인 용어가 되고 있다(Marston et al., 2005). 1990년대 동안 이 개념은 주로 정치적-경제적 과정의 공간(혹은 영역?), 다시 말해 '로컬', '국가', '거시 지역', '글로벌' 등을 의미하는 것처럼 사용되었다. 따라서 '스케일'

이 상이한 '수준levels'의 거버넌스를 대체할 수 있는 용어로 여겨졌던 것 같다. 예를 들어 1990년대에는 경제, 정치 혹은 문화를 '국가적 스케일'에서 상향하여 '글로벌 스케일'로, 즉 글로벌화의 과정으로 '재스케일화re-scaling'한다거나 혹은 하향하여 로컬 스케일로, 즉 로컬화의 과정으로 '재스케일화'한다는 언설이 자연스럽게 구사되었다(예를 들어 Jessop, 1997).

그러나 많은 이들이 그러한 정적인 스케일(혹은 영역?) 개념을 비판하면서 스케일을 유동적이고 '관계적'인 것으로 보아야 한다는 주장을 제기하였다. 달리 말하면, 스케일은 다양한 스케일들이 서로 관계를 맺고 상호작용을 할 때에만 존재하게 된다는 것이다. 따라서 스케일은 시간의 흐름상에서 사회적으로 구성되는 것이며, 어느 하나의 스케일이 다른 스케일보다 이미 더 우선하는 특권을 갖는 그런 개념이 결코 아니라는 점을 기억할 필요가 있다(Brenner, 2001; Leitner and Miller, 2007; Masfield, 2005; Swyngedouw, 1997). 이같은 맥락에서 맨스필드(Mansfield, 2005)는 '재스케일화'의 사고, 즉 글로벌 과정이 '국가적' 과정보다 더 중요해졌다는 식의 정적인 스케일적 사고로부터 벗어나 '여러 실천들에 대한 스케일의 공간성 차원scalar dimensions of practices'의 분석으로 나아가야 한다고 주장한다. 맨스필드가 의미하는 것은 어떤 사회적 과정도 단 하나의 스케일에만 연관되어 있거나 거기에 정확하게 들어맞는 경우는 없다는 것이다. 그 대신에 우리는 그 과정에 초점을 맞추어야 하고, **그런 후에** 그 공간적 혹은 스케일적 차원을 탐구해야 한다.

21세기 지리학 논저들에서는 '스케일러'라는 용어가 '스케일'이라는 용어를 대체하면서 떠오르고 있기 때문에 이에 주목할 필요가 있다. 여기서 가장 핵심이 되는 것은 이제 '스케일러'라는 용어가 특정 사회적 과정의 '공간성'을 의미하게 되었다는 점이다. 그런데 '공간성'이란 무엇일까? 공간성은 중첩적이고 복잡하게 얽혀 있는 창조와 상호작용과 저항의 공간을 의미하며, 정부, 제도, 시민, 이주자 등에 의한 권력 실천의 또 다른 측면들을 의미한다. 확실히 다양한 사회적 과정은 각기 다른 공간이나 공간적 차원, 다시 말해 '공간성'을 갖는다. 그러나 스케일의 공간성을 어떤 과정의 '공간성'으로 간주하는 것은 모순적이며 혼란스럽고 일관적이지 못할 경우가 많다. 어떤 연구에서는 스케일 그 자체를 사회적 과정을 담고 있는 고정된 담지체container로 보는 것에 반대하지만 어떤 연구에서는 스케일을 특정 사회적 과정의 영역 혹은 공간적 범위로 인정하기도 한다.

비판인문지리학의 논저에서 스케일scale과 스케일러scalar를 불명확하고 혼란스럽게 사용해 온 것이 큰 문제라고 한다면 이 문제를 어떻게 해결할 수 있을까? 한 가지 방법은 필자가 이 책에서 '스케일'과 '스케일러'라는 용어를 어떻게 사용할지를 규정지어 보고, 그것들이 의미하는 바를 설명하는 것이다. 이 책에서 필자는 스케일을 '영역'으로 정의한다. 말하자면 국민국가, 미국의 주 같은 하위국가적 실체, 유럽연합 같은 거시 지역은 물론이고, 인간의 신체 등 작은 규모의 공간과 같은 '담지체'의 역할을 하는 것이 이에 해당된다. 그러나 필자는 이러한 '담지체'를 영구적으로 고정된, 빈틈없는, 매끄러운 혹은 매우 안정된 그래서 변하지 않는 그런 실체로 보지 않는다. 또한 필자는 영역적 용어로 표현된 어떤 사회적 과정이 지니고 있는 공간적 범위라는 견지에서 스케일을 정의한다. 따라서 인간의 이주는 매우 다양한 스케일(영역)을 포함하고 그것들을 가로지른다. 인간의 이주가 중층적인 스케일들에 연루되어 있고, 영역, 작은 방, 신체 등의 중층적 스케일들이 인간의 이주를 규제하면서 상호 간 중첩되고 연관되는 것을 표현하고자 할 때 필자는 '스케일러', 즉 '스케일의 공간성'이라는 용어를 사용한다. '스케일러'는 어떤 과정이 특정 스케일들의 지배를 받고 있으면서, 또한 그것들을 뛰어넘고 있음을 묘사하는 용어라고 할 수 있다.

필자가 주장하는 바의 요점을 분명히 드러내기 위해 간단한 사례를 살펴보자. 21세기 초기를 맞이하여 독일의 이주 노동자들은 '이중적 규제 시스템'의 통제를 받고 있다. 독일 기업이 '무숙련unskilled'의 비유럽연합 노동자를 고용하기 위해서는 우선 독일 연방중앙배치국Federal Central Placement Agency에 문의해 보아야 한다. 거기에서 일단 예비 노동 허가가 떨어지면 기업은 그 소속 지치체가 관할하는 지방고용사무소로부터 비유럽연합 노동자의 사용에 대한 보장을 받아야 한다. 거기에서도 허가가 떨어지면 그 외국인은 이제 독일에 입국할 수 있는 비자를 받게 되고, 뒤이어 고용계약서도 받게 된다. 이 고용계약서를 받으면 거주 허가가 주어진다(OECD, 2000). 따라서 이주 노동자는 여러 스케일의 규제를 받고 있다고 말할 수 있다. 다시 말해, 이주자의 스케일적 규제가 연방정부와 지방정부 차원 모두에서 이루어지고 있는 것이다. 따라서 우리는 이주 통제의 스케일과 그것의 영역적 범위뿐만 아니라 거버넌스의 스케일에 대해서도 논할 수 있는 것이다.

한편 스케일적 규제라는 의미는 노동시장 규제의 '스케일적 공간성'이라는 견지에서도 시용될 수 있다. 왜냐하면 이러한 규제의 과정은 다양한 여러 스케일에 연루되어 있기 때문이다. 요컨대 필자는 이 책에서 스케일을 두 가지 방식으로 사용해야 한다고 주장한다. 그중 하나는 영역과 동의어로 사용하는 것이다. 그리고 다른 하나는 어떤 과정의 공간적 범위, 즉 스케일의 견지에서의 '그 무언가'로 사용하는 것이다. 후자의 경우는 예를 들어 어떤 과정의 국가적 스케일 혹은 글로벌 스케일 등이 해당된다. 스케일러, 즉 스케일의 공간성은 어떤 과정이 다양한 스케일들의 지배를 받거나 혹은 그것들을 뛰어넘는 방식을 의미한다.

서론 요약

필자는 공간적 개념 혹은 공간적 메타포를 통하여 이주 문제를 비판적 관점에서 이해하는 것이 매우 중요하다는 점을 주장하면서 서론을 시작하였다. 그다음 북서 아프리카와 에스파냐 사이에서 벌어지고 있는 이주 이야기를 소개하였고, 이어 이주 문제를 인간적 차원에서 이주자들이 직면하고 있는 어려움을 보여 주기 위해 이주자의 삶을 일부 소개하였다. 그 이야기들은 이주에 관한 일련의 핵심 이슈와 논쟁들을 암시하는데, 이는 이주 관련 논의에서 사용되고 있는 여러 용어들과 범주들을 철저히 분석해야만 이해가 가능하다. 이러한 이주 관련 용어와 범주들은 아주 유용하면서도 동시에 문제점을 안고 있다. 왜냐하면 이주자들은 시민, 정부, 언론에 의해 그러한 범주에 속하면서 동시에 그 범주에서 벗어나고 있기 때문이다. 이어서 필자는 이주의 '가속화', 즉 이주의 확대와 '글로벌화', 즉 이주의 다양화와 관련된 여러 자료를 탐색해 보았다. 이주는 고소득 노동자와 저소득 노동자, 망명 신청자와 난민, 학생과 가족 구성원, 자발적 이주자와 강제적 이주자 등 다양한 종류의 사람들과 연관되어 있다. 어떤 이들은 몇 개월 동안만 이주하고, 어떤 이들은 수년 동안 이주하고, 어떤 이들은 영구적으로 이주한다.

이어서 필자는 이주와 관련된 4개의 핵심 이슈들을 짚어 보았는데, 첫째는 이주의 원인과 결과, 특히 이주가 가난한 국가의 '발전'에 어떻게 관련되어 있는지를, 둘째는 이주자들의 고용과 관련된 문제를, 셋째는 선진국과 가난한 국가 간의 차이를 포함한 이주의 거버넌스 문제를, 마지막으로는 시민권 및 소속감과 관련하여 정부, 시민, 이주자가 직면하고 있는 여러 문제들을 살펴보았다. 이처럼 광범위한 내용을 담은 논의들을 진행시켜 보았지만, 그렇다고 필자가 어떤 완전한 결론에 도달하려는 의도를 가지고 그러한 논의들을 진행시킨 것은 아니다. 그보다는 지구 전체를 관통하는 여러 중요한 문화적, 경제적, 정치적, 사회적 대립 지점들을 부각시키고, 아울러 이어지는 장들의 내용을 '미리 안내하기' 위한 의도로 진행시켜 보았다. 그렇지만 그러한 이슈들을 사고하고 이해하기 위해 필자는 구조, 제도, 행위주체, 네트워크 등 일련의 사회적 개념이 필요하다고 주장했다. 아울러 필자는 '글로벌 자본주의'와 연관된 '규칙과 자원'을 비교적 명확히 이해하기 위해 좀 더 '구조화적인structurationist' 관점을 제시했다. 구조화적인 접근의 틀 속에서 글로벌 자본주의가 어떻게 이주를 만들어 가는가를 이해하는 것이 필요하긴 하지만 그것으로 충분한 것은 아니다. 왜냐하면 이주자와 시민 같은 행위주체, 제도, 이주자 네트워크 등은 또한 역으로 글로벌 자본주의와 이주를 만들어 가기도 하기 때문이다.

마지막으로 필자는 공간 자체의 의미, 장소, 결절, 거리 마찰, 영역, 스케일 등 여러 공간적 개념들을 논의해 보았고, 이주의 틀을 제대로 정립하기 위해 그것들을 좀 더 비판적인 입장에서 다룰 필요가 있음을 지적하였다. 거듭 언급하지만 이 책의 목적은 이주에 대한 좀 더 분명한 공간적 접근을 정립하려는 것이다. 즉, 세계 지역이나 국민국가 혹은 초국가주의 등을 고려하면서, 그리고 상대적으로 더 불리한 상황에 처한 사람들의 이주 특성을 이해하고자 하는 것이다.

이 책의 구조

이 책의 각 장은 이어지는 다음 장과 내용면에서 잘 연결되도록 설계되었다. 제2장은 국경을 넘는 이주를 기존의 주요 이주 관련 이론에 비추어 설명하고자 한다. 제2장에서는 우선 사람들의 이주 이유에 관한 다양한 이론들을 간략하게 검토해 보고, 이어 그에 대한 비판에 대해서도 간략히 다룬 후 마지막으로 이주에 대한 좀 더 확고한 이해를 발전시키기 위해 어떻게 공간 개념이 주입되고 있는지를 설명할 것이다. 제2장은 구직을 목적으로 한 이주를 포함하여 이주를 단행하게 하는 조건과 이주 결정의 다양성에 대한 연구를 다루고 있는 데 비해, 제3장은 노동 이주자가 어떻게 지구 저 편에 있는 국가의 노동시장 및 그들이 직면하게 되는 근로조건에 '편입fit'되는지를 탐구한다.

제3장의 주요 목적은 두 가지 측면을 갖고 있다. 하나는 노동시장이 미디어에 의해 유포되는 단순한 재현을 넘어 구체적으로 어떻게 작용하는지를 설명하는 것이고, 또 하나는 이주자가 감내해야 하는 근로조건에 대해 설명하는 것이다. 이 장은 또한 이주자가 갖게 될 직업의 특성과 조건, 사회적 관계 등이 목적지에서 그들의 '소속'감을 조형할 수 있다는 점을 제안하고 있는데, 이에 대해서는 제5장에서도 다시 논의될 것이다. 여기서는 미숙련/저소득 이주에 강조점을 두는 한편 인신매매와 '고숙련/고소득 이주'에도 주목하고자 한다. 예를 들어 공식 노동시장과 비공식 노동시장 모두의 전체적인 특성이 어떻게 바뀌는지, 이러한 부문의 기술 조건은 무엇인지, 젠더화된 스테레오타입과 민족적/인종적 스테레오타입의 과정을 통해 이주자들이 그러한 직업에 어떻게 편입되는지 등을 논의한다. 이 장은 이주자와 노동시장의 관계에 관한 이론적/개념적 소재들을 검토하고, 이어서 필자가 '국제 노동시장 분절화'ILMS(Samers, 2008)라고 명명한 개념을 논의함으로써 선행 연구 문헌들보다 연구 지평을 보다 널리 확대해 보고자 한다. 이 같은 이론적/개념적 논의를 바탕으로 이 장의 나머지 부분에서는 이주자가 전 세계 노동시장에 어떻게 참여하고 있는지를 논의해 보고 그 다양한 유형에 대한 필자의 주장을 개진해 볼 것이다. 이 장은 제4장에서 다루게 될 이주에 대한 정부의

대응을 이해하는 데 부분적인 기초가 될 것이다.

제4장은 두 부분으로 나눌 수 있다. 첫 번째 부분은 다양한 이론들 및 다양한 이주 정치와 정책들을 검토하고 있고, 그러한 이론들과 관련된 실천들을 탐구하고 있다. 필자는 이러한 기존의 다양한 접근법 혹은 이론들이 왜 공간이라는 이슈를 명확하게 드러내 주지 못하고 있는지에 초점을 맞추고, 특히 로컬 수준의 하위국가적 실체sub-national entities가 중요하다는 점을 지적하고자 한다. 전 지구적으로 진행되고 있는 이주에 대한 통제에는 어떤 공통적인 과정이 존재하고 있긴 하지만 필자는 선진국이 직면하고 있는 일련의 이주 문제들은 가난한 국가의 그것들과는 사뭇 다르다고 주장한다. 이주에 대한 반응으로 출현하여 공통적으로 적용된 것이 바로 일반적인 원칙doctrine으로서의 '이주 관리migration management'라고 할 수 있다. 필자는 이주 정책들이 어떻게 다양한 집단과 제도의 정치적 반대와 빈번하게 부딪치게 되는지를 밝혀 보았다. 이 장에서는 또한 그러한 반대 움직임들의 특성이 단순히 국제적이거나 혹은 국가적인 수준에서 전개되는 것이 아니라 대단히 로컬적으로, 즉 하위국가적 수준에서 전개되고 있다는 점을 조명하고 있다.

제4장의 두 번째 부분은 가난한 국가에 초점을 맞추고 있다. 글로벌 남부의 정부들은 한편으로는 느슨한 지역주의 속에서 노동 이주자와 난민들에게 국경을 개방하고 있으면서도 또한 다른 한편으로는 심각할 정도로 높은 수준의 실업률과 정치적 불안정의 위험 때문에 그들의 이주를 엄격하게 통제하고 있다. 필자는 글로벌 남부 국가의 가장 뚜렷한 특징이라고 할 수 있는 이와 같은 양면적 상황이 어떻게 진행되고 있는지를 꼼꼼히 검토해 보고, 또한 이주 억제론restrictionism과 관련된 사례를 제시해 볼 것이다. 그리고 그러한 양면적 조정cooperation과 간혹 불거지곤 하는 군사적 통제가 어떻게 혼재되어 있는지를 강조하면서 관련 내용을 논의해 볼 것이다.

제5장 이주, 시민권, 그리고 소속의 지리는 이주와 관련된 시민권과 소속 감에 대한 사회과학자들의 저술들이 '사회-**공간적** 관계'라고 하는 중요한 사고를 경시하거나 미숙하게 다루고 있음을 지적하고 있다. 이 책의 전반적 논점이 그러하듯이 필자는 이 장에서 **지리적** 관점을 사용하는 것이 이주와 시민권과 소속감 간의 관련성과 그 특성을 잘 드러내 주는 데 매우 효과적이 라는 점을 보여 주려고 노력했다. 여기서는 '글로벌 북부'의 선진국들에 주 안점을 두고 있긴 하지만 필자의 주장을 설명하기 위해 '글로벌 남부'의 여러 국가들의 사례들도 제시하고 있다. 이 장의 지리적 전제에 대한 설명을 한 후, 필자는 시민권의 법적인 형식, 경제적·정치적·사회적 권리로서의 시민 성, 정치적 참여로서의 시민성, 소속감으로서의 시민성 등으로 구분하여 그 차이를 제시한다. 그리하여 이 장의 논의를 4개의 분리된, 하지만 서로 연결 된 절로 나누어 전개해 보았다.

제6장 결론에서는 각 장의 요약을 묶어서 싣고 있으며, '이주 문제들'을 밝 히는 데 있어서 **지리적** 관점이 비지리적 이슈들로 보이는 것들에 부수적으 로 덧붙여지는 단순한 사고가 아니라는 점을 강조하고 있다. 즉, 모든 이슈 들 자체는 사회적 관계(경계, 제도, 규제, 법규, 문화적 희망, 두려움, 이 모 든 것들로부터 나오는 기대 등)의 지리를 통해 구성된다는 점을 강조하고 있 다. 마지막으로 이주의 문제가 21세기 정치, 경제, 사회, 문화 등 모든 분야 의 논쟁에서 중심에 놓여 있으며, '공간적 사고'가 그러한 논쟁에 많은 기여 를 하고 있다고 결론 내리고 있다.

더 읽을거리

캐슬과 밀러(2009, 4판)의 『Age of Migration』, IOM의 연차보고서인 *"World*

Migration Reports”, 그리고 경제협력개발기구OECD에서 매년 출간하는 “International Migration Outlook”과 Global Commission on International Migration(2005)의 보고서 등은 전 지구적으로 펼쳐지고 있는 이주를 잘 요약해 주고 있는 것으로 널리 인정받고 있으며, 이 장에 기술되어 있는 세계 여러 지역의 관련 이슈와 용어들도 여기에서 논의되었던 것이다.

Migration News는 캘리포니아 데이비스 주립대학교에서 주관하는 무료 온라인 뉴스 서비스이다.[20] 이는 세계 지역 수준에서 벌어지는 모든 차원의 이주 문제에 대한 월간 리포트를 제공하고 있다. 영국에서 출간된 것들 중에 는 클로크 등(Cloke et al., 2005)의 저서 『Introducing Human Geographies』안 에 코서Koser가 집필한 37장이 이주자와 난민에 관련된 여러 주요 이슈들을 간단하고 유용하게 설명하고 있어 도움을 준다. 아시아 내에서의 이주에 관 해서는 “*Geographical Research*”에 게재된 휴고(Hugo, 2006)의 논문이 매우 유 용하다.

브레텔과 홀리필드(Brettell and Hollifield, 2008)의 편저 『Migration Theory: talking across disciplines』는 이주에 대한 여러 학문 분야의 접근을 통찰력 있 게 개관해 주고 있다. 즉, 각 학문 분야의 독특성과 각 학문 분야의 몇몇 수 렴 지점 등을 보여 주고 있다. 그중 수잔 하드위크Susan Hardwick가 집필한 『Place, Space, and Pattern』이라는 제목의 6장은 비록 미국을 중심으로 한 내 용이 소개되고 있긴 하지만 지리학자가 몇몇 이주 주제를 바라보는 방식이 어떤 것인지를 분명하게 보여 주고 있다.

이 책에서 논의된 사회적 개념들에 대해서는 클로크 등(Cloke, Philo and Sadler, 1991)의 저서 『Approaching Human Geography』에 종합적이고 기초적 인 내용이 수록되어 있으니 참고하길 바란다. 딜라니(Delaney, 2005)는 ‘영역’ 에 관한 훌륭한 개론서를 집필하였다. 마스톤 등(Marston, Jones III and Woodward, 2005)은 학술지 *"Transactions of the Institute of British Geographers"*에 게 재한 논문의 전반부에서 스케일 개념 사용의 문제점들을 비판적이고도 유 용하게 요약하고 있다. *"Ethnic and Migration Studies"*, *"Journal of Ethnic and Migration Studies"*, *"International Migration Review"* 등의 학술지[21]는 모두 선진국의 이민에 대한 풍부한 논문들을 수록하고 있다. 국제이주기구IOM가 간행하는 *"World Migration Report"*는 전 세계 대부분의 국가들을 망라하는 글로벌 수준 및 국가 수준의 통계를 제공하고 있다. OECD가 매년 간행하 는, 좀 더 구체적으로 말하자면 그 산하의 이주 분과인 SOPEMI에서 간행하 는 "International Migration Outlook"은 OECD 국가들(유럽연합과 북미 국 가들, 일본, 한국, 멕시코, 터키 등)에 관한 풍부한 정보를 제공하고 있다.

유용한 웹사이트

■ 영어권 국가정부 공식 웹사이트

오스트레일리아: Department of Immigration and Citizenship(www.immi.gov.au/)

캐나다: Citizenship and Immigration Canada(www.cic.gc.ca/english/index.asp)

뉴질랜드: Immigration New Zealand(www.immigration.govt.nz/)

싱가포르: Immigration and Checkpoints Authority(www.ica.gov.sg/index/aspx)

영국: The Home Office(www.homeoffice.gov.uk/), 그리고 그 안의 UK Border Agency (http://ukba.homeoffice.gov.uk/)

미국: Homeland Security(www.dhs.gov/ximgtn/), 그리고 그 안의 US Citizenship and Immigration Services(www.uscis.gov/portal/site/uscis)와 US Immigration and Customs Enforcement(www.ice.gov/). Migration Policy Group(www.migrationpolicy.org/)에서는 유용한 정보와 자료를 제공한다.

국제이주기구(www.iom.int)에서는 국제적 관점에서 다양한 종류의 간행물과 통계자료를 제공하고 있다. 마찬가지로 UN(www.un.org)에서도 그 산하의 인구 분과, 경제 및 사 회 문제 분과, 국제 이주와 개발 분과, 글로벌 이주 그룹 분과 등을 통하여 유사한 간행 물과 통계자료를 제공하고 있다.

■ 학술 웹사이트, 국제 웹사이트, 비정부기구 웹사이트, 자료 제공 웹사이트[22]

Age of Migration website 『Age of Migration』의 저자가 유용한 웹사이트를 만들어 많은 링크와 사진, 추가 사례 연구들을 올려놓았다. (www.age-of-migration.com/)

Asia Pacific Migration Network(http://apmrn.usp.ac.fj/)

COMPAS(Center on Migration, Politics, and Society), University of Oxfordwww.compas.ox.ac.uk)

European Centre for Research on Migration and Ethnic RelationsERCOM ER, University of Utrecht(www.uu.nl/uupublish/onderzoek/onderzoekcentra/ercomer/24638main.thml)

Forced Migration Online(www.forcedmigration.org/)

International Organization on Migration IOM(www.iom.int)

International Dialogue on MigrationIOM의 일부임(www.iom.int/jahia/Jahia/lang/en/pid/385)

Metropolis International(http://international.metropolis.net/indes_e.html)

Migration Information Source(www.migrationinformation.org)

Migration News(http://migration.ucdavis.edu/mn)

Migration Policy Institute(www.migrationpolicy.org/)

Organization for Economic Co-operation and DevelopmentOECD(www.OECD.org)

Refugee Studies Centre(www.rsc.ox.ac.uk/)

■ 세계 각 지역의 친이주자 단체들이 기재되어 있는
   메타 사이트와 기타 주요 조직들

아시아

Asia Pacific Mission for Migrants(www.apmigraants.org/)

Migrant Forum in Asia(www.mfasia.org/mfaAbout/AboutMFA.thml)

오스트레일리아

이주자 지원 단체들의 목록이 A Just Australia에 기재되어 있다. (www.ajustaustralia.com/home.php)

뉴질랜드

New Zealand Federation of Ethnic Councils를 보라. (www.nzfec.org.nz/page/home.aspx)

유럽

Migration Policy Group(www.migpolgroup.com)

PICUMPlatform for International Cooperation on Undocumented(Migrantswww.picum.org/) 세계 다른 지역의 단체들도 풍부하게 기재되어 있다.

미국

(www.publiceye.org/research/directories/immig_grp_defend.html)에 이주자 단체 목록이 기재되어 있다. 또한 National Network for Immigran and Refugee Rights에도 기재되어 있다.(www.nnirr.org/immigration/immigration_map.html)

■ 추천 다큐멘터리 및 '픽션' 영화 DVD

(제작년도 뒤에 나오는 국가명은 영화의 주요 무대가 어디인지를 보여 준다.)

A day without a Mexican, 2004, 미국, 100분

America's New Religious Landscape, 2001, 미국, 60분, www.insight-media.com에서 볼 수 있는 다큐멘터리 영화

April ChildrenAprilkinder, 1999, 독일, 85분

Chian of Love, 2001, 미국, 50분, www.frif.com에서 볼 수 있는 다큐멘터리 영화

Bread and Roses, 2000, 미국, 110분

Beautiful People, 1999, 영국, 107분

Brothers in Trouble, 1996, 영국, 102분

Crossing Arizona, 2006, 미국, 상영시간 미상

Dirty Pretty Things, 2003, 영국, 97분

El Norte, 1983, 미국 및 멕시코, 141분

Exiles, 2004, 프랑스 및 알제리, 104분

From the Other Side, 2002, 99분, www.frif.com에서 볼 수 있는 다큐멘터리 영화

God Grew Tired of Us, 2006, 미국, 89분

Golden Venture, 2006, 미국, 90분

HostageOmiros, 2005, 그리스, 105분

Inch'Alla Dimanche, 2001, 알제리 및 프랑스, 98분

In this World, 2002, 영국 및 여러 국가들, 88분

La Haine, 1995, 프랑스, 95분

La Misma LunaUnder the Same Moon, 2008, 멕시코 및 미국, 106분

Little JerusalemLa Petite Jerusalem, 2005, 프랑스, 94분

Living in ParadiseVivre au Paradis, 1998, 프랑스, 105분

Lost Boys of Sudan, 2004, 미국, 87분

Maria Full of Grace, 2004, 미국 및 멕시코

Mayan Voices: American Lives, 1994, 56분, www.frif.com에서 볼 수 있는 다큐멘터리 영화

My Son the Fanatic, 1999, 프랑스 및 영국, 87분

Night of Henna, 2005, 미국, 92분

Romantico, 2004, 미국, 80분

Saimir, 2004, 이탈리아, 88분

Saving Face, 2004, 미국, 96분

Sentenced Home, 2007, 미국, 87분, www.pbs.org/indendentlens/sentencedhome/에서 볼 수 있는 다큐멘터리 영화

Taxi to Timbuktu, 1994, 51분, www.frif.com에서 볼 수 있는 다큐멘터리 영화

The Gatekeeper, 2002, 미국, 103분

The Invisible Mexicans of Deer Canyon, 2006, 미국, 73분, 다큐멘터리 영화

The Namesake, 2007, 미국, 122분

The Other Europe, 2006, 여러 유럽 국가들, 58분, www.ncwsrccl.org에서 볼 수 있다.

Refugee Show: The Plight of the Padaung Long-Necked People, 2007, www.films.com에서 볼 수 있다.

Tea in the HaremLe The au Harem d'Archimede, 1985, 프랑스, 110분

요약 문제

1. 이주 문제를 이동성 연구 범위 내로 축소하여 다룬다면 어떤 문제점이 있는가?

2. '숙련skill'이라는 용어를 이주의 맥락 속에서 뚜렷이 구분하여 사용하기가 쉽지 않은 이유는 무엇인가?

3. 이주는 어떤 면에서 '다양'하다는 것인가?

4. 이주 문제가 이입국에서만 문제가 되는 것이 아니라고 하는 이유는 무엇
   인가?

5. 이 책에서는 '글로벌 경제' 혹은 '글로벌 자본주의'가 어떤 사회적 개념의
   사례임을 시사하고 있는가? 이주의 설명을 위해 이러한 개념을 사용하게
   될 때 문제점은 무엇인가?

6. '스케일'이라는 용어를 사용할 때 어려움은 무엇이고, 이 책에서는 스케일
   이라는 개념을 어떻게 사용하고 있는가?

제2장

국제 이주에 대한 해석

서론

이주는 이해하기 쉽지 않은 사회 현상이다. 그럼에도 이주를 설명하려는 이론들, 즉 사람들이 왜, 어디로 이주하는지를 설명하려는 이론들은 무척이나 많다. 그런데 다양한 이주 이론들을 살피는 작업은 단순히 학문적 활동 이상의 의미를 지닐 필요가 있다. 사람들이 이주하는 이유를 이해하는 것이 최근 조명되고 있는 세계의 구조적 불평등과 불이익의 과정을 살펴보는 것일 수 있기 때문이다. 이주 이론의 핵심은 어떤 시·공간에 속하느냐에 따라 그 설명이 달라질 수 있다는 것이다. 이는 곧 모든 이주를 한번에 설명해 낼 이론은 사실상 없으며, 어떤 이론도 다양한 양상의 이주들을 포괄적으로 보는 데에는 한계가 있음을 시사한다(예를 들어 Brettell and Hollifield, 2008).

다양한 이주 이론을 구분하는 첫 번째 방식은 매시 등(Massey et al., 1998)이 제시한 것처럼 특정 형태의 이주의 원인, 즉 그 시초를 설명하는 이론과 '연속적continuation' 또는 '경로 의존적 이주 시스템path dependency of migration system' 등의 후속 이주를 다루는 이론으로 나누어 보는 것이다. 이러한 구분은 장점이 있음에도 불구하고 경험적으로 볼 때 이주는 그 시작과 지속 과정이 서로 중첩되어 나타난다는 점에서 한계가 있다.

다음으로 보일, 할파크리, 로빈슨(Boyle, Halfacree and Robinson, 1998)은 이주 이론을 이주자 스스로가 이주 행위와 패턴을 결정한다고 보는 **결정론적**determinist 이론과 여러 이론과 개념을 동시에 끌어와 이주를 설명하는 **통합적**integrative 이론으로 구분한다. 이 방식 역시 장점이 많지만 이른바 결정론적 이론이 종종 다양한 정치적·문화적·경제적·환경적·사회적 과정을 통합적으로 설명하거나, 반대로 통합적 이론으로 분류된 이론이 대단히 결정론적인 시각을 나타낼 수 있기 때문에 완벽하지는 않다.

마지막으로 이주 이론들을 **해석적**explanatory 이론과 **비판적**critical 이론으로 나눠볼 수 있다. 그러나 여기서도 무엇이 '비판적critical'인지는 반론의 여지가 남는다. 이처럼 이주 이론을 구분하는 방식들은 저마다 한계를 지닌다. 그렇다면 어떤 방식으로 이주를 이해해야 하는 것일까? 앞으로 소개할 이론들은 기본적으로 보일 등의 틀에 맞추어 조직되었다. 물론 그러한 큰 틀 내에서 이주의 시초와 연속성을 가장 잘 설명하는 이론이 무엇인지 혹은 어떤 이론이 해석적이거나 비판적인지에 대해서도 덧붙여 논의를 전개하였다. 보일 등이 제시한 틀을 채택한 까닭은 이 방식이 언제, 어떻게 이주가 시작되었고 계속되었는지를 구분하거나 그 이론이 비판적인지 아닌지와 같은 불확실한 추정을 기준으로 이론을 구분하는 것이 아니라, 각 이주 이론이 전제하고 있는 사회 이론에 관심을 두기 때문이다.

이러한 구분에 따라 국제 이주에 대한 열 개의 이론 및 접근을 나누어 보면 1) 라벤스타인의 법칙Ravenstein's law과 배출—흡인 접근push-pull approaches, 2) 신고전경제학 분석neo-classical economic analyses, 3) 행태주의적 접근behaviouralist apporaches, 4) 신경제학적 접근new economics apporaches, 5) 이중노동시장dual labour market과 노동시장 분절화 접근abour market segmentation approaches, 6) 구조주의structuralist와 이와 관련된 논의들은 **결정론적 이론**에 가깝다. 반면 7) 사회 네트워크social-network (또는 이주자 네트워크immigrant network) 분석, 8) 초국가주의 논의transnational argument, 9) 젠더중심적 분석, 10) 구조화structurationist 이론의 관점은 **통합적** 혹은 **혼합적**mixed 접근에 가깝다. **1** 아래의 인용문과 같이 매시 등(Maseey et al., 1993)은 다양한 방식의 접근 및 이론이 본질적으로 모순된 것이 아니라 분석의 수준을 달리하고 있다고 설명한다.

다양한 이론들은 연구 목적, 논점, 이해관계를 반영하며 대단히 복잡한 대상을 설명 가능한 부분으로 분석하는 방식에서 차이를 드러낸다. 따라서 여러 이론의 양립 가능성은 각 이론이 지닌 내부 논리, 명제, 전제, 가설을 구체적이고 명료하게 드러낸 후에 판단할 수 있다. (p.433)

그러나 몇 가지 접근 중에서는 전제나 분석 단위가 중첩되는 경우도 더러 있다. 예를 들어 가족과 네트워크에 대한 각각의 접근들도 그 전제가 서로 배타적이지만은 않다. 이 장에서는 제시한 열 개 이론들을 하나하나 살펴봄으로써 각 이론 간의 관련성을 파악해 보고자 한다. 그런 후에 다음 두 가지 분명한 문제를 중심으로 각 이론의 한계를 간단히 논의해 볼 것이다. 먼저 첫 번째 문제는 그러한 이론들이 국가의 역할을 무시하거나 과소평가하고 있다는 점이다. 특히 배출-흡인 접근, 신고전경제학적 분석, 행태주의와 같은 초창기 이론에서 이런 문제가 크게 드러난다. 그러나 엄밀히 말하면 글로벌화와 초국가주의에 대한 최근의 논의도 이 문제에서 완전히 자유롭지만은 않다. 이주에서 국가의 영향력이 중요하므로 이에 대해서는 제4장에서 다시 심도 있게 다루도록 하겠다.

둘째, 첫 번째 문제보다 덜 분명하긴 하지만 이들 이주 이론은 이론의 논리 구조 내에서 '공간space' 개념을 구체적으로 구성하지 못했다는 문제가 있다. 이런 문제는 방법론적 국가주의를 극복하기 위해 '초국가주의'라는 새로운 개념이 등장하였음에도 불구하고 여전히 계속되고 있으며, 비단 사회과학 이론에서뿐만 아니라 지리학에 토대를 둔 이주 이론에서도 나타나고 있다. 이러한 '공간 문제'를 고려하여 제1장에서 논의한 다양한 공간 개념을 적용하고, 이를 통해 이주에 대한 절충적 접근을 시도하고자 한다. 이때 옳건 그르건 대부분 국제 이주 이론의 주제가 되고 있는 가난한 국가에서 선진국으로 이주하는 저임금 이주자의 경험을 강조하게 될 것이다. 물론 때로는 간호사들의 이주처럼 이른바 복지 영역에서의 이주나 컴퓨터 엔지니어나 의사와 같은 고위 전문직의 이주, 그리고 망명, 밀수나 매춘과 같은 다른 형태의 이주도 살펴볼 것이다.

결정론적 이론

이주 이론의 시초: 라벤스타인의 '법칙'

19세기 지리학자 라벤스타인의 연구에서부터 시작해 보자. "Journal of Statistical Society"에 수록된 그의 연구는 1885년과 1889년에 영국의 국내 이주를 상당히 구체적이고 방대하게 다루고 있다. 오늘날 이주 연구자들에게 일면 불필요해 보이는 이 연구를 소개하려는 까닭은 그의 분석에 나타난 방법론적 개인주의methodological individualism로 돌아가려는 움직임이 일각에서 나타나고 있기 때문이다.

'방법론적 개인주의'는 간단히 말해서 개인이 분석 단위로 기능함을 의미한다. 그의 연구는 주로 카운티, 도시, 도심지구, 마을과 같은 하위국가 단위의 센서스 데이터에 기반을 두고 있다. 뿐만 아니라 그는 이주 형태를 '단거리short-distance', '단계적 이주stage-migrants', '장거리long-journey', '일시적temporary' 이주로 분류함으로써 이주 현상을 단순화시키는 데서 탈피하려고 노력했다. 라벤스타인은 사람들이 실질적으로 높은 임금이나 좋은 일자리(보수가 더 높거나 매력적인 직종의 일)(1885, p.181)를 위해서 이주한다고 설명한다. 이런 점에서 라벤스타인의 접근은 결정론적 시각이 우세하다고 할 수 있으며 위에서 언급한 것처럼 '방법론적 개인주의'로 분류될 수도 있다.

라벤스타인은 '이주 법칙'으로 널리 알려져 있다. 그가 실제로 얼마나 많은 '법칙'을 설명했는지는 불확실하지만(Tobler, 1995), 1885년 논문에 담긴 법칙 중 7개를 간추리면 다음과 같다(Ravenstein, 1885, pp.198-199; Lee, 1969). 필자가 추려낸 이러한 법칙들은 이주 동기뿐만 아니라 경험적 이주 패턴에 대한 설명을 내놓고 있다.[2]

1) 수요의 관점에서 이주를 보면 상대적으로 짧은 거리를 이동하는 이주자 집단은 '상업 및 산업 중심지'로의 이주 '흐름'을 형성한다. 이러한 흐름은 목적지와 기원지 양쪽의 인구 규모에 영향을 받는다.

2) 첫 번째 법칙의 '당연한 결과natural outcome'와 관련이 있다. 즉, 농촌 지역 거주자들은 빠르게 성장 중인 인근 도시로 이주하여 그 농촌 지역의 인구 감소가 일어나게 되고, 이에 따라 다시 더 외곽에 있는 농촌 지역 사람들이 이곳으로 유인된다. 이러한 과정이 거듭되면 영국의 사례에서처럼 도시는 국가 전역을 아우르는 이주의 중심핵이 된다.

3) '흡수absorption'는 '분산dispersion'에 상응한 결과이다. 특정 지역으로 들어온 이주자들은 특정 지역에서 '나온 이주자out-migration'이다.

4) 세 번째 '법칙'에 미루어 보면 모든 '이주 흐름current of migration'은 역흐름counter-current을 발생시킨다.

5) 장거리 이주자들은 일반적으로 '대규모의 상업 및 산업 중심지'로 이주한다.

6) 농촌 지역 사람들이 도시 지역 사람들보다 더 많이 이주한다.

7) 여성은 남성보다 더 자주 이주한다.

라벤스타인의 7개 '법칙'에서 어떤 시사점을 도출할 수 있을까? 만약 각각의 법칙을 뒷받침할 이론적 근거가 없다면 이는 대단히 식상하게 보일 수 있다. 일반적으로 사회과학이나 적어도 비판적인 분야에서만큼은 복잡하고 불확실한 사회 현상을 법칙화하지 않는다. 이런 점에서 라벤스타인의 결정론적 설명은 인상적이다. 그러나 단순히 그런 이유로 그의 법칙을 저평가하기에는 아쉬움이 남는다. 왜냐하면 이 법칙들은 아래 설명과 같이 오늘날 국제 이주 패턴과 과정에 대한 이론에서 적용할 수 있는 내용을 상당수 포함하고 있기 때문이다.

첫째, 물론 모든 국제 이주가 단순히 국가 간의 임금격차나 더 '나은' 직업에 대한 전망의 차이에서 비롯되는 것은 아니지만 저평가된 임금 수준이나 실업률, 위험하거나 모욕적인 노동환경이 부분적으로 이주를 추동하고 있다는 점은 분명하다(예를 들어 Castles and Miller, 2003). 경제적 **결정론**을 지지하지 않더라도 이주가 부분적으로 경제적인 고려에 의해 결정된다는 점은 이미 학계에서 상당 부분 합의된 사실이다. 둘째, 라벤스타인이 분류한 이주자 및 이주 유형은 오늘날 이주 분석에서 사용되는 범주 중 많은 부분을 떠올리게 한다. 실제로 1960년대 후반에서 1970년대 사이에 등장한 종속이론(이에 대해서는 이 장의 뒤에서 다룰 것이다)은 라벤스타인이 '단계 이주stage migration'라고 정의한 범주를 최초로 차용했다. 국가 내부 및 국제 이주에서 '단계'에 대한 관심이 증가하면서 그린 범주는 반향을 일으킬 만한 것이 되었다. 최근 단계적 이주는 A지점에서 B지점을 향하는 단선적 이동과는 다른 '순환circulation' 이주라고 불린다. 셋째, '장거리' 이주자가 일반적으로 대규모의 '상업 및 산업 중심지'로 이주한다는 법칙은 20세기 중반부터 21세기 초까지 일어난 대다수의 이주가 가난한 국가에서 선진국으로 향하고 있었다는 점에서도 입증된다. 이는 규모가 크고 경제적 역동성을 지닌 도시와 이주자들 간의 관계를 다룬 프레이(Frey, 1998)의 '이민 관문 도시immigrant gateway cities'나 사센(Sassen, 1991)의 '글로벌 도시global city' 가설과 유사하다. 넷째, 라벤스타인은 여성 이주자의 역할을 간과해서는 안 된다고 보았다. 아래의 인용문을 살펴 보자.

> 여성은 남성보다 더 중요한 이주자이다. 여성을 가사 생활과만 연결시키는 사람들에게는 놀랄 만한 점인데, 통계자료가 이러한 사실을 분명히 입증하고 있다. 여성은 단순히 가사 도우미 일을 할 수 있는 도시뿐만 아니라 특정 제조업 영역으로도 꽤 많이 이주하고 있다. 그런 의미에서 공장은 부엌에 대적할 만한 이주 대상지역이다.
>
> (Ravenstein, 1885, p.196)

라벤스타인은 이처럼 이주자로서의 여성의 역할을 강조하였지만, 이후 100년간 대다수의 이주 이론들은 이주에서 여성의 역할에 대해 침묵했다 (Morakvasic, 1984).

라벤스타인의 분석은 이주를 추동하는 배출-흡인 요인을 제시하였고 이 개념은 이후 리(Lee, 1969)에 의해 구체화되었다. 배출-흡인 요인은 특정 지역 또는 국가에서 '배출된pushed' 이주 요인과 다른 지역 또는 국가로 '흡인된pulled' 요인으로 구분된다. 먼저 배출 요인의 예로 인구 증가(글상자 2.1 참조)나 라틴아메리카의 사례처럼 주로 토지 소유권과 관련된 빈곤, 정치적 압제, 전쟁, 자원 고갈 등의 '환경 위기' 등을 들 수 있다. '흡인 요인'으로는 취업 기회, '더 나은' 삶에 대한 기대, 의료 기술, 정치적 탄압으로부터의 자유 등이 있다. 또한 1990년대 후반에 레소토, 모잠비크, 짐바브웨의 '국경을 넘는' 이주자들이 남아프리카공화국으로 이주한 사례에서처럼 단순하게는 물건을 사고팔 기회를 얻을 수 있는 곳으로 이주하기도 한다(Mcdonald et al., 2001). 그러나 때로는 '모험adventure'을 추구하는 젊은 이주자들의 이주에 오늘날 글로벌 남부 대다수의 나라에서 인구가 빠르게 증가하고 있는 반면 글로벌 북부의 선진국(특히 독일, 이탈리아, 동유럽, 러시아, 일본)에서는 출산율이 낮아 인구가 정체되고 있다. 국제 이주를 바라보는 일반적인 관점은 이와 같은 인구학적 차이가 노동 이주를 부추긴다는 것이다.

선진국의 고용주가 국내에서 노동자를 찾기 어렵기 때문에 외국에서 노동 인력을 끌어들이거나 이미 국내에 정착하고 있는 이주 노동자를 고용할 수밖에 없다는 설명은 일면 타당해 보인다. 선진국에는 충분한 일자리가 있는데도 일손이 부족하고 반대로 가난한 나라에는 넘쳐 나는 노동 인력을 활용할 일자리 자체가 없기 때문이다. 그러나 이 문제를 좀 더 주의 깊게 볼 필요가 있다.

첫째, 선진국이든 가난한 국가든 모두 지역 간에 차이가 존재한다. 다시 말해 어떤 지역의 성장세가 둔화되거나 심지어는 퇴보한다고 하더라도 또 다른 곳에서는 풍부한 일자리를 만들어 내며 빠르게 성장하는 지역이 분명히 존재한다는 것이다. 이처럼 국가 내부의 차이를 무시한 방법론적 국가주의는 애초에 문제가 있다고 볼 수 있다.

둘째, 결코 쉬운 일은 아니지만 선진국은 이수 노농자들이 없너라도 충분히 지역 경제를 운용해 나갈 수 있다. 선진국은 노동자를 대체할 수 있는 기술혁신을 이루거나 기존 노동자들의 노동강도를 높임으로써 또는 특정 서비스나 생산을 중단하거나 반대로 그것이 기능한 지역이나 시기를 찾아내는 등의 전략을 통해 노동력 부족 상황에 '적응'할 수 있다. 독일은 인구증가율 감소에 따른 위기에 가장 적극적으로 적응해 왔다. 독일 정부는 400억 유로의 예산을 들여 '엘테른겔트(Elterngeld)'라는 프로그램을 시행했다. 이 프로그램은 **직장** 여성들이 일을 그만두고 아이를 가질 수 있도록 장려하기 위해 경제적 지원을 아끼지 않았다. 주목할 점은 이 프로그램이 '일하는' 독일 여성들을 대상으로 하는 한편, 터키 출신 등의 이주 여성은 배제시켰다는 점이다.

서처럼 배출 요인과 흡인 요인을 명확히 구분하기가 어려울 수도 있다(Goss and Lindquist, 1995).

'배출-흡인 요인'은 이주 이론의 핵심 메타포로서 가난한 국가나 지역에서 부유한 지역으로의 이주를 설명하는 데 주로 사용되었으나 이주를 추동하는 다양한 힘을 단순화시킨다는 한계점이 있다(휴고(Hugo, 1996)의 '환경 재앙'과 글로벌 이주에 대한 폭넓은 연구, 해밀턴 등(Hamiton et al., 2004)의 섬을 떠나는 어부 출신 이주자에 대한 연구, 페린 등(Perrin et al., 2007)의 필리핀 보모 이주의 의미 연구, 윌슨과 해버커(Wilson and Habecker, 2008)의 아프리카인의 워싱턴 DC로의 이주 연구, 리와 브레이(Li and Bray, 2007)의 중국 본토 학생들의 홍콩과 마카오로의 이주 연구 참조). 스코틀랜드와 아이슬란드 사이에 위치한 패로 섬Faroe Islands에서 수산 자원이 고갈됨에 따라 발생한 이주를 살펴보자(Hamilton et al., 2004). 1990년대 초 어획량의 급격한 감소로 섬 전역의 수산업이 총체적 위기를 맞이하였다. 패로 섬의 GNP는 40%까지 떨어졌고, 실업률은 사실상 0%에서 25%까지 치

솟았다. 이로 인해 아이를 가진 젊은 부부들을 포함한 젊은 계층의 이출이 증가했고, 특히 '여성들의 탈출female flight'이 두드러졌다. 해밀턴 등은 이들 도서 지역 '여성들의 탈출'을 '배출—흡입 요인'으로 설명했는데, '다양한 기회를 얻을 수 있는 도시의 조건을 흡입 요인으로, 도서 지역 전통의 여성적 지위와 역할을 배출 요인'으로 분석하였다(p.449). 그러나 해밀턴 등은 그 '역할'이 무엇인지, 애초에 어획량이 줄어든 까닭이 무엇인지는 설명하지 않은 채 시종일관 자원 고갈로 섬을 떠나는 이주자들이 생겼다거나 혹은 더 큰 도시로 이주해 갔다는 설명만을 반복한다. 이러한 주장은 '배출—흡인 요인'에서 꽤 정형화된 설명 방식이기도 하다.

특정 요인에 선택적으로 주목하는 설명 방식은 다른 복합적인 '요인'들을 간과하기 쉽다. 예를 들어 말러Mahler의 책『American dreaming』(1995)은 엘살바도르 이주자들이 1980년대 내전 직후 뉴욕의 교외 지역인 롱아일랜드에 정착하게 된 사례를 소개하면서 당시 많은 이들이 엘살바도르의 일자리 축소와 내전 때문에 이주를 결심하였다고 분석하였다. 말러는 롱아일랜드에 얼마나 풍부한 일자리가 있었고, 또 두 국가가 외교 정책 등의 측면에서 어떤 관계를 맺고 있었는지, 미국 고용주들이 1960년대에 엘살바도르인을 어떻게 고용하였는지, 엘살바도르에서 롱아일랜드로 이주하는 과정에서 어떤 네트워크가 확인되는지 등을 배출 요인에 결부시켜 설명하였다. 즉, 그는 '배출—흡인' 요소들을 단순히 집합적으로 나열하고 논의하기보다는 이출 및 이입 국가에서 동시적으로 나타나는 여러 과정들을 연결시켜 설명하려고 하였다. 그럼에도 불구하고 배출—흡인 요인의 기본 사고들은 다음으로 살펴볼 신고전경제학 이론에서도 채택되어 확대·재생산되어 왔다.

신고전경제학적 접근

신고전경제학에서 초창기 이주 연구는 가난한 국가와 선진국 **사이**의 국제적 이주보다는 가난한 국가 혹은 선진국 **내**의 이주에 대한 관심에서 시작되었다(Massey et al., 1998). 이주에 대한 '기능주의적functionalist' 접근 또는 '전통적traditional' 접근이라 불리는 신고전경제학적 이주 연구 관련 논저들은 무척 다양한데, 여기서는 널리 반복되고 있는 몇 가지 연구들을 살펴보도록 하겠다.[3] 매시 등(Massey et al., 1998)에 의하면 신고전경제학적 설명은 크게 거시 이론과 미시 이론으로 구분할 수 있다.

신고전경제학적의 거시적 관점에서 루이스(Lewis, 1954), 라니스와 페이(Ranis and Fei, 1961)는 초창기 연구에 많은 공헌을 했다. 자세히 살펴보면 두 연구는 도시 지역의 노동 수요와 농촌 지역의 노동 공급 관계와 더불어 농촌 지역에서 도시 지역으로의 이주가 두 지역의 경제 발전에 이바지하는 방식을 드러내기 위해 노력하였다. 그들의 주장에 따르면 도시의 노동시장은 농촌 지역의 저렴한 노동 '공급'을 흡수한다. 이런 과정이 지속되면 농촌 지역에서는 노동 공급이 감소하고 임금이 상승한다. 반면 도시는 노동 공급이 증가하면서 임금이 점차 낮아진다. 그 결과 농촌 지역과 도시 지역의 임금이 균등해진다. 이렇게 두 지역의 임금격차가 좁혀지면 농촌 지역에서 도시로의 이주가 더 이상 일어나지 않는다(Enke, 1962). 이들 연구는 국내 이주 사례에 바탕을 두고 있는 것이지만 국제 이주에도 적용할 수 있으며, 개인적 수준에서 이주의 이유를 밝히지 않고 있다는 점에서 '거시적'이다.

이러한 관점은 가난한 국가에서 선진국으로 떠나는 노동자들의 흐름과는 '반대된'(Massey et al., 1993) 다른 이주도 설명해 준다. 자본과 고급 인력이 상대적으로 부족한 가난한 국가는 물질적 보상을 앞세워 외국인 투자나 국제 자본을 유치하거나 선진국의 전문 인력을 끌어들이기 위해 노력한다. 이러한 노력 끝에 선진국에서 가난한 국가로의 이주가 발생하게 되는데, 유럽 및 북미 엔지니어들이 필리핀이나 사우디아라비아 같은 국가로 임시 이주하는 것이 바로 이에 대한 사례라고 하겠다. 이러한 이주는 가난한 국가에서 임금 상승을 유발하는 한편 선진국에서는 임금 감소를 유발하며, 그 결과 세계적으로 임금 수준이 균등해진다. 결론적으로 신고전주의의 기본 관점은 일자리가 부족한 지역에서 일자리가 풍부한 지역으로의 이주를 통해 임금의 균등화equilibrium가 발생한다고, 즉 경제적 기회에 대한 접근성이 균형을 이루게 된다고 보는 것이다.

반면 미시적 관점은 이주자를 송출국과 이입국의 경제적 기회에 대한 '완벽한' 또는 '다양한' 정보에 반응하는 '합리적인' 개인(Borjas, 1989, p.461)으로 간주한다. 이주자들이 소득, 고용 가능성, 고용조건을 최적화시켜 '효용을 극대화'하고, 이주 지역 또는 국가에서 '더 나은' 기회를 추구한다는 것이다.

초창기의 미시적 접근 이론인 토다로(Todaro, 1969; 1976), 해리스와 토다로(Harris and Todaro, 1970)의 연구는 루이스, 라니스와 페이의 임금격차론의 한계를 지적하면서 수정 모델을 제시하였다. 구체적으로 살펴보면 해리스와 토다로는 가난한 국가의 도시에 대규모의 실업자들이 존재하는 것이 고용 '가능성'에 영향을 미친다고 주장하였다. 이주는 실제 임금격차에 반응한다. 그리고 이주자들은 수도 선통적인 영역보다는 '근대 산업' 영역에서 얻을 수 있는 직업에서 **기대되는** 임금격차의 영향을 받는다. 여기서 이주 기간은 중요한 변수로 작용한다. 장기적으로 볼 때 전체 수입이 더 많은 쪽으로 이주를 결심하게 되기 때문이다. 이 모델은 엄격히 말하면 임금격차론보다는 행태주의적 접근에 가깝고, 이주에 대한 다른 사회심리학적 설명을 제안하였다(Kerney, 1986; Molho, 1986). 신고전경제학의 인적자본론을 간단히 설명한 뒤에 행태주의에 대해 살펴보도록 하자.

샤스타드(Sjaastad, 1962)에 따르면 인적자본론은 이주자를 인적자본의 요소이자 **투자 수단**으로 본다. 이주 가능성은 개인이 소유한 인적자본의 양에 따라 판가름 난다. 이주자는 인적자본을 최대화하기 위해 이주에 필요한 비용, 예를 들어 이동 자금, 직업을 구하는 데 드는 시간, 새로운 일과 언어를 배우는 문제를 비롯해 불분명한 이주 관련 비용 모두를, 이주를 통해 얻게 될 더 많은 임금, 더 나은 근로조건 등의 편익과 비교한다(Borjas, 1989).

행태주의적 접근

행태주의의 분석 단위는 신고전경제학과 마찬가지로 개인이다. 그러나 행태주의는 집단으로부터 개인을 추정하는 것은 소위 말해서 '생태학적 오류 ecological fallacy'를 범할 위험이 있다고 보고 신고전경제학의 설명 방식에 부분적으로 신중한 태도를 보인다. 즉, 특정 민족 집단으로 규정된 사람들이 저임금 국가에서 고임금 국가로 이주하는 것처럼 보이더라도 모든 개인이 임금격차라는 동일한 이유 때문에 이주를 감행한다고 단정할 수는 없다고 주장한다(Boyle, Halfcree and Robinson, 1998).

밀러(Mueller, 1981), 클럭(Clark, 1986), 볼퍼트(Wolpert, 1965)와 같이 행태주의 계보를 따르는 학자들은 이주자들이 특정 장소를 목적지로 정하는 과정에서 나타난 심리학적 배경 또는 이주자의 인지 및 의사 결정에 관심을 갖고 있었다. 신고전경제학 분석과 마찬가지로 이들의 연구도 국제 이주보다는 국내 이주 사례에 바탕을 두고 있었지만 행태주의는 신고전경제학과 달리 개인의 의사 결정에서, 특히 목적지 선택의 이유에 있어서 '비합리성'이 작동할 수 있음에 주목함으로써 차별화를 시도했다. 특히 볼퍼트(1965)는 이주자들의 '장소 효용place utility'을 분석하면서 이주자들이 가장 높은 효용 또는 만족을 주는 장소로 이주하게 된다고 주장하였다. 그러나 이때 '기대되는 임금'이나 인적자본 확대를 위한 개인적인 '비용―편익 분석'이 반드시 높은 효용을 보장하는 것은 아니다. 예를 들어 이주자는 감정적인 이유에서 가까운 곳에 친척이 살고 있는 지역을 선택할 수도 있고, 단순히 들어본 적이 있는 지역이라는 이유로 그곳으로 이주를 결심할 수도 있다.

행태주의자들은 이주자가 **왜** 선택한 장소로 이주하는지 뿐만 아니라 **어디로** 함께 이주하는지에 대해서도 주목했다. 이러한 맥락에서 볼퍼트는 송출국에서 견딜 수 있는 '스트레스'의 정도에 대해 의문을 제기했다. 이주자들은 본국에서 겪는 스트레스를 이주 후에 겪게 될 스트레스와 비교하지는 않았으며, 이주 전 본국에서의 스트레스의 강도와 이주의 문턱을 넘을 수 있느냐 없느냐의 가능성만으로 단순히 이주를 감행했다. 볼퍼트의 연구에서 이주자는 최적화를 추구하는, 즉 '효용을 극대화하는 사람maximizer'이라기보다는, 만족을 추구하는 사람satisficers이라고 할 수 있다(Boyle, Halfacree and Robinson, 1998; Conway, 2007). 인구학이나 지리학에서 나온 초기 연구들은 분석적이고 정량적이며, 일반 법칙이나 이주 패턴을 미리 전제하는 특성이 특히 강했다. 그러나 사회과학 전반에서 점차 행태주의처럼 이주의 동기나 대상 국가에 대해 좀 더 문화기술지적이고 해석적인 접근이 시도되고 있다.

윌슨과 해베커(Wilson and Habecker, 2008)는 '장소 효용' 개념에서 벗어나 아프리카 출신 이주자들이 워싱턴 DC를 목적지로 선택하는 이유를 문화기술지적 접근을 통해 연구했다. 아프리카계 이주자들은 아프리카 내 국가의 수도들이 비즈니스, 문화, 교육의 중심지라고 생각했고, 그런 까닭에 다른 모든 국가의 수도 역시 그런 기회를 제공할 것이라고 **기대하고 있었다.** 또한 워싱턴 DC가 '흑인'이나 '외국'사람들에 대한 포용력이 있다는 점, 국제기구가 많이 있다는 점, 뉴욕보다 조용하고 지출이 적어 자녀들을 키우기에 좋을 것이라는 점을 중시하고 있었다. 이처럼 '장소 효용'은 단순화시켜 설명하기가 어렵다.

신경제학적 접근

국제 이주에 대한 네 번째 접근은 소위 '신경제학적 패러다임'이라 불리는
접근이다. 이 개념은 매시 등(Massey et al., 1993; 1998)이 만든 것으로 경제학
에서 공식적으로 합의된 개념은 아니다. 신경제학적 접근은 개인보다는 가
족, 친족같이 보다 큰 단위를 강조한다.

신경제학적 접근에서 특히 두각을 나타낸 학자는 스타크(Stark, 1991)로,
그는 가족 단위가 수입 극대화 측면에서도 이점이 **있지만** 노동시장 등에서
발생할 문제나 위험을 최소화하는 역할도 한다고 보았다. 신경제학적 접근
에 따르면 가족은 희소 자원scarce resources을 다양하게 배분함으써 위험을
해결할 수 있는 단위이다(Goss and Lindquist, 1995; Massey et al., 1993). 즉, 가
족 구성원의 일부만 이주하고 나머지 구성원의 노동력(또는 희소 자원)은 경
제 상황이 좋지 않은 본국에 남아 외국에 나가 있는 가족이 보내 준 송금으
로 재원을 충원할 수 있게 된다.

매시 등(1993)은 위험 최소화risk minimization가 일어나는 상황을 곡물 보
험 시장crop insurance markets, 선물 시장futures markets, 실업 보험unemployment
insurance, 자본 시장capital markets 등의 네 가지 사례를 통해 살펴보았다. 먼
저 가난한 국가에서는 곡물 경작에 실패할 경우를 대비해 보험에 가입하
는 가계가 거의 없다. 따라서 그런 위기가 닥쳤을 때 송금은 자금을 조달하
는 데 큰 도움이 된다. 선물 시장도 마찬가지이다. 선물 시장이란 상품 시장
에서 상품의 조달 가능성을 보장하는 가격을 말한다. 그런데 일반적으로 가
난한 국가에서는 미래 가격이 상품 생산비보다 하락할 때 그 손실분을 흡수
할 만한 거대 투자자가 없다. 이때도 송금을 통해 곡물 가격 하락에 따른 가

계 수입 감소분을 충당할 수 있다. 셋째, 이주 또는 잠재적 송금 가능성은 실업 보험이 없거나 있어도 그 효과가 미미한 국가에서 실업으로 인한 위험을 완화하는 데도 도움을 준다. 끝으로 자본 시장의 측면에서는 파종, 관개, 경작 관련 기계 구입을 위해서, 또는 농업에 종사하지 않는 경우는 가족 구성원을 교육시키거나 내수 시장에 물건을 내다 팔기 위해서 자금이 필요하다. 문제는 가난한 국가의 은행 제도는 저축이나 대출 면에서 신용하기가 어렵다는 점이다. 또한 가난한 국가의 가계 대부분이 대출 조건을 충족시키기 어려운 것도 사실이다. 이러한 상황에서 이주한 가족이 보내 준 송금은 자본을 조달하고 다른 부분에 투자할 재원이 된다. 여기서 중요한 점은 가계 수입의 총합이 아니라 그 출처이다. 즉, 가계는 위험을 최소화하기 위해서 재원을 다양하게 확보하길 원한다. 또한, 이주는 신고전주의 설명처럼 단순히 절대 수입을 최대화하는 것이라기보다는 기원국의 거주 지역에서 다른 집보다 상대적으로 더 잘 살거나 혹은 덜 궁핍하게 살고자 하는 목표를 추구하고자 전략적으로 이루어진다(Massey et al., 1993; 1998).

이중 노동시장과 노동시장 분절화 접근

경제학자 마이클 피오레Michael Piore는 이중 노동시장과 노동시장 분절화 접근에서 선구자로 통한다. 그의 저서 『Birds of Passage』(1979)에 따르면 송출국에서의 '배출 요인'보다는 선진국(시대적인 용어로 말하자면 현대 산업사회)의 이중 노동시장이 갖는 '흡인 요인'이 더 중요하다. 피오레에 따르면 이중 노동시장은 1차 부문primary sector과 2차 부문secondary sector으로 나누어진다. 1차 부문의 직종은 시민권을 가진 '현지native' 노동자에 의해 선점되는데 보통 임금이 높고 안정적이며, 노동환경이 좋고, 승진 가능성도 높다. 또한 업무를 수행 하기에 앞서 꽤 오랜 기간의 연수가 요구되기 때문에 이들 직종의 종사자를 해고하는 것은 기회비용이 높고 그만큼 신중하게 이루어진다. 반면 주로 이주자들이 고용되는 2차 부문의 직종은 고용조건이 열악하고 승진이 거의 이루어지지 않는 저임금 불안정 고용이다. 이들 직종은 업무 연수에 투자할 필요가 없고, 그만큼 대체 가능성도 높다. 낮은 임금과 열악한 노동환경 때문에 2차 부문은 현지 노동자들의 관심을 끌기 어려우며, 따라서 고용주들은 이주 노동자들이 이 부문을 채워 주길 **기대하게 된다**. 피오레의 주장은 유럽과 미국의 노동시장과 이주를 부분적으로 설명할 수 있으나 이주의 시발점과 지속성을 설명하기에는 부족한 면이 있다. 그럼에도 불구하고 다음과 같은 몇몇 주요 연구에서 피오레의 접근과 유사한 점을 발견할 수 있다.

첫째는 사센의 '글로벌 도시global city' 논의로 이는 본 장의 후반에서 살펴보도록 하겠다. 둘째, 2차 부문의 비공식적인 직종[4]이 미등록 이주자에 대한 수요와 관련하여 성장하고 있다는 설명이다. 즉 **가난한 국가**에서 공식적 부문의 취업 기회가 감소하면, 그곳 주민이나 이주자는 비공식적 부문으로의 취업이 불가피해진다. 선진국에서도 하청 업체를 두고 비정규직을 고용하는 사례가 늘어나고 있는데, 이 경우에도 미등록 이주자들은 그들의 특수한 상황과 지위 때문에 선택의 여지없이 비공식 직종의 낮은 임금 조건을 수용하게 된다. 이처럼 미등록 이주는 비공식 고용을 증가시키는 **결과를 낳고**, 비공식 고용은 다시금 미등록 이주를 불러일으키는 과정이 반복되면서 비공식 고용과 미등록 이주는 상호 강화된다(Portes et al., 1989; Quassoli, 1998; Samers, 2005; Williams and Windebank, 1998 참조).

이와 같은 이중 노동시장 논의는 상당히 단순화된 범주를 전제하고 있다는 한계가 있다. 현실적으로 미국의 노동시장을 단순히 두 부문으로 구분하는 것은 불가능하다. 라이히, 고든 그리고 에드워드(Reich, Gordon and Edwards, 1973)는 미국의 직업 구조에서 '수많은 셀innumerable cells'을 간파하고 '노동시장 분절화labour market segmentation'라는 용어를 사용했다. 여기서 셀이란 한 회사 내에서 유사한 직무 집단을 의미하는데 각각의 셀 간에는 다른 규칙이 존재한다. 특정 셀에 속하는 근로자들은 그 셀에 속하지 못한 사람들보다 더 많은 승진의 기회를 잡거나 더 나은 근로조건에서 높은 임금을 받게 될 수 있다. 그런데 이처럼 많은 셀로 분절된 노동시장이 이주를 어떻게 촉진할 수 있는지에 대해서 구체적으로 설명하고 있는 연구는 많지 않다 (Bauder, 2005; Samers, 2008).

이중 노동시장과 유사한 세 번째 연구로 '이민자' 또는 '민족 기업가주의 ethnic entrepreneurship', 이것의 공간적 현현spatial manifestation인 민족 집단 엔클레이브ethnic enclave에 대한 연구는 **이민 자영업자**와 그들이 고용한 **임금노동** 이주자 사이를 과도하게 이분화하는 경향이 있다. 이러한 한계를 지적하면서 매시 등(Massey et al., 1998)은 엔클레이브의 발전이 이주의 시작보다는 연속성을 증명하는 데 적합한 개념이라 주장하였다. 엔클레이브는 이민자들의 사회적·경제적 필요에 힘입어 도시 내에서 사업을 시작할 수 있을 만큼의 문화적·재정적·인적·사회적 자본을 가진 소수 이민자 기업인에 의해 실현된다. 이렇게 만들어진 엔클레이브는 또다시 민족적 배경이 같은 이주 노동자들을 불러들여[5] 잠재 노동력에 대한 방대한 인력 풀pool을 구성한다. 이런 연유에서 엔클레이브 내에서 사업을 하는 것이 엔클레이브 밖에서 사업하는 것보다 경쟁력을 갖출 수 있게 된다. 또한 엔클레이브에는 민족 또는 이민자 대상 생산품이나 서비스에 대한 수요가 공간적으로 집중되기 때문에 더 많은 이익을 얻을 수 있게 된다. 한편 근로자들은 고용주와 민족적 연대를 바탕으로 고용 여부, 근무 기간, 업무 강도, 고용주에 대한 충성도 등을 조정하게 된다(Ahmad, 2008a; Ram et al., 2003a). 더러는 고용된 이주자 스스로가 마치 고용주처럼 역할을 하면서 직접 고용을 주관하기도 한다. 엔클레이브가 확대되면 이주 노동자에 대한 수요도 함께 증가한다. 매시 등(Massey et al., 1998, p.32)에 의하면 '이민자들은 말 그대로 자신들의 수요를 스스로 만들어 낸다'.

구조주의 접근

'거시적' 또는 '정치 경제학적' 접근이라 일컬어지는 구조주의는 마르크스주의, 신마르크스주의, 자본주의에 대한 사회·역사적 이론에 근간을 두고 있다. 이주에 대한 구조주의적 설명은 애초부터 전문적인 이주 이론으로 고안된 것인지, 아니면 이주를 중요하게 다루고 있는 자본주의, (신)식민주의, 제국주의, 신자유주의 이론의 일부인지는 불분명하다. 어떤 경우이든 구조주의적 접근은 종속이론, 접합이론articulation theory, 세계체제이론, 글로벌화 논의, 글로벌 도시 논의, 신자유주의, 가장 최근에 등장한 '이주-개발 연계' 논의 등 다양한 줄기로 구분해 볼 수 있다. 아래에서 앞의 세 가지 이론과 뒤의 네 가지 이론을 묶어 살펴보도록 하자.

■ 종속이론, 생산양식의 접합이론, 세계체제이론

1970년대와 1980년대에 이루어진 이주 연구들은 20세기 후반의 노동 이주를 주로 위의 세 가지 틀에서 바라보았다. 당시는 카리브 및 라틴아메리카 국가들에서 미국으로, 과거 유럽 식민지 국가에서 프랑스, 독일, 베네룩스 3국, 영국 등지의 북서부 유럽으로, 아프리카 남부 지역에서 남아프리카공화국으로의 노동 이주가 급격히 증가하고 있었다. 구조주의 학자들은 이러한 흐름을 정치-경제학적 불평등 문제와 세계 자본을 통해 이루어지는 '저개발 국가의 개발development of underdevelopment'의 관점에서 바라보았다. 또 다른 접근으로는 선진국과 가난한 국가 사이의 임금격차 같이 부등가교환이 만들어 내는 무역 불평등을 강조하는 관점이 있었다. 이러한 불평등은 계급 불평등과 식민주의, 제국주의, 인종차별주의, 외국인혐오증의 역사와 깊이 관련되어 있으며 그들의 지배를 정당화하고 영속화하는 결과를 낳았다(Burawoy, 1976; Casles and Kosack, 1973; Castells, 1975; Cohen, 1987; Miles, 1982; Portes and Walton, 1981).

종속이론dependency theory은 라틴아메리카의 현실을 토대로 만들어진 이론으로, 라틴아메리카 지역에서 미국 자본에 의해 운영되는 기업식 영농이 야기한 불평등이 라틴아메리카 내 이주 및 라틴아메리카와 미국 간 이주에 영향을 미친다고 보았으며, 특히 미국 자본이 멕시코 농업에 미치는 영향에 주목하였다. 1970년대 당시 멕시코 정부는 미국 기업이 들여온 상업 농업에 대해 우호적인 태도를 보이고 있었다. 이에 경작지를 잃은 소작농이 생겨났고 점차 삶을 꾸려 나가기 어려워졌다. 농업 노동력에 대한 수요가 감소하면서 멕시코 소작농들은 결국 일자리를 찾아 미국으로 떠나게 되었다(Wilson, 1993). 그런데 미국 자본은 비단 농업 노동뿐만 아니라 이른바 '두뇌유출brain drain'을 통해서, 즉 높은 생산성을 갖춘 라틴아메리카 출신 노동자를 흡수함으로써 '종속' 관계를 만들어 냈다(Goss and Lindquist, 1995; Kearney, 1986; Castle and Miller, 2003).

'생산양식의 접합이론articulation of modes of production'은 자본주의(혹은 자본가들의 사회적 관계)가 평평하지 않으며, 전자본주의 생산양식pre-capitalist social relations을 동일한 방식으로 무너뜨리지도 못했다고 본다. 따라서 국가 및 지역마다 자본주의 시스템에 편입되는 과정이 다르다고 주장한다(Cohen, 1987; portes and Walton, 1981).[6] 전통 사회에서의 자본주의의 '관통'과 발전은 기존의 농업, 주택, 기타 사회적 관계가 붕괴되는 데 영향을 미쳤다. 이로 인해 사람들은 땅을 잃고 '자본주의 영역capitalist sectors'에 편입되거나 결국 선진국으로 떠났다(Portes and Walton, 1981; Samers, 1997b). 그러나 여전히 이러한 자본주의의 '관통'과 발전이 '전자본주의' 사회에서 여성이 주로 담당했던(Wolpe, 1980; Kearney, 1986; Meillassoux, 1992) 사회적 재생산을 대체하지는 못하였다(글상자 2.2 참조).

이주자들이 자본주의 영역에서 일하면서도 전자본주의식 사회적 재생산에 의지하게 된다든지, 턱없이 낮은 월급으로는 '적절한' 집이나 옷을 구입하거나 스스로를 부양할 엄두를 낼 수 없는 상황을 일반적으로 '상부 착취

글상자 2.2 무엇이 '사회적 재생산'인가?

사회적 재생산(social reproduction)은 마르크스주의-페미니즘에서 자본주의하에서 노동자가 만들어지는 과정을 설명할 때 주로 사용하던 용어로 일반적으로 사람을 입히고, 먹이고, 교육시키는 것 등을 의미한다. 이들의 주장에 따르면 사람들은 특별한 방법으로 재생산되고 자본주의를 위해 '준비'된다. 1970년대 초반 '가사 노동에 관한 논쟁'에서 페미니스트들은 자본주의에 관한 마르크스주의 이론이 자본주의 '재생산'에 여성들이 기여하는 바를 도외시하였다고 비판하였다. 이들에 따르면 여성의 가사 노동은 그 자체만으로도 경제적 가치를 창출할 뿐만 아니라 남성과 남성의 노동을 재생산하는 데 필수적이다. 이러한 그들의 주장은 자본주의의 지속과 사회적 재생산 사이에 기능적인 관계가 있음을 전제하고 있다. 다시 말해 자본주의가 존재하기 위해서는 사회적 재생산에 대한 **의존**이 필수적이고, 사회적 재생산은 자본주의를 더 발전시키기 위해 존재한다는 것이다.(말로스(Malos, 1980)의 초기의 일반론과 사센-쿱(Sassen-Koob, 1984)의 이주 맥락에 관한 저서, 미국 남부의 이주와 사회적 재생산에 관한 최신의 논의를 담고 있는 크래비(Cravery, 2003)와 스미스와 윈더스(Smith and Winders, 2008)를 참조)

super-exploitation'라고 일컫는다. 여기서 가난한 국가의 노동자들이 살 곳을 잃고 국제 이주를 강행하고 있기 때문에 자본주의가 이제는 이른바 상부 착취의 국제화internationalization of super-exploitation에 의존하게 되었다는 점이 중요하다. 글로벌 남부에서 글로벌 북부로의 이주 흐름이 가능해지거나 수월해진 것은 바로 선진국의 자본주의가 상부 착취의 국제화에 의존하고 있기 때문이다(Kearney, 1986).

세 번째 관련 이론은 사회학자 임마누엘 월러스타인(Wallerstein, 1974; 1979)의 '세계체제이론World system theory'이다. 월러스타인은 세계를 단일한 자본주의 시스템으로 가정하고 이 시스템으로 통합된 국가군을 '중심부core', '반주변부semi-periphery', '주변부periphery'로 나누었다. 이 이론이 고안될 당시 중심부는 북미, 유럽, 일본, 오스트레일리아, 뉴질랜드이고, 반주변부는 아르헨티나, 브라질, 홍콩, 멕시코, 싱가포르, 한국, 타이완, 주변부는 나머지 대부분의 국가를 의미했다. 각 국가군은 생산과 소비에서 국제화된 노동 분업 관계를 맺는다. 월러스타인에 따르면 16세기에 단일한 세계자본주의 체제가 생겨난 이후로 '중심부'나 '반주변부'로의 노동 이주가 가속화되었고, 자본주의가 차츰 주변부 전산업사회까지 관통하게 되었다. 이처럼 세계체제이론이 이주를 이해하는 방식은 앞서 소개한 종속이론과 다소 차이가 있다. 종속이론은 불평능 관계나 '개발' 국가군과 '비개발' 국가군 사이의 의존성보다는 국가 간 또는 국가 내부의 관계가 자본주의 세계체제에 결합되는 방식을 강조하기 때문이다. 그럼에도 불구하고 두 이론은 아래에서 살펴볼 내용처럼 분명한 유사점을 지니고 있다(Wilson, 1993).

월러스타인의 기본 구조를 수용하고 있는 연구들은 다국적 기업의 투자나 1960년 이후 '주변부' 국가에서 나타나는 신식민주의에 관심을 보였다. 이 연구들은 자본주의로 인한 전자본주의 사회의 위기, 특히 농업 부분의 위기에 주목하였다. 예를 들면 전통적 토지 소유 방식이 자본주의 농업의 이윤 추구 방식, 농업의 기계화, 상업 작물 재배 확대, 합성 비료나 살충제 사용, 세계 시장에 판매할 목적으로 천연자원을 적출해 나가는 다국적 기업 및 글로벌 남부의 **매판** 정부comprador governments[7]에 주목하였다. 세계체제이론을 수용하는 학자들은 이러한 요소들이 전통 농업에서 노동력에 대한 수요를 감소시키고 기존의 취업 형태를 왜곡하게 되어 전자본주의 국가의 사회경제적 구조가 안정성을 잃게 되고 이로 인해 국내외 이주가 촉발된다고 주장하였다. 구체적으로는 수출가공지역이 형성되거나 (반)주변 지역이 점차 산업화됨에 따라 적어도 두 가지 형태의 이주가 발생했다고 분석하였다. 먼저 수출가공지역에서는 여성 고용이 증가하는 반면 남성 실업자가 늘어났다. 따라서 도시로 향하는 남성들이 증가하게 되었다. 한편 수출가공지역이 만들어지고, 교통·통신 인프라가 구축되면서 교역 상품과 서비스 부산물이 증가하게 되고, 이를 토대로 지역 간 교류가 더욱 확대·심화되면서 이주가 전보다 활발해졌다(Frobel et al., 1977; Sassen-Koob, 1984). 이것은 대중매체를 통해서 문화적 통치 담론이나 이데올로기가 전파되고 강화된 것과도 관련이 있다(Massey et al., 1993; 1998).

월러스타인의 기본적인 주장에 토대를 둔 거시적인 접근으로 눈여겨 볼 연구는 코헨(Cohen, 1987)의 세계체제이론에 대한 비판이다. 무역 관계에 과도하게 집중했던 기존 세계체제이론과 달리 코헨은 선진국의 자본이 마르크스가 '상대적 잉여 인구(relative surplus population:낮은 급여를 받고, 고된 근로조건에서 일할 준비가 되어 있는 산업 예비군)'라고 칭한 것을 만든다고 주장하였다. 그에 따르면 무역 관계는 "거대한 이주 흐름을 열기 위한(1987, p.42)" 선진국의 능력이 표면적으로 나타난 현상일 뿐이다. 오히려 선진국은 다음 두 가지 목적을 추구한다. 첫째, 가난한 국가의 인구는 경기 순환의 확장기 때 '동원'되기 위해서 자본에 의해 예비되어야 한다. 둘째, 이러한 예비 인력은 노동력의 가치를 하락시키는 데 일조한다. 선진국의 '노동계급'은 낮은 급여를 받고도 일할 의사가 있는 이주자들로 인해 지속적으로 위기의식을 느끼게 된다. 이러한 주장은 오늘날에도 다른 분야에서 영향력을 발휘하고 있으며, 이 장 마지막에서도 언급될 것이다. 그러나 이주 연구에서만큼은 점차 퇴조하고 있다.

■글로벌화, 글로벌 도시, 신자유주의, 이주-개발 연계

구조주의 논의에서 다음으로 살펴볼 이론들은 글로벌화globalization, 글로벌 도시global cities, 신자유주의neo-liberalism, 이주-개발 연계the migration-deelopment nexus이다. 이주-개발 연계는 앞의 세 가지 이론을 절충하면서도 다른 이론과 차별점을 제시하고 있다.

글로벌화는 이론이라기보다는 세계적으로 작동하는 어떤 과정과 힘의 조합을 설명하는 개념이라고 할 수 있다. 1990년대에도 우리는 이미 '글로벌화된' 세계에서 살고 있었다. 글로벌 자본이 사실상 모든 곳으로 확장하면서 자본, 상품, 서비스, 정보, 사람의 흐름과 각 요소가 얽혀 만들어 내는 네트워크가 닿지 않는 곳은 거의 없다(Held et al., 1999; Mittelman, 2000). 글로벌화에 관심을 둔 많은 학자들에 따르면 세계는 속도, 범위(연결의 거리), 강도(연결의 밀도와 힘) 면에서 전례 없던 연결성을 경험하고 있다.

최초로 논의되었을 당시 글로벌화는 모든 것을 아우르는 새롭고도 전지전능한 현상으로 묘사되었다. 그러나 점차 냉철하고도 공간적으로도 주의를 기울이는, 그리고 페미니즘적이며 역사적인 면들을 고려하는 방식으로 제자리를 잡아갔다(Amin, 2002; Cox, 1997; Nagar et al., 2002). 헬드 등(Held et al., 1999)은 글로벌화에 대한 관점을 다음의 세 가지로 규정했다.

먼저 초글로벌주의hyperglobalist 관점은 글로벌화를 기본적으로 글로벌 경제의 연장선으로 본다. 이는 자본·상품·서비스·인구의 세계적 자유화와 나아가 민족국가의 종말, 그리고 문화의 '미국화'에 관심을 둔다. '초글로벌주의' 관점은 용어나 논조에 차이가 있음에도 불구하고 보수·진보 성향의 학자 모두에 의해 체계화되었다. 보수 성향의 학자들은 글로벌화를 '서구적 가치'와 '번영'을 확대하는 자유주의의 전형으로 이해한다. 진보 성향의 학자들은 글로벌화가 '신자유주의' 이데올로기와 정책의 부적절한 발현 방식이라고 주장한다. 이들에 따르면 신자유주의는 사회적 병폐를 해결하기 위해 사회정책을 확대하는 것이 아니라 시장과 무역의 자유화를 옹호한다. 그 결과 선진국에서는 노동자를 보호하는 법규나 사회 보호 정책이 사라지고 공공기관이 민영화된다.[8] 동시에 가난한 국가에서는 '구조 조정'[9]과 외국 자본의 투자를 확대하면서 수출 진작 산업이나 상품작물 재배 규모가 확대되고, 반대로 복지 관련 예산 및 해외 개발 원조는 삭감되고 송금 경제에 대한 의존은 심화된다(예를 들어 Harvey, 2005).

회의론적 관점skeptic perspective은 다소 다른 시각에서 글로벌화가 '새로운' 현상이라는 사실을 부정하고, 19세기 말 '금본위제' 사회가 20세기 말보다 오히려 글로벌화된 사회라고 주장한다. 이들은 19세기 말과 20세기 말의 가난한 국가에서 선진국으로의 이주를 비교·제시하면서 최근(1960~1990년)의 이주자의 급격한 증가가 글로벌화의 징표라는 식의 주장은 타당성이 낮다고 보았다(Hirst and Thompson, 1996; Zlotnick, 1998). 또한 '변형론적 관점 transformationalist perspective'에 따르면 글로벌화는 이전 시기부터 지속되어 온, 동시에 이전에 없던 변화를 수반한 역설적인 동향이다. 즉, 오늘날의 국제무역은 진정한 의미의 글로벌 무역이라기보다 지역 무역 블록의 형성으로 나아가고 있다.

‘글로벌화’를 멈출 수 없는 불가항력적인 것이거나 외부에서 힘을 가하는 ‘구조’로 보아야 하는지 아닌지에 대해서도 많은 논의가 있었다. 글로벌화를 구조로 이해하는 관점은 사람들, 특히 여성들이 실제 지니는 힘을 무력화시킨다(Gibson-Graham, 2002; Nagar et al., 2002).

끝으로 상당수 지리학자들은 글로벌화가 ‘장소’의 고유성을 훼손한다든지 또는 로컬 수준에서 일어나는 경험을 모두 결정할 수 있다는 주장에 반대한다. 글로벌은 로컬 안에 있고, 로컬은 글로벌 안에서 발견되는 것이다. 즉, 글로벌화 대신에 ‘글로벌 장소감’(Doreen Massey, 1994), ‘글로컬화’(Swyngedouw, 1997)와 같은 용어를 토대로 이해해야 한다고 본다.

이러한 상반된 주장에도 불구하고 (변형론적 관점을 포함한) 글로벌화에 토대한 접근은 모두 교통·통신수단의 발전이 이주를 촉진시키는 데 중요한 역할을 했다고 본다. 글로벌화는 20세기 동안 장거리 이주와 통신에 필요한 비용, 시간, 어려움을 큰 폭으로 감소시켰다. 이러한 변화는 기원국과 목적국 사이의 사회 (또는 이주자) 네트워크를 구축하였다. 예를 들어 송금을 보내는 것이나 외국에 사는 가족을 만나거나 망명 신청자들이 이동하는 일들이 수월해졌고, 선진국의 물질적 풍요에 대한 이미지를 생산하는 미디어를 통해서 밀수나 인신매매도 더 성행하게 되었다(Massey, et al., 1998; Richmond, 2002). 그야말로 ‘이주의 시대’로 들어서게 된 것이다.

글로벌화는 대단히 많은 과정과 변수를 아우르는 개념이기 때문에 이주를 분석하는 데 사용하기 어려울 수도 있다. 그러나 이 개념을 배제하고는 개인이나 집단이 이전에 없던 방식으로 연결되고 있는 상황을 온전히 이해하기 어렵다. 옹(Ong, 1999)은 홍콩 사업가들이 ‘글로벌 정치 경제’에 대응하기 위해 이중국적의 지위나 비자를 활용하여 유연한 시민권을 행사해 나가는 방식을 보여 주었다. 비행기를 타는 시간이 많기 때문에 ‘우주 비행사’라고도 불리는 홍콩 사업가들은 미국 서부 해안과 홍콩을 정기적으로 오간다. 한편 새머스(Samers, 1999)는 프랑스의 지정학적 경제의 재구조화와 파리 자동차 산업 공장에서 일하는 북아프리카 이주 노동자들의 삶을 연결하면서 글로벌화 개념을 사용했다. 자동차 산업에서 글로벌 경쟁에 대한 압력은 노동 이주를 만들어 내고, 이렇게 만들어진 이주 노동자의 삶은 다시 산업의 흐름을 만든다. 또 다른 학자들은 글로벌화와 이주, 송금의 관계를 모색하기도 한다. 힌드맨(Hyndman, 2003)은 글로벌화를 전면에 내세우지는 않았지만 캐나다와 스리랑카의 관계를 통해서 국제 원조나 송금 같은 글로벌화의 과정과 망명 신청 간 상관 관계를 들여다보았다. 이러한 사례를 통해 '이주-개발 연계'를 설명할 수도 있다(글상자 2.3 참조)

글상자 2.3 스리랑카인의 캐나다 이주를 통해 살펴보는 글로벌화

캐나다는 같은 영연방(British Commonwealth) 국가인 스리랑카와 교류가 많지 않았다. 스리랑카인들이 캐나다에 첫 발을 내딛은 것은 1950년대 초였다. 1970년대 후반에서 1980년대 사이 스리랑카 정부는 수출 지향 정책을 펼치면서 다른 나라로부터 상당한 규모의 개발 지원을 받았다. 1980년대에 스리랑카는 캐나다를 포함한 여러 국가로부터 대규모 대외 원조를 받는 나라 중 하나였다. 2001년에 싱할라족이 주축이 된 스리랑카 정부가 타밀족에 민족적 박해를 가하여 갈등이 고조되면서 타밀족은 캐나다를 포함한 여러 나라로 망명을 단행하게 되었다.

타밀족은 망명지로 특히 캐나다를 선호했는데 여기에는 다음의 세 가지 이유가 중요하게 작용했다. 첫째, 토론토 등지에 이미 타밀 커뮤니티가 존재하고 있었다. 둘째, 캐나다는 이미 1980년대부터 망명을 신청한 스리랑카인에게 특별 보조금을 지급하고 있었다. 이는 캐나다에 "망명 신청자에 대한 비교적 관대한 정책과 판결"이 있었던 덕분이다(Hyndman, 2003, 265). 셋째, 캐나다에는 이민자를

위한 프로그램이 있었다. 게다가 스리랑카인은 대체로 교육 수준이 높아 캐나다 정부가 내세운 이민과 인적자본에 관한 기준을 충족시킬 수 있었다.

시간이 지나면서 공고해진 '타밀 다이아스포라'는 2000년대까지 토론토를 중심으로 캐나다 곳곳에 대략 11만~20만 명 규모로 성장했다. 많은 타밀인이 토론토에서 타밀어 신문과 라디오를 접했다. 캐나다에 있는 타밀인들은, **물론 모두가 그런 것은 아니나**, 대부분 스리랑카에 있는 타밀인과 문화적, 경제적, 정치적, 사회적 교류를 지속하는가 하면 타밀 반군에 재정적 지원을 하기도 하였다. 이러한 관계는 이민에 관한 또 다른 접근으로서 초국가주의를 시사하는데, 여기에 대해서는 이 장 후반에서 살펴보도록 하겠다(Hyndman, 2003 참조).

■ 글로벌 도시 논의

사센은 저서 『The Global City: New York, Lodon, Tokyo』(1991)에서 신마르크스주의의 글로벌화와는 다른 방식의 글로벌화를 제시했다. 여기에서는 그의 논의 중에서도 글로벌 도시로의 이주에 초점을 두고자 한다. 사센의 노동시장에 대한 논의는 피오레(Piore, 1979)의 이중 노동시장 논의와 유사점이 있다. 사센은 '글로벌 도시' 없이는 가난한 국가에서 선진국으로의 국제 이주가 일어날 수 없었을 것이며, 이주가 그 자체로 글로벌 도시의 발전에 공헌하게 되는 면이 있다고 주장함으로써 이후 '세계도시World city' 논의(Friedmann and Wolff, 1982)에 상당히 큰 영향을 미쳤다.

사센은 1970년대 등장한 글로벌 도시 또는 세계도시가 다국적 기업의 본사의 중심지가 되면서 회계, 법률 서비스, 생산·경영에 관한 자문, 재정 업무와 같은 '생산자 서비스'와 관련되어 있다고 보았다. 생산자 서비스는 이주자 및 비이주자의 고숙련·고임금 노동에 대한 수요뿐만 아니라, 이를 뒷받침할 저임금 노동 수요를 동시에 생산한다. 구체적인 예를 들면 상류층이

주로 드나드는 레스토랑에서 일하거나 상류층의 거주지, 회사를 청소하고 그들의 아이나 노부모를 보살피는 저임금 이주자 집단이 점점 증가하고 있다. 이러한 사례 외에도 이주자들은 글로벌 도시 내 서비스 산업의 셀 수 없이 많은 영역을 채우고 있다. 이는 서비스업체의 고용주들이 내국인을 고용할 수 없거나 외국인 이주자를 더 선호하기 때문이기도 하다. 이와 같은 '수요자 측면'에서 사센은 서비스 산업 발달이 이주자에 대한 수요를 창출한다고 보았다. 그러나 그는 이후 연구에서 공급자 중심의 논지도 발전시켜 나갔다(Sassen, 1996b). 즉, 그는 이민자들이 스스로 인력 풀을 형성하여 글로벌 도시 내에 노동시장 구조를 형성하여 노동시장의 이중성을 강화하고, 저임금 이주자에 대한 수요를 만들게 된다고 주장하였다.[10]

■ 신자유주의

앞서 글로벌화 논의를 소개하면서 1980년대 구조 조정 정책(주석 9 참조)에 대해 언급하였다. 구조 조정은 대다수 비판 사회과학자들에게는 '신자유주의neo-liberalism'라고 불리는 정책의 일환으로 이해된다. 개념상 신자유주의는 다양한 방식으로 풀이되는데, 여기서는 국가 정책 및 프로그램, 때로는 이데올로기라고 불리기도 하는 담론의 하나로 정의하고자 한다.[11] 사회학자와 지리학자들은 신자유주의가 각 국가별로, 그리고 하위국가적 맥락에서 다양한 형태를 띤다는 점을 강조한다.[12] 구체적인 연구로 펙과 티켈(Peck and Tickell, 2006)은 신자유주의를 '롤백'과 '롤포워드'로 나누어 설명한다.

1) 롤백roll-back **선진국** 내에서 신자유주의는 공공 주택, 식량, 실업 보험, 의료나 건강 문제 등과 관련된 사회 프로그램을 중단하거나 급격히 축소하는 것과 관련 있다. 국가가 더 이상 사회적 재생산에 대한 책임을 전담하지 않는

것이다. 이는 무역 조합의 영향력을 심각하게 감소시키거나 제거하며, 노동 시장의 규제 철폐 또는 유연화를 가져온다. 구조 조정 정책이 심화되면서 **가난한 국가**에서는 이러한 과정이 대대적으로 일어난다.

2) 롤포워드roll forward 신자유주의는 사회적 문제를 해결하고 상품과 서비스를 분배함에 있어 경쟁의 원리와 시장의 특권이 정부 규제 논리나 국가 재원의 사회적 재생산을 뛰어넘는 가장 효과적이고 효율적인 수단이라고 본다. 이것은 사람들이 스스로 복지에 대한 책임을 지도록 강요한다(이를 '개인 책임화individualization of responsibility'라고 한다). **선진국**에서 암묵적으로 혹은 노골적으로 기업을 지원하거나 부유층의 세금을 삭감하는 역누진세를 실시하는 것이 바로 신자유주의의 롤포워드 사례이다. 이주 정책에서 롤포워드의 사례로는 학생들을 포함한 고숙련 이주자들의 채용이 비자 정책이나 정부의 기타 지원 아래 자유롭고 수월하게 이루어지고 있는 것을 들 수 있다. 정부는 저임금 이주 노동자들에 대한 부정적인 수사를 늘어놓으면서도 고숙련 이주자를 보완하기 위하여 값싼 노동 '공급'을 보장하는 미등록 이주자들을 의도적으로 방치하는 모순적인 태도를 보이기도 한다. 위에서 소개된 정책과 시도들은 이민자를 포함하느냐 마느냐와 별개 문제로 신자유주의를 신봉하는 정부, 지식인 집단, 기관, 조직, 대중매체에 의해 강화되고 있다(독일의 이민자와 신자유주의를 표방한 매체에 관한 연구로 Baouder, 2008을 참조). **가난한 국가**에서는 외국인 직접투자와 송금, 무역의 확대 및 자유화(쿼터제 및 관세 철폐, 수출 상품 작물 개발)가 지속되면서 구조 조정이 심화된다. 가난한 국가의 정부는 자발적으로 또는 국제통화기금, 세계은행, 세계무역기구와 같은 국제기구 등의 강제에 의해서 이러한 정책을 시행한다.

신자유주의는 이외에도 다양한 요소들을 포함하고 있다. 하지만 앞에서 롤백, 롤포워드를 통해 설명한 것들은 우리가 살펴보아야 하는 기본적인 요소들이라 하겠다. 대부분의 지리학자들은 신자유주의가 세계 곳곳에서 다양한 양식으로 나타난다는 데 동의한다. 여기서 우리는 국제통화기금이나 세계은행처럼 미국이나 선진국에 의해 선점된 국제기구가 추진하는 신자유주의 정책이 가난한 국가에 상당한 빈곤과 결핍을 야기해 왔을 수 있다는 점을 알 수 있다. 이는 결과적으로 가난한 국가의 국민이 본국을 떠나게 만들었다. 하지만 이를 단순히 '배출 요인'의 증거로 보기보다는 선진국 정부와 기업, 국제기구의 정책 및 실천이 이주와 교차되는 방식을 확인할 수 있는 지표로 이해해야 한다. 그런데 신자유주의에 대한 다양한 설명이 있음에도 불구하고 적지 않은 이주 연구가 주로 목적국에만 관심을 두어 왔다(Varsanyi, 2008). 즉, 기원국 내에서 신자유주의가 어느 정도 파괴력을 갖는지, 분석된 변수나 요소가 이주에 어떻게 영향을 끼치는지에 주목한 연구는 상당히 드물다. 이에 기원국에 초점을 둔 연구로서 매시와 카포페로(Massey and Capoferro, 2006)를 소개한다(글상자 2.4 참조).[13]

글상자 2.4 신자유주의와 페루의 수도, 리마로부터의 이주

매시와 카포페로(Massey and Capoferro, 2006)는 1987년에 페루 정부가 신자유주의 노선을 따르면서 제정한 구조 조정 정책의 효과를 분석했다. 구조 조정 이후 정규직 고용에 비례하여 실업자와 비정규직 고용은 증가했고, 실질임금(물가에 따라 조정한 소득)은 하락했다. 1980년에서 1987년까지 페루의 연평균 물가 상승률은 89%였으나 1990년에는 4000%로 급증했고, 2000년에는 최고 7000%를 기록했다. 물가 상승률이 40% 이상으로 가파르게 증가하면서 실질임금은 급격하게 감소했다.

매시와 카포페로는 이러한 현상을 페루의 이주와 관련해서 알아보기 위해 라

틴아메리카인의 이주 프로젝트(Latin American Migration Project, http://lamp.opr. princeton.edu)를 통해 '문화기술지적 설문(ethnosurvey)'을 시행하는 등 민족지적 조사 데이터를 활용하였다. 그들은 리마의 중산층과 중산층 이하를 포함한 세 부류의 주민 중에서 약 500개 가구 구성원들의 삶에 관한 데이터를 수집하였고, 이를 바탕으로 구조 조정과 신자유주의 정책이 1988년과 2000년 사이의 국제 이주에 실제로 영향을 미쳤다는 점을 밝혀 냈다. 매시와 카포페로에 따르면 1987년 구조 조정이 있기 **전에는** 과거에 이주 경험이 있고, 고등교육을 받은 18세 이상의 자녀를 둔 부모들이 이주할 가능성이 조금 더 높았다. 그러나 **1987년 이후**에는 이주자의 '인적자본'보다는 먼저 이주해 간 사람을 알고 있는지와 같은 사회 네트워크에 기반을 둔 '사회자본'이 국제 이주를 결심하는 중요한 요소가 되었다. 이러한 변화 속에서 라틴 아메리카와 카리브 해 주변의 국가들로 이주해 가는 이주자들이 36%에서 24%로 감소하였는데, 이는 이들 국가 역시 구조 조정으로 고통받고 있었기 때문인 것으로 확인되었다.

에스파냐와 유럽의 다른 국가들로 나가는 사람들은 증가한 반면 미국은 상대적으로 선호도가 낮았다. 왜 페루인들은 에스파냐를 이주지로 더 선호하게 되었을까? 이는 1990년대 초반에 에스파냐 정부가 에스파냐어를 구사하는 이주자에게 적극적으로 혜택을 준 것이 일부 작용했기 때문이다(Cornellius, 1994).

■ 신자유주의와 국제적 학생 이동성

신자유주의 관점을 통해서 노동 이주뿐만 아니라 국제 학생 이동성International Student Mobility을 조명해 볼 수도 있다. 국제 학생 이동은 1998년과 2004년 사이에 52%가 증대(IOM, 2008a, p.105)될 만큼 빠른 속도로 증가하고 있으며, 목적국도 지리적으로 다양화되고 있다. 신자유주의는 국제적 학생 이동성이 확대되는 배경으로 이해될 수 있다. 특히, 학생들의 이동성이 **어디서** 증가하고 있는지보다는 **왜** 이렇게 빠르게 증가하고 있는지를 설명하는

데 도움을 준다.

먼저 최근 유학생의 증가 원인은 이주자, 국가정부, 대학이라는 세 가지 측면에서 살펴볼 수 있다. 학생들에게 이주는 본국 또는 다른 나라에서 취업 기회를 확대하거나 졸업 후 이민을 보장받는 수단일 수 있다. 또한 언어 자본을 획득하기 위해서, 단순히 부모와 떨어질 기회를 얻기 위해서 혹은 모험을 위해서 이주할 수도 있다. 이 중 몇 가지는 신자유주의와 직접적으로 연결되기 어렵겠지만 가난한 국가에서 취업 기회가 감소하거나 제한되고, 영어가 국제 언어로 막강한 힘을 과시하게 된 것은 실제로 신자유주의와 관련이 있다.

정부의 측면에서 보면 학생들의 이주는 이들에게 우호적인 비자 정책에 힘입어 증가될 수 있었다. 파이스트(Faist, 2008)는 이를 '레드카드'에서 '레드카펫' 전략으로의 변화라고 설명한다(p.33). 특히 정부는 이공계열 외국인 학생들이 가져올 혁신과 특허 생산을 높게 평가한다. 혁신과 특허 생산은 글로벌 신자유주의 환경의 치열한 경제 전쟁에서 인지적으로나 현실적으로 혹은 수사적으로 매우 중요한 것이 되고 있다. 정부가 국제 학생 이동을 장려하는 또 다른 이유로 문화 교류에 대한 기대 등도 들 수 있지만, 이는 신자유주의와 직접적인 관련은 적다.

끝으로 대학은 특히 이공·과학 계열의 학생 수를 채우기 위해서 외국인 학생들을 적극적으로 유치하고 있다. 이들 전공은 국내 학생들만으로는 운영이 어려운 경우가 많기 때문이다. 대학은 외국인 학생들을 통해 재원을 충원할 뿐만 아니라 이들을 통해 국제적 다양성과 명성을 보장받을 수 있게 된다. 국내외 대학 서열에 대한 부담 때문에 특정 전공분야를 강화할 필요가 있고, 이에 따라 외국인 학생을 유치하는 것 자체는 새로운 현상이 아니다. 그러나 지난 20년간 이러한 압력은 심화되어 왔고, 이는 부분적으로 신자유주의의 단면을 드러내고 있다.

국제 학생 이동과 관련하여 **눈에 띄는** 동향 중 하나는 '서구' 대학의 해외 진출이다. 아랍에미리트와 카타르에 들어선 미국 대학의 캠퍼스나 중국의 닝보, 말레이시아 쿠알라룸푸르에 들어선 영국 노팅엄 대학의 캠퍼스가 바로 그 사례이다.[14] 그런데 이처럼 대학들이 경쟁 전략으로써 해외 분교를 운영하는 것이 이주를 확대하게 될 것인지, 아니면 축소하게 될 것인지에 대해서는 여전히 의문이 남는다. 일반적으로 다른 유형의 이주에 비추어 본다면 해외투자는 대부분 고숙련 이주와 연관된 국제 학생 이동을 저해하기보다는 증가시키는 경향이 있다. 그러나 글로벌화와 관련된 기술 성장에 힘입어 많은 외국인 학생들은 외국 분교에 등록하거나 유학을 결정하기보다는 온라인 수강을 선택하고 있다. 아직까지는 이에 대한 종합적인 연구가 없기 때문에 이러한 형태의 이주, 즉 교육의 국제화의 단계와 그 결과에 대해서는 지켜볼 필요가 있다.

■ 이주–개발 연계

개발과 이주의 관계에 대한 탐색을 이론으로 보기는 어렵지만 이러한 접근은 '이곳'과 '저곳'의 연결성을 보여 준다는 점에서 강점이 있다. 물론 이러한 접근은 과거에도 있었던 오래된 전통이다. 하지만 지난 10년간 '이주–개발 연계migration-development nexus'라고 하여 이주와 '개발' 사이의 관계에 대한 관심이 더욱 크게 증가해 왔다(Faist, 2008).[15] 이 주제를 다루고 있는 수많은 회의와 프로그램, 국제기구 및 단체의 보고서는 이러한 관심을 입증한다(GCIM, 2005; UN High Level Dialogue on Migraion and Development, 2006; TOKTENTransfer of Knowledge through Expatriate Nationals; MIDAMigration for Develppment in Africa). 여기서는 '개발' 또는 '개발의 부재'로 인식되는 것들이 이주를 설명하는 데 어떻게 도움이 되는지에 주목하여 살펴보고자 한다.

20세기 후반에는 이주가 가난한 국가의 경제개발을 이끌 것이라는 믿음이 널리 퍼져 있었다. 이주자들이 집으로 송금을 보내거나 이주를 통해 기술, 지식, 기타 재원을 획득한 후 귀국했기 때문이다(de Haas, 2006). 이러한 믿음은 선진국에서는 이민을 제한하는 데 영향을 미치기도 했다(de Haas, 2007). 드 하스(2006)는 21세기 들어서 이러한 생각이 부활하면서 이주가 개발을 부르는 '새로운 주문mantra'(Kapur, 2004)으로 부상하고 있다고 지적했다. 그러면서도 그는 가난한 국가에서 이주와 경제개발의 결과에 대한 '낙관론'과 '비관론'이 공존하고 있다고 설명하였다.

대략 1960년부터 제기된 **비관론**은 '의존성'을 강조하는 입장이다. 비관론자들은 이주가 개발에 미치는 부정적인 결과를 최소 두 가지로 제시하였다. 첫째, 이주로 인해 기원국에서는 숙련 노동의 감소를 의미하는 '두뇌 유출'이, 몇몇 사례에서는 보다 육체적인 의미의 농업 노동력 유출이 발생한다. 예를 들어 가난한 국가의 엔지니어 및 연구자의 약 2/3가 OECD 국가에서 일하고 있다(Faist, 2008, p.32). 비관론에 따르면 귀환 이주return migration가 **일어나면** 기원 국가나 지역, 마을 내에 이전에 없던 분열이 형성된다. 이러한 분열은 '커뮤니티'를 해체하거나 아니면 적어도 사회 형태를 새롭게 만들곤 한다. 오랫동안 사회적 위계와 노동 관습에 의존하여 유지되어 온 '환경적으로 지속가능한' 전통 농업은 붕괴된다. 그 결과 경기 침체가 일어나거나, 실업률이 감소하기보다는 증가하고, 결국 이주자들은 고향으로 돌아가 살기가 힘들다고 체념하고 이입국에 그대로 머물게 된다.

둘째, 송금이 기원국의 가계 부채를 감소시킬 수는 있으나 그 효과가 국가 스케일의 안정적인 경제개발로 이어지기는 어렵다. 송금은 대개 수출 견인 산업이나 내수 시장을 강화하기보다는 기원국으로 수입된 외제차나 대형 주택 등과 같은 사치품의 소비에 사용되기 때문이다. 송금 경제에 대한 의존성이 높아지면 급기야 이주를 하기 위해 생산 활동을 중단하는 상황에 이르게된다. 동시에 부동산 투자나 사치재 소비는 국가나 로컬 단위의 인플레이션을 유발하여 생필품 가격을 상승시켜 이주 경험이 없는 사람들도 이주하도록 한다. 이처럼 이주는 개발을 가져오기보다는 오히려 반대의 결과를 낳는다(이러한 관점을 견지한 논문은 Castles and Miller, 2009; Nyberg-Sorensen et al., 2002; Faist, 2008이 있다).

낙관론은 전후 시기 동안 이주가 경제개발을 견인했다고 주장한다. 여기서 오늘날 이주자들이 '돌아갈 옵션'이 아니라 '디아스포라 옵션diaspora option'을 선택한다는 점에 보다 주목할 필요가 있다(Barre et al., 2003, Fasit, 2009, p.33에서 재인용). 디아스포라 옵션은 이주자들이 기원 장소와 정착 장소 간의 연대를 지속·강화할 수 있고, 그렇게 하는 것을 의미한다. 디아스포라 옵션의 측면에서 순환 이주circular migration는 '두뇌 유출'보다는 '두뇌 획득'이나 '두뇌 순환' 같은 결과로 이어질 가능성이 높다. 이주자들이 상호 개발 시대의 '개발 행위주체development agents'로서 그 역할을 하게 되는 것이다(Faist, 2008).

낙관론은 또한 송금이 단순히 사치품을 구입하는 데만 사용되는 것이 아니라 기업가 활동에도 사용된다고 본다. 유럽에서 가나나 코트디부아르로 돌아가는 이주자를 연구한 블랙과 카스탈도(Black and Castaldo, 2009)나 미국, 영국, 뉴질랜드, 오스트레일리아에서 태평양에 위치한 통가 섬으로 되돌아온 이주자를 연구한 마론과 코넬(Maron and Connell, 2008)의 연구는 이를 입증해 주었다. 또한 낙관론은 송금이 가난한 국가의 경기 침체를 저지할 수 있을 것으로 기대한다. 대다수의 송금이 웨스턴 유니온Western Union[16]과 같은 회사를 통해 이루어지기 때문에 탈세나 고위 공무원의 부패를 막는 측면

이 있기 때문이다. 또 '사회적 송금'은 개발에 중요한 역할을 할 수도 있다. 사회적 송금이란 화폐뿐만 아니라 사고방식이나 관습 등을 모국으로 보내는 것을 의미한다. 정부는 이것이 학교, 도로, 종교 기관, 제도, 사회 기관의 구조에도 영향을 미치기(Levitt, 1998) 때문에 큰 가치를 둔다. 예를 들어 멕시코 정부는 2001년에 '3-for-1Tres-Pour-Uno'라는 프로그램을 시행하였다. 이 프로그램은 '이주자가 모국으로 보내는 송금migradollar'이 지역에서 학교나 집을 세우는 단체로 전해질 수 있도록 지원하였는데, 이렇게 미화 1달러로 멕시코의 연방정부, 주정부, 로컬정부가 하나로 연결될 수 있었다(Faist, 2008; Orozco and Rouse, 2007). 오늘날 국제 송금의 규모는 상당하다. 2007년에 전체 송금액은 318억 만 달러에 달했고, 이 중 2/3은 상대적으로 가난한 국가로 유입되었다. 중국 내 외국인 직접투자의 50%는 해외에 나가 있는 3000만 명의 중국인들에 의해 이루어지며, 인도의 경우 대략 중국의 10% 정도에 달한다. 2000년대 초반까지 송금액이 선진국의 해외 개발 원조비의 두 배에 달했다(IOM, 2008a; Faist, 2008).

파이스트(2008)와 드 하스(2006)는 이주와 개발의 관련성에 대한 기존의 비관론과 낙관론이 상당히 극단적이거나 단순화되어 있다고 본다. 예를 들어 파이스트는 급속한 '두뇌 유출'로 인해 위험에 처한 국가보다는 기원국의 다양한 집단에 차별적으로 영향을 미치는 '두뇌 유출과 획득'의 여러 단계와 유형에 대해 서술하면서 캐나다에서 미국으로, 남아프리카에서 캐나다로 이주하는 각각의 두 의사 집단을 통해 '글로벌 두뇌 연쇄global brain chain'(p.32)를 언급하였다.

한편 드 하스는 개인보다는 이주자 가족들이 송금에 의존해 삶을 개선해 나가고 위험을 분산하는 방식을 파악하기 위해 앞서 언급한 '신경제학적' 접근을 사용하였다. 그는 낙관론에 좀 더 가까운 입장에서 모로코 남부의 대도시 팅하Tingha 사람들이 송금을 운용하는 방식을 소개하였다. 드 하스에 따르면 프랑스, 스페인, 벨기에, 네덜란드에서 모로코로 돌아온 이주자들은 수입 사치품을 사기보다는 생산적인 활동에 송금을 투자하길 **원했다.** 이러한 활동들은 '승수 효과multiplier effects'를 일으켜 이주자와 비이주자 모두에게 이롭게 작용했다. 예를 들어 고향으로 돌아온 이주자들은 전통 방식의 소규모 관개수로가 지닌 문제를 해결하기 위해 모터 펌프에 투자했다. 신기술의 도입으로 이주자들은 오아시스 밖에서도 농장을 신설할 수 있었고, 전체 농업 생산성도 향상 되었다. 또 이주자들은 '현대화된' 주택을 짓거나 구입하여 대가족이 거주하기에 적합한 넓은 공간을 확보했다. 새로운 집은 안전했고, 위생적이었으며, 임대를 통해 부수입을 얻을 수도 있었다. 물론 부동산을 구입하는 것이 이주자의 지위를 직접적으로 상승시키지는 않는다. 또한 학계에서 이러한 변화를 '발전'으로 보지 않을 수도 있다. 그러나 드 하스는 이러한 평가가 '좁은 의미의 개발을 전제'(p.575)하고 있다고 믿었다. 이주자들은 식료품점, 커피숍, 레스토랑, 택시 등의 운송 수단에도 투자했고, 이들 사업의 성장에 따른 편익은 비이주자들과 공유되었다. 이러한 사업이 비이주자나 국내 이주자에 대한 노동 수요를 만들면서 모로코의 교외 지역에서 팅하로 유입되는 인구도 증가하였다. 귀환 이주와 송금은 즉각적으로 이수를 중단시키기보다는 오히려 단기·중기 이주[17]를 촉진하는 효과가 있는 것으로 보인다.

드 하스(2006)는 귀환 이주와 송금이 가져다 주는 효과를 설명하면서도 그것이 사회 붕괴를 가져올 수도 있다는 점을 인정한다. 예를 들어 전통적인 토지 소유 엘리트층과 해방된 소작농 간의 관계가 와해되기도 하였다. 두 집단의 논쟁이 제도적으로 해결되는 과정에서 토지 소유나 수로 관리 규제에 대한 일반 법률이 강화되는 등의 변화도 있었다. 또한 갈수渴水 문제를 해결하기 위해 전통 방식의 지하 관계 수로를 용수 펌프로 대체하면서 예기치 못한 변화가 수반되기도 하였다. 용수 펌프 수위가 낮아지면서 전통 방식의 관계 시스템을 지속하기가 더 어렵게 되었던 것이다. 결과적으로 펌프를 도입한 새로운 농업 방식은 비지속적인 방식임이 판명되었고 투자 손실을 입게 되었다. 이제 펌프에 투자할 여력이 없는 사람들은 더 이상 농업을 지속할 수 없게 되었다.

끝으로 드 하스는 "비관론이 틀렸다고 해서 낙관론이 옳다는 식의 성급한 결론을 경계해야 한다. 경제적 생산과 발전을 저해하는 로컬의 한계를 극복하고자 가족적 전략으로서 이주를 단행하는 것이고, '그래서' 바로 이주가 송출국의 발전에 공헌하는 것이라고 단정짓는 것은 곤란하다"(p.579)라고 주장했다. 드 하스의 분석은 마을과 더 큰 도시, 지역, 모로코 전체, 최종적으로 유럽에 이르는 다중 스케일을 고려하였다는 점에서 큰 가치를 지닌다.

모로코뿐만 아니라 어떤 경우에서도 개발에 대한 이주의 효과를 정확히 평가하기는 어렵다. 경제개발에 대한 귀환 이주나 '두뇌 순환'의 효과를 분리하기란 쉽지 않기 때문이다. 무엇보다 각각의 논의를 완전히 뒷받침할 수 있는 사례 연구가 아직은 나오지 않았다. 귀환이나 순환 이주가 경제개발에 도움을 주더라도 국가의 경제개발 지표는 일반화된 내용만을 전달하며, 분석 단위에 대한 문제가 생겨날 수도 있다. 국내로 돌아온 이주자들이 그 지역 경제 발전을 자극하더라도 이러한 이주 과정에서 배제된 다른 지역, 집단, 개인이 있을 수도 있다. 따라서 "연구자들은 이주가 특정 형태의 개발을 촉진하는지의 여부가 아니라 왜 이주가 어떤 지역에서는 **그 지역에** 긍정적인 개발을 이끌고, 또 어떤 지역에서는 다소 부정적인 결과를 만들어 내는지에 대해 근본적인 물음을 제기해야 한다"(de Haas, 2006, p.579).

파이스트나 드 하스의 관점보다 비판적인 측면에서는 집을 소유하는 것과 같은 물질적인 척도를 가지고 과연 '긍적적인 개발 결과'를 측정할 수 있는지에 대한 문제도 제기된다. 이에 대한 연구 사례로는 에콰도르의 교외 지역에서 수도 키토로의 국내 이주를 다룬 로손(Lawson, 1999)의 연구와 실비와 로손(Silvey and Lawson, 1999)의 인도네시아의 이주 연구를 들 수 있다. 이 연구는 이주자들이 기원지 마을에 대해 갖고 있는 문화적 애착과 그곳에서의 삶의 경험이 정착지에서의 감정에 영향을 미친다는 것을 보여 주었다. 이주자들은 정착지의 '현대'화된 삶과 도심의 전경에서 모순적 감정을 경험했다. 문화나 감정에 대한 애착은 이주에서 무척 중요하다. 이주자들은 단순히 특정 장소의 '개발'이 '좋은' 것이고, 다른 지역의 '개발의 부재'가 '나쁜' 것이라는 식의 흑백논리로 장소를 보는 것이 아니라 복합적인 감정을 느낀다. 장소란 '현대화'되었기 때문에 더 낫다거나 '현대화되지 않았다'는 이유로 부정적으로 규정될 수는 없는 것이다. 이러한 이유에서 어떠한 공간 개념을 차용하느냐가 이주의 원인과 결과를 이해하는 방식을 결정하는 데 중요한 역할을 한다.

통합적 혹은 혼합적 접근

사회 네트워크 또는 이주자 네트워크 분석

이주자의 사회 네트워크가 본격적으로 분석되기 시작한 것은 1980년대부터이다. 많은 연구 가운데 더글라스 매시와 그의 동료들이 수행한 멕시코에서 미국으로의 이주 연구(Massey et al., 1987; Singer and Massey, 1998)는 네트워크 연구에 큰 계기를 마련했다고 할 수 있다. 하지만 그보다 먼저 인류학 및 사회학에서 네트워크에 대한 연구가 이루어졌다(Boyd, 1989; Brettel and hol-

lifield, 2008). 네트워크에 대한 연구는 넓게는 '이주 시스템'이라 불리는 패러
다임 내에서 발전해 왔다(Massey et al., 1987; Gurak and Caces, 1992). 이주 시스
템이란 기원국과 정착국 사이에서 역사 및 네트워크에 기반하고 있는 문화
적, 경제적, 정치적, 사회적 관계를 통해 이주를 이해하는 방식을 의미한다.
중동의 석유 수출국과 남부 아시아, 유럽과 과거 유럽의 식민지 국가, 아프
리카 남부 국가들과 남아프리카 공화국, 미국과 라틴아메리카, 동남아시아
여러 국가들 사이의 관계를 살피는 것이 바로 그러한 예이다.

사회 네트워크에 주목하는 학자들은 네트워크가 '연쇄 이주migration chains'
(MacDonald and MacDonald, 1964) 이상을 의미한다고 보았다.[18] 그들은 네트
워크를 기원국과 정착국 내부에서 또는 기원국과 정착국 간에 이주자와 과
거 이주자, 비이주자를 잇는 연결로 정의하였다. 네트워크는 구조와 이주자
개인의 행위주체성을 중재하는 것 또는 사회적·개인적 이주 동기를 연결하
는 것으로 볼 수 있다. 일반적으로 '이주자 네트워크migration network'(Massey
et al., 1987) 혹은 '네트워크 중재 이주network-mediated migration'(Wilson, 1993)
라고 불리는 네트워크의 예로는 친척이나 친구 등과 맺어진 '강한 유대strong
ties'와 공통의 문화나 민족성과 같은 '약한 유대weak ties'에 기반한 네트워크
를 들 수 있다. 이 두 가지는 상호 신뢰에 의존한다는 공통점이 있다. 이러한
네트워크나 '유대'는 때로 향우회(친목과 상호 협동을 목적으로 기원국의 같
은 지역에서 이주한 사람들의 모임(Caglar, 2006, pp.1-2))와 같은 모임으로 나
타난다. 사회 네트워크를 통해서 음식, 거주지, 고용, 건강, 종교 조직, 여가
나 정서적 지원 활동에 대한 정보를 공유한다. 사회 네트워크는 이주에 필요
한 재정이나 다른 재원을 제공할 뿐만 아니라 정착지에서 이주를 지속하게
해 주는 동력이 된다(Boyd, 1989; Levitt, 2003; Massey et al., 1993; 1998; Collyer,
2005).

이주자 네트워크 개념을 수용한 연구자들은 특정 기원국에서 이주해 온 이주 1세대들이 이주에 따른 위험과 막대한 비용을 스스로 감당하는 반면, 다음 세대 이주자들은 사회 네트워크를 기반으로 이주에 따르는 위험과 비용을 절감해 간다고 설명한다. 따라서 사회 네트워크는 후속 이주를 증가시킨다. 이주자 수가 증가하면 사회 네트워크 역시 확대되기 때문에 이러한 과정은 강화된다. 결국 이주자를 배출한 사회의 광범위한 부분에서 다시금 이주가 일어난다. 특히, 이주 정책이 엄격할수록 이 과정은 더 공고해진다. 이 경우 목적국에 정착하는 이주자들이 점점 더 많아지면서 이주자 공동체는 강화되고, 이로 인해 정착국과 기원국 내, 그리고 그 둘 사이를 연결하는 네트워크가 강화된다. 많은 학자들이 (간혹 사회자본이라고 불리는) 이러한 네트워크 자원을 '긍정적으로' 바라보고, 네트워크의 부양 효과가 거주 기간에 따라 상이하다고 주장한다. 이에 따르면 정착국에서의 거주 기간이 늘어나면 가족 재결합이 증가하면서 가족 기반의 네트워크가 증가한다. 시간이 흐름에 따라 송금은 감소하며(증가하기도 한다), 정착국 내에서의 민족적 혹은 비민족적 배경의 자발적 조직에 가입한 회원의 수가 증가 혹은 감소하게 되어 네트워크에 변화가 일어난다.

이러한 관점과 달리 사회 네트워크에 대한 회의적인 시각을 확인할 수 있는 연구로는 첫째, 콜리어(Collyer, 2005)의 영국 내 알제리 망명 신청자 연구를 들 수 있다. 이 연구는 사회 네트워크와 사회자본이 먼저 정착한 사람들과 새로 이주한 사람들에게 중요하기는 하지만, 특히 망명 신청자에게 엄격한 이주 정책(예를 들어 장기 재정 지원 증명 요구 등)하에서는 아무리 친구라고 할지라도 먼저 정착한 이주자들이 새로 들어온 이주자에 대한 지원을 축소하는 것을 보여 주었다.

둘째, 매시 등은 다음 세대의 이주자들은 기존의 사회 네트워크와 1세대 이주자들이 지닌 '높은 수준의 인적자본'을 활용하면서 이주의 위험과 비용을 낮출 수 있다고 주장하였다. 그러나 레니어스(Reniers, 1999)의 연구에 따르면 이것이 모든 상황에 적용되는 것은 아니며 사실상 반대의 결과를 낳기도 한다. 예를 들어 벨기에로 이주한 터키인이나 모로코인의 경우 1세대 이주자들은 최소한의 인적자본을 가지고 있었던 반면에 이후에 이주해 온 사람들은 이들보다 고등교육을 받은 사람들이었다.

셋째, 사회 네트워크가 단순히 가족, 친족, 향우회와 같은 '강한 유대'만으로 구성되는 것은 아니다. 사회 네트워크는 사업체부터 그들의 하청업체, 정부 공식 및 사설 구직 알선업체, 밀입국, 인신매매에 이르기까지 합법·비합법적으로 작동하는 다양한 범위의 행위자를 포함한다(Goss and Lindquist, 1995; Kyle and Koslowski, 2001; Krissman, 2005). 어떤 네트워크의 경우는 그것이 과연 이주자들에게 도움을 주는 네트워크인지에 대해 의심을 불러일으킨다. 예를 들어 밀입국이나 인신매매를 생각해 보자. 이들은 세계적으로 작동하고 있는 사회 네트워크이지만, 이것이 과연 이주자들에게 어떤 결과를 가져다 주는지 애매모호하다. 따라서 이러한 유형의 네트워크가 의미하는 바에 대해 더 논의해 볼 필요가 있다. 그런데 밀입국과 인신매매의 차이는 무엇일까?

살트(Salt, 2000), 킬과 데일(Kyle and Dale, 2001)에 따르면 **밀입국**('이주자 수입')은 직접 걷거나 트럭, 보트를 타고 불법적으로 국경을 넘는 것을 의미한다. 이주자는 밀입국을 시도하기 전에 밀입국업자에게 비용을 먼저 지불한다. 살트와 스테인(Salt and Stein, 1997)은 밀입국을 이윤 추구의 과정으로, 즉 엄연한 '사업'으로 간주한다. 이들은 밀입국에 대해 매우 정교한 설명을 제시했고, 가장 광범위하게 인정받고 있다. 이들 연구의 핵심은 밀입국 네트워크를 다층적 공간으로 설명하는 것이다. 이는 동원mobilization 단계('여정'

이 시작되는 공간), 중간 단계en route, 착생insertion 단계(은신처를 얻거나 살아가는 데 필요한 자원을 획득하는 과정)의 세 가지 단계로 구분된다(Van Liempt and Doomernik, 2006). 밀입국은 라틴아메리카(특히 멕시코)와 미국 사이에서 가장 활발하며(글상자 2.5 참조) 아프리카 동부와 중앙아시아, 유럽연합 국가들 사이에서도 빈번하게 일어난다(글상자 2.6 참조).

글상자 2.5 멕시코에서 미국으로의 밀입국

아마도 밀입국 패턴 중에서 가장 널리 알려진 사례가 멕시코에서 미국으로의 밀입국일 것이다(예를 들어 Massey et al., 2002; Nevins, 2008). 멕시코 국경을 넘어 미국으로 가는 밀입국자 중에는 멕시코인이 절대다수를 차지하기는 하지만 종종 멕시코를 경유해 미국으로 들어가려는 에콰도르, 과테말라, 니카라과 등 중남미 국가 이주자들도 포함된다.

그들은 국적에 상관없이 미국으로 건너가기 위해서 종종 코요테(coyotes)라 불리는 전문 밀입국자를 동반한다. 종종 코요테는 개인이나 가족, 심지어 좀 더 규모가 큰 집단의 밀입국 과정을 도와 멕시코와 미국의 물리적 국경(La Linea)을 넘을 수 있도록 돕는다. 때때로 코요테가 밀입국자들과 함께 미국의 특정한 도시나 마을까지 동행하기도 하지만 대부분은 생존 필수품만을 지닌 채 홀로 움직이게 된다. 코요테 없이 밀입국을 시도하는 것은 굉장히 어려운 일지만 그렇다고 코요테와 동행한다고 해서 밀입국이 수월해지는 것도 아니다.

현재 멕시코와 미국 사이의 무장된 국경(Andreas, 2000; Dunn, 1996)은 캘리포니아 주 남쪽의 임피리얼 해안의 0.25마일 지점부터 애리조나 주의 사막까지 1000마일에 걸쳐서 뻗어 있다. 무장된 국경은 1만 5000명의 국경경비요원(이들 중 몇몇은 자동화 무기를 가지고 있다)이 지키고 있으며, 700마일은 이중 울타리가 쳐져 있고, 적외선 탐지기도 설치되어 있다. 또한 국경 경비에 특화된 운송 수단과 경비 타워, 지진 센서도 마련되어 있다. 지하 터널을 기어가거나 울타리를 자르거

나, 리오그란데 강을 헤엄쳐서 건너는 방식은 발각되지 않고 국경을 건너는 방법
으로 선호되었다. 그러나 요즘에는 국경 감시를 뚫고자 사막을 통과하는 사례가
증가하고 있다. 간단해 보이지만 이 역시도 힘든 방법이다. 사막을 건넌 사람들
은 국경 근처에 치안이 잘 되어 있는 도시나 마을로부터 멀리 떨어진 곳까지 더
이동한다. 이렇게 사막을 통한 밀입국이 증가하면서 1999년에서 2005년 사이에
매년 700명에 가까운 사람들이 탈수, 과도한 열 노출, 마약 거래 중의 총격전으
로 인한 살인(밀입국의 한 부분), '미닛맨(Minutemen: 불법 밀입국자들을 막는 미국인)'
에 의한 총살로 사망했다. 국경 부근의 티후아나 담벼락에는 "Cuantos Más?"
즉, "얼마나 더 (죽게 될 것인가)?"라는 문구가 적혀 있다.

　1995년 이후 밀입국을 시도하다 목숨을 잃은 사람들은 4000명 이상에 달한다.
전체 밀입국자의 1/3이 밀입국 시도 중 검거되고, 그들 중 92% 이상이 다시 밀
입국을 시도한다고 추산된다. 1990년대 이래로 국경 경비가 강화되었는데, 특히
2001년 9월 11일 이후로 경비가 한층 강화된 지역에서는 밀입국이 줄어든 것으
로 보고되기도 하였다. 그러나 삼엄한 경비만으로 미국에 들어가려는 열망을 대
변하는 밀입국을 봉쇄하기는 어려울 것 같다.

글상자 2.6　　네덜란드로의 밀입국: 다층적 공간을 가로지르는
　　　　　　　네트워크와 행위주체로서 이주자

　흔히들 밀입국의 책임을 '글로벌화'나 세계 구조적 불평등, 무분별한 이익 추
구, 밀입국을 알선하는 사람들의 범죄적 성향에 돌리곤 한다. 이러한 설명이 아
주 부적절한 것은 아니지만 보다 면밀하고 대안적인 관점으로 접근한다면 밀입
국과 관련하여 인간의 행위주체성이나 다층적 공간을 통해 작동하는 복잡한 네
트워크를 확인할 수 있다.

　이라크, 에티오피아, 그루지야로부터 네덜란드로의 밀입국을 연구한 반 림트와

두메르닉(van Liempt and Doomernik, 2006)은 밀입국을 합법과 불법이라는 양면을 동시에 지닌 국제적인 현상으로 이해한 살트와 스테인의 연구에 부분적으로 동의하면서도 그들의 연구가 국가의 정책 **변화**와 이주자의 행위주체성에 대한 설명이 부족할 뿐만 아니라 밀입국업자와 밀입국하려는 사람들과의 관계, 이주자들의 경험, 경제적 이유만으로 설명되지 않는 이주 동기를 간과했음을 비판하였다. 림트와 두메르닉은 이주자들을 단순히 수동적 희생자나 '무자비한 범죄자' (Liempt and Doomernik, 2006, p.173)로 보기보다는 목적의식이 있는 주체로 보고자 했다. 그들은 밀입국 알선업자들을 일반인과 다를 바 없는 평범한 사람들로 간주하고 기존의 미국의 밀입국 연구 사례에 등장한 많은 밀입국업자들이 실제로 레스토랑, 이발소 등과 같은 가게를 소유하고 있음을 상기시키기도 했다. 네덜란드로의 밀입국에 관한 그들의 연구에 따르면 상당수 밀입국업자들은 원래 상품을 사들여 국경을 넘는 사람들이었는데, 이들은 다른 사람들의 밀입국을 돕는 것이 더 돈이 된다고 판단했다. 그들은 국경 지방을 매우 잘 알고 있었으며, 이주자로서 그들 자신이 겪었던 나쁜 기억을 토대로 밀입국을 알선하게 되었다.

 이주자들은 각자 나름대로 선호하는 정착국이 있다. 그러한 선택에는 그들의 과거 식민지 관계나 특정 국가와의 '문화적 유대'가 영향을 미친다. 그러한 국가에는 대개 친구나 친척이 있거나 이주자들 마음속에 그들의 안전을 보장해 줄 것이라는 등의 긍정적인 평가가 자리하고 있기 때문이다. 이주자들은 또한 이동에 필요한 경비를 계산하게 된다. 예를 들어 밀입국업자에게 다양한 목적국의 가격을 제공받은 이라크 이주자는 가격이 가장 저렴한 네덜란드를 선택한다(캐나다: 미화 1만 달러; 독일: 8000달러; 네덜란드: 7000달러). 그러나 이주자들이 항상 그들이 선호하는 곳으로 이주하는 것은 아니다. 오히려 그와는 정반대의 경우도 있다. 한 남성의 경우는 친척들과 함께 스웨덴으로 가기를 원했으나 에인트호번에 있는 한 주유소에서 버림받게 되었고, 결국 네덜란드에 망명을 요구해야 했다. 이러한 시나리오는 흔히 일어난다. 이 경우 이주자는 도움을 받을 수 있는 네트워크 없이 남겨진 상황에서 생존을 위해서 국가에 의존해야만 한다.

그런데 그루지야 이주자들은 밀입국을 알선하는 사람들을 범죄자로 보지 않으며, 구소련에서는 그들에게 낙인이 거의 존재하지 않는다. 오히려 그들은 돈을 받고 원하는 목적지로 가는 데 도움을 주는 조력자나 '서비스 제공자'로 여겨진다. 한 이주자는 '나는 그를 밀입국업자라고 부르지 않는다. 국경에서 400달러를 주고 같이 걸어가면서 그는 나와 다른 사람들에게 친절하게 도움을 주었고, 추가 금액을 받지 않고 인근 도시로 데려다 주었다'라고 했다(p.173). 그렇다고 알선자들이 조력자로만 인식되는 것은 아니다. 예를 들어 '밀입국을 알선하는 사람이 이주자를 집에 가두고 위협했다'(p.174)거나 '밀입국업자는 돈만 본다. 그들은 수많은 거짓말로 더 많은 돈을 지불하게 만든다'(p.174)라는 구술은 이들에 대한 나쁜 인식이 존재함을 보여 준다. 만약 밀입국업자가 이주자들이 국경을 넘고자 하는 마음을 십분 이해하고 밀입국을 성공시켜 준다면 이주자들은 이들을 보다 긍정적으로 인식할 것이다. 이주자들은 주로 친구나 친척을 통해 밀입국 알선업체에 연락을 취한다. 때문에 기원국의 마을이나 동네에서의 신뢰가 중요한데, 음식과 거처, 그리고 **도중에** 휴식을 제공하고 국경을 잘 알거나 여권 및 비자를 쉽게 획득하는 법을 간파하고 있는 밀입국자들이 주로 긍정적인 평판을 얻는다. 이주자는 때때로 이동 도중에 밀입국업자를 만나기도 한다. 예를 들어 이라크에서 네덜란드로 향하는 이들의 경우 주로 이스탄불에서 이러한 알선이 성사된다.

이주자들이 밀입국업자를 찾는 것과 마찬가지로 밀입국업자들은 원활한 사업 운영을 위해 이주자를 고용하기도 하는데, 다른 이주자들을 여럿 데리고 오는 경우 한 명 분의 수수료를 공제해 주는 방식을 사용한다. 때로는 이주자가 안전하게 목적지에 도착할 때까지 수수료를 받지 않고 이후에 기원국의 친척으로부터 대신 받기도 한다. 밀입국업자들은 이동의 용이성, 수송 기반 시설, 망명 및 이민 정책 등을 이용해 다양한 경로를 선택한다.

네덜란드의 망명 정책이 대대적으로 개정되기 전인 2001년 중반까지 네덜란드는 밀입국을 알선하는 사람에게 굉장히 매력적인 국가였다. 2001년 이전에 네덜란드 정부는 망명 승인율이 높았고, 망명 인정 기준을 다양하게 두고 있었다. 또한 상대적으로 우호적인 망명 접수 센터가 있었고, 무료 언어 교육, 소수자를 위한 2차 교육, 무료 의료 서비스, 법적 구호, 의복 및 보험 등이 제공되어 밀입국 업자의 입장에서 해야 할 일이 많지 않았고, '고객'의 여정을 성사시키기가 쉬웠다. 다른 국가로부터 망명을 승인받는 데까지 오랜 시간이 걸리는 경우에도 밀입국업자들은 중간 지점으로서 네덜란드 내에 이주자들을 잠시 '대기'시킬 수 있었다. 다른 국가로의 망명 절차가 오랜 시간을 필요로 하는 경우, 상대적으로 규제가 덜한 네덜란드는 최종 정착지로도 손색이 없을 만큼 충분히 매력적인 중간 지점이었다. 게다가 1996년까지 밀입국업체에 대한 처벌의 강도가 상대적으로 약한 것 등의 이유로 네덜란드로 망명을 원하는 이라크인, 이란인, 소말리아인의 수는 1990년대 중반까지 꾸준히 증가하였다. 이는 네덜란드 내에서 그들의 커뮤니티를 강화하는 효과를 낳았고, 기원국에서 네덜란드로의 이주를 더욱 선호하도록 만들었다.

  네덜란드로의 망명 요청은 1985년에 4500명에서 1994년에는 대략 5만 2000명으로 늘었다가 이듬해에 절반으로 줄었고, 2003년에는 1만 3400명으로 줄었다. 1994년 이후 망명 신청자 수가 줄어든 이유는 외부적으로는 구유고슬라비아의 전쟁이 끝난 것과 관련이 있으며, 내부적으로는 네덜란드에서 이민과 노동시장에 관한 법이 1995년에 통과됨으로써 망명이 제한되었기 때문으로 풀이된다. 많은 네덜란드인들이 망명 제도와 공공복지의 오남용에 따른 문제를 인지하기 시작한 것이다. 이러한 이유로 1996년에는 밀입국이 적발될 경우 징역 1년 형을 부과하였고, 이제는 밀입국의 규모와 과정에 따라 4~8년 형을 구형하고 있다. 또한 2000년에는 외국인 법령(Aliens Act)이 제정되어 망명 절차와 결정이 48시간 이내에 이루어져야만 한다. 망명을 원하는 사람들은 정부와의 협상을 통해 자신의 망명 사유를 납득시켜야 하는데, 이 과정에서 거부당할 경우 망명 신청자에게 부여되는 모든 혜택을 받을 수 없게 된다. 뿐만 아니라 1990년대 중반부터 암스테르담의 스히폴(Schiphol) 공항의 출입 제한이 강화되면서 2001년부터 네덜란드를 경유해 밀입국을 시도하기가 어렵게 되었고, 그만큼 망명에 실패한 사람들을 자주 볼 수 있게 되었다. 이처럼 이주자들이 직접 여러 목적지 국가들의 혜택을 알고자 노력한다고 하더라도 실제로 자신이 원하는 목적지로 가는 경우는 드물다.

림트와 두메르닉은 이주자가 밀입국업자보다 더 많은 권력을 행사하는 경우는 드물다고 주장한다. 이들에 따르면 대부분의 이주자는 밀입국업자의 결정에 의지해 목적지를 정하는 경우가 많다. 한편, 밀입국업자의 선택은 국가의 이주 정책에 좌지우지되며, 그들은 국가에 비해 상대적으로 낮은 권력을 갖는다. 그럼에도 불구하고 밀입국업자는 이주자의 이동 방식과 최종 목적지를 결정하는 데 큰 영향을 미친다.

밀입국 과정은 단순히 A에서 B로 가는 것 이상으로 복잡하다. 이러한 네트워크 상에는 이스탄불과 같은 '중간 지점(in-between)'들이 존재한다. 이스탄불은 과거 비단길로 이어지는 이주 네트워크에서 주요한 교점으로 자리했다. 이곳에는 '비자 마피아(visa mafia)'가 존재한다. 그들은 자신의 희망 여부와 상관없이 이곳에 도착하게 된 이주자들에게 허위 비자와 가짜 신분 증명 서류를 만들어 준다.

림트와 두메르닉은 밀입국 과정의 또 다른 사례로 2000년 6월에 58명의 중국인 이주자들에게 일어난 비극을 소개하였다. 이들은 도버항에서 트럭 뒤에 실려 있는 컨테이너 안에서 질식사한 채로 발견되었다. 영국으로 밀입국을 시도했던 약 60명의 중국인들은 영국으로 출항 예정이었던 컨테이너에 숨어 있었는데, 푸젠 성에서 다른 트럭과 뒤바뀌어 베이징으로 간 후에 다시 베오그라드로, 오스트리아로, 파리로, 로테르담으로 이동하게 되었다. 결국 그들은 로테르담의 한 식당에서 토마토와 함께 컨테이너에 갇혀 있다가 벨기에의 지브루겔로 갔고, 벨기에서 영국 남쪽 해안의 도버 항으로 갔다. 60여 명의 푸젠 성 이주자 중에 2명을 제외한 모든 사람들이 유독 가스로 인한 탈수 증상으로 사망했다(더 자세한 이야기는 2001년 4월 5일, 6일의 『가디언』지 기사 중 'Chronicle of the Dover tragedy'와 'Search for a new life ends up in a cauldron of death'를 참조). 지난 10년간 주요 언론은 이 사건과 유사한 여러 끔직한 이야기들을 대서특필해 왔다. 이러한 비극이

앞으로 반복되지 않으리라는 보장은 없다. 림트와 두메르닉이 주장한 것처럼 밀입국은, 누구에 의해 주도된 것인지의 문제와 상관없이 문제가 있는 위험한 사업이 아니라고 볼 수는 없다.

인신매매 ('노예 수입') 역시 사업의 일종이다. 인신매매는 주로 상당한 채무를 미리 지운 뒤 이주 후에 강제 노동을 부과하는 형태로 진행되며, 때때로 밀입국 비용을 충당하기 위해 일어나기도 한다. 인신매매의 사회 네트워크에 걸려든 개인이 모든 빚을 변제하기 위해서는 여러 해가 걸린다. 그리고 그 과정은 경우에 따라 상당히 다른 양태를 띤다. 아시아 대부분의 나라에서 인신매매는 비일비재하게 일어난다. 카일과 데일(Kyle and Dale, 2001)에 따르면 미얀마와 타이에서는 특히 성산업에 투입되는 여성 인신매매가 많이 일어난다. 두 나라에서 인신매매 네트워크는 로컬 엘리트, 국경 군인, 경찰, 고위 관료, 정책 입안자로 대표되는 정부나 국가, 인신매매 대행사, 매춘업체 업주, 성매매 수요자, 무임금으로 성산업에 희생될 여성이나 12세 정도의 남녀 아동 이주자로 구성된다.

그러므로 이주자의 복지는 그들의 사회 네트워크가 강제나 사기, 비밀리에 연계되는 부도덕한 대행사, 정부 관료, 소비자, 기구들과의 관계를 포함하는지, 그것이 자발적인 연대에 기반을 두고 있는지의 여부에 따라 판가름난다. 자발적인 관계에 바탕을 둔 네트워크로서 '초국가주의'에 대해서 살펴보도록 하겠다.

초국가주의와 이주

글로벌화 개념이 인간의 행위주체성을 간과하고 경제학적, 결정론적 시각

에서 이주를 단일하게 바라보는 반면 **초국가주의**는 이주자의 주체성을 강조
하며, 문화 계승자로서 이들의 역할에 관심을 둔다. 베르토벡Vertovec은 초국
가주의를 "넓은 의미로 국가 경계를 가로질러 연결된 사람과 제도 간의 다
층적인 상호작용을 의미한다(1999, p.447)"라고 설명한다. 일찍이 이주 연구
를 선도한 바쉬, 글릭-쉴러와 블랑크(Basch, Glick-Schiller and Blanc, 1994)는
정착국의 이민자에게 초점을 두고 초국가주의를 이들이 "기원국과 정착국
사이의 사회적 관계를 구축하고 유지하는 과정(p.7)"으로 정의하였다.[19]

다음의 위머와 글릭-쉴러(Wimmer and Glick-Shciller, 2002)의 주장처럼 몇몇
연구자들은 초국가주의의 많은 부분이 글로벌화와 유사하기 때문에 이를 새
로운 개념으로 볼 수는 없다는 입장을 견지한다.

최근 연구에서 나타나는 초국가주의 커뮤니티에 대한 관심은 '새로운 것의 발
견이라기보다는 방법론적 국가주의를 벗어난 관점의 전환이 만들어 낸 결과
라고 할 수 있다. 다시 말해 이러한 발견은 새로운 관찰 대상이 등장한 것이
아니라 관찰자의 인식이 변화함으로써 만들어진 것이라고 할 수 있다. (p.218)

그런데 여기서 필자의 관심은 초국가적 커뮤니티의 특성이나 그들의 소
속감, 정체성(이는 제5장에서 다룰 것이다)이 아니다. 그렇다고 '초국가주의'
개념과 관련된 과정이 이주를 설명할 수 있는지의 여부나 초국가주의 담론
이 글로벌화와 같은지 다른지를 가리고자 하는 것도 아니다.

우선 초국가주의 이론의 분석 단위는 기원국과 정착국의 '로컬 커뮤니티'
와 로컬에 기반을 두지만 전 지구에 걸친, 경계를 넘나드는 후기 식민주의적
'디아스포라 네트워크의 조합이라하겠다(여기서 디아스포라 네트워크는 스
미스(Smith, 2001, p.237)가 트랜스로컬리즘, 초국가적 도시주의, **떨어져** 있지

만 **상황적인** 사회적 관계distanciated yet situated social relations 등으로 다양하게 불렀던 것들을 의미한다). 이러한 네트워크는 종종 가정이나 다른 공식·비공식 단체(특히 향우회), 송금이나 상업적 무역과 같은 경제 중심의 행위들로 세분되기도 한다(Faist, 2008; Smith, 2005).

 '디아스포라'는 일반적으로 기원국에서부터 특정 커뮤니티가 밖으로 확산되어 새로운 땅에서 재결합하거나 새로운 커뮤니티를 형성하는 것을 의미한다. 그러나 '디아스포라 네트워크'라는 용어를 사용하기 위해서는 디아스포라의 다양한 개념과 정의를 보다 정교하게 구분할 필요가 있다. 여기서 디아스포라 네트워크는 이주 커뮤니티가 국경을 가로지르면서 유지하는 사회적, 문화적, 정치적, 경제적 관계를 의미한다. 이러한 관계는 기원지의 '사람(들)peoples'이나 '장소(들)places'에 대한 감정 및 애착과 같은 심리학적 요소를 포괄한다. 여기서 '사람(들)'과 '장소(들)'이라고 한 것은 다음의 두 가지 이유 때문이다. 첫째, 디아스포라 네트워크는 기원지의 장소를 복합적으로 포함하기 때문에 이주자들은 하나 이상의 마을이나 지역 또는 하나 이상의 민족성이나 언어집단에 대한 소속감을 느낀다. 둘째, (민족국가보다는) 하나의 특정 지역에 대한 이주자들의 애착은 '초국가주의'의 부적절한 사용 혹은 소속감에 대한 불완전한 이해를 시사한다. 즉, 이주자들의 소속감이나 관습이 조국가적인지 아니면 트랜스로컬적 또는 트랜스노시적인지는 분명하지 않으며, 또한 이주자가 양 국가에 대해서 동시적 소속감을 가질 때 그것은 바이로컬bi-local이나 바이내셔널bi-national로 이해될 수도 있다. 어떤 장소적 메타포도 완벽할 수는 없기 때문에 이 네트워크를 '범민족적pan-ethnic'이라고 불러야 할지 모른다(Levitt and Jaworksy, 2007). 그러나 '범민족적'이라는 명칭 역시 민족 집단 내의 동질성을 가정함으로써 '본질주의'에 빠질 위험이 있다.[20] 실제로 초국가주의 연계망은 연령, 세대, 젠더, 종교, 계급 등의 다양한 사회적 차이를 가로지른다. 이처럼 초국가주의 개념을 이해하는 것 자체가 쉽지 않기 때문에 초국가주의가 이주를 지속시키는 방식을 정확히 알아내기는 더욱더 어렵다(Portes et al., 1999).

그럼에도 불구하고 초국가주의에 기반을 둔 이주 연구는 글로벌화나 구조주의에 뿌리를 둔 이주 이론과는 분명한 차이가 있다. 초국가주의의 차별적 특성은 다음 두 가지로 요약 가능하다. 먼저 스미스(Smith, 2005)의 주장처럼 글로벌화 논의가 글로벌화를 불길할 정도로 광대하고 경제적이며 구조적이고 통제 불가능한 "소위 말해서 사람들 뒤에서(p.236)" 작동하는 엄청난 무언가라고 보는 것은 문제가 된다. 물론 초국가주의 네트워크를 새로운 종류의 행위주체의 증거로 이해하는 것도 오류를 범할 수 있겠으나(Gibson-Graham, 2002) 스미스는 이러한 문제를 인식하고 다음과 같이 주장한다.

몇몇 학자들은 식상해진 글로벌화 담론을 대체하기 위해 행위주체 중심의 이론으로서 초국가주의를 내세운다. 그들은 초국가주의 연구에서 초국가적인 사회 네트워크와 경험적 관습을 강조한다. 이들 네트워크나 관습은 행위주체들을 중개하면서 동시에 행위주체가 만들어 내는 결과물이기도 하다. 그런데 초국적 문화 행위주체성이나 트랜스로컬리즘적 정치 관습과 글로벌 경제 (재)구조화를 엄격하게 이분화하지 않기 위해서 구조적 행위주체성을 보다 신중하게 다룰 필요가 있다. (2005, p.236)

이처럼 스미스는 구조가 실재한다고 전제하면서도 그 구조가 '로컬'과 '글로벌' 수준에서 동시에 작동한다고 보았다. '로컬'이 초국가주의를 추동하고 초국가주의가 로컬을 만드는 것이다.

둘째, 브레텔과 홀리필드(Brettell and Hollifield, 2008)는 글로벌화의 힘이 약해지면서 밀려난 기존의 연구와 초국가주의적 디아스포라 연구의 차이를 다음과 같이 설명한다. 그에 따르면 초국가주의는 이주자들의 '자발적 의사결정'에 토대하고 있다. 이주자는 더 이상 '뿌리 뽑혔다고uprooted' 볼 수 없는 사람들이다. 다시 말해 오늘날의 이주자들은 경제적, 사회적 위기에서 공포나 어려움을 느끼고 어쩔 수 없이 반강제적으로 이주하는 것이 아니라 다른 국가와 문화를 대수롭지 않게 오갈 수 있는 주체들이라는 것이다. 특히 고소득 이주자들의 경우 상대적으로 많은 혜택을 받고 이동하는 사례를 볼 수 있다. 예를 들어 실리콘 밸리(샌프란시스코 남부)의 컴퓨터 산업체에서 근무하는 인도 출신 컴퓨터 엔지니어나 기업인은 인도 남부 방갈로르의 인도 컴퓨터 기술 산업을 성장시키는 데 기여한다. 그리고 이것은 이후 방갈로르와 실리콘 밸리 사이의 이주의 촉매제가 된다.

　이와는 대조적으로 캐슬과 밀러(Castles and Miller, 2009)는 이주자들이 실제로 이와 같은 초국가주의적 삶을 사는지에 대해 회의적이었고, 스미스(Smith, 2005)는 자신이 '혼종성에 대한 찬양celebration of hybridity'이나 유동적인 초국가주의(앞의 Mitchell, 1997 참조)로 간주한 것들을 비판하면서 다음과 같이 주장하였다.

초국가주의에서 혼종성, 유동성에 대한 찬양은 공간적 이동성이나 경계 넘기가 아무리 초국가적 주체들의 가족, 공동체, 장소 만들기 관습을 특징짓더라도 그 주체들이 여전히 특정 공간이나 정치 상황과 특수한 역사적 맥락 내에서 계층화·인종화·젠더화된다는 사실을 간과하고 만다. (p.238)

스미스의 저서에는 이보다 비판적인 시각이 드러나 있으나 그의 주장에서 핵심은 초국가주의에서 이주 네트워크는 중요하며 이것이 글로벌화 논의와 분리될 수 없다는 점이다. 그리고 이처럼 전 지구적 네트워크global-spanning network는 그것이 문화적이든 경제적·정치적·사회적이든 이주를 촉진하고 지속시키게 된다.

젠더중심적 분석

1980년대와 1990년대에 걸쳐 국제 이주 연구에서 젠더, 특히 여성을 등한 시했던 것에 대한 자각이 대대적으로 일어났다. 당시까지 여성은 단순히 부양가족으로만 이주한다고 가정되었다(Kelson and De Laet, 1999; Kofman, 1999). 이제는 오랜 기간 지속되어 온 남성 중심의 이주 연구를 극복한 많은 연구들이 축적되었다(이주와 젠더에 대한 참조 논문은 다음과 같다. Kelson and Delaet, 1999; Hondagneu Sotelo, 1994; Morokvasic, 1984; Kofman, 1999; Pessar and Mahler, 2003; Piper, 2006; Silvey, 2004a). 물론 지명도 높은 연간 이주 보고서(예를 들어 OECD가 발간하는 *"International Migration Outlook"*)들은 여전히 성별 분리를 간과하고 있지만,[21] 피사르와 말러(Pessar and Mahler, 2003)는 남성 편향적 연구를 비판해 왔던 학계의 노력에 힘입어 '연구 주제로서 남성 이주자가 사라지고 그 관심이 여성 이주자로 옮겨지는 쪽으로 이주 연구가 발전하고 있다'(p.814)고 평가했다. 더불어 이주 연구가 "단순히 여성을 추가함으로써 남성 편향성을 손질했다고, 즉 젠더를 가변적인 성별로 취급했다"(p.814)고 비판했다. 피사르와 말러의 주장에서 핵심은 "젠더를 변수로 이해할 것이 아니라 이주 연구의 핵심 주제로 가지고 와야 한다"(p.814)는 데 있다. 즉, 남성과 여성의 관계를 중심으로 이주를 설명하자는 것이다. 이주가 성별이나 젠더 관계에 의해 형성되는 방식을 살핀 연구들은 1) 남녀의 불평등한 이동권과 이주 형태의 차이를 만드는 국가의 기본적인 역할, 2) 국가에 의해 중재되는 송출국의 가족 및 커뮤니티에서의 젠더 관계의 속성과 이것이 떠나고 돌아옴에 영향을 미치는 방식, 3) 일반적인 이주 현상에서 전보다 평등한 젠더 관계를 자각하는 방식, 4) 가사 노동 이주 등 주로 네 가지 차원에서 이루어지고 있다.

먼저 첫 번째 차원으로서 이주자 수용 국가는 여성 이주를 발생시키고 규제하는 주체로 이해된다. 예를 들어 1960년대 후반에서 1980년대 중반까지 영국에서 여성 이주자는 부양가족으로 인식되어 취업 활동에 제한을 받았다. 여성이 이주 주체로서 남편이나 약혼자를 동반할 수 있었던 것은 1989년이 되어서야 가능했다. 그때부터는 부양가족으로서 남성의 이주 규모가 증가했다(Kofman, 1999). 젠더화된 규제는 시·공간에 따라 다르게 나타나며 나이, 성별, 민족, 세대, 종교, 이주자가 가진 기술에 따라서도 다르게 적용된다. 한편 송출국 역시 규제를 통해 누가 떠나고, 누가 남는지에 대해 적극적으로 관여한다. 그리고 이것은 단순히 성별에 근거한 규제가 아니라 젠더 관계와 기대를 생산해 냄으로써 가능해진다(인도네시아에서 사우디아라비아로의 이주를 다룬 실비(Silvey, 2004b), 필리핀 여성의 이주에 대한 티너(Tyner, 2004), 싱가포르에 아내를 남겨 두고 중국으로 이주하는 싱가포르 남성에 대한 여와 윌리스(Yeoh and Willis, 1999)의 연구를 참조하라).

젠더를 고려한 이주 연구의 두 번째 차원은 송출국에서 가족 안팎의 젠더 관계가 이입국의 젠더 관계와 결합되는 방식을 살핌으로써 남녀의 이주 차이를 설명할 수 있다고 보는 입장이다. 이러한 관점에서 미국으로 떠나는 멕시코인의 상호 관계에 대한 많은 연구들이 진행되었다. 20세기에 본격화된 멕시코인의 미국 이주는 남성에 의해 주로 이루어져 왔다. 그들 중 대다수는 농업 경영에 실패했거나 턱없이 적은 농업 생산량과 낮은 임금에 허덕였다. 멕시코의 젠더 규준(gender norm: 남성과 여성이 재현되고 규정되는 방식)과 젠더 주체성(gender subjectivities: 남녀가 스스로를 재현하고 규제하는 방식)은 남성이 이주를 하면 여성은 이후에 남편을 따라가거나 본국에 남아 집안을 살피는 식의 이주 패턴을 강화했다. 이처럼 이주에서 젠더의 차이는 기존의 젠더 관계를 강화하거나 조정하게 되며 사회적으로나 감정적으로 내포된 이주 과정을 만들어 낸다(글상자 2.7 참조).

글상자 2.7 엘살바도르인의 통화에서 나타나는 초국가적 젠더 관계

말러(Mahler, 2001)는 미국으로 이주한 엘살바도르 남성과 엘살바도르에 남아 있는 그의 아내의 통화에서 흥미로운 점을 발견했다. 엘살바도르에서는 비싼 '수신자 부담 전화'를 통해서만 미국으로 전화를 걸 수 있을 뿐만 아니라 전화를 걸 수 있는 횟수가 제한되어 있었다. 혹시라도 이주자의 아내가 남편과 통화하기 위해서는 수신자 부담으로 전화를 걸어 받아 달라고 애원해야 했다. 그러면 남편은 수신자 부담 전화가 비싸다는 이유로 가능한 통화를 짧게 끝내려고 했다. 반면 아내는 집으로 더 많은 돈을 보내 달라고 말하기 위해서 어떻게 해서든지 남편과 연락을 취하길 원했다. 이러한 조건은 이주한 남성과 그렇지 않은 여성 간의 불평등한 관계를 만들어 낸다.

레비트(Levitt, 2001)는 이주하는 남성이 그렇지 않는 남성보다 상대적으로 높은 지위를 가지고 있으며 결혼 대상자로서 선호된다는 점을 보여 주었다. 이주하지 **못한** 남성의 경우, 그들은 남자답지 못한 사람으로 여겨진다. 왜냐하면 그들에게는 가족을 부양해야만 하는 젠더화된 역할이 전제되어 있고, 만약 그들이 멕시코의 농장에 그대로 남아 있게 된다면 그 역할을 수행하기가 어렵기 때문이다. 따라서 멕시코 남성은 결국 농장을 떠나게 된다(Massey et al., 1987). 미국에서 합법적인 지위를 가진 남성은 불법체류 신분일 때보다 더 남자답다고 여겨진다. 이러한 이유로 멕시코 남성의 이주는

장기화되며, 최종적으로 미국에 정착하도록 종용받는다(Pessar and Mahler, 2003).

남성과는 반대로 멕시코에서 이주하는 여성은 최근에 커뮤니티의 규준이 많이 바뀌었음에도 불구하고 그러한 규준과 기대를 위반하는 것으로 여겨진다(Hondagneu-Sotelo, 1994; Boehm, 2008; King et al., 2006). 그러나 이러한 인식 때문에 단순히 여성은 머무르고 남성은 떠나는 식의 패턴이 고착되는 것은 아니다. 피사와 말러(2003)에 따르면 멕시코 여성은 점점 더 단독적으로 이주하기 시작하고 있다.[22] 어떤 멕시코 여성은 더 나은 삶을 위해서나 미국에서 결혼 상대자(멕시코인)를 찾기 위해 이주하기도 하고, 어떤 이들은 배우자의 외도에 대한 불안감 때문에 남편을 뒤따라 이주하거나 혹은 남편을 아예 집으로 데려오기 위해 일시적으로 이주하기도 한다.

동시에 많은 멕시코 남성들은 여러 가지 이유를 들어 미국에 정착하지 않으려고도 한다. 앞에서 설명한 상황과 모순되게도 남성들은 떠나 있는 동안 멕시코에 남겨진 아내와 자녀들을 통제할 수 없게 되면서 그들의 남성성을 위협받기 때문이다. 그래서 많은 멕시코 남성들은 그들이 통제력을 발휘할 수 있는 고향에서 자녀들과 농업을 이어가면서 '이주한 남성'만큼의 지위를 강화하려고 한다. 반대로 멕시코 여성 이주자 중 상당수는 미국에 더 머물고자 한다. 미국에서의 정착 과정이 아무리 고되더라도 멕시코 사회나 남편에게서 느끼던 젠더화된 구속에서 해방되어 자유를 느낄 수 있기 때문이다. 특히 미국에서 여성들은 보다 자유롭게 정치적 목소리를 낼 수 있게 된다.

이처럼 젠더와 이주에 관한 일련의 연구는, 적어도 멕시코에서 만큼은 귀환 이주의 경향이 젠더화된 경험과 목적국에 머물고자 하는 남녀의 차별화된 열망으로 인해 형성된다는 점을 보여 준다(Goldring, 2001; Massey et al., 1987). 물론 위에서 살펴본 멕시코의 이주 사례가 **전 세계적으로** 일어나는 모든 이주와 젠더 관계의 속성을 대변하지는 못하지만 많은 이주에서 나타나는 공통 요소들을 내포하고 있다고 하겠다(King et al., 2006).

세 번째 차원은 젠더 관계가 평등해질 수 있다는 믿음이다. 이입국의 젠더 관계가 어떻게 **인식** 또는 **상상**되는지에 따라 미래의 이주가 결정된다고 보는 것이다. 예를 들어 도미니카 공화국의 여성들은 미국에서 돌아온 여성들이 더 행복하다고 보고 그들처럼 이주하고자 하는 경향이 있다(Levitt, 2001). 그러나 평등의 실체가 그들의 기대와 다를 경우 그들의 상상은 현실화되지 못할 수 있다. 예를 들어 아시아계 여성이나 라틴 아메리카, 중동 여성들이 '서양' 남성과 대등한 관계를 기대하면서 스위스로 이주하는 것도 이러한 인식에서 비롯된다(Riano and Baghdadi, 2007).

네 번째 차원은 소위 3C로 알려진 돌봄caring, 청소cleaning, 케이터링catering 분야에서 여성 노동자에 대한 수요이다. 이러한 흐름은 특히 유럽, 북미, 일본, 말레이시아, 싱가포르에서 뚜렷하게 나타나고 있는데(Yeo and Huang, 1998), 반드시 선진국에서만 일어나는 것은 아니다. 이주의 여성화는 부분적으로 이주 여성에 대한 수요가 증가하는 것과 관련 있다. 이와 대조적으로 '서구' 선진국 사회에서는 20세기 중반까지도 제조업 분야가 '남성을 위한 일'(McDowell, 1991)이라는 편견이 있었다. 이주의 여성화로 가사 노동자(청소부, 가사 도우미, 유모와 같이 돌보고 청소하는 사람)들에 대한 관심이 높아지고 있다.[23] 지난 20년간 '돌봄 노동'과 돌봄 노동자에 대한 수요가 증가한 까닭을 다음과 같이 정리해 볼 수 있다.

1) 선진국 정부는 돌봄 서비스에 대한 정부의 역할을 축소해 왔다.

2) 선진국 인구는 점차 고령화되고 있다.

3) 맞벌이 부부가 증가하였고, 가사 노동에 대한 책임을 다할 시간적 여유

가 사라졌다.

4) 내국인 중에는 돌봄 서비스에 종사하려는 사람이 적고, 있더라도 여성 이주자보다 높은 임금을 지불해야 한다.

5) 지난 20년간 대형 주택이 증가했고, 집의 외관에 대한 관심도 늘어났다. 특히 미국과 영국에서 이러한 추세가 강하게 나타난다(Anderson, 2001b).

그 밖에도 국가별로 특수한 이유로 여성 이주자에 대한 가사 노동의 수요가 증가할 수 있다. 예를 들어 사우디아라비아에서 여성 이주자의 가사 노동 참여 비율이 높아지는 이유는 사우디아라비아 정부가 여성 이주자들이 가사 노동 서비스에 동원되는 것이 노동시장의 유연화를 증가시킨다고 인식했기 때문이다. 즉, 사우디아라비아 사회의 정치적, 경제적 상황에 따라 여성 이주자를 자유롭게 채용·해고할 수 있게 되는 것이다. 또 사우디아라비아 여성의 가사 참여가 줄어들면서 가사 노동에 대한 수요가 급증하고 있다(Silvey, 2004b). 그런데 위에서 열거한 원인들은 과하다 싶을 정도로 수요 중심적인 설명이라 할 수 있다. 가사 노동 이주는 방글라데시, 인도네시아, 파키스탄, 필리핀 등 송출국의 노동 수출 브로커와 송금 대행사에 의해서도 조장되며, 지속되고 있다. 이들 대행사는 일반적으로 이주 일정이나 비자 업무, 때로는 근무할 가정 내에서 특별한 지위를 보장해 준다고 하면서 막대한 처리 비용을 요구한다. 이들은 공식적일 수도 있고 비공식적일 수도 있는데, 비공식적인 대행사는 신뢰할 만한 직장을 연결하기는커녕 종종 이입국에서 끔찍한 상황을 만들기도 한다(Parrenas, 2001; Silvey, 2004b).

가사 노동자들의 상당수는 미등록 이주자이다. 이러한 사실에 입각하여 여성 이주자의 가사 노동 증가를 다른 방식으로 해석할 수 있다. 앤더슨

(Anderson, 2001b)은 가사 노동 서비스가 미등록 이주자로 채워지는 까닭이 단순히 비용의 문제가 아니라고 보았다. 그보다는 그들이 하루 12시간 이상의 높은 강도로 어떤 일이든, 언제라도 해낸다는 인식이 중요하게 작용한다고 풀이했다. 나아가 그는 '인종 이데올로기'에 토대해 선진국의 중산층(주로 백인) 여성은 가난한 국가 출신의 유색인종을 고용함으로써 우월감을 느낀다고 보았다. 그리고 미등록 여성 이주자를 고용하는 데는 많은 돈이 들지 않기 때문에 다른 부분에서 가계 지출을 줄이거나 따로 가사 분담을 하지 않아도 된다는 점을 덧붙였다. 가사 노동에서 미등록 이주 노동자에 대한 수요는 공립 유치원이나 육아 기관에 대한 공공 지출이 확보되거나 미등록 이주 노동자를 고용하는 엄격한 규정이 법제화되지 않는 한, 혹은 '청소 로봇' 같은 자동화된 가전제품이 보편화되기 전까지는 지속될 것으로 보인다 (Samers, 2005).

여성 이주자에 대한 수요는 가사 도우미 이외에도 의사, 간호사, 사무실 청소부, 성 노동자, 음식점 종업원 등 다양한 돌봄 영역에서 두루 나타난다. 그 이유는 업종별로 차이가 있는데 먼저 의사나 간호사에 대한 수요는 선진국에서 의료 부분에 대한 재정을 축소하는 것과 관련이 있다. '신자유주의' 정책하에서 의료 인력을 여성 이주자로 대체하여 비용을 절감하려는 것이다 (Raghuram and Kofman, 2002). 그렇다면 여성 이주자를 고용하는 것이 어떻게 비용 절감 효과가 있는 걸까? 여성 이주자의 법적 지위는 아무리 의사라고 하더라도 남성 이주자에 비해 불안정한 편이다. 성차별적인 이주 정책, 고용 관행, 제한된 고용 기회 등에도 불구하고 빈곤을 극복하고자 가난한 국가에서 이주하는 여성들이 증가하고 있기 때문이다. 어떤 이유에서건 결국 여성들은 더 적은 돈을 받고 열악한 노동환경에서 일하게 된다.

사무실 청소부나 음식점 종업원에 대한 수요는 이중 노동시장 이론이나 글로벌 도시 논의 등으로도 일부 설명될 수 있으나 이들 이론 역시 젠더 문제를 등한시한다는 문제가 있다. 서비스 영역의 많은 직종이 '여성'이 하는 일이라는 고정관념이 있을 뿐만 아니라 여성 이주자 스스로가 이러한 선입견을 갖고 있는 경우도 많다. 그리고 이러한 직종에서 일하는 여성의 상당수는 또한 미등록 신분인 경우가 많은데, 그 이유는 가격 경쟁력을 갖추려는 고용주나 지출에 민감한 가정이 최대한 임금을 낮추는 방식으로 이들을 고용하기 때문이다(Anderson, 2000a).

구조화이론 접근

이주에 대한 순수한 구조주의적 분석이 지니는 한계, '이주 네트워크'의 유용성에 대한 회의론, 결정론적 접근과 인본주의적 접근의 구분을 깨기 위한 노력 등이 진행되면서 몇몇 이주 연구자들은 기든스(Giddens, 1984)의 구조화이론structuration theory에 눈길을 돌리게 되었다(Conway, 2007; Goss and Lindquist, 1995; Halfacree, 1995; Mountz and Wright, 1996). **구조화이론을 명시적으로** 적용한 이주 연구는 매우 적은데, 이는 구조화라는 개념이 구조와 행위 주체성 사이를 중재하고 절충하여 기존의 관점을 보완할 수 있다는 점을 생각해 본다면 의아스럽지 않을 수 없다. 하지만 이를 입증할 수 있는 증거를 찾기가 쉽지 않기 때문에 추상화된 이론 개념을 이주 연구에 그대로 적용하기에는 어려움이 따랐다.

그럼에도 불구하고 고스와 린드퀴스트(Goss and Lindquist, 1995)는 구조화이론을 이주 연구에 적용시킬 수 있음을 경험적 사례로 입증해 냈다. 그들은 '이주에 대한 구조화이론'이 국가 내에서 농촌에서 도시로의 이주 또는 순환 이주에 적용될 수 있음은 물론 국제 이주를 설명하는 데도 가치가 있다고 보았다. 이 책의 제1장에서 기든스는 구조가 '글로벌 자본주의 시스템'이 아니라 규칙과 자원이라고 본다는 점을 소개하였다. 비록 관습을 반영할지라도 ('성찰적 모니터링') 인간 행위자는 그러한 규칙과 자원을 십분 발휘하여 자신의 목표를 달성하려고 한다. 이 과정에서 규칙과 자원은 재생산되고 변형된다. 자원을 많이 가지든 덜 가지든 인간 행위자라면 누구나 규칙과 자원을 반복적으로 이전·조작하게 되고 이러한 사회적 행위는 시간이 지나면서 '제도institutions', 기든스의 용어로는 '퇴적된 사회 관습sedimened social practice'으로 굳어진다. 고스와 린드퀴스트는 그러므로 "이전에 이주 네트워크로 규정되어 왔던 것이 이주 제도로 인식될 필요가 있다"(p.335)고 주장한다. 일반적으로 개인 이주자들은 이주 제도를 통해 해외 고용주와 글로벌 경제와 연결된다. 즉, "이주의 제도화institutionalization of migration"(p.336)가 발생하는 것이다.

국제 이주 제도는 상대적으로 영속적인 특성이 있다. 해외 취업을 목적으로 이루어지는 사회적 상호작용이 제도화되고, 다시 제도화된 규칙과 자원이 해외 취업에 대한 상호작용과 구조를 만들어 내기 때문이다. 국제 이주 제도는 정보력을 가진 개인과 중개 조직(이주 관련 단체에서 다국적 기업에 이르는 다양한 조직), (친척에서 국가에 이르는) 여타 다른 기관들로 복잡하게 구성된다. 이 개념은 통합적 접근과 체계하에서 다소 이상화되어 온 이주 네트워크를 대체할 수 있다.   (p.336)

이주 네트워크를 '이상화된' 개념으로 간주하는 이러한 주장은 네트워크가 권력의 작동을 보지 못했다는 회의론에서 비롯된다. 이주 네트워크는 특정 권력 관계를 반영하는데, 예를 들면 저임금 필리핀 이주자들에게는 도움이 되지 않을 수도 있는 제도라는 것이다. 고스와 린드퀴스트는 '이주 제도' 분석에서 최종적으로 제도에 의해 통제될 수 없는 '글로벌 경제'가 행위자 외부에 있다고 결론 내린다. 이러한 점에서 그들의 주장은 구조주의나 구조주의 접근의 기본적인 관점을 상당히 유지한다고 볼 수 있다.

기든스의 엄격한 구조화이론의 도식을 따르지 않더라도 많은 연구자들이 구조, 제도, 개인의 행위성을 함축적으로 고려하는 태도를 취하고 있다. 이러한 노력은 최근에 이주에 대한 '전기적 접근biograpical approach'에서 두드러진다. 전기적 접근은 이주 이론이라기보다는 방법론으로 보는 것이 타당할 듯하다.[24] 전기적 접근은 질적 연구로서 개인의 서사나 일생, 전기 등의 자료에 관심을 둔다. 이러한 연구 방법론은 사회과학의 '문화기술지적 연구'로서 연구자의 주관이 개입된 참여 관찰이나 의미 도출 등의 심층 연구와 흡사하다. 말하자면 '방법적으로 개인주의methodologically individualist'를 표방하는 것이다. 물론 이는 앞서 소개한 '방법론적 개인주의methodological individualism'와는 다른 것으로 질적 연구를 통해 '거대 서사를 이해하려는'(Ni Laoire, 2007, p.373), 즉 결정론적 이론에 의문을 던지는 것을 목표로 삼는다.

보일, 할피그리외 로빈슨(Boyle, Halfacrec and Robinson, 1998)은 이러한 방법론을 세 가지 차원으로 규정한다. 첫째, 이주는 장소 효용을 비교하는 것처럼 특정 시기에 단순히 내려진 결정으로 보기 어렵다.

이주를 결심하는 여러 가지 이유들은 이주자의 과거나 미래와 연관되어 있다. 따라서 이러한 이유들은 이주자의 일생, 그들의 전기 속에서 파악되어야 한다. 즉, 단순히 왜 이동하는지와 같은 질문만으로는 이주를 전부 이해할 수 없다. 그러므로 이주를 결심하는 과정을 다각적으로 질문하고 그려 낼 수 있는 심층적인 질적 연구를 토대로 그러한 결정이 개인의 삶과 어떤 부분에서 어떻게 결부되는지를 밝혀야 한다. (pp.80-81)

둘째, 이주자들은 각기 다른 이유로 이주를 한다. 그러므로 이주 연구는 이주가 일어나는 다양한 과정과 동기, 감정 등의 의미를 알아내는 것이라고 할 수 있다. 이러한 서사를 기술하는 과정에서 정체성의 상당 부분을 행위로서 취사 선택하여 설명할 가능성을 배제할 수 없기 때문에 이주자의 의사 결정이 완벽하게 재현되기는 어렵다. 그러나 이러한 재현의 어려움은 방법론의 한계라기보다는 강점이라고 할 수 있다. 셋째, 이주는 문화 과정에 새겨진 "대단히 **문화적인** 행위"(p.81)라고 할 수 있다. 이러한 점에서 전기적 서사는 이주를 효용의 극대화나 만족으로 설명하는 기존의 정형화된 설명을 넘어설 수 있다.

다양한 접근에 대한 평가

이주에 대한 다양한 설명은 각각의 설명이 토대를 두고 있는 정치적 관점(또는 상황)이나 철학적 기반, 주요 관심사, 분석 단위, 공간에 대한 전제를 파악함으로써 쉽게 이해될 수 있다. 이 절에서는 이 중에서 특히 주요 관심사, 분석 단위, 공간에 대한 전제 등에 대해 중점적으로 다루고자 한다. 표 2.1은 이를 기준으로 각 접근의 차이를 정리한 것으로 관련 사회과학 분야의 관련 내용도 추가적으로 담고 있다.

그렇다면 이주를 설명하는 데 가장 적절한 이론은 무엇일까? 본 절의 핵심은 바로 이러한 질문에 답을 하는 데 있다. 그러나 여기에 대한 답은 잠시 뒤에 하기로 하고 우선 다른 이야기를 먼저 하고자 한다. 지금까지 소개된 접근 중에서 가장 적확한 이론이 무엇일지 독자들 나름대로 생각해 보았을 것이다. 어떤 독자들은 하나의 이론으로는 모든 유형의 이주를 설명할 수

표 2.1 이주에 대한 학문적 접근의 기본적인 특성

이주 이론	주요 관심사	분석 단위	공간에 대한 전제	관련 학문 분야
라벤스타인의 법칙과 배출–흡인 이론	배출–흡입 요인에 바탕을 둔 국내/국제 이동	개인, 집단 배출, 흡인 변수	방법론적 국가주의와 지역주의	과거의 인구지리학, 인구통계학
신고전경제학적 접근	경제적 합리성에 기인한 가난한 국가와 선진국 사이의 이주	개인	방법론적 국가주의와 지역주의	경제학, 양적 방법론에 근거한 경제지리학과 사회학
행태주의	합리적 인식에 토대한 '만족' 행위와 장소 효용을 고려한 개인의 이주 행태와 국내 이주	개인	방법론적 국가주의와 장소중심주의	인구지리학, 사회학
신경제학적 접근	집단적·결합적 의사 결정 단위로서 가족, 가난한 국가와 선진국 사이의 이주	가족	방법론적 다원주의 (국민국가, 지역, 마을)	사회학, 이주의 경제학
이중 노동시장/분절화 접근	고용 원칙에 따른 노동시장에서 이주 노동자에 대한 수요	'근대 산업 사회'와 제2차 세계 대전 이후 자본주의에서 고용자들의 '기술 생산 구조'	방법론적 국가주의	인류학, 사회학, 경제지리학
구조주의적 접근(종속이론, 접합이론, 세계체제이론)	(글로벌) 자본주의 시스템의 변화와 이주에 대한 영향력	자본주의와 이주 패턴, 국적, 젠더, 종족으로 구분되는 이주 집단	방법론적 글로벌주의, 국가주의, 지역주의	사회과학 전반
구조주의적 접근(글로벌화)	이주의 글로벌 흐름, 구조적 제약, 기회(교통·통신수단의 혁신)의 영향력,	글로벌 경제, 글로벌 경제 재구조화, 교통·통신수단의 혁신	스케일(또는 영역)을 관통하는 것으로서 공간(예를 들어 전체 국가를 뛰어넘는 공간, 국민국가, 지방, 로컬)	사회과학 전반
구조주의적 접근(글로벌 도시)	거대도시의 경제적 역동성과 다양성의 개발에 있어서 글로벌 경제의 효과	글로벌 경제와 '글로벌 도시'	방법론적 글로벌주의, 도시주의	사회과학 전반, 특히 사회학, 인문지리학
구조주의적 접근(신자유주의)	신자유주의의 '롤백'과 '롤 포워드'와 관련된 글로벌 자본주의 시스템의 변화와 이주에 대한 효과	글로벌 경제, 글로벌 정치경제적, 변형(특히 가난한 국가에 해가 되는 변형)	방법론적으로 글로벌주의를 선택하면서 스케일을 관통하는 공간을 전제함	사회과학 전반, 특히 인류학, 사회학, 인문지리학
구조주의적 접근(이주–개발 연계)	송출/이입 국가(혹은 지역) 간 관계, 특히 송금의 효과	송출/이입 국가(혹은 지역), 특히 송출국에 관심을 둠	방법론적 국가주의가 우세하나 다양한 스케일 분석도 이루어짐	사회과학 전반, 특히 인류학, '발전'지리학과 '발전'사회학

이주 이론	주요 관심사	분석 단위	공간에 대한 전제	관련 학문 분야
사회 (이주자) 네트워크 이론	집단적으로 이루어지는 이주, 지역(마을), 가족, 개인의 행동	집단 및 개인의 네트워크	방법론적 다양성을 택하나 초국가주의, 트랜스로컬리즘, 트랜스 도시주의를 선호	사회과학 전반, 특히 인류학, 인문지리학, 사회학
초국가주의	다양한 문화적, 경제적, 정치적, 사회적 이주자 연계 혹은 디아스포라 연계(글로벌 혹은 초국경적 특성)	다양한 디아스포라 네트워크, 로컬 커뮤니티(도시, 타운, 기타 장소) 이주, 이민 그룹, 가족 단위의 경제적 거래	초국가주의, 트랜스로컬리즘, 로컬 간 관계	사회과학 전반
젠더를 고려한 접근	다양한 이주 관계, 특히 여성 이주자와 젠더 관계, 가사 노동과 가족 관계에 초점을 둠	개인, 가족, 집단, 가부장 제도	방법론적인 다원주의 (국민국가, 도시, 마을 등)	사회과학 전반
구조화이론	잠재적으로 가능한 모든 형태의 이주, 드물게 적용됨	개인, 집단, 제도	공간에 대해 특별히 전제한 바가 없음	사회과학 전반

없다고 생각했을 것이고, 또 어떤 독자들은 소개한 것보다 더 통합적인 방식을 선택할지도 모른다. 모두 일리가 있다고 본다. 다만 접근 방식이 다르다는 이유로 그것들이 양립할 수 없으리라고 생각하는 태도는 경계해야 한다. 물론 구조주의, 젠더 관점, 네트워크 접근, 구조화이론, 전기적 접근을 신고전주의 관점과 결합시키기는 어려울 수 있다. 왜냐하면 이들 관점은 신고전주의 관점이 이주를 개인의 경제적 합리성과 배출—흡인 요인으로 설명하는 것을 비판하고 있기 때문이다.

이 절에서 앞서 소개한 모든 이론을 체계적으로 비판하지는 않을 것이다 (그러한 작업은 이미 매시 등(Massey et al., 1993; 1998), 보일 등(Boyle et al., 1998)의 연구나 본 장 말미에 소개할 참고문헌을 통해 확인 할 수 있을 것이다). 더욱이 필자는 어떤 접근이든 한계가 있다고 보는 입장이다. 그러나 전통적인 관점에 대해서는 좀 더 많은 시간을 들여 비판하고, 일련의 관점들의 강점과 약점을 간략하게 살펴봄으로써 이론의 핵심을 규명하고자 한다.

설명을 시작하기에 앞서 먼저 이 책은 배출-흡인 요인이나 신고전주의 개념만큼은 이주를 설명하기에 적합하지 않다고 보는 입장임을 밝혀둔다. 배출-흡인 요인 이론에서 소개되었던 워싱턴 DC의 아프리카 이주자의 예로 돌아가 보자(Wilson and Habecker, 2008). 아프리카 이주자들은 세계은행 등의 국제기구가 워싱턴 DC에 많이 입지하고 있다는 이유로 이 도시를 선택했다고 했다. 제1장에서 소개되었던 것처럼 세계은행 같은 국제기구의 정치적 횡포 속에서 그들의 동료들이 유럽으로 떠나고 있는 상황에서 그들이 그 점을 워싱턴 DC의 장점으로 생각하고 있다는 것은 매우 역설적이다. 윌슨과 하베커는 아프리카에서 미국으로의 이주를 미국과 유럽 중심의 정치 경제학과 관련짓지는 못했다.

신고전주의 개념 역시 미시적·거시적 관점에서 볼 때 많은 한계를 드러낸다. 먼저 미시적 관점에서 신고전주의 이론은 모든 개인을 '합리적, 경제적 주체'로 정형화하였다는 문제가 있다. 신고전주의 이론에서 주목하고 있는 개인은 고립되어 있고 역사에 무관심하며 오로지 임금격차에만 반응할 뿐이다. 기대되는 임금 및 고용과 현재의 임금 및 고용 긴 차이를 통해서 특정 시기의 몇몇 이주 형태를 설명할 수는 있다. 그러나 이 경우에 이주자들은 효용을 극대화하기보다는 만족을 추구하는 것에 가깝다. 다시 말해 사람들이 정말로 경제학적 동기만을 앞세워 이주를 한다면, 기원국에서 취업 여부가 다소 불확실하고 상대적으로 임금이 낮더라도 정착국에서 맞닥뜨린 경제적으로 열악한 삶을 접고 고향으로 돌아가야 한다. 그러나 여기서는 심리학적, 재정적 비용이 실제로 임금을 통해 얻는 경제적 이득보다 오히려 더 중요하게 작용했다고 볼 수 있다. 사람들은 임금이 가장 높거나 취업이 가장 잘 되는 지역으로만 이주하는 것은 아니다(Massey et al., 1998). 특히 망명 신청자나 난민, 인신매매에 의한 이주자에 대해서는 단순히 경제학적 동기를 넘어서는 좀 더 통합적인 접근이 필요하다.

거시적 관점에서 살펴보면 사실 가장 큰 비중을 차지하는 이주 흐름은 가난한 국가에서 기원하는 것이 아니며, 반드시 선진국으로 이주해 가는 것도 아니다. 룩셈브르크에 사는 수많은 수단인들이 바로 그 예이다. 이주가 지역 간 혹은 국가 간 임금 평준화를 만든다는 주장이 잘못되었다는 것은 공공연한 사실이다. 임금 평준화가 일어난다고 하더라도 그것은 국가 수준에서 단순하게 측정될 수 있는 것이 아니며, 이주가 아닌 다른 이유에 기인한 것일 가능성이 더 높다(Massey et al., 1998).

행태주의적 접근은 이주자들이 '효용의 극대화'보다 '만족의 추구'를 중시한다는 점에 주목하였으며, 많은 이주자들이 더 이상 인간적인 삶을 지속하기 힘들다는 판단이 들었을 때만 이주를 단행한다고 가정한다. 이를 토대로 매시와 그의 동료들(1998)은 20세기 말 이주에서 핵심 요소를 설명해 낼 수 있었다. 그러나 초창기 행태주의 연구는 이주자와 글로벌 자본주의 시스템 간의 관계나 글로벌 정치 경제의 역학 관계를 살피지 못하였다. 또한 이러한 접근은 젠더 관계, 이주 네트워크, 이민자 정치, '장소 효용'의 중요성을 도외시하였다. 이 관점에서 '장소'란 무엇일까? 결국 아프리카 이주자들이 워싱턴 DC에 매력을 느낀 것은 서로 맞물려 있는 스케일 혹은 영역의 문제였다. 즉, 워싱턴 DC를 매력적으로 만든 것은 영역성이었고, 더 넓은 범위에서 미국 전체를 매력적으로 만든 것도 영역성이었다.

신고전주의 접근과 차별화를 꾀한 비판적인 접근들도 젠더 중심 연구나 구조주의를 제외하면 역시나 국가의 역할을 간과한 측면이 있다. 이들 이론은 국가를 '순수'한 형태로 가정하는가 하면 공간 개념을 규정하는 데도 실패했다. '신경제학적 접근'으로 불리는 결정론적 이론은 방법론적 개인주의와 신고전주의 접근의 합리성, 가계 지출, 가구 단위의 의사 결정 문제를 중

시한다. 그러나 이 이론의 설명처럼 실제로 한 가구가 결속력 있고 합리적인 방식으로 기능하는 경우는 드물다. 가구는 심리학 용어로 비기능적인 가족dysfunctional family이며, "통합된 전략적 행위자"가 결코 아니다(Goss and Lindquist, 1995). 또한 가족이 다양한 전략을 취하는 방식이라든지 그러한 전략을 통해 얻는 결과가 특정 장소와 어떻게 관련되는지 알기 위해서는 장소나 스케일, 네트워크 등에 대한 심도 있는 개념화가 필요하다. 앞서 소개한 대로 드 하스(2006)는 모로코의 지역연구를 통해서 이러한 시도를 꾀했다. 그러나 여기에서도 좀 더 명확하고 주의 깊은 공간적 사고가 필요하다.

이중 노동시장 가설 및 노동시장 분절화 접근은 선진국의 노동 수요에만 관심을 두면서 기원국의 상황을 고려하지 못했다는 점에서 한계를 지닌다. 어떤 경우에도 세계 곳곳에 펼쳐진 노동시장들을 단순히 두 부문으로 구분할 수는 없다. 노동자들은 다양한 직업 스펙트럼에 자신을 맞추게 된다. 국가 역시 단순화된 이론적 조건하에서 규정될 수 없다. 그러므로 단순히 선진국과 가난한 국가라는 구분을 벗어나서 '공간'에 대한 연구가 필요하다.

반대로 보다 넓은 범위의 구조주의적 접근은 정치저인 면에서 매력적일 수 있다. 구조주의를 표방한 접근들이 기본적으로 글로벌 자본주의 시스템 내에서 공간적, 구조적 불평등(현재는 논란이 되는 개념이다)에 초점을 두고 있기 때문이다. 구조수의는 구소 조정, 신자유주의, 가난한 국가뿐만 이니라 선진국에서도 이루어지고 있는 이주의 실제 등 글로벌화의 새 국면과 정치 경제를 강조한다. 이렇게 지구적으로 유발된 이주는 또한 '글로벌 도시'라는 하위국가적 공간sub-national space을 만든다. 이 공간은 고소득 및 저임금 이주에 대한 수요를 유발하는 극심한 불평등과 노동시장의 양극화를 지닌 공간이다. 그런데 이러한 마르크스주의 연구에 영향을 받은 분석들은 국가가, 특히 이주 정책이 다른 스케일에서 영향력을 행사할 수 있다는 인식이

미흡하다. 또한 다른 장소들 속에서 인간의 행위주체성, 네트워크, 가족, 사회적 축에 따른 차별화를 심도 있게 다루지 못하였다. 장소가 기원국과 정착국, 그리고 그 사이의 다양한 공간 속에서 다중 스케일로 작동하면서 다른 이주 형태의 미세한 차이를 만들 수 있음을 간과한 것이다.

'글로벌화' 개념에 토대한 논의들은 교통·통신 발달로 인한 이동성 증가의 영향을 과대평가하고 있다는 점에서 문제가 있다. 기술 혁신에 따라 이동의 비용이 감소한 것은 **사실이지만** 그렇다고 해서 모든 사람들이 물리적 거리를 쉽게 넘을 수 있게 된 것은 **아니다.** 거리 자체가 여전히 존재하기 때문에(Graham, 2002; Doreen Massey, 2005) 글로벌화를 통해 모든 이주를 설명하기에는 무리가 따른다(Samers, 2001). 실제로 9.11 테러 이후 저임금 노동에 종사하는 사람들은 다양한 장애물(장벽과 울타리)과 맞닥뜨리게 되면서 선진국으로의 이주가 더욱 어려워졌다.

다음으로 통합적인 이론의 하나로 소개한 **사회 (또는 이주자) 네트워크 분석**의 강점은 다음과 같이 정리해 볼 수 있다. 첫째, 사회 네트워크 분석은 구조적 힘이나 개인의 행위주체성 중 하나에만 과도하게 의존하는 결정론을 비판하고 구조화이론의 적실성을 보여 준다. 예를 들어 사회 네트워크 분석은 국가들 사이의 임금격차가 이주에 큰 영향을 미친다는 점에 의문을 제기하면서, 정착국과 기원국의 다양한 이주 커뮤니티에 의해 형성되는 사회 네트워크가 임금 불평등보다 더 중요한 문제라고 주장하였다. 둘째, 이주 네트워크에 집중함으로써 네트워크가 어떻게 여러 영역을 넘나드는지를 살펴볼 수 있다. 이로써 고정된 스케일의 공간이 지닌 다공질성을 잘 드러내 줄 수 있다. 셋째, 사회 네트워크에 대한 접근은 선착 이주자들이 후속 이주자들의 이주 비용과 위험을 줄여 준다는 독특한 통찰을 제공한다. 그러나 네트워크에만 과도하게 천착할 경우 위험에 빠질 수 있는데, 즉 네트워크가 마치 어떤 장애물에도 방해받지 않고 모든 공간을 횡단하는 것으로 인식될 수 있기 때문이다. 네트워크는 장애물로서의 국경, 비자 정책, 인신매매 혹은 밀수업자의 사기, 항공 운임료, 가족 내부의 분란, 인종차별 등의 장애물로부터 결코 자유로울 수 없다(Goss and Lindquist, 1995; GrzymalaKazlowska, 2005; Gurak and Caces, 1992; Krissman, 2005).

많은 **초국가주의적 연구**는 방법론적 국가주의를 탈피하고 송출국이나 이입국의 특정 지역, 도시, 마을 등에 대해 과도하게 집착하는 방법론적 로컬리즘을 극복하면서 공간, 정체성, 이주의 함축적 의미에 대한 이해력을 한층 더 풍성하게 드러내 주었다. 그러나 많은 연구가 축적되었음에도 불구하고 '초국가적 공간transnational spaces', '**트랜스로컬리즘**translocalism', '**초국가적 장**transnational fields' 등의 다양한 공간 개념은 여전히 이론으로서는 불충분하고 정교하지 못하다는 점에서 한계가 있다. 실제로 이주자의 관습이 정말 초국가주의나 트랜스로컬리즘을 보여 줄 수 있을지, 이주가 정말 복수의 장소에 기반하고 있는지, 이주자의 관습이 국가나 지역에 대한 소속감 이상의 계급, 젠더, 민족성, 국민성에 대한 다양한 관념 등과 같은 사회적 범주를 나타내 줄 수 있는지에 대해 여전히 의문이 제기되고 있다. 두 번째 문제점으로 초국가주의 연구는 국가나 이주 정책의 중요성을 인식하면서도 (그것들을) 구체적으로 다루지는 않는다는 한계가 있다. 세 번째 문제점은 인신매매나 엘리트 네트워크 등의 유해한 사회 네트워크나 이민 정책이 이주자의 삶에 미치는 부정적 영향에 대해서는 함구하고 사회 네트워크가 이주에 미치는 긍정적인 측면만을 내세우고 있다는 것이다. 끝으로 캐슬과 밀러(2009)가 지적한 것처럼 대다수 이주자들이 실제로 초국가적 삶을 영위한다고 확언하기는 어렵다.

이와는 달리 최근 급격히 증가한 페미니즘 및 젠더 중심의 연구들은 국가의 젠더 담론과 내부적으로 형성된 젠더 관계 및 기대가 이주자들이 떠나고 돌아오는 방식에 영향을 미친다고 본다. 또한 장소를 막론하고 여성의 일에 대해서 고정관념이 존재하고 있다고 보고, **이에 따라** 부유층 주거 지역에서 가사 노동의 수요, 즉 여성 노동의 수요가 증가하고 있다는 점에 주목한다. 그러나 젠더 중심의 연구는 이주자 네트워크나 젠더 관계를 만들어 내는 정치, 경제 과정에서 구조적인 힘을 간과하는 측면이 있다. 또한 여성이 수적으로 우세한 경제 영역이나 여성 중심의 연구에만 집중한다는 문제가 있다.

이러한 점에서 **구조화이론**은 가장 적절하고 '중도적인middle way' 이론이라고 할 수 있다. 필자는 기본적으로 구조와 제도, 주체를 모두 고려하는 접근을 지지한다. 하지만 고스와 린드퀴스트(1995)는 사회 네트워크가 어떻게 제도로서 고착되는지를 지나치게 강조하고 있는데 이는 문제가 있다. 사회 네트워크가 공식적이든, 비공식적이든 **항상** 제도로서 발전되는 것은 아니기 때문이다. 이러한 사소한 비판을 차치하더라도 전기적 서사에 대해서는 좀 더 주의를 기울일 필요가 있다. 전기적 서사는 이주 연구 초창기에 유행했던 방법론적 개인주의로 회귀하는 것이지만, 그 가정과 방법은 완전히 다르다. 전기적 서사와 문화기술지적 자료에 대한 해석을 시도할 때 특히 주의를 기울여야 한다. 무작정 해석을 시도해서는 안 되며, 이론을 적용하여 신중하게 접근해야 한다. 만약 이론을 적용하지 않는다면, 어떻게 이주자의 이야기들을 제대로 파악할 수 있을까? 어떤 '자료'를 수집해야 하는지를 제대로 알 수는 있을까? 우리가 이 이야기들을 언급할 때 무엇을 생략하고 무엇을 포함해야 하는지를 적절하게 결정할 수 있을까? 정확히 누구와 인터뷰를 진행할 것인지, 그것이 우리의 연구 결과에 얼마나 영향을 미칠 것인지 과연 판단할 수 있을까?

각각의 연구에 대해 소견을 정리해 보면 필자는 여러 이론들 간의 통합이 필요하다고 보고 있다. 물론 신경제학의 개념이나 배출-흡인 요인은 거기에서 제외된다. 그 외에 국가로 대표되는 구조와 제도, 사회 네트워크, 그리고 젠더·나이·계급·인종을 따라 이루어지는 차별화 축은 이주를 이해하는 데 모두 중요하다. 그런데 '구조'라는 개념은 대단히 조심스럽게 사용할 필요가 있다. 이 시대에 '구조'를 이야기하는 것은 다소 유행에 뒤처지는 일처럼 보인다. 왜냐하면 이는 마르크스적인 혹은 세계체제이론 식의 분석과 관련이 있고, '저 바깥에' '우리의 존재를 뛰어넘는', 대단히 글로벌적인 특성을 지닌 '그 무언가'로서 인간을 무력화시키는 것이기 때문이다.

21세기 이후 비판적 이주 연구자들은 구조보다는 '엘리트 네트워크'나 이주 네트워크, 이주에 토대한 비정부기구, 그리고 풀뿌리 혹은 커뮤니티 중심의 비정부기구 등을 논의하는 것을 선호한다. 그리고 이주를 조형해 가는 통치성governmentality(제4장 참조)이라는 개념을 통해서 문화, 정치, 사회 담론을 좀 더 강조하고 싶어 한다. 이와 같은 네트워크나 포스트구조주의의 설명은 정치적으로 유용한 통찰을 지닌다. 이것은 구조가 갖는 잠재적 제약으로부터 개인을 자유롭게 할 수 있다. 간단히 말해서 만약 우리가 구조라는 것은 존재하지 않는다고 생각한다면, 구조가 이주자의 실천을 속박한다는 식의 사고로부터 자유로워지게 된다.

이러한 접근이 틀린 것은 아니지만 '지능적 은폐'를 가능하게 만들 수 있다. 1970년대, 1980년대까지 담론이나 물질적 실천을 통해서 권력을 행사했던 상류 엘리트층은 자본주의 사회의 '계급 구조'의 일부분이라고 여겨졌다. 그 당시까지 특히 선진국을 중심으로 '계급'과 '계급 구조'가 무엇인지에 대한 논의가 활발히 이루어졌는데(Lee and Turner, 1996), 지금은 그것들 대신에 '엘리트 네트워크'라는 말이 사용되고 있다. 위에서 말했던 것처럼 엘리트 네트워크라는 용어는 정치적으로 유용할 수 있다. 그러나 이러한 용어로 인해 스클래어(Sklair, 2001)가 '초국가적 자본가 계급transnational capitalist class'이라고 칭한 집단이 가려질 수 있다. 즉, '초국가적 자본가 계급'을 상당한 권력을 행사하는 제도나 국가와 관계된 개인들의 네트워크라고도 볼 수도 있지만 이를 특정 이해관계를 뒷받침하기 위해 존재하는 계급으로 생각할 수도 있다. 초국가적 자본가 계급은 다른 네트워크나 계급에 권력을 행사하는데, 특히 그들보다 더 열악한 상황에 놓여 있는 이주자 네트워크에는 큰 영향을 미친다. 초국가적 자본가 계급은 자본을 갖지 못한 사람들의 존재를 통해서 예측할 수 있다. 다시 말해 특정 네트워크가 사실상 특정 구조의 증거라고 할 수 있는 것이다. 따라서 사회 네트워크뿐만 아니라 구조와 제도도 이주에 대한 튼실한 접근의 **일부분**으로 고려되어야 한다. 여기서 **일부분**이라는 말을 쓴 까닭은 이주 연구의 다른 일부분으로서 '공간'에 대한 접근이 필요하다고 보기 때문이다. 다음 절에서 공간에 대한 논의를 이어가도록 하겠다.

이주에 대한 공간적 접근을 향하여

이주 연구는 모두 지리적이다. 이주라는 것은 결국 어딘가에서 시작되고 어딘가를 향하는 것이기 때문이다. 이주 연구는 농촌, 도시, 도심지구, 근린지구, 가난한 지역, 부유한 지역, 선진국, 저개발국, 글로벌 북부와 남부, 장소, 공간, 현장, 사회적 장, 초국가주의, 초국가적 장, 트랜스로컬적 장 등 수많은 공간적 범주 내에서 다루어져 왔다(Silvey and Lawson, 1999). 그럼에도 불구하고 지금까지 대다수의 이주 연구가 적절한 공간 개념을 제시하지 못하고 있다. **이따금 공간을 정의하려는 시도가 있었지만 결국 공간에 대해서 적확하고 구체적인 설명을 내놓지는 못하였다.** 사실 '초국가주의'라는 개념도 시사점이 많기는 하지만, 앞서 언급한 것처럼 결점도 많다고 할 수 있다.

21세기의 많은 연구들은 초국가주의, 이동성, 흐름 등을 지나치게 부각시켜 다루어 왔다. 하지만 **상대적인** 영역적 고정성territorial fixity의 효과에 대해서는 소홀히 다루어 왔다. 영역은 물론 영원불멸한 것은 아니지만, '일시적으로' 고정되며, 개인·제도·구조·사회 네트워크에 '일시적으로' 영향을 미친다. 이주자와 그들의 관계는 상호적으로 영향을 주고받으며 지속적으로 변화한다. 특정 영역과 장소는 이주자의 행위를 구성하는 물질적 토대라 할 수 있으며, 이주자의 행위들은 다시 영역을 구성한다. 이주자의 행위 역시 실제적 영향력을 갖고 있으며, 장소는 이러한 상호작용으로 구성되는 것이기 때문이다. 이를 잘 보여 주는 사례로 국경이나 이주 정책을 생각해 볼 수 있다.

이주를 규제하기 위해 고안된 장치는 역설적으로 미등록 이주를 확대시키기도 한다. 대규모의 미등록 이주자 집단, 망명 신청자, 여행 비자나 학생 비자로 들어와 불법으로 장기 체류하는 사람들이 대규모로 증가하면서, 국가정부에서는 국경을 더욱 강화하려는 움직임을 보이기도 한다. 그러나 국경뿐만 아니라 특정 지역의 이주 체류 조건, 세금 제도, 미등록 이주자에 대한 규제, 이주자 및 기타 '장소에 맞지 않는' 사람으로 간주된 이들의 존재나 활동 역시 문제가 될 수 있다. 예를 들어 공식 또는 비공식 '일용직 노동자'들이 주로 일하는 미국의 자지수의 법률에 대해 생각해 볼 수 있다. 이러한 법률은 이주자들이 그 지역에 들어가는 것 자체를 막거나 정착을 어렵게 만든다. 비슷한 예로 2003년에 네덜란드 로테르담 시장은 '문화적 거리감'과 가난한 이주자들이 과도하게 많아지는 데 대한 시민들의 우려 속에서 이주자들이 도심으로 들어가지 못하도록 하는 내용을 골자로 한 조례안을 발의하기도 했다(The Gardian, 'Rotterdam plans to ban poor immigrants from immigrants from moving in', 2003년 12월 2일).

영역을 **반드시** 로컬, 지역, 국가, 글로벌 단위로 규정할 필요는 없다. 영역은 이러한 일반적인 범주로 규정될 수 없는 다른 복합적인 형태로도 얼마든지 규정될 수 있다(예를 들어 내부적 규칙에 따라 움직이는 일터는 동시에 국가 단위의 법적 구속력하에 놓이게 된다). 다양한 과정들은 상이한 영역성 위에서 작동한다. 하지만 그러한 영역들은 다공질적이고 역동적이다. 영역은 고정되어 있는 것이 아니라 수많은 구조와 사회 네트워크, 제도를 통해 이루어지는 이주자들의 행위에 토대해 새롭게 구성된다. 영역성과 스케일, 장소 등의 개념들이 지닌 중층성에 주목한다면 방법론적 초국가주의, 지역주의, 기타 공간적 용어 뒤에 '―주의'라고 붙인 개념들에 대해 우선순위를 매겨 특정 공간만을 전면에 내세울 필요가 없어진다는 것을 깨닫게 된다. 영역은 중요한 것이지만 애초에 우선시되어야 할 특정 영역이 정해져 있는 것은 아니다. 이러한 공간 개념은 어떤 이주 이론에서든지 필요한 것이며 다른 장을 이해하는 데도 도움을 줄 것이다.

결론

이번 장에서는 이주에 대한 다양한 설명 방식을 살펴보고 이를 평가해 보았다. 오래전에 매시 등(Massey et al., 1998)과 포르테스(Portes, 2000)가 주장한 것처럼 몇몇 지역의 불충분한 증거만으로는 각각의 이론이 얼마나 정확한 것인지 제대로 평가하기 어렵다. 이는 자칫 지금까지 다룬 이주 이론에 대한 소개와 그에 대한 평가 작업을 공허하고 장황한 것으로, 혹은 문화기술지적 설명이나 구체적인 서술과는 관련 없는 것처럼 보이게 만들 수도 있을 것이다. 그러나 이와 같은 검토는 심지어 문화기술지적 연구를 시행할 때도 대단히 중요하다. 왜냐하면 이번 장에서 다양한 접근들을 검토하면서 이주에 대한 다른 '방식의 보기way of seeing'가 가능하다는 사실을 명확히 확인할 수 있었기 때문이다. 이주자에 대한 연구를 수행할 때 각 이론은 독특한 방법론을 필요로 한다. 누구의 목소리를 들어야만 하는지, '무엇을 볼 것인지', 다시 말해 어떤 사회적, 공간적 메타포의 렌즈를 통해서 이주를 해석할 것인지의 문제를 상정하고 결정을 내려야 한다. 그러나 필자는 각각의 접근이 모두 가치가 있으므로, 독자들이 무엇을 선택해도 괜찮다고 말하기보다는 특정 접근이 다른 것에 비해 낫다는 점을 분명히 하기를 원한다. 따라서 아래와 같은 방식의 접근을 권하고 싶다.

앞서 필자는 '배출', '흡인'을 통해 이주를 설명하는 것이 꽤나 그럴듯해 보인다는 점을 이야기했다. 그러나 이주는 단순히 기원국과 정착국의 배출-흡인 요인들이 균형을 이루어 만들어 낸 총체물이 아니다. 우리는 이러한 개념에서 벗어나 수많은 '이곳'과 '저곳'이 연결되는 복잡한 방식을 좀 더 정교하게 바라보아야 한다. 인문지리학에서는 오늘날 이러한 방식을 '관계적 접근relational approach'라고 정의한다. 스케일, 영역성, 구조, 제도, 사회 (또는 이주자) 네트워크 축과 나이, 계급, 젠더, 인종과 같은 사회적 차이에 대힌 또 다른 축을 비판적으로 교차시킨다면 보다 적절한 연구가 가능해질 것이다. 이러한 접근은 방법론적 국가주의를 벗어나 트랜스국가주의trans-nationalism 또는 트랜스로컬리즘trans-localism과 같은 비판적·진보적인 개념을 수용할 수 있을 뿐만 아니라, 모든 이론들 속에 숨겨저 있는(모든 이론들을 관통하는) '잃어버린 고리', 즉 각종 정부들의 역할을 포착할 수 있게 한다. 이와 관련된 구체적인 내용은 제4장에서 다룰 것이다. 우선 제3장에서는 이주 경험의 또 다른 차원으로서 일과 노동시장에 대해 살펴보고자 한다. 왜냐하면 이주 및 이민과 관련된 정부 담론과 정책에서 일과 노동의 문제는 무척 중요한 부분을 차지하고 있기 때문이다.

더 읽을거리

제1장의 말미에 소개한 자료 외에 이 장의 본문에서 언급되었던 아래의 책
들은 이주 이론을 개관하는데 도움을 준다.

Boyle, P., Halfacree, K. and Robinson, V (eds., 1998) 「Exploring Contemporary Migration」
Massey, D. S. et al.(1998) 「Worlds in Motion: Understanding inernational migration at the
  end of the millennium」
Castles, S. and Miller, M.(2013, 3rd ed. and 2009, 4th ed) 「Age of Migration」
Castles, S. and Miller, M. Hollifield, J.(eds., 2nd ed. 2008). 「Migration Theory: Talking
  across disciplines.」

이외에도 포르테스와 드 윈드(Portes and De Wind, 2004b)를 통해서도 21세
기 이주 연구에 대한 이론적 개괄과 주요 발달사를 확인할 수 있을 것이다.
나가르 등(Nagar et al., 2002)은 글로벌화에 대해 비판적으로 논의하면서 페미
니스트적 시선을 제시한다. 또 코프만(Kofman, 1999)과 피사르와 말러(Pessar
and Mahler, 2003), 실비(Silvey, 2004a; 2006)는 젠더와 이민자에 대한 연구를 개
괄하였으며, 레비트와 야월스키(Levitt and Jaworsky, 2007)는 초국가주의적 이
주 연구에 대해서, 고스와 린드퀴스트(Goss and Lindquist, 1995)는 구조화이론
과 네트워크에 대해서, 로손(Lawson, 2000)은 이주에 대한 지리학적 접근 내
에서 잠재된 내러티브에 대해 각각 논의하고 있다. 실비와 로손(Silvey and
Lawson, 1999), 실비(Silvey, 2004a; 2006)는 이주 연구에서 사용되는 다른 공간
메타포를 모색하는 데 도움을 준다. IOM *"World Migration report"*(2008a)에
서는 국제 학생 이동성에 대해 독립된 장을 따로 구성하여 다양한 통계자료
와 이동의 원인을 요약해 주고 있어 도움을 준다.

요약 문제

1. 라벤스타인(1885)의 고전 이론의 한계와 통찰력을 설명하라.

2. 배출–흡인 접근과 신고전경제학 이론의 결함은 무엇인가?

3. 구조주의적 접근에서 분기된 이론을 적어도 두 개 이상 논하라.

4. 젠더중심적 접근이 이주를 이해하는 데 공헌한 점을 설명하라.

5. 구조화이론 접근은 무엇을 의미하는가?

6. '공간'의 개념이 각각의 접근에서 어떤 방법으로 다루어져야 하는지 논하라.

제3장

이주와 노동의 지리학

서론

학자이자 작가인 마이크 데이비스(Mike Davis, 2006)는 놀라운 속도로 성장 중인 아랍에미리트 두바이의 이면을 다음과 같이 설명한다. "두바이의 이면을 보여 주는 이주 노동자는 도심의 화려한 최신식 쇼핑몰, 대형 프로젝트 사업, 아찔한 고층 빌딩 숲에 가려진 존재이다". 이주 노동자는 대부분 인도나 파키스탄 출신으로 계약직 건설 노동자로 일하며 두바이 노동인구의 25%를 차지한다. 두바이의 엘리트층과 중산층이 에어컨이 하루 종일 가동되는 호사스러운 곳에서 시원하게 일상생활을 보내는 반면 대다수의 이주 노동자는 하루 12시간씩 일주일의 6일을 사막 도시 두바이의 무더위 속에서 일한다. 인종차별이나 종교차별은 비일비재하고, 경비원은 노동자를 삼엄하게 감시하며, 노동자들 사이에 스파이가 심어져 있는 일도 흔하다. 고용주가 규정 임금을 지불하지 않고 자취를 감추는 경우도 있다. 이주 노동자는 지저분하고 좁은 숙소에 사는데, 한 방에 최대 12명이 살기도 한다. 이주 노동자들에게 제대로 된 화장실 시설이나 에어컨은 사치다. 더 나아가 두바이 시내에서 멀리 떨어진 사막의 캠프 지역에 사는 노동자는 수돗물을 구하는 것조차 불가능하다. 이들은 두바이 중심가의 건설 공사장까지 셔틀버스를 타고 이동한다. '계약직 노동자'라는 개념이 있기는 하지만 이는 이주 노동자의 현실을 미화해서 표현한 말이다. 노동자는 공항에서 여권을 채용 관리인에게 압수당하고, 특정 고용주에게 소속되어 있는 이들은 비자를 가지고 마음대로 이동할 수도 없다. 남부 아시아에서 온 노동자들은 고급 쇼핑몰, 골프장, 고급 레스토랑에서 일하는 것이 금지되어 있다. 아랍에미리트는 국제노동기구ILO의 노동자 규정을 준수하지 않으며, 국제이주노동자 조약에 가입하는 것을 거부해 왔다. 국제인권단체인 휴먼라이트워치Human

Right Watch는 아랍에미리트의 건설 현장에서 약 800명의 이주 노동자가 목숨을 잃었는데 정부는 이를 은폐하고, 기업들은 이를 신고하지 않는다고 추측하고 있다. 데이비스(2006)는 이주 노동자에 대한 정부의 태도를 다음과 같이 설명한다.

두바이 경찰은 다이아몬드와 금의 밀수입, 매춘, 한번에 25채의 빌라를 현금으로 구입하는 수상한 사람을 못 본 체 한다. 하지만 악랄한 고용주에게 임금을 사기당했다고 신고하는 파키스탄 노동자를 추방하고, 고용주에게 강간을 당했다고 신고한 필리핀 가정부를 간통죄로 감옥에 집어넣는 데는 거리낌이 없다. 바레인과 사우디아라비아 사회를 불안하게 하고 있는 시아파로부터의 혼란을 피하기 위해 두바이와 아랍에미리트의 다른 지역들은 인도, 파키스탄, 스리랑카, 방글라데시, 네팔, 필리핀에서 이주해 온 비非아랍권 노동자를 선호해 왔다. 그러나 아시아 노동자의 수가 점점 증가하고 통제하기 힘들어지자 아랍에미리트 정부는 정책 방향을 바꿔서 '문화 다양성 정책cultural diversity policy'을 도입했다. 그러나 현장의 한 고용주는 "정부가 더 이상 아시아인을 고용하지 말라는 요청을 해 왔습니다"라고 말했다. 아랍에미리트 정부는 한편 아랍 출신 노동자를 적극적으로 투입하여 아시아인의 비중을 낮추는 형태로 노동자에 대한 통제를 강화했다. (p.66)

그러나 고용주는 정부의 요건에 맞는 노동자를 두바이 내에서 찾지 못하고 있다. 두바이 시민은 한 달에 100~150달러의 임금을 받으며 일할 의사가 없기 때문이다. 이 수준의 임금은 2005년쯤 건설 회사들이 지불하던 임금수준에 불과한데, 이주 노동자는 이러한 저임금과 열악한 노동환경에 대해 폭동을 일으키기 시작했다. 그럼에도 불구하고 두바이는 끊임없이 이주 노동자에 힘입어 도시를 확장시키고 있다(Davis, 2006).

두바이의 이러한 모습은 이주 노동자의 노동력을 이용해 자본주의의 화려한 상징을 지으려는 터무니없는 사례일지도 모른다. 그러나 경제가 제 기능을 하는 데 있어 이주 노동자가 중심 역할을 한다는 것은 부정하기 어렵다(표 3.1 OECD 국가의 '외국인 노동자'의 비율과 수치를 나타내는 자료 참조). 헤럴드 보더(Herald Bauder, 2005)는 저서의 머리말에서 이를 간략하게 설명하고 있다.

상상하기 어렵겠지만 모든 이주자와 이민자가 한날한시에 그들의 고국으로 돌아가기로 결정했다고 상상해 보라. 싱가포르에서 한 가족의 자녀들을 돌보던 필리핀인 유모는 가방을 챙겨 싱가포르를 떠날 것이다. 샌디에이고 근교의 부부는 시간당 5달러 미만의 임금을 받고 일하던 멕시코인 정원사 없이 지낼 것이다. 이탈리아의 농부들은 과수원에서 저임금을 받고 일하던 이주 노동자가 떠나면 과일을 수확하지 못하게 되고 과일은 나무에서 그대로 썩을 것이다. 뉴욕의 제조업은 노동력의 대부분이 사라져서 결국 붕괴될 것이다. 더 나아가 월 스트리트는 청소부, 경비원, 사무실 직원, 택시 기사가 없어서 장을 열지 못할 것이다. 모든 이주자와 이민자가 떠난다면 산업국가 경제의 많은 부분은 즉각 가동을 중지해야 할 것이다. 그리고 경제의 다른 부분들도 몇 시간 혹은 며칠 내에 가동이 중지될 것이다. 비록 이러한 가상이 전형적인 '세계 종말'의 시나리오는 아닐지라도 우리의 경제가 얼마나 '눈에 보이지 않는' 외국인 이주자의 노동력에 의존하고 있는지를 보여 준다.   (p.3)

그렇다면 이주자는 어떻게, 그리고 어떤 방식으로 다른 국가의 경제 활동에 통합될 수 있었을까? 이를 알기 위해 먼저 이주와 **노동** 이주를 구별해야 한다. 제1장과 제2장에서 명시한 대로 사람들은 무수히 많은 이유로 이주한

	외국 태생 노동자 수			외국인 노동자 수		
	1999년	2005년	2005년 전체 노동력에 대한 비율(%)	1999년	2005년	2005년 전체 노동력에 대한 비율(%)
오스트레일리아	2242	2615	24.9	…	…	…
오스트리아	470	610	15.5	367	413	10.5
벨기에	450	562	12.3	380	385	8.5
캐나다			19.9	…	…	…
체코	…	101	2.0	26	42	0.8
덴마크	133	173	6.1	97	89	3.2
핀란드	54	70	2.7	31	37	1.4
프랑스	3013	2992	11.2	1587	1379	5.2
독일	4241	5896	14.9	3446	3828	9.5
그리스**	284	420	8.8	171	322	6.7
헝가리	69	81	1.9	…	32	0.8
아일랜드	129	232	11.8	57	159	8.1
이탈리아	213	1954	8.1	224	…	…
일본***	…	…	…	126	180	0.3
한국****	…	…	…	93	198	0.8
룩셈부르크*****	73	90	44.4	75	92	45.2
네덜란드	684	970	11.6	268	291	3.5
노르웨이	124	169	7.2	68	95	4.0
포르투갈	230	407	7.8	64	182	3.5
에스파냐	645	2761	13.3	359	2308	11.1
스웨덴	428	617	13.1	179	231	4.9
스위스		1031	25.3	805	902	22.2
영국	2293	2919	10.1	1116	1642	5.7
미국	17058	22422	15.2	9957	13283	9.0
OECD******	…	…	12.4		…	8.6

출처: OECD/SOPEMI(2006, p.50; 2007, p.63)

* 자료 출처는 노동협회 설문조사, 센서스 등으로 다양하다. 캐나다나 핀란드의 2000년 자료는 각각 2001년과 1999년 자료를 참조했다.

** 그리스 자료는 워킹 비자로 그리스에 들어가는 노동자들을 포함한다.

*** 이 수치는 장기 거주나 영주권을 갖는 경우를 제외하고 합법적으로 단기 체류만 가능한 외국인 거주자를 의미한다.

**** 체류 기간이 만료된 불법 체류자를 포함한 수치이다.

***** 1999년의 수치는 거주하지 않고 국경을 오가는 노동자를 포함한다.

****** OECD 전체 국가 데이터가 아니라 외국 태생 또는 외국인 노동자의 비율에 대한 정보를 제공하는 국가의 수치만을 고려한 값이다.

다. **특히** 사람들이 노동을 목적으로 이주를 하는 경우에는 최소한 네 가지의 경로에 연관되어 있다. 첫째로 높은 임금과 같은 '더 나은' 근무 환경을 기대해서 이주를 결정하는 경우이다. 이러한 경우에 사람들은 특정 국가, 지역, 도시, 마을의 일자리를 소개하는 텔레비전, 라디오, 인터넷, 신문 등 다양한 미디어의 영향을 받는다. 둘째로 친구나 친인척이 해외에서 일할 것을 권유해서 가는 경우로 이들은 이주자가 더 나은 일자리가 보장되고 기대되는 해외 국가에서 자리를 잡을 때까지 필요한 숙식을 제공하기도 한다. 셋째로 고용주가 직접 그들을 고용해서 이주하는 경우로 친구나 친인척, 사설 에이전트, 출신국 정부의 지원을 통해서 이루어진다. 해외 노동을 장려하는 국가에서는 노동고용기관이나 '노동 수출labour export'기관을 만들어서 대규모의 노동자들이 이주할 수 있도록 돕는다. 대표적인 예로 필리핀과 인도네시아 정부는 건설 노동자와 간호사뿐만 아니라 직업군 내의 다양한 일자리에 대해서 이주를 돕고 있다. 고숙련 이민자highly-skilled immigrants의 경우에는 민간 기업이나 유럽 국가의 '국민건강보험national health service'과 같은 공공기관을 통해서 이주가 이루어진다. 네 번째 경로는 앞에 언급한 세 가지 경로와 관련되는 것으로 이주자가 불법 고용되거나 인신매매 되는 경우다. 이는 다양한 이유로 고국을 떠나려는 고숙련 이주자들 사이에서도 발생하는 일이다. 이들은 궁극적으로 망명을 노리거나 그렇지 않은 경우에는 미등록 이주자 상태로 남게 되는데, 저임금 직종에 종사하게 되는 경우가 많다.

이 장의 목표는 노동 이주에 대한 설명보다는 왜 이주자들이 특정 유형의 경제 활동과 고용 분야에 많이 종사하는지, 어떻게 그리고 왜 이들이 열악한 노동환경을 겪게 되는지를 설명하는 것이다. 이 장은 다음과 같이 전개된다. 먼저 이주 노동자의 근무 관행과 경험을 살펴보기 위해 노동시장에서 이주자의 생산성을 설명하는 몇 가지 이론을 검토할 것이다. 대립된 관점인 '인적

자본론human capital theory'과 '노동시장 분절론labour market segregation theory'
이 그중에서도 대표적이다. 여기서는 먼저 두 이론을 개관·비평한 후, '국제
노동시장 분절론'에 대해 살펴볼 것이다. 그리고 이 이론을 바탕으로 전 세
계적인 이주 노동자들의 경험과 이주의 결과에 대해 이해하고자 한다.

이주와 노동의 관계

전통적 관점(인적자본론과 그 한계)

인적자본론은 고용 분석에서 지배적인 이론으로 경제학자 게리 베커(Gary
Becker, 1964)의 연구에 의해 많은 관심을 받게 되었다. 오늘날에도 경제학
자, 경제지리학자, 이민사회학자와 세계 곳곳의 정책입안자들은 이를 기본
이론으로 삼고 있다. 인적자본론은 노동시장의 생산성(혹은 노동시장에서
소득의 관점으로 봤을 때 노동자들이 어떤 성과를 보이는지, 즉 노동의 가
치price of their labour)은 개인(여기서는 이주자)이 노동시장에 가져오는 능력,
기술 등이 혼합된 결과라고 본다. 여기에는 개인의 기술, 교육 수준, 능력이
포함될 수 있고, 개인의 지위, 노동환경, 소득에 있어 개인이 내린 합리적·
이성적 선택도 포함된다. 따라서 경제학자들은 한 개인의 노동의 가치는 개
인의 인적자본에 대한 투자의 결과라고 주장한다.

인적자본론은 그 타당성을 뒷받침하는 분명한 근거가 존재한다. 이 이론
연구는 초기의 단순한 분석에서 진화하여 이제는 다양한 '통제변수'를 이용
해 시간에 따른 인적자본의 변화, 연령, 이주 정책의 변화, 장애 상태, 시민
권의 유무, 젠더, 국적·민족적 배경, 즉 '인종', 개인의 능력과 기술 외의 다
양한 특성들이 노동시장에서 이주자의 미래 전망이 어떤 의미를 갖는지를

보여 주고 있다(예를 들어 Kogan, 2004의 독일 연구; Portes and Rumbaut, 2006의 미국 연구). 인적자본론을 토대로 이루어진 다양한 연구들은 서로 다른 국적 집단과 국가에 대해 한편으로는 일관성 있지만 다른 한편으로는 복잡한 연구 결과를 내놓았다. 이 연구들을 여기에서 다루지는 않을 것이다. 이 연구들을 수행한 몇몇 학자들은 인적자본을 보다 정밀한 노동시장 분절화 접근법과 연결지으려고 했다.

마찬가지로 도시 및 경제지리학자들은 인적자본, 사회자본, 주택과 거주 지역을 포함한 사회적 재생산 요소와 '틈새시장 고용employment niching'(왜 이 주자들이 특정 산업에 집중되어 있는지) 사이의 관계를 연구하여 정교하고 상세한 분석을 내놓았다. 지리학자들은 이 관계를 도시와 대도시권 전역에 걸쳐 조사하여 노동의 사회공간적 분업화, 즉 노동시장의 특징을 설명하고자 했다(예를 들어 Mattingly, 1999; Wright and Ellis 2000a; Ellis, Wright and Parks, 2007). 엘리스, 라이트와 팍스(Ellis, Wright and Parks, 2007)는 수많은 예외가 있으나 이주자의 거주지가 이주자가 특정 일자리에 집중되는 현상에 영향을 미친다고 주장했다. 즉, 특정 직업에 공간적 접근성이 있다는 것은 그 일자리에 사회적 접근성을 갖고 있다는 것만큼 큰 의미를 갖는다. 이주자의 거주지와 근무지의 지역 지리가 수도권 **내**에서 노동의 사회공간적 분업화를 이해하는 데 중요하다는 이 연구 결과는 자본주의 생산 특성과 사회적 재생산 사이에 관계가 있음을 시사한다. 이 연결 관계는 뒤에서 다시 살펴볼 것이다.

인적자본론에는 미묘한 차이를 띠는 다양한 연구들이 있는데 대부분의 인적자본 연구들은 네 가지의 주요 문제점을 가지고 있다. 첫째, 많은 인적자본론 연구들이 이주자의 경험과 특성을 지나치게 단순화시켰다. 예를 들어 '영어 실력을 일정하게 유지한다'라고 특징짓는 것과 같이 이주자 집단의 특성을 동일하게 보아 의문이 남는다. 또한 동일성에 대한 추정에 있어서 인적 자본 이론가들은 노동시장과 그 시장이 작동하는 사회 속에서 나타나는 사회적 특성을 그들 전체의 특성으로 '귀속'시켰다(Hanson and Pratt, 1991). 예를 들어 몇몇의 프랑스 노동시장 통계에서 '북아프리카인'과 '흑인'이라는 분류를 흔히 사용했고, 경제협력개발기구OECD에서 발표한 2007년 연간 이주 보고서는 현재 북아프리카/서아프리카 분류를 사용하는데 이는 거의 개선된 점이 없다. 고용 생산성에 있어서 지역적 분류가 갖는 의미는 확실하지 않기 때문에 처음부터 이를 가정해서는 안 된다. 그러나 이러한 '자연적인natural' 구별을 짓는 것은 국가적 혹은 민족적 동일성을 추정하는 데에서만 나타나는 것이 아니다.

이주자의 고용 상태가 그의 법적 지위를 바꿀 수 있음에도 불구하고 인적 자본 이론가들은 이주자의 법적 지위나 상태가 그들이 고용되어 있는 동안에는 일정하게 유지된다고 가정한다. 예를 들어 이탈리아에서는 고용과 고용의 부족 상태가 이주자를 합법과 불법 사이를 오가는 끝없는 순환 고리에 빠지게 했다. 왜냐하면 이탈리아에는 이주자에게 법적 거주자 지위를 부여하는 정부의 '정상화 계획regularization scheme'이 있는데 이주자가 공식 고용 상태를 지속적으로 유지하는지의 여부에 따라서 그들의 법적 지위가 결정되기 때문이다(Reyneri, 2001; Schuster, 2005).

둘째, 인적자본 이론가들은 젠더가 고용 과정에서 생성된다는 인식이 약하다. 예를 들어 미국에서 필리핀과 라티노 여성들은 가정부나 간호사로 채용되는데 이는 부분적으로 가정부나 간호사가 '여성의 일'로 간주되기 때문이며, 더 나아가 가사 노동과 여성을 '돌봄carer'으로 보는 인식 간의 관계를 보다 더 강화하고 있다(Hondagneu-Sotelo, 2002 참조).

많은 인적자본 이론가들과 수많은 고용주들은 남성, 여성, 특정 국적, 미등록 이주자 등이 각각 특정한 공통적인 특성을 가지고 있다고 생각하기 때문에 노동시장의 생산성을 노동자들의 특성에 따라 분류한 자료를 **바탕으로** 평가하는 것을 당연시한다. 위에서 언급한 프랑스의 사례를 제외하더라도 이러한 현상은 노동시장 생산성에 대한 많은 인적자본론 연구에서 일반적이라고 할 수 있다. 결국 인적자본론은 고용주가 이주 노동자의 특성과 노동시장 위계질서 속에서 그의 위치를 어떻게 구성 혹은 재구성하는지와는 관련이 **없다**는 것이다.

하지만 여기에는 아이러니한 점이 있다. 고용주가 노동자를 특정 일자리와 연결시킬 때 그 결정은 고정관념(국적, 민족, 젠더)에 기초한 인식의 차이나 특정 상황에서 그들의 행동 또는 신체적 특성(옷차림 등)에 의해 결정된다. 이는 한 집단의 정체성을 강화하는 데 영향을 **미칠 수 있으며** 까다로운 문제를 하나 야기한다. 만약 집단의 정체성과 행동이 강화된 것이라면 이 집단의 정체성은 사회적으로, 예를 들어 고용주에 의해 구성된 것이기 때문에 '진짜'가 아닌 것일까? 만약 이러한 정체성이 '진짜'라면 인적자본론 연구처럼 국가적 차이에 바탕을 둔 자료를 가지고 연구하는 것은 타당할 것이다. 그러나 이는 집단 내의 차이와 노동자가 갖고 있는 다양한 특성을 부인하는 것이며(McDowell, Batnitzky and Dyer, 2007), 또한 인적자본론 연구와 고용주에게 한 집단의 정체성이나 습관에 대한 생각을 단순하게 고착시켜서 결국에는 인종적·문화적 고정관념을 형성하게 한다.

이주의 맥락에서 인적자본론이 갖는 세 번째 문제는 '사회-전문직의 가치 하락socio-professional downgrading'(Reyneri, 2001)이나 '이민 노동의 가치 저하'와 같은 문제(Bauder, 2005)를 뚜렷하게 다루지 못한다는 점이다. 어떤 이주자들은 높은 수준의 교육 또는 다양한 기술과 자격을 갖추고 이주해 오지만 이들의 자격이 이주해 온 국가의 고용주들에게 인정되지 않는다. 즉, 이주자들은 건축, 공학, 법, 의학과 같은 분야에서 일하기 위해 본국에서 취득한 자격증을 쉽게 활용할 수 없다(Bauder, 2005; Raghuram and Kofman, 2002). 예를 들어 라잔과 코프만(Raghuram and Kofman, 2002)의 연구는 인도에서 이주해 온 의사가 영국에서는 자격 미달로 받아들여져서 영국의 국민보건서비스NHS에서 그 수요도 적고, 불안정한 일자리를 위해 시간과 비용이 많이 드는 시험을 필수로 봐야만 하는 현실을 보여 준다. 일반적으로 선진국에서 의사가 병원 노동자로 일하는 것은 흔한 일이며, 전자 공학자가 전기 기사가 되는 것과 높은 교육 수준을 가진 정치 운동가가 박해를 피해 망명을 요청하고 저임금 서비스직에서 일을 하거나 실직 상태로 남아 있는 것은 흔한 일이다. 사실상 이주자와 망명 신청자의 상당 수는 중등 과정 이후의 교육까지 정식 교육을 받은 사람들이다.

인적자본 이론가들은 이주자 사이에서 종종 나타나는 '인적자본 대비 낮은 수익poor returns to human capital'을 '이민자 임금 페널티immigrant wage penalty'라고 설명한다(Kogan, 2004). '이민사 임금 페널티'는 정부 정책과 고용주의 결정으로 형성되어 노동시장에 만연하게 된 요소라기보다는 잠재적 완전 수익 모형model of potentially perfect returns에서 벗어난 부분이다. 즉, 노동시장의 생산성과 개인의 교육 수준, 자격 및 기술 간에는 일대일 대응 관계가 없나는 것이다.

이주에 관해서 인적자본론이 갖는 네 번째 문제는 이 이론이 이주자가 간신히 생계 유지를 해야만 하는 상황보다는 이주자의 사회경제적 이동성(이주민의 노동시장 생산성의 증가)에 집중하고 있다는 점이다.

대안적 관점의 도입:

노동시장 분절론의 초기 설명으로서 이중 노동시장 가설

제2장에서 다룬 이중 노동시장 이론의 주장을 상기해 보자. 이중 노동시장 이론은 '현대 산업 국가들'의 노동시장에는 두 가지 영역이 있다고 주장한다. 1차 노동시장은 좋은 근로조건, 상대적으로 높은 임금과 안정성, 다양한 승진 기회가 보장되는 반면, 2차 노동시장은 열악한 근로조건, 상대적으로 낮은 임금과 안정성, 승진 기회의 부족(승진 차단promotion blockage)이 특징이다. 이 이론은 이주자가 대체로 2차 노동시장에 종사한다고 주장했는데, 그 이유는 당시 산업 생산의 특성과 도시 노동자들이 그러한 직종에 종사하지 않으려고 했기 때문이라고 설명한다.

이중 노동시장 이론은 노동시장과 노동 이주에 대해 명쾌히 이해했다고 할 수 있으나 몇 가지 결함이 있다. 첫째, 이중 노동시장 이론은 고용주에 의해 창출된 노동 수요만을 다룬다. 국가나 다른 기관의 역할을 미미하게 다루고, 노동자의 사회적 재생산에 대해서는 거의 언급하지 않는다. 둘째, 선진국이 점점 '가진 자'와 '갖지 못한 자'의 두 부류로 나뉘고 있다고 해도 노동시장에 1차, 2차 영역만 존재한다는 개념은 노동시장을 지나치게 단순화시킨 것이다. 같은 맥락에서 제조업(현대 산업 국가의 '산업 분야')이 급격히 하락한 유럽연합 내 선진국들, 북미, 홍콩과 싱가포르 같은 몇몇 아시아 국가는 전체 노동자의 25% 미만을 제조업 분야에 고용하고 있다. 따라서 이들 국가를 '근대 **산업** 사회'라고 일컫는 것을 비판적으로 생각해 보게 하고, 피오레(Piore, 1979)의 분석이 어느 정도는(만약 관련이 있다면) 수치상으로 서비스 중심의 고용이 지배적인 국가들과 관련이 있는지에 의문을 던지게 한다. 셋째, 1차 영역의 직종이 정해진 기간 동안만 이루어지는 프로젝트와 관련된 반면, 2차 영역에 해당된다고 여겨지는 직종은 실제로는 상당히 안정적이다. 넷째, 피오레는 비공식 고용과 이주자 기업가를 고려하지 않았는데, 이는 그가 책을 완성했을 당시에 비공식 고용과 이주자 기업가가 학계에서 다루어지지 않는 주제였기 때문에 당연한 일이다. 결국 피오레의 분석은 그 당시에 한계를 갖고 있었고 이러한 한계는 21세기에도 여전히 남아 있다. 다섯째, 피오레는 시민권의 개념을 문자 그대로 해석했으며(원주민 혹은 해외 노동자), '체화된 행동들embodied performances'에 대한 고용주들의 가정이 어떻게 직업 분화를 가져오는지를 간과했다(이는 이 장 뒤에서 다시 다루도록 하겠다).

이와 같은 한계와 비판은 우리가 피오레의 분석을 약간 수정하고, 사회(이주) 네트워크의 관점을 통해 통찰하며, 노동시장 분절론을 이용하도록 방향을 제시해 준다. 그럼 이제 노동시장 분절론을 살펴보도록 하자.

이중 노동시장을 넘어서:

노동시장 분절론

라이히와 고든, 에드워드(Reich, Gordon and Edwards, 1973)는 '분절화segmentation'라는 개념을 발전시켜 기업 내의 서로 다른 운영 방식이 어떻게 노동시장 내의 다른 '셀cells'(세분화된 조직이나 특정 직책의 묶음)을 지배하는지 설명하려 했다. 각각 세분화된 부분들은 서로 다른 임금, 고유의 노동환경, 승진의 가능성 등을 가지고 있다. 라이히 등은 노동자가 분절화된 직능에 배치되는 것은 그가 그 일에 적합한지 여부에 대한 추측, 인종과 국적, 젠더와 다양한 선천적인 특성에 의한 생산성뿐만 아니라 부분적으로는 그들이 지닌 교육 수준, 자격 요건, 언어와 다양한 기술에 따라 결정된다고 주장했다. 이는 특정 노동자 집단이 고임금 지위에 매우 적합하다고 볼 때는 '긍정적positive' 고정관념을 내포할 수 있지만 반대로 특정 집단이 열악한 노동환경에 놓인 저임금 지위에 세분화되는 경우에는 부정적인 고정관념(편견)을 내포하기도 한다(Waldinger and Lichter, 2003).

현재 노동시장 분절론이라고 알려져 있는 이론은 이중 노동시장 이론과 인적자본론 연구의 한계점에 대한 반응으로 등장한 이론이다. 펙(Peck, 1996)은 이 이론의 본문에 덧붙여 노동시장 분절화가 '생산 의무production impera-tives'(특정 생산 요구에 의해 만들어진 노동 수요), '법규의 압력'(도시 정책에서부터 국제적 수준의 이민자 규제 정책까지 포함하는 이주 노동자에 대한 다양한 형태의 규정과 법규들), '사회적 재생산의 과정'(이주자의 노동을 가능하게 하는 가족, 주택, 송금 수단 등의 역할)으로 설명될 수 있다고 주장했다. 더 나아가 펙은 이렇게 서로 결합된 과정들은 특정 장소 혹은 '지역적 구성locally constituted'에 의해 형성된 것이라고 주장하고 있다. '공간' 혹은 여기에서는 노동시장 분절화의 **'지역적'** 특성을 강조하는 펙의 이론은 선행 이론을 발전시킨 것이지만, **국제적** 차원의 노동시장을 간과했다는 한계를 갖는다. 따라서 필자는 다음 부분에서 이 문제를 되짚도록 하겠다. 하지만 그전에 노동시장과 이주자가 어떻게 교차되는지를 좀 더 설명하도록 하겠다.

노동시장 분절론의 변형:
문화적 자본, 장소의 문화적 판단과 체화

해럴드 보더(Harald Bauder, 2005)는 사회학자 피에르 부르디외Pierre Bourdieu의 연구를 활용하여 '문화적 판단cultural judgment'과 **고용주의** 관점에서의 '구별distinction'의 과정, **노동자**의 입장에서의 '육체적 혹은 신체적 행동corporeal or bodily performances'과 개인의 '체화된 문화 자본'이 어떻게 교차하여 노동시장 생산성을 산출하는지를 밴쿠버와 남부 중앙 온타리오 지역의 농장 이주자의 예를 통해 보여 주었다. 분절화 과정은 고정관념을 형성하는 것 이상으로 복잡하며, 고용주는 저마다 주어진 일자리나 노동환경에 적합하다고 생각하는 특성들이 있다. 이주자가 일자리를 구하고 그것을 유지하기 위해서는 특정 신체적 행동이 필요한 것으로, 이주자는 '규칙에 따라야 하며', '일에 적합한 옷차림과 겉모습'을 유지해야 한다(Bauder, 2005; McDowell et al., 2007; Waldinger and Lichter, 2003). 이를 갖추지 못한 노동자는 '문화적 능력cultural competence'이 부족하다고 여겨져서 실직하거나 상대적으로 조건이 좋지 않은 일자리를 갖게 된다.

현실에서는 필요한 '문화 자본'을 지닌 노동자도 있고 그렇지 않은 노동자도 있다. 또한 고용주가 내리는 '문화적 판단'은 계급, 인종, 젠더, 시민권이라는 개념에 기반을 두고 있는데, 이러한 문화적 판단은 고용주(대체로 '백인' 캐나다인)와 유색인종(비非캐나다인)인 다른 사람들을 분리 혹은 구별하는 역할을 한다. 그러나 보더(2005)는 '체화된 문화 자본'은 노동자들이 노동시장에 갖고 오는 자본은 아니라고 조심스럽게 경고한다. 그보다 체화된 문화 자본은 고용주의 기대와 특정 공간적 상황(공간적 우연성spatial contingency)에서 나타나는 노동자들의 수행 능력, 이 둘 간의 상호자용과 관련된 것이라고 주장한다. 공간적 우연성은 도시, 동네, 기업, 비정부 조직NGO, 학교 혹은 카페에서 일어날 수 있다.

보더의 연구는 밴쿠버에서 많은 수의 남아시아 출신 이주민 구직자들이 그들의 억양, 옷차림, 심지어는 체취 때문에 고용되지 못하는 것을 보여 준다. 예를 들어 보더는 남아시아 출신인 한 여성의 사례를 제시하였는데, 이 여성은 밴쿠버에서 유급 사서가 될 수 없었다. 도서관 측에서 이 여성이 전화 통화로 영어를 해야 하는 일이 생겼을 때 도서관 고객들이 이 여성의 억양을 이해할 수 없을 것이라고 판단했기 때문이다. 그러나 이 여성은 이미 뉴욕과 인도 대법원 도서관에서 사서로 일한 경험이 있었고, 그곳에서 매일 영어를 구사하는 수많은 외국인과 대화를 나누었다. 한편 노동자의 억양이 크게 중요하지 않은 다른 경제활동 분야도 있다. 그 예로 보더는 영문법이나 발음을 모르는 남아시아 출신 이주자가 밴쿠버에서 택시 기사로 일하는 경우를 든다. 더 나아가 보더는 특정 상황에서는 이민자 특유의 옷차림이 장점으로 작용할 수 있다고도 보았다. 이러한 사례로 그는 밴쿠버의 시크족Sikhs을 들었는데, 그들 중 많은 수가 경비업체에서 근무한다. 이에 따라 시크족이 머리에 쓰는 터번이 이제는 문화적으로 이상한 것으로 여겨지기보다 성실함과 신뢰의 상징이 되었다고 한다. 따라서 만약 특정 이주자가 고유의 문화적 관습을 지닌 채 특정 산업에 집중되어 있다면 소비자의 기대가 변한다는 것이다. 보더(2005)는 이를 아주 익살스럽게 묘사하였다.

가설적 예를 들어 민족 네트워크를 통해 전통 의상, 레이더호젠(lederhosen: 무릎까지 오는 가죽 바지)을 입은 많은 수의 독일 남부 출신 남성들이 피자 배달 일을 하게 된다면, 피자 배달 업종에서 레이더호젠을 입는 것이 전통적인 관행이 될 것이다. 만약 이 독일 남성들이 배달업을 독식하게 되면 레이더호젠은 이 업종의 트레이드마크가 되어서 소비자는 배달원이 이러한 의상을 입고 있을 것이라고 기대하게 될 것이다. 엉뚱해 보이는 이 예시는 어떤 한 직종에 특정 이주자 집단이 집중되면 그 직종 전반에 나타나는 물리적 관습, 특징들이 영향을 받는다는 것을 시사한다.   (p.46)

위와 유사한 연구로 맥도웰 등(McDowell et al., 2007)은 웨스트 런던 지역의 대규모 특급 호텔에서 합법적 이주자가 그들의 체화된 특성(미소, 옷차림, 외모, 고객과의 소통, 언어 구사력, 인종)으로 인해 고용된 사례를 제시한다. 그러나 고용주는 이주자의 특성을 특정 국적에 대해 그들 스스로가 갖고 있는 고정관념과 연결지어 생각한다. '그 사람은 인도인이기 때문에 친절하고, 옷차림이 깔끔하고, 도움이 될 수 있다'라고 생각하는 것처럼 말이다. 우리는 앞서 말한 특징들이 전 세계 특급 호텔의 서비스 환경에서는 꼭 필요한 것이라고 짐작할 수 있다. 즉, 체화된 문화적 자본은 공간적으로 결정되는 것이 아니다. 이는 특정 장소에서는 중요하게 여겨지는 '문화 자본'과 '신체적 행동'이 다른 곳에서는 중요하지 않게 여겨질 수 있다는 것을 의미한다. 더 나아가 고용 관행은 '부정적 편견'의 결과가 아니다. 사실 '매우 다원화된super-diverse' 캐나다, 미국, 유럽의 몇몇 도시들에서는 **고용주**가 그 도시의 시민이 아니거나 주된 인종의 사람이 아닌 경우도 있다. 따라서 이러한 도시에서는 직업의 세분화가 '백인' 고용주와 '흑인' 혹은 '황인' 노동자에 관한 편견보다 훨씬 복잡한 방식으로 이루어진다. 더 나아가 웰딩거와 리치터(Waldinger and Lichter, 2003)는 로스앤젤레스의 고용주를 연구한 결과, 직종에 따라 다르긴 하지만 (특히 고용주가 그 일이 '고되다'라고 생각할 때) 고용주가 라티노 이주자를 도시의 흑인보다 더 선호하는 경우가 있다는 것을 확인하였다. 왜냐히면 라티노 이민자가 '더 성실하고harder-working' 더 예의 바르다고 믿기 때문이다(Waldinger and Lichter, 2003).

맥도웰 등(2007)이 연구한 웨스트 런던 지역의 호텔 사례와는 대조적으로 이곳에서는 이주자가 복종적으로 보이는지에 따라 고용이 이루어진다. 특히 노동환경이 열악하고, 노동자들이 저항할 것이라고 예상되는 고용 스펙트럼의 하위 단계에 있는 직종에서 이 현상은 더욱 두드러진다. 고용주는 '건방진 말give a lot of lip'을 하면서 대들 것 같은 노동자를 고용하길 원하지 않는다(Waldinger and Lichter, 2003). 예를 들어 만약 고용주가 예의 바른 과테말라 출신의 노동자를 고용했다면, 이들은 이 노동자의 여형제 또한 똑같이 예의 **바를 것이라고 생각하고** 그도 고용할 것이다. 이렇게 되면 고용주는 다른 노동자를 찾기 위해 돈을 낭비하지 않아도 된다. 그리고 이와 같은 사실은 필자가 바로 다음에서 다룰 이민자 네트워크에 대한 논의로 이어진다.

노동시장 분절론의 변형:
선진국에서의 다양성과 사회 네트워크

분절화의 복잡성으로 인해서 이주자가 특정 직종에 몰리게 되는 현상을 설명하는 두 가지 다른 이론이 등장했다. 기업과 조직이 차별적인 방침으로 이주 노동자를 세분화한다는 입장과(노동시장 혹은 노동시장 연구) 이주자 네트워크가 고용 관행을 형성한다는 입장(이주 연구)이 그 두 가지이다. 필자는 이러한 이주 연구에 대해 논의하고자 한다.

로스앤젤레스 지역을 다룬 웰딩거와 리치터(2003)의 연구에 따르면 고용주가 **단순히** 구인 광고를 내면 구직자가 이를 보고 제 발로 알아서 찾아올 것을 기대하는 것은 아니라고 한다. 물론 이러한 방식이 여전히 일반적으로 사용되는 방식이지만, 그보다는 노동자를 특정 업종에 배치하는 데 사회 네트워크의 형태를 띠는 '사회자본'이 작용한다고 주장한다. 고용주는 이주자의 사회 네트워크를 통해서 다른 이주 노동자를 찾는다. 그리고 이는 지역 시민이 기피하는 직종에서 더 많이 나타난다.

노동시장의 최하단에 놓인 직종은 공용어 구사 능력을 필요로 하지 않는 경우가 종종 있기 때문에 언어 구사 능력이 떨어지는 이주자가 쉽게 이러한 직종에 몰린다. 하지만 고용주가 직접 노동자를 채용하는 경우라도 노동자가 공용어, 예를 들어 영어를 구사하지 못한다는 점이 꼭 불리하게만 작용하는 것은 아니다. 그 노동자가 함께 일하고 소통할 다른 노동자가 영어가 아닌 다른 언어로 의사소통을 할 수 있는 경우에 특히 그렇다. 일자리에 있어서 언어 요구 사항은 노동자가 조직이나 기업 내외의 사람들과 어떻게 의사

소통을 할 것인가와 같은 문제를 포함해 그 일의 특성을 나타내는 기능을 한다. 예를 들어 고객의 대다수가 아랍어, 에스파냐어, 우르두어를 구사한다면 영어만 구사할 줄 아는 사람을 고용하는 게 합리적일까? 이러한 경우에는 일부 직원들은 공용어를 포함한 이중 혹은 다중 언어를 구사하는 사람이어야 할 것이다. 직원 및 고객이 다양한 국적을 가지고 있고, 원활한 의사소통을 위해 여러 가지 언어를 알아야 한다면 노동자를 고용할 때 언어 요구사항은 꼭 필요한 것이다. 이에 맞는 사례는 로스앤젤레스 지역의 병원에서 찾아볼 수 있다.

이주자들이 로스앤젤레스나 다른 지역의 병원의 일자리들, 또 다른 어떤 산업이나 직종을 모두 차지하게 된다면 "언어적 소수자가 일련의 직종을 독점적으로 차지하게 될 것이고, 직종의 특성에 따라서는 그들의 언어만을 구사함으로써 다른 언어를 사용하는 사람들을 배척할 수 있다"(Waldinger and Lichter, 2003, p.78). 따라서 이주자 네트워크와 구직 활동은 남성이나 여성 어느 한 젠더가 한 분야를 지배하는 것뿐만 아니라 특정 국적이나 민족이 한 분야를 독섬석으로 차시하는 '사회적 단절social closure'을 불러올 수 있다. 그리고 이것은 고용(혹은 민족) 틈새시장과 '민족 경제'를 불러온다. 그렇다면 이 두 개념의 차이는 무엇일까?

고용에서 틈새시장은 "공공 분야든 백인이나 다른 인종이 소유하고 경영하는 민간기업이든 간에, 노동인구 내에서 그 조직 구성원이 불균형하게 드러나는 경제 부문이다"(Logan, Alba and Stults, 2003, p.346). '민족 경제'는 자영업자와 그와 같은 인종의 노동자가 포함된다(Bonarich and Modell, 1980). 이들은 도시, 지역, 국가 전역에 공간적으로 분산되어 있는 경제조직이다. 그러나 이들이 상호작용하는 네트워크들은 '민족'의 특징을 분명하게 가지고 있다(이들의 민족적 특성은 연구자가 정의 내리거나 이주자 스스로가 규정할 수 있으며, 보통은 한 '민족/인종'만을 포함한다)(Light et al., 1994). 따라서 이 같은 민족 경제는 초국가적이거나 트랜스로컬적인 특징을 갖고 있으며, 공식적이거나 비공식적이기도 하다.

라이트, 버나드와 김(Light, Bernard and Kim, 1999)은 민족 경제와 이주자 경제 사이를 구별 짓는다. 이주자 경제에는 다른 이주자를 고용하는 이주자 기업가는 포함되지만, 뉴욕 의류산업에서 멕시코인과 에콰도르인을 고용하는 한국인 기업가와 같은 동족co-ethnics 간 고용은 포함되지 않는다(Kim, 1999). 민족이나 이주자 경제 개념이 자영업자(기업가)와 그들의 직원(혹은 노동자) 모두를 포함하고 있다는 것에 주목한다. 하지만 지금 여기에서 논의할 내용은 기업가 정신(글상자 3.1 참조)에 관한 것이 아니라, 민족/이주자 경제 안팎의 저임금 노동에 대해서, 민족/이민자 경제가 특정 지역에 국한되어 있는지(즉 소수민족 거주지)의 여부에 대해서 논의할 것이다.

글상자 3.1 민족 또는 이민자 기업가주의?

자영업자와 그들의 사업은 이주 임금노동자 고용의 상당수를 차지한다. OECD/SOPEMI(2007b)의 자료에 의하면 2005년에 선진국의 총 외국인 고용 중에서 자영업은 오스트리아의 경우 7.5%, 포르투갈의 경우 14.2%를 차지한다. 이주자 생계에서 자영업자의 중요성은 이주와 노동시장에 관한 많은 문헌에서 종종 생략된다. 기업가주의의 정도는 국가, 지역, 국적, 젠더 등에 따라 다르다. 전체 '민족 기업가주의' 문헌에서 간과되는 질문 중 하나는 관련 기업가와 기업이 시민과 지배적 민족 기업가에 의해 소유되고 운영되는 기업과 사실상 다른지, 아닌지에 관한 것이다(Light, 2005). 이에 대한 대답은 확실하지 않다.

기업가주의에서 민족성의 중요성에 의문을 제기하며, 네덜란드의 학자들은 특히 시민성의 이슈가 어떻게 시민이 아닌 기업가의 부를 형성하는지를 나타내기 위해 현재 '이주 기업가주의'라는 용어를 사용하고 있다(Kloosterman, Van der Leun and Rath, 1999; Rath and Kloosterman, 2000). 이는 상당히 논리적이다. 결국 우리는 모두 '민족적'이며(Samers, 1998a), 사전에 시민이 소유한 기업이 '덜 민족적'이거나 혹은 민족적으로 고유한 사회 네트워크(사회자본)가 시민 사업 혹은 이주 사업을 지지한다는 것을 추측할 수 있는 근거는 없다. 그러나 이것은 오랜 기간 노동시장 전반에 만연한 민족주의 문제점과 이주자와 소수민족이 보다 적은 자원을 지니고 있을 뿐만 아니라('자원 열세') 지배 민족이 아님으로 인해 직면한 ('노동시장 열세') 장애물을 간과한 것이다. 그러므로 노동시장 열세와 자원 열세 모두를 지닌 이주자는 '이중 열세'를 겪고 있고 공적인 사업보다 비공식적인 사업을 설립할 것이다. 이러한 관점에서 보면 민족 기업가주의가 꽤 정확한 용어인 것처럼 보인다. 둘 중 하나라도 겪지 않은 이주자는 공적인 사업을 설립하기 쉽고(Light, 2005), 그들을 구분할 수 있는 것은 오직 그들의 시민성일 뿐이다. 이러한 관점에서 볼 때 이주 기업가주의는 정확한 용어로 보인다.

미국의 문헌에서 민족 경제 혹은 민족 거주지 안의 자영업자와 고객 간의 관계를 말하는 '상호 영향론'은 이주/민족 기업가주의의 개념화에 자주 사용되어 왔다(Light, 2005). 이 견해는 클루스터만, 반 데 리온과 라스(Kloosterman, Van der Leun and Rath, 1999)가 네덜란드의 배경에서 미국 학자들에 의해 규제의 이슈가 간과되고 있는 점을 주장할 때까지 지속되었다. 일반적으로 기업가와 사업에 대한 규제는 미국보다 유럽이 더 엄격하기 때문이다. 그 결과 예를 들어 터키의 제빵업자 혹은 암스테르담의 정육점 주인은 규제를 받지 않을 수 있고, 그러므로 네덜란드의 이주 기업가주의는 공식적, 비공식적 연속을 따라 존재한다.

유럽 국가의 소기업에 대한 규제의 정도가 주어진다고 가정하고, 클루스터만 등(Kloosterman et al., 1999)은 '사회·경제·제도적 문맥 사이의 결정적 상호작용'을 의미하는 '혼합된 착근성(mixed embeddedness)'에 대한 개념을 발전시켰다. 이 관점에서 이론적으로 이주 기업가주의의 증가는 한편으로는 본래 사회–문화적 구조 속 변화의 교차점에, 다른 한편으로는 (도시) 경제의 변형 과정에 위치한다. 이

러한 변화의 두 가지 측면 간에 상호작용은 이웃, 도시, 국가, 경제 부문 등 수준
상의 더 크고 역동적인 제도 및 구조 안에서 발생한다(p.257). 그들의 개념화에서
특히 주목할 만한 것은 그들이 '도시 경제'라는 구체적인 문맥에 얼마나 많은 강
조점을 두었는지이다.

노동시장 분절론 응용:

민족/이주자 집단 엔클레이브와 민족/이주자 분산

지금까지 우리는 노동시장과 이주 지리학에 대해서는 많은 내용을 할애하
지 않았다. 지리학자와 사회학자 모두 '공간space'과 '장소place'가 이주자들의
노동시장 생산성에 갖는 중요성을 설명하기 위해 많은 연구를 해 왔다. 여기
에서는 이주 노동자들에게 서로 다른 영향을 미치는 세 가지의 공간 현상들
을 간단히 살펴보도록 하겠다. 그 세 가지는 민족 엔클레이브enclaves, 민족
교외지ethnoburbs, 일반적인 지리적 분산 과정이다.[1] 이 논의는 두 가지 논점
을 강조한다. 첫째, 지역 노동시장이 '백인' 및 시민 노동자로 이루어진 곳과
대다수 혹은 상당수의 노동자와 고용주가 이주자 노동시장을 구성하고 있는
곳 사이에는 이주자에 대한 고정관념이나 기대에 차이가 있을 수 있다. 둘
째, 고용과 관련된 이주 네트워크가 이주자 고용주와 노동자가 지배하고 있
는 특정 분야에서 다르게 작용할 수 있다. 그렇다고 '민족 집단 엔클레이브'
에 있어서 노동시장 분절화 개념이 근거가 없다는 것은 아니며 다만 다를 뿐
이다.

■ 민족/이주자 엔클레이브

1920년대와 1930년대의 시카고학파의 명맥을 이어나가던 사회학자들은

민족/이주자 집단 엔클레이브 경제의 공간적 존재에 대한 연구를 1980년대에 재개했다. 이들의 연구는 이주자를 위한 산업 분야 일자리의 공급 감소와 같이 선진국에서 나타나는 산업 쇠퇴 현상의 중요성을 다루었다. 실제로 이주자가 '집단 엔클레이브' 내에서 혹은 기업가(자영업) 영역에서 일자리를 구하게 된 근본적 원인은 이입국의 노동시장에서 존재하던 인종차별과 그 결과로 나타난 고용 기회의 부족, 다른 곳보다 높은 임금을 받을 수 있다는 가능성이다(Logan, Alba and Stults, 2003).

윌슨과 포르테스(Wilson and Portes, 1980)는 최초로 '이민자 집단 엔클레이브immigrant enclave'라는 용어를 사용했다. '이민자 집단 엔클레이브'란 공간적 개념으로, 노동자 측면을 강조하긴 하지만 자영업자 혹은 기업가와 그들의 동족co-ethnic인 노동자 간 관계를 내포한 개념이다. 이들의 연구에서는 소비자가 시민인지 이민자인지는 중요한 점이 아니었다. '이민자'라는 개념과 후에 나타난 '민족 집단 엔클레이브 경제'라는 개념은 서로 다른 여러 방향으로 해석되었는데(Light et al., 1994), 집단 엔클레이브 내에 동족 엔클레이브를 편입하는 것과 같은 내용이 있었다(Sanders and Nee, 1987; 1992). 무엇이 정확히 민족 집단 엔클레이브 경제를 구성하는지에 대한 논쟁은 "*American Sociological Review*"(1987)에서도 계속 이어졌고, 라이트 등(Light et al., 1984)이 비판한대로 민족 집단 엔클레이브라는 개념은 마치 '고무줄 잣대rubber yardstick'처럼 사용되었다(p.69).

어찌 되었든 '민족 집단 엔클레이브 가설'이라고 불리게 된 이 가설은 수많은 논란을 야기했다. 첫째, '민족 집단 엔클레이브' 내의 노동자의 임금이 '일반 노동시장general labour market'의 같은 민족 노동자의 임금보다 더 높은지(상대적 임금relative wages)의 문제, 높다면 어느 정도 높은지, 이러한 임금격차의 원인이 노동자보다는 자영업자와 고용주와 관련된 것인지에 대한 의문이 제기되었다(Sanders and Nee, 1987). 이러한 의문은 세 가지 명제에 의거한다. 첫째, 민족 집단 엔클레이브 내의 고용주는 노동자 훈련을 동족 노동력의 충성심과 낮은 노동비용으로 맞바꿈으로써 이익을 얻는다(Bailey and Waldinger, 1991). 둘째, 이주자들이 노동시장에서 불리한 점을 가지고 있음에도(예를 들어 '언어') 민족 집단 엔클레이브 내에서는 일자리를 찾을 수 있다. 셋째, 숙련된 기술을 갖춘 이주자는 사회-전문직의 가치 하락 문제를 겪지 않는다. 즉 그들의 기술 수준에 적합한 일자리를 찾을 수 있고 더 많은 임금을 받을 수 있다(Wilson and Portes, 1980). 그러나 고용주와 노동자 양측 모두에게 민족 집단 엔클레이브가 주는 소득에 있어서의 이점은 결정적인 것은 아니며, 로간 등(Logan et al., 2003)이 서술한 바처럼 "민족 전략은 해결책도 방위책도 아니다"(p.381).

유사한 두 번째 논쟁은 이주자가 사회경제적 이동과 '문화 변용acculturation'을 억제하는 민족 집단 엔클레이브에 '갇힌trapped' 것이 아닌가 하는 문제에서 시작되었다(Bonacich and Modell, 1980). 세 번째 논쟁은 사회적 재생산과 관련되어 있다. 예를 들어 조우(Zhou, 1992)는 『Chinatown』이라는 저서에서 중국인 고용주가 자녀가 있는 중국인 여성 노동자에게 **직장에서** 아이를 돌볼 수 있도록 해 준 사례를 제시한다. 이러한 모습은 차이나타운이라는 '민족 집단 엔클레이브' 외의 공간에서는 허용이 되지 않을 것이다. 이로 인해서 중국인 여성들이 더 큰 노동시장 내에서 일자리를 찾는 것은 거의 불가능했을 것이다.

■ 민족교외지(Ethnoburbs), 이질적 지역주의(heterolocalism), 지리적 분산
  (geographical dispersal): 이주와 노동에의 영향

그러나 이주자들이 모두 민족 집단 엔클레이브에 사는 것은 아니다. 물론

전 세계의 '글로벌 도시'나 다른 넓은 도시 지역에 이주자가 불균형적으로 집중되어 있기는 하지만, 이주자가 도시 경계 내 혹은 도시에만 제한되어 있는 것은 아니다. 이러한 맥락에서 리(Li, 1998a; 1998b)는 '민족교외지ethnoburb', 다시 말해 동족들이 모여 사는 교외 지역라는 신조어를 만들어서 한 민족이 독점까지는 아니어도 대다수를 차지하는 상업 지구와 거주 지구가 밀집해 있는 신흥 교외 지역을 강조했다. 예를 들어 로스앤젤레스 근교의 오렌지카운티의 중국 이주자자를 들 수 있다. 하드윅(Hardwick, 2008)은 미국의 모습을 잘 요약해 준다. "새로 유입되는 이주자 집단이 미국에 도착하는 즉시 교외 지역에 정착할 확률은 그들이 도심 지역에 살 확률과 비슷하다"(p.164). 이는 미국뿐만 아니라 오스트레일리아, 캐나다, 뉴질랜드, 영국, 유럽 대륙에서도 나타날 수 있는 모습이다. 예를 들어 존스턴 등(Johnston et al., 2008)

그림 3.1 '물, 전기, 가스 포함됨': 미국 켄터키 주 렉싱턴의 동쪽에 있는 에스파냐어로 쓰여진 '임대' 표지판이다. 멕시코인 이주자와 중앙아메리카 출신 이주자의 대다수가 미국의 '글로벌 도시' 주변에 있는 도시와 마을에 정착하고 있다.

은 뉴질랜드 도시들에 거주하는 아시아인과 태평양 섬 이주자들을 통해 민
족교외지와 이주자 분산의 흔적을 찾는다. 그러나 민족교외지라는 개념은
선진국에서 20세기 말 수도권 내에 나타났던 현상만을 의미하고, 선진국에
서의 더 일반적인 분산의 과정은 '이질적 지역주의'라는 개념으로 설명될 수
있다.

　젤린스키와 리(Zelinsky and Lee, 1998)는 그들의 분석을 시카고학파의 도시
사회학과는 대조적으로 '글로벌화'라는 맥락의 입장에 놓고 '이질적 지역주
의'라는 신조어를 만들어서 20세기 말에 중앙 도시에서 교통비와 통신비가
하락하는 교외나 수도권 이외의 지역으로 이동하는 이주자를 가리켰다(그림
3.1 참조).

　젤린스키와 리에 따르면 상업 지역과 거주 지역은 더 이상 공간적으로 인
접해 있을 필요가 없다. 왜냐하면 교통·통신 비용이 점점 감소하기 때문이
다. 이주자는 물리적으로 거리가 떨어져 있어도 연락을 유지할 수 있고, '대
도시 스케일metropolitan scale'를 넘어 국가 간에도 접촉을 유지할 수 있다.

　그러나 이주자의 분산은 가족이나 동족과 합치기 위해, 임시 계약직의 이
주 노동자 프로그램 등과 같이 다른 여러 이유로도 발생할 수 있다. 그리고
특정 국적이나 특정 유형의 이주자가 다른 이주자보다 더 많이 분산될 수 있
다(Liaw and Frey, 2007). 라이트(Light, 2004)는 세계의 '거대도시들giant cities'에
서 나타나는 미등록 이주자와 비공식 고용 사이의 교차점에 대한 새로운 주
장을 제기한다. 라이트는 이주자 정착 과정을 이주자의 수가 일자리 수보다
많은 것(이주자 포화), 비공식 경제활동의 '완충지대buffer'가 일자리에 대한
이주자들의 수요를 따라잡기 위해 확장되는 것(라이트는 이를 완충지대 확
장buffer expansion이라고 부른다)에 따라서 설명한다. 이 완충지대 자체가 포
화 상태(완충지대 포화buffer saturation)에 이르기도 하는데, 그렇게 되면 이주

자들은 저렴한 집, 높은 임금, 빈곤층에 관대한 경찰이 있는 특정 도시들로 이주해 간다.

라이트의 주장은 뉴욕 시에서 펜실베니아 주 동부의 리딩 시로 옮겨가는 이주자를 통해서 확인할 수 있다. 많은 도미니카인들이 값비싼 뉴욕 시를 떠나 저렴하고, 탈공업화된 리딩 시로 옮겨 가서 닭 가공 공장(새로운 산업), 호텔과 레스토랑에서 근무하기 시작했다(『뉴욕타임즈』, 2006년 10월 29일). 리딩 시로의 '2차 이주'는 좋은 일자리가 이주자를 유인하는 유일한 요소가 아니라는 점을 보여 준다. 이주자는 저렴한 주택 가격에도 유인이 되는데, 이러한 현상은 선진국 내에서 탈공업화되고 인구가 감소하고 있어서 상대적으로 빈곤할 수밖에 없는 소도시에서 나타난다. 이것이 고려되고 나서야 집이라는 사회적 재생산의 조건이 이주자가 어떻게, 어디에서 일자리를 찾는지에 필수적인 요소가 되는 것이다.

분산의 다른 요인에는 난민 정착 정책이 있을 수 있다(Brown et al., 2007 참조). 난민 정착 정책들은 미네소타 주 미니애폴리스 시에서 소말리아인들이 소유하는 소규모 사업들의 발전에 영향을 미쳤으며, 멕시코에서 노동자를 직접 고용하는 정책은 합법적인 멕시코인 이주자와 미등록 멕시코인 이주자, 다른 중앙 아메리카인을 네브래스카 주 남서부의 도축장이나 아이오와 주의 돼지 농장에서 일하게 했다.

분명한 것은 이주자가 도시에 정착하지 않는다는 점이다. 농업과 음식 가공업은 20세기와 21세기를 통틀어 선진국에서 이주자가 가장 많이 종사했던 분야이다. 그리고 여전히 이주자는 농업 때문에 분산된다. 예를 들어 포르투갈에서는 브라질과 이전 포르투갈의 식민 통치하에 있던 아프리카 국가(특히 모잠비크)에서 온 이주자들이 리스본과 북부의 포르투 시에 많이 정착했다. 이들은 대체로 가족과 친구의 연결을 통해서 포르투갈로 이주·정착해 왔다. 그러나 농업, 건설업, 가사 도우미로 일하려는 새로운 이주자가 동유럽에서 오기 시작하였는데, 이들은 가족이나 친구를 통해서가 아니라 보통 밀입국이나 인신매매 네트워크를 통해 이주해 왔다. 밀입국이나 인신매매 네트워크를 통해 이루어진 고용으로 포르투갈 남부의 알렌테 주와 같이 과거에 국제 이주자가 거의 없었던 포르투갈의 지역에 이주자의 분산된 지방 정착 패턴이 생겼다(Fonsceca, 2008).

필자는 지금까지 노동시장 수요의 지리학, 규제, 사회적 재생산을 포함한 노동시장 분절론의 변형 혹은 노동시장 분절론의 복잡한 내용들을 다루었다. 그리고 지금까지는 국가 내, 지역적으로 국한된 이주와 노동의 지리에 중점을 두었다. 국가 내 지리학도 물론 유의미하지만 노동자로서의 이주자의 삶은 국제적인 과정에 의해서도 형성이 된다. 필자는 이를 '국제 노동시장 분절화ILMS, international labour market segmentation'라고 표현한다. 국제 노동시장 분절화는 이주자가 일하는 노동시장 내의 중복되는 영역이나 장치에 주의를 기울인다.

국제 노동시장 분절화

'국제 노동시장 분절화'(Samers, 2008)는 세 가지 특징을 통해 이해할 수 있다. 첫째, 이 이론은 전 세계의 노동시장을 국가정부와 범국가정부(유럽연합 등)로 나누고, 각각 정부의 이주 정책을 다룬다. 여기서 '국제'의 의미는 무엇일까? 필자가 말하는 '국제'란 국제 **행위자들**을 가리키는데, 즉 **국제적인 입장**으로 노동시장을 세분화하는 국가와 범국가정부를 일컫는 것이다. 예를 들어 영국에서는 **유럽연합 국가의** 국적을 가진 이주자들만이 영국 기업에서 최소한의 기술만을 요하는 일자리에서 일할 수 있어서, 비유럽연합 국가의 이민자들은 영국 노동시장의 최하단에서조차 일할 수 없다(Home Office

Border Agency, 2008).

국제 노동시장 분절화의 두 번째 특징은 국가와 범국가정부들의 이주 정책이 국가 경제 내에서 노동시장을 분절화한다는 것이다. 즉, 이주자들은 국적 혹은 특정한 직업 기술과 같이 그 국가에서 바람직하다고 여겨지는 특정 분야와 일자리로 세분화된다. 이러한 세분화는 정부가 특정 이주 노동자를 고용하고자 할 때 적용하는 분류 규정들에 반영되어 있다.

국제 노동시장 분절화의 세 번째 특징은 사기업들(노동시장 분절론의 일반적인 주장), 기관들 **내의** 이주 노동자들의 세분화에도 관여한다는 점이다. 필자는 국제 노동시장 분절화에 기관들을 포함하는데 이는 많은 수의 이주자들, 특히 중국, 도미니카공화국, 가나, 인도, 아일랜드, 자메이카, 필리핀, 남아프리카공화국 출신의 이주자들이 북미와 서부 유럽 국가의 의료보험제도 내에 있는 병원, 의원 등 의료계에 종사하고 있기 때문이다.

기업 내에서의 세분화는 **사회적, 공간적**으로 나누어 볼 수 있다. **사회적** 차원에서 비자 제한으로 인한 고용의 불안정성은 특정 국적 출신의 이주자가 신분 증명이 필요 없는 분야나 직종, 예를 들어 유럽이나 북미의 농업이나 농장에서 일하게끔 한다. '계절적 농업 인력 제도SAWS, Seasonal Agricultural Workers Scheme'를 통해 영국으로 이주해 온 다수의 폴란드인과 다른 동유럽 국가 출신들도 위와 같은 사례에 해당된다(Home Office, 2005; OECD/SOPEMI, 2007b).

공간적 차원은 몇몇 이주자들과 독일(Edin et al., 2004), 에스파냐(Mendoza, 2001), 영국(Phillimore and Goodson, 2006)과 같은 특정 유럽연합 국가 내 지역으로 망명한 사람에 대한 **법적인** 제한 사항과 관련이 있다. 영국의 망명 신청자 분산 정책은 런던 근교의 값싼 주거지에 망명 신청자를 거주하도록 한 것이었는데, 이는 노동 수요가 상대적으로 적은 영국의 북부 도시나 그 주변에 망명 신청자를 거주시킴으로써 결국 그들로 하여금 실업과 빈곤에 허덕이게 하였다(Phillimore and Goodson, 2006). 이러한 **법적** 제한은 **실제적**인 차원도 내포하고 있다. 다시 영국의 예를 들면 계절적 농업 인력 제도를 통해 영국에 온 불가리아와 루마니아의 이주자는 오직 농업 분야에서만 일하도록 허용된다. 루마니아와 불가리아의 이주자는 런던에서 북쪽으로 두 시간 거리에 있는 농업 집약적 지역인 링컨셔어Lincolnshire에서 채소를 수확하는 일만 할 수 있어서 이들이 런던에서 비공식 고용에 종사하지 않는 한 그들의 친척이 살고 있는 런던에서 함께 살 수 없다.

국제 노동시장 분절화가 이중 노동시장 이론과 다른 많은 노동시장 분절론의 변형들과 구별되는 점은 무엇일까? 첫째, 국제 노동시장 분절화는 이주자의 피부색이나 그들의 '체화된 문화 자본'뿐만 아니라 **시민권이** 어떻게 분절화의 원인이 될 수 있는지도 중요하다고 주장한다. 반 파리스(Van Parijs, 1922)는 '시민권 착취citizenship exploitation'라는 용어를 사용했는데, 이는 한 개인의 시민권이 그 사람이 노동시장에서 맞닥뜨릴 갖가지 상황 속에서 얼마나 중요한지를 의미하는 것이다. 물론 몇몇 인적자본론 연구들도 이러한 사실을 고려하고 있긴 하지만 이 연구들은 시민권이 고용 전, 그리고 고용된 동안에도 지속적으로 유지된다고 가정한다.

둘째, 국제 노동시장 분절화는 사회적 재생산이 '지역적local' 특성(주거 특성, 교통수단, 복지 정책 등)을 띠는 것이 아니라 파리의 중국 이민자들이 경제적 생존을 위해서 돈을 집단화하는 경우처럼 가족 간, 가족 내의 돈을 집단화하는(White et al., 1987) 국가 간의 사회이동이나 송금과 같은 국제적인 재정적 흐름으로 형성된다고 보았다. 제2장에서 다루었던 것처럼 재정적 흐름은 가정/가족의 의사 결정, 이주, 직장에서의 취약성의 정도(이주자가 얼마나 절실하게 일자리를 원하는지), 이에 따라서 나타나는 특정 종류의 일자리를 받아들일 의지 등과 같은 여러 가지 관계를 조정하는 역할을 한다(Kof-man, 2005a; Kofman and Raghuram, 2006; Yeates, 2004). 고용주는 이러한 이주자의 불리한 점을 이용해서 특정 이주 노동자를 특정 일자리에 세분화할 것이다. 그런데 때로는 사회적 재생산의 국제화가 역으로 작용하는 경우도 있다. 예를 들어 런던 동부에서 소규모의 포장 전문take-out 패스트푸드 레스토랑에서 일하는 저임금의 미등록 이주자는 파키스탄에 있는 그들의 친척들로부터 재정적인 지원을 받지, **그들의 파키스탄의 친척들에게 재정적 지원을 보내지 않는다.** 이러한 상황은 이주자가 열악한 노동환경 속에서 '자발적'으로 혹은 (그들이) 인신매매 되었기 때문이다(Ahmad, 2007a).

이제 논의를 선진국과 개발도상국으로 나누어서 보다 구체적으로 국제 노동시장 분절화를 살펴보도록 하자. 선진국과 개발도상국으로 구별하는 것이 '방법론적 국가주의methodologically nationalist'이자 노골적으로 글로벌 북부와 글로벌 남부를 나누는 것처럼 보일 수도 있다. 왜냐하면 '글로벌 북부'와 '글로벌 남부'에서 이주자가 종사하는 일자리는 대체로 굉장히 유사하고, 더 나아가 하위국가적 차원에서의 차이도 있기 때문이다. 그렇지만 선진국과 개발도상국 사이에 대략적인 몇 가지 구별을 지을 수 있다. 첫째, 선진국의 경제구조는 서비스 고용직의 비율이 점점 더 높아져 가고 있고, 최근에서야 이 서비스직이 모든 유형과 기술이 이수 노동력에 대한 수요의 원천이 되고 있다. 둘째, 선진국의 이주 정책은 굉장히 잘 분류되어 있으며, 종종 '점수제points system'(이에 대해서는 뒤에서 다룰 것이다)라고 불리기도 하는데, 개발도상국은 선진국과 같은 이민자 정책들을 여러 가지 이유로 제정하지 못하고 있다. 셋째, 전체적으로 사회적 재생산의 조건이 개발도상국에서는 선진국에 비해 더 암울하다. 물론 뒤에서 다루겠지만 선진국 이주자의 사회적 재생산도 마찬가지로 암울과 공포 사이에 놓여 있을 수 있다.

선진국에서의 국제 노동시장 분절화

선진국에서의 국제 노동시장 분절화의 모습을 보기 위해서 장의 초반에 다룬 펙의 이론을 통해 우리의 논의를 대략적으로 나누어 보는 것이 유용할 것 같다. 펙은 노동시장 분절화를 '생산 의무(노동 수요)', '사회적 재생산의 과정(이주 노동자의 이용성을 둘러싼 환경)', '법규의 압력(이민과 노동 정책 등)'의 세 측면으로 나누었다. 선진국 경제구조의 기본 특징과 이러한 특징이 창출하는 노동 수요부터 들여다보자.

■ 노동 수요와 이주 노동자 분절화

21세기 선진국 경제에는 몇 가지 일반적인 특징이 두드러진다. 그 특징은 다음과 같다.

- 서비스에 기인한 고용과 서비스업 종사자의 수, 그리고 제조업 종사자 수의 감소로 볼 수 있는 서비스 중심 고용의 지배. 이는 '포스트−포드주의' 혹은 '후기산업사회' 경제라 불린다.
- 높은 교육 수준/고숙련 노동자들에 대한 높은 수요(예를 들어 컴퓨터와 다른 분야의 공학자, 기업의 간부, 관료직, 과학자 등). 이러한 수요는 학자들이 포스트−포드주의/후기산업사회 경제를 '지식−집약적' 또는 더 나아가서 '지식 경제'라고 부르게 되었다.
- '복지 분야' 인력에 대한 수요. 의사, 간호사부터 사회 복지사와 교사에 이른다.
- 부분적으로는 포스트−포드주의와 신자유주의의 부상과 관련이 있는 파트타임, 임시/단기직, 프로젝트 중심 고용 등과 같은 '유연성'의 확산. 여기서 '유연성'과 '프로젝트 중심'이라는 단어는 설명이 필요하다. '유연

성'은 널리 쓰이고 또 혼용되는 용어지만 여기서는 '**질적인**' 유연성(고용주들이 서로 다른 기술과 적성을 가지고 있는 서로 다른 유형의 노동자들을 손쉽게 전환하는 능력)과 **양적인** 유연성(고용주가 노동자를 마음대로 부리고, 필요하다고 여길 때 필요한 숫자만큼의 노동자를 고용하거나 해고하는 능력)으로 나눌 수 있다. '프로젝트 중심' 고용(예를 들어 Grabher, 2002)은 연구 개발과 관련된 단기 프로젝트와 컴퓨터 소프트웨어, 의약, 최첨단 소비재 등과 관련된 혁신적인 활동을 일컫는다. '프로젝트'는 고숙련 이주자와 더 관련이 있어 보이지만 미숙련/저임금 노동자에게도 적용될 수 있다. 예를 들어 일용직에는 대체로 미숙련의 합법적 혹은 미등록 이주 노동자가 종사하는데, 이는 하루 단위의 프로젝트와 관련된다.

- 생산의 부분적인 요소나 최종 제품의 개발 혹은 모기업의 서비스를 다른 기업에 '아웃소싱'하는 것. 아웃소싱은 공식적·비공식적 혹은 '현금 지불cash-in-hand' 형태의 고용과 착취 공장sweatshops을 포함한 하청업체의 성장으로 이어졌다. 비공식 고용의 경우에 고용주는 제품의 질보다는 가격을 두고 경쟁을 한다. 이는 임금 비용이나 비非임금 비용(실업보험 등)을 줄이기 위해 비공식적으로 고용된 노동력을 활용하면서 고용과 해고의 자유로운 상태(양적 유연성)를 이용한다.

- 지식 집약적 일자리의 발전에도 불구하고 직업 스펙트럼 전역에 걸쳐 미숙련/저임금노동력에 대한 지속적인 수요가 있다. 특히 농업, 제조업, 서비스 분야와 3C라 불리는 돌봄care, 청소cleaning, 케이터링catering에서 수요가 높다.

위에 제시한 특징이 선진국 경제의 정확한 모습을 나타내는지는 확실하지 않다. 한편 위와 같은 특성은 특정 국가, 지역, 도시, 지방 등에 더 관련이 있기도 하다. 선진국에서의 이민자에 대한 노동 수요 **지리학**에 관해서 가장 참신하고 개척적인 논의 중 하나는 사센(Sassen, 1991)의 '글로벌 도시 가설'에서 찾아볼 수 있다.

■ 글로벌 도시, 도시 노동 수요와 이주

제2장에서 살펴본 바처럼 사센의 '글로벌 도시 가설'은 경제구조와 노동 수요의 특성을 노동 이주와 이주 노동자의 이용성과 연결 짓는다. 우리는 이미 '글로벌 도시' 내의 고임금 노동자와 저임금 노동자와의 관계를 살펴보았다. 그러나 사센의 주장 중에는 경제활동의 '비공식화'(더 비공식적인 경제 활동의 발전)라는 요소가 있다. 사센은 상업 공간, 사업 자본의 투입(법률 서비스, 매체 등), 관련 서비스와 노동과 같이 글로벌 도시에서 필수적이고 값비싼 자원들을 놓고 다른 기업과 경쟁할 능력이 없는 몇몇 기업이 비공식화와 '착취 공장'의 성장을 이야기 했다고 주장한다. 그는 착취 공장을 '몰락한 제조업down-graded manufacturing'이라고 칭했다.

저임금 이주자와 다른 소수민족은 글로벌 도시에서 판매되는 고급 제품을 구매할 여유가 없다. 그래서 이들은 '동족co-ethnic' 생산자 및 다른 이주자가 운영하는 저가 제품을 판매하는 가게에서 필요한 물건들을 구매하는데, 사센은 이를 '하락한 대중 소비자 서비스down-graded mass consumer services'라고 일컬었다. 이와 동시에 좀 더 부유한 소비자를 대상으로 하는 틈새시장에서 소량 생산된 제품이 나타나는데, 사센은 이를 개선된 '비대중 소비자 서비스 nonmass consumer services'라 부르고, 이러한 현상이 도시에서 이주 노동자가 지배하고 있는 노동 집약적이고 소규모로 이루어진 하청업체의 발전을 불러 온다고 주장하였다.

그러나 사센은 훗날 다른 논의(Sassen, 1996)에서 '공급 측면supply-side'의 관점을 보다 강조한다. 사센은 글로벌 도시에서 이주자 수의 증가가 대형 체인점과 슈퍼마켓과 경쟁할 수 있는 소규모의 생산자의 증가를 가져왔다고 주장한다. 비록 경쟁이 치열하고, 수익은 적지만, 더 저렴한 노동력에 대한 수요를 창출한다.[2] 이제 저임금의 합법 및 미등록 이주 노동자에 대한 수요를 자세히 살펴보자.

■ 합법적, 미등록의 미숙련/저임금 이주 노동자: 비공식 고용과 미등록 이주

저임금을 받는 합법적 및 미등록 이주자는 공식적 또는 비공식적으로 고용된다. 하지만 일반적으로 미등록 이주자는 비공식적으로 일을 한다. 다양한 비공식 고용의 정도와 미등록 이주 간의 관계는 복잡하다(글상자 3.2와 3.3 참조). 고용주가 저렴하고, 유순하고, 신뢰할 수 있고, 생산성이 높으며, 로스(Ross, 2003)가 '일에 대한 의욕이 강해 개인 사정과 상관없이 일을 시키면 바로 하는 것zero drag(자녀를 포함해서 그 어떤 '짐baggage'도 가지고 있지 않는 것)이라 일컫는 특성을 갖춘 노동자를 고용하기 원한다는 사실을 고려해 보면 고용주가 합법적 이주자보다 미등록 이주자를 보다 선호하는 것은 논리적으로 타당해 보인다.[3] 하지만 고용주가 항상 미등록 이주자를 더 선호하는 것은 아니며, 이는 기업이 무엇을 생산하고 어떤 서비스를 제공하느냐에 따라 달라질 수 있다. 이스칸더(Iskander, 2001)는 파리 의류 산업 고용주들이 1990년대에 미등록 이주 노동자 대신 합법적 이주자를 고용한 사례를 든다. 그 이유는 합법적 이주자만이 의류 생산의 모든 과정에서 일을 할 수 있었기 때문이다. 의류 산업의 생산 과정은 비공식적인 것도 있었고, 합법적인 것도 있었다.

더 나아가 합법적인 거주지에 살고 있는 많은 이주자들도 규정된 노동시

간 이상으로 일할 권리가 없어서 할 수 없이 비공식 고용에 종사하게 되는 경우가 있다. 이주자가 합법적으로 거주할 자격은 있으나 노동 자격은 없는 경우 또는 비자에서 규정하고 있는 시간보다 더 오랜 시간 근무하는 경우를 앤더슨 등(Anderson et al., 2006)은 '반半순응semi-compliance'이라고 부른다. 몇몇 이주자들은 이렇게 제한된 권리로 인해서 특정 직업만을 가질 수 있는데, 이러한 직업은 대체로 노동환경이 가장 열악한 것들이다.

그럼에도 불구하고 말레이시아, 일본, 싱가포르, 태국을 포함한 선진국 내의 상당한 양의 저임금(정확한 액수는 모른다) 일자리를 비공식 고용된 미등록 이주자들이 차지하고 있다(글상자 3.2의 5번, 6번 참조).

글상자 3.2 비공식 고용과 미등록 이주의 복잡성: 정의와 범주

공식적·비공식적 부문을 논하기 보다는(Hart, 1973 참조), 상대적으로 '비공식화'와 관련하여 공식적·비공식적 경제활동이라는 용어를 사용하는 것이 더욱 적절할 것이다(Sassen, 1998). 그 이유는 직업 또는 생계 수단은 공적인 순간과 비공식적인 순간 모두를 포함할 수 있기 때문이다(Smith and Stenning, 2006). 이에 따라 윌리엄스와 윈드뱅크(Williams and Windebank, 1998)는 '비공식 영역'을 '정부 및 세금, 사회보장제도 및 노동법의 목적에 의해 등록되지 않거나 이들로부터 숨겨져 있지만 다른 모든 측면에서는 합법적인' '모든 생산적인', '직업 활동'이라 정의했다(p.4; Castells and Portes, 1989). 윌리엄스와 윈드뱅크는 더 나아가 그들이 비공식 고용이라고 부른 유급의 비공식적 경제활동과 무급의 비공식적 일(개인과 집단 사이의 '상호 협조'라고도 불리며 여기서는 다루지 않겠다), 불법 고용(다음에서 다루겠다)이라는 두 개의 관련된 형태의 비공식적 경제활동으로 구분하였다. 불법 고용이란 불법적인 금지된 마약의 제조처럼 불법적인 생산 조건하에서 제품을 생산하는 것을 말한다. 이 비공식 고용의 정의를 고려하면 다양한 이주자의 합법적 상태와 그들이 종사하고 있을 다양한 종류의 경제활동 역시 구분할 필요가 있다

(Samers, 2005).

1. 합법적 거주지와 직업 허가를 지닌 이주자(망명 신청자와 난민 포함)라고 하더라도 정당한(일반적으로 합법적인) 재화와 서비스를 생산하는 데 불법적으로 고용된다. 만약 제품이나 서비스가 합법적인 조건하에 생산 또는 수행되고, 최종 제품 혹은 서비스는 불법이 아니라고 할지라도 생산 혹은 서비스의 제공 과정은 불법적일 수 있다. 예를 들어 의류의 노동 착취 생산이 있다.

2. 합법적 거주지는 있으나 직업 허가를 받지 못한(망명 신청자와 난민 포함) 이주자는 정당한 재화를 불법적으로 생산한다(위의 1번과 같이).

3. 합법적 거주지와 직업 허가를 지닌 이주자(망명 신청자와 난민 포함)는 부당한 재화('노동 착취를 통한' 금지된 제품의 생산, 마약 밀거래, 성/성적인 노동)를 불법적으로 생산한다.

4. 합법적 거주지는 있으나 직업 허가를 받지 못한 이주자(망명 신청자와 난민 포함)는 부당한 재화를 불법적으로 생산한다(위의 3번과 같이).

5. 미등록 이주자는(합법적 거주지와 직업 허가를 받지 못한 사람들) 정당한 재화와 서비스를 불법적으로 생산한다(위의 1번과 같이).

6. 미등록 이수자는 부당한 새화와 서비스를 불법적으로 생산한다(위의 3번 4번과 같이).

7. 미등록 이주자는 부당한 재화와 서비스를 합법적으로 생산한다(이는 덜 보편적이며, 비록 거주지와 지업 허가이 관점에서 보면 불법적이라 할지라도 고용주는 위조문서를 바탕으로 합법적으로 사람을 고용한다).

위의 1번부터 7번까지를 통해 우리는 흑백논리로 간주했을지도 모르는 범주가 훨씬 복잡함을 알 수 있고, 이 복잡성에 대한 이해는 이와 같은 이슈의 미디어의 표현과 맞물려 좀 더 비판적인 조사를 가능하게 한다. 1번부터 4번까지에서 묘사된 상황은 거주권과 노동권을 가진 혹은 오직 거주권만을 가진 합법적 이주자를 고려하고 있다. 7번은 아래 글상자 3.3에 설명되어 있다.

글상자 3.3 어떻게 미등록 이주자가 합법적으로 일할 수 있나?

미등록 이주자가 합법적으로 일하는 것은 불가능한 것처럼 보인다. 그러나 사회 네트워크와 지불 능력이 주어진다면 '사회보험(SI)' 번호를 얻는 것은 상대적으로 쉽다. 실제로 영국에는 도난당한 사회보험 번호를 위한 큰 시장이 존재하며, 미등록 이주자는 합법적인 이주자와 나란히 일하고 있는 자신을 발견할 수도 있다(Ahmad, 2008a). 이와 유사하게 미국에는 멕시코와 미국 특정 도시에서 이주자가 구매할 수 있는 매우 그럴싸한 신분증(mica)과 다른 필요한 서류와 관련된 날로 커져 가는 시장이 있는 것으로 보인다.

아시아, 유럽, 북미에서의 비공식 고용의 증가와 미등록 이주자의 증가에 대한 언론 보도와 학술 연구는 이미 많이 이루어져 있다. 비공식 고용은 선진국에서 점점 더 많은 부분을 차지하고 있는 것처럼 보이지만(Schneider and Enste, 2000) 새로운 현상은 아니다(Castells and Portes, 1989). 필자가 '것처럼 보인다'라고 하는 것은 핀란드, 스웨덴, 노르웨이에서 수집한 증거들을 보면 적어도 1990년대 이전까지만 하더라도 미등록 이주 노동자의 비공식 고용이 광범위하게 이루어지지 않았음을 알 수 있기 때문이다. 특히 기관, 규제, 노동조합 세력과 노동시장을 규제하는 집단적 합의 세력을 고려해 봤을 때 더욱 그러하다(Hjarnø, 2003; Schierup, Hansen and Castles, 2006).

비공식 고용의 성장 상태가 어떠하든 미등록 이주자가 지난 십 년 동안 선진국에서 급격히 증가했다는 것(Massey et al., 2002; SOPEMI, 2000; Seol and Skrentny, 2004; Tsuda and Cornelius, 2004; Samers, 2005)을 증명해 줄 상당한 일화와 통계자료가 있다. 그러나 프랑스에서는 현재의 미등록 이주자가 수가 지난 수십 년보다 반드시 높지는 않다는 것과(Marie, 2000 참조), 1960년대에 프랑스에 온 이주 노동자의 대다수가 미등록 이주자였지만 훗날 합법화되었다는 것 또한 잘 알려져 있지 않다(Tripier, 1990).

■ 합법적 및 미등록 미숙련/저임금 이주자: 그들은 어디에서 일하는가?

아시아, 유럽, 북미에서 합법적 및 미등록 이주자가 직업 스펙트럼 내의 다양한 일자리에 교환되면서 고용되는 것이 일반적인 일이지만, 이들은 현재 민족/이주자의 틈새시장이라고 여겨지는 농업, 의류·섬유와 하락세에 있는 간단한 제조업 분야(건설, 음식 가공, 소규모 상점, 조경, 소매점, 노점)와 '3C'라 불리는 돌봄, 청소, 케이터링과 성매매 혹은 성적인 직종에 특히 더 많이 종사한다. 위에 제시한 직종을 보면 이주자가 종사하는 일의 특성을 '3D'(더럽고dirty, 위험하고dangerous, 어려운difficult) 업종이라고 할 수 있을 것이다. 또한 '천하다demeaning'는 특징을 들 수도 있는데, 이것은 특히 이주자의 일이 젠더와 관련되어 있거나 성적일 때 혹은 시간과 장소를 막론하고 이주자 스스로가 '받아들이기 어렵다unacceptable'라는 방식으로 취급받을 때 그렇다.

다음에 농업, 의류·섬유 생산, 건설, 음식 가공, 조경, 3C에 종사하는 이주 노동자의 사례를 소개해 두었다. 농업 분야에서는 폴란드인과 다른 동유럽 국가의 이주 노동자가 영국의 남부와 동부에서 채소를 수확하며, 집약적인 원예농업에 점점 더 많이 종사한다(Anderson and Rogaly, 2005; Rogaly, 2008). 자메이카와 멕시코 출신 남성은 온타리오와 캘리포니아에서 딸기를 수확하고, 많은 모로코인이 에스파냐에서 비슷한 일을 하고 있다(Bauder, 2005; Mendoza, 2001). 하지만 한국은 예외이다. 한국의 이주 노동자는 대체로 농업 분야에는 고용되지 않는다(Seol and Skrentny, 2004).

선진국에서 의류와 섬유 산업이 지속되는 것은 이 분야가 생존을 위해 저임금의 미등록 이주 노동자에게 의존할 수 있기 **때문이라고** 주장할 수 있을 것이다. 암스테르담의 의류 산업을 거의 지배하고 있는 터키 출신의 남성 노동자들(Raes et al., 2002)부터 로스앤젤레스와 뉴욕 시의 중앙아메리카 출신의 남녀 노동자의 사례에 이르기까지 볼 수 있듯이 말이다(Light et al., 1999; Kim, 1999).

건설 분야와 관련해서는 필자가 앞서 언급했던 것처럼 인도, 파키스탄 출신의 이주 노동자 '집단'이 두바이의 열악한 환경 속에서 노동을 지속해 오고 있는 것을 예로 들 수 있다. 1990년대에 폴란드인 노동자가 합법적 및 미등록 이주자를 모두 포함해서 '새로운 베를린new Berlin'을 만들기 위해 현재 두바이와 같은 열악한 상황 속에서 일했다. 이들은 폴란드가 2004년에 유럽연합에 통합될 때까지 건설업에 종사했다(Wilpert, 1998).

영국에 거주하는 리투아니아인의 21%가 2000년대 초에 런던의 건설업에 집중되었다(Spence, 2005). 프랑스 건설업에서 알제리인과 모로코인의 임금은 최저 수준이고, 가장 열악한 환경에 세분화되어 일하고 있다(Jouin, 2006). 영국에서 매일 소비되는 수십만 개에 달하는 샌드위치는 런던 지역에서 음식 가공과 샌드위치 제조 공장에서 일하는 수천 명의 아프리카와 남아시아 출신의 이주자가 없었다면 생산될 수 없을 것이다(Holgate, 2004; 글상자 3.4에 음식 가공의 다른 사례들이 제시되어 있다).

미국에서는 특히 조경 분야에서 이주자의 고용이 중요하다. 왜냐하면 미국에서 호화로운 주택 혹은 넓은 땅에 집을 소유하고 있는 사람들이 깔끔하게 가꾸어진 정원과 잔디를 원하기 때문이다. 조경 분야에서 멕시코인과 다른 중앙아메리카 국가의 이주자가 '일용직day-labourers'으로 일하기 위해 철물점이나 다른 비공식적 장소에서 대기하다가 팀을 이루거나 또는 개인으로 고용되어 일하러 가는 것이 일반적이다. 이들을 고용하는 사람은 소규모의

글상자 3.4 아이오와는 두바이와 많이 다른가?

2008년 5월 12일, 필자가 이 장의 초반을 쓰기 시작할 때에 미국 입국 관리자는 어그리프로세서(Agriprocessor)사가 운영하는 아이오와 주 포스트빌 마을 안의 이슬람 도축 공장을 단속했다. 그 공장은 이전에 수많은 위반으로 소환된 적이 있었으며, 일부는 공장 상태에 불만을 가진 미국 유대교 공동체 지도자의 청원에 의한 것이었다. 단속을 통해 398명의 미등록 이주자를 발견했는데, 이들은 주로 과테말라에서 온 사람들로 18세(정부가 지정한 도축산업에서의 법적 노동 연령) 이하의 노동자 고용을 포함하고 있었으며, 계속적으로 노동과 안전 규범을 어긴 공장에서 일했다. 관리인은 거의 현장 교육을 제공하지 않았고, (때때로 경멸적 방법으로) 노동자를 핍박했으며 노동자는 거의 쉬지 않고 지나치게 장시간 일할 것을 강요받았다. 엘머(Elmer)라는 한 과테말라인은 일주일 중 6일간 하루에 최소 17시간씩 일하였고, 『뉴욕 타임스』는 7월 27일자에 "그는 항상 지쳐 있으며 일하고 잠자는 것 외에 다른 것을 할 수 있는 시간이 없었다"라고 보도하였다. 기사에 따르면 엘머는 "매우 슬픕니다", "내가 노예인 것 같습니다"라고 주장하였다.

이 사건은 공장과 관련이 없는 이주자 지지자인 랍비와 합법적 및 미등록 라티노 노동자의(이들 중 많은 이들이 체포 혹은 추방당했다) 항의로 이어졌다.

다른 한편에서는 지역 주민과 이민개혁 연합 불법이민 반대 시위자들이 이민허가가 '불법 체류자'를 불러 모았다고 주장하였다. 공장은 18세 이하 노동자를 자진해서 고용하지 않았으며, 노동자 서류가 위조되었다고 수상하였다. 비록 이주자들이 일을 구하기 위해 거짓 문서를 사용하였다고 인정하긴 했지만 관리자들도 그들이 미성년자라는 것을 알고 있었다고 주장하였다(『뉴욕타임스』, 2008년 7월 28일).

과연 이 모든 사실들이 두바이의 남부 아시아 노동자의 이야기와 많이 다르다고 할 수 있을까?

조경 회사일수도 있고 혹은 단순히 집 주인일 수도 있다(Valenzuela, 2001). 미국에서는 고용 전반에 걸쳐서 종종 합법적 형태와 불법적인 임시 기업들에 의한 일용직 고용이 많이 나타나는 반면, 유럽연합 국가에서는 이러한 현상이 현저하지는 않다. 또한 미국에서도 조경 노동자에 대한 수요의 감소와 함께 펜실베이니아 주의 헤이즐턴부터 일리노이 주의 카펜턴스빌에 이르기까지 많은 미국의 시 법령이 이러한 고용 관행을 법으로 금지하고 있기 때문에 유럽보다도 점점 더 그 수가 줄어들 수도 있다(『뉴욕 타임스』, 2007년 9월 26일; 『뉴욕 타임스 매거진』, 2007년 8월 5일).

'3C' 영역의 고용은 특정 성별에 집중되어 있는데, '돌봄' 혹은 '감정 노동'이라고 불리는 일들에 대체로 여성 이주자가 집중되어 있으며, 특히 이들의 대부분은 개발도상국에서 이주해 온 '유색인종 여성'이다. 예를 들어 약 69만 명의 인도네시아 여성들이 해외에서 가사 도우미로 일하기 위해 자국을 떠났고, 이탈리아의 가사 도우미 50% 이상이 유럽연합 국가 외에서 온 이주자이다(IOM, 2008a). 필자는 제2장에서 가사 노동과 관련된 일에 여성 이주자의 수요가 높은 이유를 몇 가지 제시했었다. 혹실드(Hochschild, 2000)는 가사 노동의 이동 현상을 '돌봄 체인care chain'의 한 부분으로 본다. 즉, "유급이나 무급의 남을 '돌보는 일'을 바탕으로 전 세계의 사람들 간에 나타나는 개인적 유대 관계의 연속들"이라고 보는 것이다(p.131). 일반적으로 이 체인에는 "선진국으로 이주해서 한 가정의 보모로 일하는 어머니를 둔 아이들을 대신해서 돌보는 보모, 그 보모를 어머니로 둔, 어머니가 일하는 동안 형제자매를 돌보는 빈곤한 가정의 장녀"와 같은 여성이 포함된다(p.131). 이러한 돌봄과 관련된 일에는 보모, 숙식하면서 일하는 형태나 통근하는 형태의 가사 도우미, 병원, 의원, 요양원, 개인 가정에서 간병인으로 일하는 것 등이 포함된다. 또 다른 형태의 '돌봄' 혹은 '감정 노동'에는 성매매와 성과 관련된 일도 포함되며, 여기에는 대체로 인신매매가 개입된다(글상자 3.5 참조).

글상자 3.5 인신매매와 성매매

우리는 제1장에서 인신매매가 대개 '착취'를 수반하면서('노예 수입 과정'), 비공식적 또는 불법 고용과 불법적인 방법 도입의 결합을 말한다는 것을 살펴보았다. 국제연합(2000)에 따르면 "인신매매란 착취의 목적으로 협박이나 폭력 등 강압적 방법을 시도하여 납치, 사기, 속임수, 권력 또는 취약한 위치를 남용하거나, 보수를 주거나 받는 또는 다른 사람을 지배 하는 데 동의를 함으로써 얻는 이익, 사람의 수송, 운반, 이송, 제공 혹은 인수를 말한다. 착취는 타인 매춘이나 다른 형태의 성 착취, 강제 노동 또는 서비스, 노예제 또는 유사 노예제 관행, 장기 탈취 형태로 이루어진다"(UN, 2000, Article 3a, p.3). 그런데 이러한 정의는 착취와 관련된 활동 뒤에 숨겨진 유형과 동기를 다루기에는 부적절하다. 예를 들어 드 랑에(de Lange, 2007)는 부르키나파소의 배경 안에서 국가 내 아동 이주와 아동 인신매매가 다양한 이유로 쉽게 구분되지 않아서 '착취'와 '강압'에 기여하는 핵심이 확실하지 않다고 지적했다. 이처럼 밀수와 인신매매 간의 관계는 국제연합에서 말하는 것보다 더 애매하다. 왜냐하면 예를 들어 밀수는 극히 낮은 임금의 어려운 노동을 통해 빚의 상환을 수반할 수 있기 때문이다(예를 들어 Ahmad, 2008b; Kyle and Koslowski, 2001; Salt, 2000). 그럼에도 불구하고 위에 나타난 국제연합의 인신매매에 대한 개념화는 국제이수기구(IOM), 비정부기구, '인신매매'를 다루는 다양한 학자들에 의해 기준이 되는 정의로 널리 여겨진다.

인신매매는 가장 불법적인 흐름이기 때문에 정확한 수치를 알 수 없다. 그러나 이는 아마 전 세계의 수백, 수천 명이 연루된 광범위한 현상으로 보인다. 인신매매의 이유와 상황은 나라마다, 지역마다 다르다. 명확한 것은 인신매매가 성적인 형태이든 아니든 간에 미래 기회에 대한 회유와 유혹의 조합을 포함한(예를 들어 '서구' 생활양식과 소비재의 유혹) 어느 정도의 자발성과 다른 한편으로는 유괴, 강압, 위협, 사기, 받아들일 만한 일에 대한 거짓 약속, 강제 노동, 거짓 감금 사이의 스펙트럼을 수반한다는 것이다.

성매매는 학문적으로 또는 언론으로부터 커다란 관심을 받아 왔던 것으로 보인다(Askola, 2007). 아구스틴(Agustin, 2006)과 켐파두(Kempadoo, 2007)는 여성들이 (그들이 꼭 싫어하지 않을 수도 있다) 어느 정도 성적 노동을 한다는 것을 알고 있을 수 있기 때문에 성적 인신매매를 반드시 강제 이주로 봐야하는 것은 아니라고 주장해 왔다. 사실 그들 국가에서 어떤 여성은 다른 일보다 매춘을 선호할지도 모른다. 그러므로 아구스틴(2006)과 켐파두(2007)는 최소 몇몇의 '성적 인신매매인'을 단순히 매춘부인 여성 이주자로 간주할 수 있으며, 따라서 성/성적 노동 목적의 이주와 성적 인신매매를 구분할 필요가 있다고 주장하였다. 따라서 정부와 언론의 '희생 담론'과 오직 성적 인신매매로서의 성/성적 노동 이주의 오해는 부분적으로 여성의 적절한 성적 행위에 대한 도덕적 기대에 의존하며, 단순히 '제3세계 인구'에 대한 엄격한 이주 통제와 여성의 '성적 중개소'에 대한 단속으로 이어진다(Kempaddo, 2007, 82; Giordano, 2008). 그러나 신문과 잡지의 많은 기사가 지적해 왔듯이 아구스틴(2006)은 많은 여성이 종종 그들이 결국 경험하는 노동환경을 기대하지 않았다는 것을 인식했다.

예를 들어 『The New Yorker』(May 5, 2008)의 몰도바에서의 성매매에 대한 장문의 토론은 훨씬 냉혹한 상황을 보여 준다. 『The New Yorker』에 따르면 성적 인신매매는 부분적으로 현재 유럽 전역에서 가장 가난한 국가 중 하나인 몰도바 경제 상황의 결과물이다. 몰도바는 1990년대 초 이래로 심각한 경제 쇠퇴를 겪어 왔으며, 따라서 여성에게 임금노동의 기회는 거의 없었다. 이주는 흔할 뿐만 아니라 많은 몰도바인 사이에서 장려되었다. 또한 노동인구의 대략 4분의 1이 해외에 살고 있다. 젊은 여성은 대부분 다른 몰도바인에 의해 활발하게 채용된다. 때때로 매매된 몇몇의 여성들은 몰도바로 돌아오기도 한다. 최근에는 매춘과 연관된 일에 종사해야 할 것이라는 과소평가된 인지에도 불구하고, 매매를 '행복한' 경험으로 생각하기도 한다. 많은 여성이 몰도바의 학대 및 가난으로부터 달아나고 있는 중이다. 그리고 그들의 부모와 친구들은 그들의 딸이 '매매'(혹은 밀수)를 받아들이는 데 동의할 지도 모른다. 그러나 젊은 여성은 구타, 강간, 그들이 받게 될지도 모르는 위장 수감 등을 기대하지 않는다. 사실 그들은 어쩌면 결국 그들이 '일할' 곳이라 여겼던 국가에 남지 않을 수도 있다. 많은 여성은 자신들이 서부 유럽에 가게 될 것이라고 기대하지만 두바이나 이스탄불과 같은 도시에서 운영되는 몰도바 네트워크가 아닌 곳에 팔려간다.

이주 여성이 처한 노동환경은 굉장히 다양하지만 기존의 많은 연구들은 이주 여성이 일하는 환경에 대해 까다롭고, 천하며, 때로는 노골적으로 억압적인 환경이라고 지적한다. 특히 가사 노동의 경우에 필자가 제2장에서 언급한 항상 준비된(Anderson, 2001b) 여성 이주자의 상태는 그들을 고용주에게 더 매력적으로 보이게 한다. 싱가포르에 거주하고 있는 필리핀, 스리랑카, 타이, 인도, 버마의 여성 노동자에 대한 여와 황(Yeoh and Huang, 1998)의 연구에 따르면 여성 이주 노동자는 휴일이나 휴식 없이 일주일에 60~75시간을 일한다고 한다. 가사 도우미로 일하는 이주 노동자는 고급 주택이지만 편의시설이나 교통수단이 거의 없는 고립된 곳에서 일한다. 일부 여성 노동자는 주중에 남자친구를 집에 데리고 오는 것, 전화 통화하는 것, 손님을 초대하는 것이 금지되어 있다(Hondagneu-Sotelo, 2002). 극단적인 경우에 여성 이주 노동자는 성폭행을 당하거나 여권을 압수당한다(Anderson, 2001b). 노동자의 국적과 시민권 상태는 그들이 어떤 노동환경에 처하게 될지를 결정하는 중요한 요소이다. 열악한 근로조건과 환경은 가사 노동 관련 일을 하는 노동자에게게만 국한된 것이 아니다. 이주 간호사도 선진국의 병원과 의원에서 낮은 임금과 장시간의 노동시간과 같은 열악한 상황에 처해 있다(Yeates, 2004 참조).

반면에 케이터링과 청소와 관련된 일은 남성과 여성 모두를 고용하며, 다양한 형태의 일이 포함된다. 이주자가 처한 여러 어려움 중에서 아마드(Ahmad, 2008a)와 왈백(Wahlbeck, 2007)은 핀란드와 런던의 포장 전문take-out 레스토랑 혹은 왈백(2007)이 '케밥 경제'라고 부르는 부문에서 일하는 파키스탄과 터키 남성 이주자의 어려운 생활상을 설명한다. 이곳에서도 너무나 익숙한 노동환경이 이주자를 억압한다. 정식 문서로 남아 있는 연구는 아니지만 '데드 맨 워킹Dead men walking'(아마드의 연구 제목)에서는 장시간의 근무 시간, 저임금의 문제뿐만 아니라 무상으로 혹은 고용주의 비용으로 이주 노동자에게 제공되는 기름지고, 영양가 없는 음식으로 이루어진 식단에 대해 이야기한다. 물론 일부 이주자는 동족co-ethnic 고용주 아래에서 일하는 것을 선호하고 비교적 공정한 대우를 받는다고 할 수도 있다. 하지만 많은 이주 노동자들은 그들을 '끝없는 작업 사이클endless cycle of work'과 "두려움과 내일에 대한 물음표로 가득 찬 공허한 현재"(Ahmad, 2008a, p.315) 안에 가두는 불안정성 속에서 '좁은 물리적 공간'인 일터와 집에만 제한된 그들의 삶에 대해 후회한다. 이와 같은 모습은 '민족 집단 엔클레이브와' 내의 황량한 삶을 보여 준다. 웨스트 런던 지역의 고급 호텔도 예외는 아니어서 노동시장 분절화와 좌절로 가득 찬 모습이 존재한다. 맥도웰 등(McDowell et al., 2007)은 웨스트 런던 호텔의 식음료 분야에 대해 연구를 했는데, '호텔의 전면부front'는 거의 백인들이 차지하고 있는 반면 '유색인종'들은 '보이지 않는 곳'에서만 일을 하도록 제한되었다.

런던과 영국에서의 청소 분야도 크게 다를 바가 없다. 특정 민족 집단 엔클레이브와 연관되어 있는 것은 아니지만, 청소 분야가 선진국 내의 도시에서 이주자(민족이 아닌)의 분야가 되어버린 것은 확실하다. 청소부로 이주 노동자를 고용하는 것은 이 일을 민영화하고 외주업체에 하청을 주는 것과 무관하지 않다. 일반적으로 비용에 민감한 청소 분야에서 이주 노동자는 인건비가 싸다는 이유로 주로 채용된다(May et al., 2007; Pai, 2004). 매이 등(May et al., 2007)에 따르면 그들이 조사한 병원, 학교, 슈퍼마켓, 런던의 지하철 등의 청소부의 90% 이상이 외국 태생이었다. 일부는 관광 목적으로 영국에 이주해 온 것이었고, 망명을 했거나 학생 혹은 오페어au pairs, 즉 숙식을 제공받는 대신 가사를 도우며 그 나라 언어를 배우기 위해 이주해 온 사람도 있었다. 매이 등(2007)은 나이지리아와 가나 출신의 합법적 노동자를 주로 연구했는데, 이들은 산업 전반에 걸쳐서 젠더에 따른 노동의 구분이 있다고 보았다. 여성은 호텔과 같은 반semi사적인 공간의 일자리에 집중되어 있던 반면, 남성들은 사무실 청소나 지하철과 같은 반semi공적인 공간에 집중되어 있었다. 이들 중 90% 정도가 '런던 최저생활 임금' 이하의 임금인 시간당 5.45파운드(약 10달러)를 받고 있었으며, 연간 1만 200파운드(약 2만 달러)를 지불받고 있었다. 그럼에도 불구하고 이들 대다수는 합법적 노동자로 서면으로 작성된 계약서를 통해 일을 하고 있었으며 세금과 사회 보험료를 지불하고 있었다.

페이(Pai, 2004)는 런던에 있는 슈퍼마켓 체인점의 하청을 받은 기업에서 합법적 및 미등록 이주자가 일하고 있다고 했다. 이주자는 가나, 나이지리아, 에티오피아와 남아프리카공화국 출신이었다. 이 슈퍼마켓 체인점은 영국 노동시간 규정을 따르지 않아서 이주자 청소부는 일주일에 48시간 이상 일하도록 요구받기도 했다. 일주일에 48시간 이상을 근무하는 이주자들은 4주간의 유급 휴가를 받을 수 있었는데, 이러한 규정은 거의 지켜지지 않았다. 일부 이주 노동자는 다른 이주자와 똑같은 일을 함에도 불구하고 다른 액수의 임금을 받기도 했다. 이주자가 서명한 계약서에는 시간당 임금이 명시되어 있지 않았으며, 합법적 이주자와 그렇지 않은 이주자의 노동환경에는 뚜렷한 차이가 존재했다. 이러한 점은 이주자의 근무 경험을 형성하는 데 규정이 얼마나 중요한지를 보여 준다.

■ 규제의 힘과 이주 노동자의 분절화

노동시장 규제부터 주택 정책에까지 이르는 이주자의 입국·정착 정책은 다른 사회·경제 정책과 마찬가지로 이주자가 일자리를 찾을 가능성, 그의 지위, 그가 노동시장에서 겪게 되는 경험에 중요한 영향을 미친다. 이러한 정책은 지리적으로 다양할 뿐만 아니라 유럽연합처럼 한 국가의 정책이 범국가적 형태의 규제와 부분적으로 중복되는 경우도 있기 때문에 이주 노동자의 삶과 교차되는 무수히 많은 '규제의 힘forces of regulation'을 살펴보는 것은 까다로운 일이다. 이를 살펴보려면 적어도 다른 관련 도서를 한 권 이상 더 읽어야 할 것이다. 그럼에도 여기서는 주요한 점 몇 가지를 강조할 필요가 있다고 판단되는데, 노동시장 생산성과 노동자의 노동시장 경험을 형성하는 입국·정착 정책의 역할이 바로 그것이다. 이러한 정책과 규제는 이주자**뿐만 아니라** 고용주에게도 해당되는 사항들이다.

이주자의 관점에서 국가정부는 공식 시민권과 비자 규제를 통해서 이주자가 특정 일자리에 접근할 수 있는 가능성과 그 기간을 통제한다. 이러한 규제에는 이주자의 거주 상태를 증명할 수 있는 자료와 취업 허가증, 이주자의 거주 상태를 증명할 수 있는 자료와 고용 상태를 증명해 줄 자료, 이주자가 '시민에게 재정적으로 부담burden on the public purse'(이 문구는 필자를 포함한 영국의 세관 관계자가 모든 영국 거주 외국인에게 늘 말하는 문구이다)이 되지 않을 정도의 적절한 주거지와 충분한 재정 자원을 지니고 있는지를 보여 줄 수 있는 자료를 제시할 것을 요구하는 것 등이 포함된다.

중국에서는 노동시장 분절화가 **국내** 이주자와도 연관이 있어 다른 국가의 규제와는 다른 양상을 띤다. 1950년대에 중국은 **호구**제도(혹은 거주지 등록제)라는 것을 도입해서 지방 인구가 해안 도시로 거주지를 쉽게 이전하는 것을 방지했다. **호구**제도는 도시 지역의 거주자에게만 특정한 국가 보조금과 혜택을 받을 수 있도록 하고, 지방에서 도시로 이전해 온 거주자에게는 그러한 혜택을 주지 않는 것이다. 중국 정부는 20세기 말에 해안 대도시에서 이주자의 노동을 허용하기 위해 이 제도를 완화시켰다. 그러나 노동환경이 좋고, 상대적으로 좋은 일자리는 **호구**제도 내의 거주자에게만 그 자격이 주어져서 이주자는 저임금과 열악한 노동환경의 일자리에 종사할 수밖에 없다. 즉, 거주자 지위가 지방에서 도시로 이전해 온 자국 내 이주자의 직업 전망을 좌지우지할 수 있다는 것이다(Fan, 2001).

꽤 분명한 것은 이와 같이 정책이 분류되어 있어 서로 다른 부류의 이주자에게 각각 다른 노동 규정제가 적용된다는 점이다. 따라서 우리가 다음 부분에서 살펴볼 내용처럼 이주 정책이 다른 경제, 사회 프로그램과 연계될 때 이주자는 고용주에 비해 훨씬 낮은 위치에 처하게 된다. 이는 일찍이 '시민권 착취citizenship exploitation'라고 불렸다. 특히 망명 신청자와 난민은 일할 수 있는 노동 가능 시간이나 그들이 일 자체를 할 수 있는지의 여부가 규정화되어 있다. 예를 들어 영국에서는 대부분의 망명 신청자들이 '영주권leave to remain'을 부여받기 전까지 일을 할 수 없는 반면, 스웨덴에서는 그들이 영주권을 얻는 과정이 4개월 이상 소요될 것이라고 예상되는 경우에만 일을 할 수 있다(Phillimore and Goodson, 2006).

고용주 규제와 관련하여 정부는 규정과 인센티브를 이용해 필요한 고숙련/고임금 또는 미숙련/저임금의 특정 유형의 노동자를 유인하려고 한다. 캐나다는 '점수제points system'라는 아이디어를 제창한 국가로서, 이 점수제는 이주자의 '적응력', 나이, 교육 수준, 투자 가능 소득(캐나다의 농장을 구매하고 운영할 의사를 포함), 언어 능력에 따라 이주자에게 각각 다른 시민권을 부여하는 제도이다. 고숙련 노동자와 개인 사업자를 유인하려는 여러 국가들은 캐나다의 점수제를 변형시킨 정책을 도입하였는데, 그 예로 프랑스, 독일, 영국, 미국에서 점수제를 변형한 정책을 사용하고 있다. 2008년에 영국은 자국自國만의 점수제를 도입했는데, 영국의 점수제는 초기의 '계급tiers'제도에 기초해서 만들어졌다. 영국의 점수제는 다양한 분류로 이루어진 복잡한 시스템으로 고숙련 이주자, 사업가, 후원받은 숙련 노동자, 임시 노동자, 유럽경제지역(스위스 노동자들을 포함)의 노동자, '다른 노동자'의 입국 정책을 포함하고 있다.**4** 점수제로 인해서 즉각 자격을 박탈당하는 사람도 있다. 즉, 이주자가 미숙련/저임금 노동자로 분류가 되고, 유럽연합과 유럽경제지역 이외의 국가에서 온 이주자로 분류된다면 다른 자격으로 영국에 입국할 수 있을지는 몰라도 **노동자 자격으로는** 입국하기 어렵다.

고용 스펙트럼 양 끝에서 보면 정부는 고용주 규제(벌금 부과와 형사상 처벌)를 도입해서 고용주가 미등록 이주자를 고용하거나 합법적 이주자를 불법적 방식으로 고용하는 것을 막고 있다. 그러나 이러한 정책은 산발적으로만 시행될 뿐이다(글상자 3.6 참조).

글상자 3.6 고용주 제재─중요한가?

1986년부터 미국 정부는 '고의로' 미등록 이주자를 고용한 고용주에게 고용주 제재를 시행해 왔다. 그러나 이민 귀화국은 오직 그들 재정의 2%만을 이 제재를 시행하는 데 사용하였으며, 국경에는 9500명의 이민국 직원이 있는 반면 이 제재를 시행하는 데는 전국에서 오직 124명의 이민국 직원만을 참여시켰다. 한편 조사에 소요된 시간은 1999년과 2003년 사이에 50%까지 떨어졌다(Cornelius,

---

2005). 국경은 점점 '무장화'된 반면에(Andreas, 2000), 위반에 대한 집행은 1992년에서 2002년 사이에 70%가 하락하였다.

그리고 2002년에는 미국 전체에서 오직 53명의 고용주만이 위반에 대한 벌금을 물었으며, 2003년에 오직 4명의 고용주만이 기소되었다. 평균 벌금은 대략 9729달러였으며, 이는 대부분의 대기업 고용주에게는 매우 소액이었다. 의심할 여지없이 고용주 제재는 비록 그것이 이민 및 세관 집행 기관을 위한 것일지라도 미연방 의회의 최우선 사항이 아님을 알 수 있다.

미국 법무부는 미등록 이주자를 고용하는 타이슨푸드(Tyson Foods, 식품 특히 닭고기 가공처리 회사)나 월마트(Walmart)와 같은 대기업을 기소하려고 하였다. 예를 들어 타이슨푸드는 미등록 이주자 고용으로 인해 2001년에 고발되었지만 유죄 판결을 받지는 않았다. 문제의 일부는 1986년의 법 조항이 고용주는 잠재적 노동자가 제시한 문서가 진짜인지 아닌지를 입증할 필요가 없다는 것을 '의도적으로' 의미한다는 것이다.

이와 유사하게 미국에는 미등록 이주자를 고용하는 자택 소유자에 대한 법적 규제가 없다. 그리고 우리는 집안일에서 정원 가꾸기까지 이러한 고용이 얼마나 중요한지를 보았다(Cornelius, 2005).

영국에서 비록 미등록 이주자에 따른 벌금이 대략 2001년 5000유로에서(약 1만 달러) 2008년 1만 유로(약 2만 달러)로 급격히 상승했음에도 불구하고(Home Office UK Border Agency, 2008), 고용주 벌금은 약하고 효과적이지 않은 것으로 판명되었다(Layton-Henry, 2004).

미국과 유럽의 고용주 제재의 바탕이 된 일본의 고용주 제재 역시 매우 부적절한 것으로 판명되었다(Tsuda and Cornelius, 2004). 고용주 제재가 효과적인 것으로 보인 나라는 1990년대 후반의 프랑스가 전부이다. 이는 아마 다른 기관들 사이의 포괄적이고 광범위한 협력 때문인 것으로 여겨진다(Marie, 2000).

■ 사회적 재생산 과정

규제의 힘은 사회적 재생산 과정과 교차해서 이주 노동자의 차별적인 고용 기회와 근로 경험을 형성한다. 앞으로 이어질 논의는 합법성과 사회적 지원 여부가 노동 현장에서 이주자가 얼마나 유순한지를 결정하는 요소라는 것을 제시한다. 필자의 논리는 간단하다. 즉, 사회적 지원과 이주자가 갖고 있는 권리가 적을수록 이주자는 더 유순하고 취약할 가능성이 높다는 것이다. 실제 상황에서 이러한 공식이 항상 맞지는 않겠지만 이러한 가정은 다음과 같은 논의를 불러올 수 있다. 다시 한 번 강조하지만 선진국에서의 사회적 재생산을 대강의 그림 이상으로 나타내긴 어렵다. 왜냐하면 사회적 재생산의 영향 범위가 굉장히 복잡하기 때문이다. 다음에서 필자는 사회적 재생산의 두 가지 차원, 즉 복지 정책 변화의 일반적인 모습과 주거 문제가 노동 시장 참여도와 경험에 미치는 영향에 초점을 맞추어 다루고자 한다.

사회적 재생산은 굉장히 다양하게 나타나지만 공통적으로 국가가 제공하는 복지(공공 지원 주택과 보조금으로 지어진 주택, 급식, 보건 등)와 무상 학교교육부터 언어 강좌와 직업 훈련에 이르는 다양한 '통합' 정책을 포함한다(Morrisens and Sainsbury, 2005). 국가적 차원의 복지 외에도 임대 가능한 주택, 가족과 친족 관계, 적십자나 CBO(Community-based Organizations: 편의점, 10대들을 위한 교육과 카운슬링 클리닉 등과 같은 지역사회 주민 조직)와 같은 세계적인 NGO에서 제공하는 사회적 지원, 향우회, 종교 기관, 노동조합, 기원국과 정착국 모두에서 나타나는 가사 노동 등이 국가정부가 손을 뗀 국제적 사회적 재생산에 있어서의 빈틈을 메워 주고 있다.

국가가 '손을 뗀 부분retreat'을 간략하게 보여 주는 가장 널리 퍼져 있는 주장 중에 하나는 사회적 재생산의 신자유주의가 지난 30년 혹은 그 이상 동안 선진국에서 시민들을 위한, 더 나아가 이주민자를 위해 국가가 제공하는 사회적 지원을 감소시켰다는 것이다. 이러한 주장은 혼다그누-소텔로(Hondagneu-Sotelo, 2002)가 '사회적 재생산의 상품화commodification of social reproduction'라 일컫는 것과 함께 '돌봄 체인'의 성장을 불러왔다. 혼다그누-소텔로(Hondagneu-Sotelo, 2002)는 만약 사회 복지가 감소하고 맞벌이 부부의 비율이 증가한다면 **누군가**는 사회적 재생산의 과정(육아, 요리, 청소 등)을 돈을 받고(상품화) 수행해야 된다고 주장했다. 그리고 그 '**누군가**'는 이주 가사 노동자를 뜻하는 것이다.

그러나 사회적 재생산의 신자유주의와 이것이 이주자에게 의미하는 바는 획일적인 것이 아니며(Bommes and Geddes, 2000; Schuster, 2000), 또한 이러한 논의는 사회적 재생산의 비공식적 네트워크를 간과하기가 쉽다. 크라비(Cravey, 2003)는 사회적 공간(무도장, 지역 벼룩시장)과 **노스캐롤라이나 주** 작은 마을의 멕시코인들 사이의 사회적 관계에 대한 개인적이고 새로운 관점을 보여 주는 연구를 실시하였는데, 한 개인의 친구들은 작지만 의미 있는 감정적 지원과 생계에 필요한 지원을 줄 수 있다는 것을 보여 주었다. 그림에도 불구하고 대부분의 유럽 국가에서 구체적으로 **망명 신청자와 미등록 이주자에 대한 지원을 축소시키기 위해** 규제를 강화했다는 점은 확실하다(예를 들어 Dwyer, 2005; Schuster, 2000). 이와는 대조적으로 대부분의 국가에서 합법적 이주자와 난민은 그 국가의 국민과 동등한 수준의 사회적 지원을 받는다(Bommes and Geddes, 2000; Geddes, 2000a; Samers, 2004a). 하지만 이러한 사회적 지원을 받을 수 있는 자격은 거주 기간과 점점 더 하락하는 가치에 의해 좌우된다(Dwyer, 2005). 이러한 점은 유럽연합의 시민권이나 유럽연합에 잔류할 자격을 갖지 못한 사람과 유럽연합의 시민 및 장기간 거주 자격을 갖고 있는 사람들 사이의 구분을 고착시켰다.

예를 들어 2000년에 도입된 에스파냐의 그레코 프로그램(**정식 명칭은**

Programa Global de Regulación y Coordinación de la Extranjeria y la Immigración en España)은 사회보장비와 세금을 납부하는 이주자만 '통합 서비스'를 받을 수 있도록 규정했다. 이 규정은 미등록 이주자와 비공식 고용에 종사하고 있는 합법적 이주 노동자 모두를 지원 대상에서 제외시키는 결과를 낳았다. 한편 이론상으로는 **모든** 이주자가 그들의 지위의 **합법성 여부와는 상관없이** 무료 의료 서비스와 학교 교육을 받을 수 있었다. 적십자, 카리타스회, SOS Racismo 등처럼 운영은 NGO가 하지만 정부와 가톨릭교로부터 재정적 지원을 받는(수요를 충족시킬 수 없는) 경우에 **사회 서비스 센터**를 통해 이주자를 지원함으로써 정부 지원을 보충하려고 했다. 지원 항목에는 육아, 법률 구조, 에스파냐어 강좌가 포함되었다. 한편 미등록 이주자의 자녀가 처한 상황은 너무나 열악했다. 그들은 합법적 지위를 갖지 못해 학교에서 입학을 거부당하기도 하며, 장학금이나 직업훈련을 받을 수 없었고, 초등학교 교육이 끝난 후에 졸업장을 수여받지 못하며, 취업 허가증도 받을 수 없어서 결국에는 비공식 고용에 종사할 수밖에 없게 되었다. 이와 마찬가지로 성인인 미등록 이주자의 자녀의 경우도 공식적 고용 분야에서 일하는 경우를 찾아보기 힘들다(Cornelius, 2004).

미국의 1996년 복지 개혁 법안(개인책임과 근로기회 법the Personal Responsibility and Work Opportunity Reconciliation Act 혹은 PRWORA)은 연방 정부 수준에서 이루어진 복지 정책이 개별 주에게 복지 규정에 대해 더 큰 재량권을 발휘할 수 있도록 전환하면서 복지 정책에 새로운, 복잡한 영역을 만들었다. 대략적으로 봤을 때 이 법안은 비非시민이 미국에 입국한 뒤 처음 5년 동안은 복지 재원을 받지 못하도록 명시했고, 또한 비非시민은 이 법안이 통과된 이후로 복지 혜택을 받을 수 있는 총기간이 그들의 일생에서 5년 이상 되지 못하도록 규정되었다. 또한 이들은 식량카드(할인권voucher) 프로그램으로 식량을 구매하는 시스템을 이용할 수 없었고, 혹은 보족적補足的 소득 보장(SSI, Supplemental Security Income: 혹은 '노인 지원 시스템')을 받을 수 없었다. 이 법안에서 예외가 되는 사람은 망명 신청자와 난민, 미국에서 10년 연속 거주하고 일을 했다는 사실을 증명할 수 있는 사람들뿐이었다. 2002년에 이러한 혜택들(식량카드와 SSI)이 **부분적으로는** 이주자에게 다시 주어지긴 했지만 이 혜택은 대체로 아이들에게만 주어졌고, 대부분의 합법적 이주자, 노인, 장애 이주자는 인종차별적 복지 지원 때문에 이러한 혜택을 받을 수 없거나 받는 데 어려움이 있었다(Marchevsky and Theoharis, 2006). 더 나아가 '비非시민'의 식량카드 혜택을 박탈함으로써 연령과 상관없이 모든 미등록 이주자들(Hadley et al., 2008)과 특히 노인과 이주자의 자녀가 식량 불안정 문제를 겪게 되었다(Nam and Jung, 2008; Van Hook and Balistieri, 2006). 유럽연합의 복지 정책과 마찬가지로 미국의 복지 정책도 시민과 비非시민 사이의 구분을 고착화시켰고, 이주자의 구매력을 앗아 갔으며, 이주자가 빈곤층 수준의 임금을 받으며 두 가지 일을 하도록 만들었다(Hero and Preuhs, 2007; Marchevsky and Theoharis, 2006; Zimmerman and Tumlin, 1999).

주거는 이주자의 고용 가능성과 그들의 노동환경을 형성하는 데 가장 주요한 사회적 재생산 요소이다. 고소득 이주자에게는 적합한 집을 찾는 것은 어렵지 않지만 저임금 이수자와 망명 신청사, 난민은 초기에 이입국에 정착할 때 공공 지원 주택이나 임대주택의 가격과 접근성 때문에 임대주택을 택하게 되고, 초기 정착 후의 그들의 삶에도 이러한 임대주택이나 공공 지원 주택의 특성이 압박을 줄 가능성이 높다. 공공 지원 주택의 경우에는 이주자의 시민권 상태에 따라서 지원이 달라진다. 많은 국가에서 피난민은 공공 지원 주택에 살게 되거나 임대 시장에서 사용할 수 있는 할인권을 받을 수 있다(그들이 얻을 수 있는 집의 질이 굉장히 낮지만 말이다). 하지만 망명 신청자들과 미등록 이주자들에게는 일반적으로 공공 지원 주택이 지원되지 않는다. 예를 들어 영국에서는 지역마다 차이가 있기는 하지만 공공 지원 주택의 비율이 다른 유럽연합 국가들, 특히 남부 유럽 국가보다는 높다. 그럼에도 불구하고 영국의 남동쪽(런던 내 혹은 그 근교)에서는 공공 지원 주택 대기자 명단의 순서가 돌아오는 데 수개월에서 길게는 7년 정도의 시간이 걸린다. 영국 전체로 보면 공공 지원 주택의 수가 감소했는데, 이는 사회적 재생산의 신자유주의 논의와 일치한다고 볼 수 있다(Dell'Olio, 2004).

개인 임대주택은 공공 지원 주택의 대안이 될 수는 없으며, 많은 국가들에서, 물론 국가 내 차이가 상당히 있겠지만, 개인 주택의 공급량은 제한적이다. 글로벌 도시의 매우 높은 부동산 가격은 사람들이 구매할 수 있는 개인 임대주택의 양을 제한하고, 이것이 공공 지원 주택의 공급 부족이라는 요소와 결합되면서 많은 이주자는 살 곳을 찾는 데 어려움을 겪고 있다. 이러한 사실은 글로벌 도시뿐만 아니라 제한된 공공 지원 주택과 사회 임대주택을 가지고 있는 벨기에, 이탈리아, 핀란드, 아일랜드와 룩셈부르크와 같은 국가의 다른 도시나 지방에서도 마찬가지일 것이다.

네덜란드, 스웨덴, 영국은 유럽연합의 다른 국가들보다는 상대적으로 큰 임대 시장을 가지고 있지만 주택 공급에 있어서 지역적 차이가 크다. 사실 영국의 망명 신청자는 영국 남동부 지역의 (구매 가능한) 주택이 부족하여 영국 북부 지방으로 많이 분산되었다(Audit commission, 2000). 또한 이러한 현상은 노동 수요가 일반적으로 적은 도시에서 그들의 고용 가능성을 제한시키기도 한다(Phillimore and Goodson, 2006). 이주자에 대한 인종차별과 시장가격 이상의 임대료를 부과하는 것 또한 노동 수요 부족 현상을 더 악화시킨다. 그 결과로 이주 노동자에게 무수히 많은 문제를 불러일으키는 '대혼잡 현상overcrowding'[5]이 나타났다. 이는 수면 부족과 불충분한 조리 시설에서부터 거주 지역을 기반으로 일자리를 찾는 데 어려움을 겪는 것까지 이주자에게 다양한 문제들을 발생시킨다(Ahmad, 2008a; Blumenberg, 2008; Dell'Olio, 2004; Dwyer, 2005; Ozuekren and Van Kempen, 2002).

이주자의 주거 문제, 나아가 집이 없는 상태가 불러오는 문제점들이 주안 카를로스 프레이Juan Carlos Frey의 영화 '디어 캐니언의 보이지 않는 멕시코인들Invisible Mexicans of Deer Canyon'에서 생생하게 묘사된다. 이 영화에서 주안 카를로스 프레이는 캘리포니아 주 샌디에이고를 둘러싸고 있는 산 협곡에서 전기와 수돗물도 없이 고립된 판잣집에 사는 **미등록 멕시코 이주자**의 생활상을 보여 준다. 판잣집과 판자촌은 주변 능선에 위치해 있는 수백만 달러에 달하는 주택에서 엎어지면 코 닿을 거리에 위치해 있다. 멕시코 남성은 판자촌과 비공식 '일용직'의 일터가 있는 샌디에이고 근교를 왔다 갔다 한다. 이러한 환경에서 근무를 하면서 개인의 '인적자본'을 개발하기란 어려운 일일 수밖에 없다.

■고숙련/고임금 이주자들과 국제 학생들

샌디에이고의 노동시장의 양 끝에서 가장 과소평가되는 이주 노동자는 고숙련/고임금 이주자이다. 필자가 제1장에서 주장했듯이 고숙련 이주자와 관련해 가상 관심이 있는 부분은 고숙련 이주자가 공간적으로 균일하지 않은 선진국 내의 경제 발전 패턴에 어떠한 기여를 했는지, 선진국이 어떻게 이들의 이주로 지배적 위치를 차지하게 되었는지, 이주자들이 받는 상대적으로 낮은 임금과 '사회-전문직의 가치 하락' 현상이다.

누군가가 정부, 고용주 혹은 고용 관련 기관에 의해 '고숙련'이라고 간주되었다면, 이는 일반적으로 교육 수준(3차 교육 학위로 측정), 직업, 개인의 전문 경험을 모두 합쳐 고려된 결과일 것이다. 물론 서로 다른 상황 속에서 '고숙련'의 정확한 정의에 대해서는 여전히 논란이 많다(IOM, 2008a). 아이레데일(Iredale, 2005)은 '고숙련'에 대한 정의가 젠더를 반영하고 있으며, 적어도 '고숙련 이주자'는 서로 다른 지역에서 온 다양한 범위의 개인을 뜻한다고 주장한다. 과학·기술 측면에서는 '고숙련'에 대해 국제적인 기준을 세우려는 움직임이 있었는데, 경제협력개발기구와 유럽연합 집행위원희의 1995년 캔버라 매뉴얼Canberra Manual을 예로 들 수 있다(IOM, 2008). 그러나 이들 정의에 대해서도 의문이 제기되고 있다. '고숙련'이라는 정의의 모호함 속에서 마룬(Mahroun, 1999, Willams, Blaz and Wallace, 2004, p.30에서 재인용)은 고숙련 이주자를 다섯 가지로 분류했다. 여기에는 관리자와 경영진, 엔지니어와 기술자(의료 분야에 종사하는 의사, 간호사도 이 항목에 포함된다), 학자와 과학자, 기업가, 유학생이 있다. 여기서는 학자와 과학자를 제외한 나머지 분류에 대해 간단히 다루도록 하겠다.

고숙련 이주자와 경영진에 대해 베버스톡(Beaverstock, 2002; 2005)과 베버스톡과 보드웰(Beaverstock and Boardwell, 2000)은 뉴욕, 런던, 홍콩, 싱가포르, 취리히에 있는 영국인 회계사와 은행가(회사 간 양수인)에 대해 연구를 진행했다. 이들 대부분은 남성이었는데, 베버스톡과 보드웰은 고숙련 이주자가 위와 같은 **국제 금융 중심지**에서 자본축적[6]을 강화시켜 고숙련 이주자에 대한 수요를 높인다고 주장하였다. 이와 유사하게 바우너와 쿤즈(Bauer and Kunze, 2004)는 외국인 소유의 다국적 기업이 때때로 다국적 노동력 수요가 있는 부유한 지역에 밀집한다고 주장한다. 이를 보여 주는 증거들도 많다. 예를 들어 2002년에 금융 서비스 분야에서 이주자들에게 발행된 취업 허가증의 91%가 런던과 런던 근교에 집중되어 있었다(Home Office/DTI, 2002, Williams et al., 2004에서 재인용).

윌리엄 등(Williams et al., 2004)은 국제도시 내에서 엔지니어와 기술자가 관리자와 경영진보다 더 넓게 분산되어 있다고 주장하였다. 비록 외국인 엔지니어와 기술자들이 텍사스 주의 오스틴부터 뮌헨과 남부 독일에 이르기까지 일반적으로 '하이테크' 도시들과 다른 도시 지역에 집중되어 있기는 하지만, 이는 틀림없는 사실이다(Bauer and Kunze, 2004). 실리콘밸리는 외국인을 많이 고용하는 대표적인 지역으로 이 지역 과학자와 엔지니어의 53%가 외국 태생이며, 이들 중 약 25%가 인도와 중국 출신이다(Saxenian, 2005).[7] 영국에서는 엔지니어와 기술자들이 브리스틀부터 옥스퍼드를 거쳐 케임브리지와 런던에 이르는 삼각형 모양의 지역 내에 모여 산다. 이들 대부분도 남성이다. 그러나 대조적으로 영국 국영 건강 보험제도NHS에 속한 고숙련 이주자의 12%만이 런던과 영국 동남부에 거주하고 있었다(Williams et al., 2004). 국영 건강 보험제도 내의 외국인 의사와 관련된 내용은 필자가 계속해서 '사회−전문직의 가치 하락'이라고 언급하는 것을 설명하는 데 도움이 된다. 유럽경제지역EEA[8] 외의 국가에서 영국으로 이주해 온 자격을 갖춘 의사의 수는 1995년과 2000년 사이 23%에서 26%로 증가했다. 그러나 이들은 유럽경제지역 국가에서 이주해 온 의사와 대조적으로 보수가 적은 '비非전문 의사 non-consultant career grades'에 집중되어 있는데, 이는 부분적으로 이들이 영국에 처음 어떻게 이주해 왔는지, 즉 학생으로서(Raghuram and Kofman, 2002) 혹은 망명 신정자와 난민의 신분으로(Stewart, 2008) 이주해 왔는지와 관련이 있다고 할 수 있다. 간호사, 교사의 이주로 분석 범위를 좀 더 좁혀 보면 이 분야의 이주자 대다수가 여성임을 알 수 있다(Iredale, 2005).

이주자/민족 기업가를 살펴보면 사업의 범위와 유형, 기업가가 스스로 진입하고자 하는 분야와 부분이 지리학적으로 다양하다(Kloosterman and Rath, 2003). 연구가 좀 더 진행된 사례 중 하나는 홍콩 출신의 '우주 비행사'와 미국이나 캐나다로부터 시민권을 '구매'하고 다국적 사업을 운영하기 위해 홍콩과 북미의 서부 해안 사이를 오가는 고소득 사업가에 대한 것이다(Ong, 1999; Kobayashi and Preston, 2007; Ley, 2003; 2006). 캐나다 정부가 기업가를 유인하기 위해 전략적으로 시민권을 준 것이긴 하지만 이들이 반드시 경제적으로 성공하는 것은 아니다. 그 이유는 예를 들어 밴쿠버와 같은 곳의 사업 운영 관행이나 규정을 잘 알지 못하기 때문이다(Ley, 2003; 2006). 이와 유사하게 치앙(Chiang, 2004)은 많은 대만 출신 사업가와 '숙련된 이주자'가 오스트레일리아의 브리즈번, 멜버른과 시드니에서 일자리를 구하지 못한다고 하였다. 이들은 영어 실력이 부족하고, 오스트레일리아의 '사업 문화'에 익숙하지 않으며, 그들이 생산하는 재화나 서비스에 대한 지역 시장의 규모가 작을 뿐만 아니라 이주자가 그들의 교육 수준이나 재정 수준에 맞지 않는 일은 하려고 하지 않기 때문이다(Ho and Alcorsco, 2004).

이러한 분류의 다양성에도 불구하고 넓은 범위로 봤을 때 선진국의 고숙련 이주자는 1990년대 초부터 증가하고 있다. 필자는 고숙련 이주자의 수와 그들의 기원국에 대해서 대략적인 상황을 보여 주고자 한다. 개발도상국 출신의 고숙련 이주자의 10% 정도가 현재 선진국에 거주한다. 파이스트(2008)는 미국에서 '잘 훈련되었다highly-qualifeid'고 여겨지는 사람들의 12%가 외국 태생이라고 지적한다. 또한 유럽연합에서는 전체 이주자 중에서 고숙련 이주자의 비율이 1991년 15%에서 2001년 25%로 증가했다(IOM, 2008a).

고숙련 이주자의 출신국은 대륙 규모로 구분되는데, 한국 내 고숙련 이주자의 86%가 같은 아시아 대륙 국가 출신이고, 일본에서는 그 비율이 77%이다. 아시아 지역의 패턴과 대조적으로 캐나다와 미국의 고숙련 이주자들 중에서 아시아 국가 이주자의 비율이 높다(35~41%). 영국을 제외한 대부분의 유럽 국가는 다른 유럽 국가에서 고숙련 이주자를 많이 끌어모은다. 영국의 경우에는 아시아 33%, 아프리카 21%, 유럽연합 국가 27%로 분포하고 있어

대체로 고르게 고숙련 이주자가 이주해 오는 편이다. 이러한 양상을 설명하는 것은 쉽지 않지만 국제이주기구(IOM, 2008a)는 공간적 근접성, 이웃 국가에 대한 익숙함, 이주 비용의 감소와 이동의 편리성뿐만 아니라 군사 개입이나 이주 정책과 같은 역사적 배경과도 관련되어 있다고 설명한다.

우리가 제2장에서 언급했던 것처럼 전 세계 이주자 중에서 높은 비율을 차지하는 유학생은 고숙련과 미숙련 이주자를 구별하는 것만큼이나 일시적 이주자와 영구적 이주를 구별하는 것을 어렵게 하는 대표적인 집단이다. 의사가 이입국에서 의사 자격이 주어지지 않음을 알게 되는 것처럼, 처음 이입국에 도착했을 때 미적분에 대해 가장 기초적인 이해만 하고 있던 유학생이 교육을 받고 공학 석사 학위를 받았음에도 그 후에 대형 엔지니어링 프로젝트를 구상하는 데 보조 역할밖에 할 수 없는 자신의 처지를 알게 될 것이다. 그래서 수많은 설문조사의 결과를 보면 최소한 일부 유학생은 그들이 고등교육을 받은 이입국에 머물러 있지만, 많은 수가 그들의 고국으로 돌아간다(Hazens and Alberts, 2006).

다른 형태의 고숙련 이주와 마찬가지로 학생 이주도 지리학적 관점에서 각각의 특성을 갖는다. 전 세계 유학생의 80%가 5개국(오스트레일리아, 독일, 프랑스, 미국, 영국)에 집중되어 있고(Tremblay, 2002, Iredale, 2005에서 재인용), 유럽연합과 미국과 같은 대지역권 간의 이수의 편리성에 차이가 있어 지리학적 차원이 더 복잡해진다. 유럽연합에서는 유럽연합 국가들 사이의 자유로운 유학 정책, SOCRATES와 같이 유학을 장려하는 프로그램이 학생 이주를 크게 증가시켰다. 유럽연합 내에서도 영국에 유학생이 가장 많이 집중되어 있는데, 이는 학생들이 영어를 배우고자 하기 때문이다. 즉, '언어 자본'을 습득하기 위해서이다. 그리고 석·박사 학위의 경우에는 많은 외국 유학생들이 명문대학교에 집중되어 있는데, 이는 대학교가 소재한 도시에 변화를 가지고 온다(Williams et al., 2004). 물론, 예를 들어 학부 수준에서는 미국의 도시에 있는 대학교가 가장 많은 유학생을 가지고 있지만, 유학생은 소도시나 지방 지역의 대학교에 다니기도 한다(Open Doors, 2008).[9]

미국은 2001년 9월 11일에 있었던 테러 사건 이후로 2001년과 2005년 사이에 이주 절차를 복잡하게 바꾸고, 학생 비자를 발급받기 어렵게 만들어 학생 이주를 감소시켰다. 2002~2003년에는 미국 대학교에 재학 중인 유학생의 수가 2000~2001년에 586,300명이던 것에서 약간 감소하였고, 더 나아가 2005~2006년 564,700명으로 감소했으며, 2002년과 2005년 사이에 매해 전년 대비 뚜렷하게 감소하였다. 2006~2007년이 되어서야 유학생 인구가 다시 증가하기 시작했다(3.2% 증가)(Open Doors, 2008). 최근의 증가세는 부분적으로는 미국 이민국에서 학생 비자 발급 절차를 간소화한 결과라고 볼 수 있으며, 이는 유학생이 미국에 체류하는 경향과 고숙련 노동자로서 영구적으로 미국에 거주하는 데 영향을 미쳤다고도 볼 수 있다(Hazens and Alberts, 2006).

선진국에서의 국제 노동시장 분절화의 특성을 상세하게 다루었으니 이제는 개발도상국에서 나타나는 선진국과 유사하지만 똑같지는 않은 과정을 살펴보겠다.

개발도상국의 노동시장 분절화와 이주

개발도상국에서의 '생산 의무'와 관련해서 보편적인 상황을 그려 보는 것은 어렵지만 대강의 상황은 살펴볼 수 있다. 중국, 인도, 말레이시아, 태국을 포함한 아시아의 신흥 산업 중심 국가에서부터 잠비아, 짐바브웨와 같은 남아프리카의 산업 생산성이 하락하는 국가에 이르기까지 이들 국가의 공통적인 이미지는 국가 내, 이들 국가 사이의 불균형한 경제 발달 수준이라고 할 수 있다(예를 들어 Davis, 2004). 사회 과학자들 사이에서 지배적인 주장 중 하나는 20년에 걸친 구조 조정과 신자유주의가 뭄바이에서 상하이에 이르는 몇몇 도시 지역에서 **일부** 사람들의 삶의 수준을 크게 향상시키는 동안에 다른 많은 개발도상국에서는 이주자와 시민들에게 심각한 문제를 발생시켰다는 것이다. 개발도상국 내의 부유한 지역과 대도시에서 이주 노동자의 상당수가 서비스 중심의 직종에 종사하고 있고, 소규모 도시 지역이나 지방에서는 국내 이주자와 국제 이주자가 1차 산업(특히 농업, 광산업), 2차 산업(제조업), 3차 산업(노점상)에 종사하고 있다(예를 들어 IOM, 2003). 또한 일부 학자들은 구조 조정과 신자유주의로 인해서 가사 노동이나 노점상의 형태로, 또 상상 가능한 모든 서비스 직종과 관련된 비공식 고용이 전 세계 국가에서 더 만연하게 되었다고 주장한다(Beneria, 2001; Davis, 2004; Harriss-White, 2003; Schneider and Enste, 2000). 그렇다면 이러한 생산 요구들이 '규제의 압력'과 어떻게 합쳐지는 것일까?

　여기서 간단하게 두 가지 점을 언급하겠다. 첫째는 이주 정책으로 규제 강화에 필요한 자원의 가용성 여부와 경제적·정치적 상황에 따라 일부 국가에서는 다른 국가보다 이주 정책을 더 엄격하고 강력하게 규제한다. 규제 강화와 노동 관련 이민 규정을 보았을 때, 규제 강화에 필요한 자원이 부족할 경우 서류상에 명시된 규제는 큰 의미를 갖지 못한다. 그럼에도 불구하고 멕시코와 미국 사이의 국경처럼 개발도상국들 사이의 국경은 경찰의 감시가 삼엄하다. 예를 들어 모잠비크, 남아프리카공화국, 짐바브웨 사이의 국경들에서 그러한데, 이러한 감시와 통제는 때로는 개별적으로 이를 교묘히 비켜나가는 이주자나, 밀입국하거나 인신매매 되는 이주자 혹은 국경 경비나 다른 관련자에게 뇌물을 주는 이주자로 인해 제대로 이루어지지 않는 경우가 많다. 이러한 위반은 국경 지역이 보다 허술한 다른 곳에서 비일비재하고 만

연해 있다. 노동 기준의 경우에는 구조 조정하에 많이 약화된 경우가 많고 거주 규정 또한 자주, 쉽게 위반되거나 무시된다(예를 들어 Hughes, 1999).

■ 농업 생산과 이주 노동자에 대한 수요:
　 남아프리카 레소토 출신 이주민들

농업 생산과 이주 노동자 수요와 관련된 두 가지 사례를 살펴보자. 첫 번째 사례는 남아프리카공화국의 농장 이주 노동자에 대한 연구이다(Johnston, 2007). 1990년대 초에 남아프리카공화국의 농촌 경관이 우세한 자유 주free state에서는 '백인' 농부들이 '흑인' 남아프리카인을 고용하던 것에서 바소토인 여성(레소토 이웃 지역 시민들)을 고용하기 시작했다. 이 여성들은 여러 가지 농작물의 수확과 이의 가공과 관련된 일을 하루에 10시간, 일주일에 6.5일 하면서 **하루에** 고작 1.65달러를 받았다(지도 3.1 참조).

인종 격리 정책Apartheid의 몰락 전날 밤에 이루어진 '규제의 힘forces of regulation'(더 적절하게 표현하자면 규제 철폐 혹은 재再규제)은 백인 농부들에 대해 반란을 꾀하는 것이었다. 이러한 규제에는 다수의 농업 생산물의 마케팅과 가공 과정과 연관된 규제의 철폐, 남아프리카공화국 정부의 농작물 보조금 삭감, 저금리와 같은 다른 재정 지원의 축소, 남아프리카공화국 통화rand의 환율 감소와 같은 거시 경제적 환경을 악화시키는 것이 포함되었다. 이러한 규정은 수입 농산물 가격의 상승을 불러왔고, 가뭄으로 인해 농부의 부채 상황이 보다 악화되는 결과를 낳았다. 그리고 위와 같은 모든 요인들이 결합되어 남아프리카공화국의 백인 농부에게 엄청난 비용 압박을 불러왔다.

그 결과로 농부들은 자유 주에 아스파라거스를 비롯한 다른 상품작물들을 많이 심기 시작했는데, 아스파라거스를 재배하는 것이 보리나 옥수수와 같

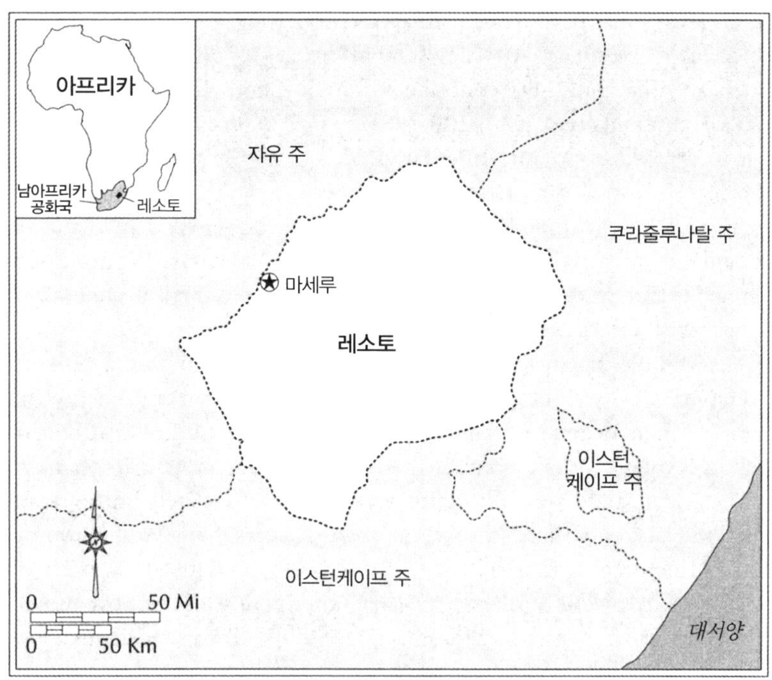

지도 3.1 레소토와 자유 주

은 농작물을 기르는 것보다 훨씬 수익성이 좋았기 때문이다. 여전히 노동자에게 드는 비용이 고용주가 지불하는 비용의 상당 부분을 차지했지만 그 이유를 단순히 농부들이 바소토 노동자, 특히 여성을 많이 고용했기 때문이라고 보기는 어렵다. 왜냐하면 많은 수의 남성들도 같은 수준의 임금에 노동할 의사를 보였기 때문이다. 그보다는 부분적으로는 농작물의 특성 및 '생산 의무'와 관련이 있으며, 주로 젠더에 대한 고정관념 때문이라고 볼 수 있다. 재배가 매우 까다롭고 수확 시기에 민감한 아스파라거스 농업은 상당히 기계화되어 있기 때문에 오히려 고용주의 전체 생산 비용에 있어서 노동비용이 차지하는 비율이 감소하는 농작물이다. 그러나 아스파라거스 수확 시기의 민감성 때문에 고용주는 정확한 시간에 아스파라거스 밭과 통조림 공장으로 부를 수 있는, 즉 야간 근무를 할 준비가 되어 있는 유연성 있는 노동력에 의존했다. 동시에 고용주는 비용보다는 노동 부족 사태나 노동자들의 파업을 더 걱정했다. '흑인' 남아프리카인이 1994년에 인종 격리 정책이 무너진 후에 고용주에게 더 많은 것을 요구할 것이라고 예상했기 때문이다. 즉, 생산 공식에 있어서 노동비용뿐만 아니라 노동자의 유연성과 유순함도 중요한 부분을 차지한 것이다. 따라서 계약 노동자를 고용하는 데 있어서 고용주는 특히 남아프리카공화국에서 합법적으로 일할 자격을 가지고 있는 바소토 여성에게 눈을 돌린 것이다. 바소토 여성은 고용주가 '여성의 일'이라고 간주하는 일을 하는 데 적합하다고 여겨졌다. 고용주는 남아프리카인과 심지어는 바소토 남성보다 바소토 여성이 더 유순하고, 더 근면하고, 부지런한 노동력이라고 본 것이다(근면성과 유순함은 아시아 여성에 대한 일반적인 고정관념이기도 하다).[10] 이러한 사실은 왜 농장 노동자의 60~75%가 여성이었는지, 왜 존스턴이 설문 조사를 시행한 농장들 중 적어도 한 곳에서는 바소토 출신 계절 이주 노동자들의 비율이 1985년 10%에서 1992년 82%로 급증한 것인지를 설명해 줄 수 있을 것이다.

고용주는 영아나 유아 자녀가 있는 여성보다는 어느 정도 자녀가 자란 여성(여성들의 평균연령은 40세)을 고용하는 것을 선호했다. 고용주는 나이가 있는 자녀를 둔 바소토 여성이 가정에 대한 책임을 짊어지고 있어서 돈을 버는 데 더 절박할 것이라고 생각했다. 존스턴(Johnston, 2007)이 신랄하게 비판하는 것처럼, 남아프리카공화국 농부들은 바소토 여성을 고용함으로써 그들이 이 여성의 삶을 개선해 줄 수 있다고 주장했음에도 불구하고 이와 모순되게 이 농부들 중 일부는 과거에 농장 노동환경과 임금을 개선하고자 하는 남아프리카공화국 법안에 대해 격렬히 저항한 바가 있다.

계약직 노동 시스템은 고용주에게는 이상적인 시스템이지만 이 시스템으로 인해서 숙련된 통조림 공장 노동자가 일년 내내 공장을 이탈했고, 따라서 통조림 공장의 투자를 최대화하지 못하게 되었다. 농부는 아스파라거스 재배 기간 이외의 기간에 다른 채소를 재배하기 시작했고, 일부 노동자의 계약 기간을 연장하기도 했으며, 다음 농기農期에 고용할 것을 약속하기도 했다. 존스턴에 따르면 이러한 고용주의 노력은 노동자 생산성을 극대화함으로써 농부의 투자 대비 수익을 극대화하기 위한 자유 주와 레소토 간의 초기 '이주 시스템'의 전형적으로 보여 준다.

불법 노동자를 고용하는 것에 대한 법적 규제 방식으로 상당한 액수의 벌금(고용주와 노동자 모두에게 부과되었다)을 부과하는 것과 고용한 이주 노동자 한 명당 5년의 징역형을 선고하는 것이 있다. 그러나 실제로 벌금이 부과되는 경우는 거의 없다. 왜냐하면 남아프리카공화국 정부가 이러한 규제를 유지하는 데 필요한 재정적 자원을 할당하지 않았기 때문이다. 심지어 자유 주 내의 합법적 여성 이주자들조차도 쉽게 계약 사항을 위반당하는 경우가 많았다. 이주자는 고용 비용을 지불하도록 강요받기도 했고, 교통비나 보건비가 그들의 임금에서 삭감되기도 했으며, 임금 지불 체계는 일관성이 없었다. 많은 농장에서 합법적 여성 이주자(이들 중 일부는 이전에 불법적으로 일한 경험이 있다)가 대다수를 자지하긴 했지만, 법석 규제에노 불구하고 미등록 여성 이주자도 고용이 되었다.

아스파라거스 재배의 계절적 특징은 곧 대부분의 노동 계약 기간이 일 년 중 4~6개월 사이였다는 것을 의미하며, 이주 노동자의 경우에 노동 계약 기간이 만료되면 쉽게 추방되거나 본국으로 송환되었기 때문에 고용주는 이들을 더 선호하기도 했다. 노동자는 민족—언어에 따라 팀으로 세분화되기도 했다. 소토어를 구사하는 레소토 노동자는 남아프리카공화국의 호사어

Xhosa나 츠와나어Tswana를 구사하는 노동자와 분류되었을 뿐만 아니라, 소토어를 구사하는 남아프리카 노동자와도 분류되었다. 고용주는 민족 기반 세분화를 통해서 노동자들이 조직화되는 것을 막고자 했다. 이는 선진국과 가난한 국가를 막론하고 고용주가 흔히 쓰는 전략이다.

앞서 언급한 민족에 따른 구별은 재생산의 영역에도 영향을 미쳐서 농장 근처의 기숙사 또한 민족에 따라 분리되었다. 그러나 레소토의 열악한 사회적 재생산 환경은 이러한 추정된 이주 시스템에 중요했고, 이는 우리가 제2장에서 논의한 '상부 착취super-exploitation'의 전형적인 사례가 될 수도 있다. 공식 부분에 있어서 고용 기회는 흔치 않았고, 레소토에서의 임금은 특히나 낮았다. 바소토 이주 노동자의 경우에는 교육 수준이 낮고, 저질의 보건 혜택을 받는 빈곤층 출신이 많았다. 그들 대다수가 여러 명의 자녀를 둔 편모였으며, 결혼을 했더라도 남성 가족 구성원이 돈을 송금해 주는 경우는 거의 없었다. 다른 노동 이주 사례와 마찬가지로 이러한 현상은 백인 남아프리카 공화국 농부만 이익을 보는 구조를 만들어 냈고, 열악한 환경 속에서 일하는 것도 마다하지 않는 절박한 노동력을 존재하게 했다(Johnston, 2007).

■농업 생산과 이주 노동자에 대한 수요:
　벨리즈 바나나 산업의 과테말라와 온두라스 이주민들

두 번째 사례는 1990년대 초의 벨리즈 바나나 산업이다(Moberg, 1996, 지도 3.2 참조). 중앙아메리카의 바나나 산업은 개별 국가의 서로 다른 생산 특성에도 불구하고 하나의 시스템으로 이루어져 있다. 기술 혁신 및 과테말라와 온두라스의 바나나 산업이 국영 농장에서 민영 농장으로 전환된 것은 노동자에 대한 수요를 감소시켰다. 과테말라와 온두라스의 바나나 노동자를 위한 풍부한 대안의 일자리가 없었기 때문에 그들은 벨리즈로 이주해 갔다.

멕시코
과테말라
벨모판
벨리즈
코펜
온두라스 만
0 30 50 Mi
0 30 50 Km
멕시코 만
카리브 해
멕시코
벨리즈
과테말라
온두라스
태평양

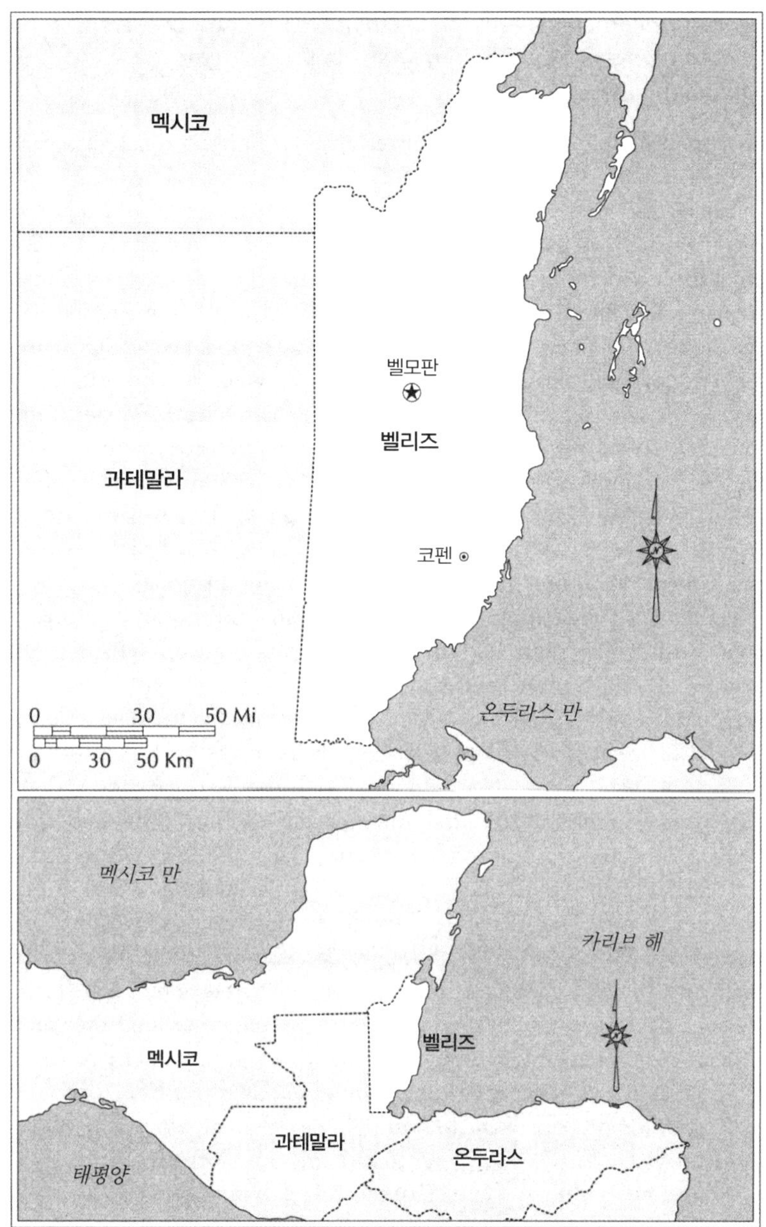

지도 3.2 벨리즈와 코펜

1970년대 초 이전까지만 하더라도 벨리즈인 노동자는 벨리즈 바나나 산업 노동력의 89% 정도를 차지했다. 그러나 1970년대가 되자 고용주들은 UG-WUUnited General Workers' Union와의 관계를 끊고 한꺼번에 벨리즈인 노동자를 해고했다. 정부가 운영하던 농장은 1985년에 사유화되었고, 아일랜드의 다국적 기업이 대규모 농장 세 개를 소유하고, 바나나뿐만 아니라 벨리즈산 과일의 마케팅을 책임졌지만, 대다수의 농장은 상대적으로 작은 규모였다. 농장의 사유화는 이주 노동자에 대한 의존도를 더 강화시켰는데, 이는 사유화를 통해서 농장의 공식 조합들이 사라지고 고용주와 벨리즈인 노동자 사이의 계약서가 모두 무효화되었기 때문이다.

고용주는 1980년대와 1990년대 초에 중앙아메리카에서 일어났던 내전을 피해 피난 온 합법적 혹은 불법적인 과테말라, 온두라스, 엘살바도르 이주자에게 의존했다. 내전은 빈곤을 악화시켰고, 일부 중앙아메리카인은 궁극적으로 미국에 이주하기 위해 환전이 가능한 통화를 얻고자 일자리를 찾기도 했다. 많은 수의 합법적 노동자가 난민이었고, 비록 남성이 농장 노동자의 대다수를 차지하긴 했지만 남성과 여성이 거의 비슷한 수준으로 고용되었다. 이주 노동자를 고용함으로써 고용주는 UGWU가 이전에 제공하던 의류, 농장 주변과 농장으로 오갈 수 있는 교통수단, 의료 혜택, 휴가 비용 등과 같은 노동자에 대한 혜택을 제공하지 않아도 되었다. 모베르그(Moberg, 1996)의 주장처럼 벨리즈인이 농장에서 일하기를 원치 않았다고 가정하는 것은 옳지 않다. 고용주가 이주 노동자를 고용하는 것이 고용주에게 있어서 더 수익성이 좋았기 때문이다.

모베르그(1996)에 따르면 1993년에 거의 전체에 달하는 23개의 바나나 생산 농장에서 일하는 1380명의 농장 노동자 중에 34%가 과테말라인, 32%가 온두라스인, 25%가 엘살바도르인이었으며, 벨리즈인 노동자(서로 다른 민족으로 구성)는 8%가 약간 넘는 비율을 차지하고 있었다. 국적에 따른 노동 시장 분절화가 이 산업에 필수적이었는데, 엘살바도르인이 가장 열악한 환경에서 일을 했고, 상대적으로 적은 수의 엘살바도르인만이 관리인의 자리에 있었다. 특정 국적에 대한 고정관념이 여기서도 작용했는데, 이는 농장 관리자 또한 자신의 작업 방식을 과테말라와 온두라스에서부터 벨리즈의 농장으로 가지고 온 이주자였기 때문이다.

또 하나의 가능한 설명이 있다. 바나나 농장의 작업이 계절적인 것이 아닌 반면, 대다수의 노동자들은 임시직이었고, 서로 다른 바나나 농장 사이를 이동하거나 아예 다른 경제 분야에 진출하기도 했고, 많은 이주자들은 때때로 본국으로 돌아가기도 했다. 그러나 엘살바도르 노동자는 다른 중앙아메리카인보다 고국으로 돌아가는 수가 적었고, 엘살바도르에서 아직 이주하지 않은 엘살바도르인의 경우에는 벨리즈인 노동자와 접촉이 적었다. 이러한 이유 때문에 엘살바도르인이 다른 이주자가 일하려 하지 않는 열악한 환경에서도 일할 '의사'가 있었음을 알 수 있다. 모베르그(1996)는 아동 노동 이용과 부정 관행으로 잘 알려져 있는 덴마크 기업 중 히니기 불균형적으로 많은 엘살바도르 출신 노동자를 고용했다고 밝혔다(한 농장에서 전체 노동자의 58%를 차지). 농장 전역에 걸쳐 노동자들이 그들의 국적에 따라 다른 대우를 받았다는 것은 그렇게 놀랄 만한 사실이 아니다. 엘살바도르인은 한 달 소득이 76달러라고 보고했는데, 이는 과테말라인의 85달러, 온두라스인의 84달러, 벨리즈인의 98달러와 비교되는 액수이다. 고용주는 국가적, 민족적 차이와 노동자들 사이의 갈등을 자신에게 유리하게 이용했다. 이를 통해 노동자가 고용주에 반하는 조직을 만들려고 하는 의지를 꺾고자 하였다. 이러한 '분리와 규칙divide and rules' 전략은 새로운 것이 아니라 전 세계의 자본주의 회사 내에 실제로 널리 침투해 있는 전략이다(예를 들어 Samers, 1998b).

그러나 국가적 차이는 고용주가 악용한 유일한 구분 방식은 아니다. 앞서 다루었던 '시민권 착취'라는 개념을 다시 생각해 보고 세분화에 있어 특정 '규제의 압력'이 얼마나 중요한지를 살펴볼 것이다. 벨리즈인 관리자는 난민과 '경제적 이주자economic migrants'를 구분했는데, 모베르그가 지적한 것처럼 경제적 이주자도 영양실조와 굶주림이 박해의 일종이라는 범위 내에서는 난민으로 간주될 수 있다. 그럼에도 불구하고 '경제적 이주자'에게는 난민에게 주어진 거주 지위가 주어지지 않았고, 난민은 겪지 않을 열악한 노동환경을 견뎌야만 했다. 농장의 노동환경은 극심하게 열악할 수밖에 없었다. 고용주는 뻔뻔하게 노동자를 위협했고, 위에서 다룬 것처럼 대규모 농장에 이주자 밀고자를 심어 놓기도 했다.

바나나 생산 노동자의 사회적 재생산은 냉혹하다. 모베르그의 사례 연구는 코펜이라고 불리는 벨리즈 남부에 위치한 네 개의 대규모 기업 근처의 1800명이 살고 있는 무단 정착지에 대한 것이었다. 이주자는 수돗물, 전기 공급, 건강이나 의료 시설, 하수 처리 시설이 제대로 갖춰지지 않은, 중구 난방으로 지어진, 무너져 가는 건물에 거주했다. 중앙아메리카의 다른 어느 곳보다 벨리즈 농장의 임금이 50%나 높았음에도 불구하고, 농장 상점의 통조림 상품 가격은 이주자에게 여전히 너무 비쌌다. 고되고 위생적이지 못한 주거 환경은 발암물질이 있는 농약의 살포로 더욱 악화되곤 했다. 모베르그가 기억하는 한 노동자는 "저는 그라목손(파라콰트)이라는 제초제를 살포하다가 독성 물질에 중독된 노동자들을 보았습니다. 그 노동자들이 다른 일을 할 수 있게 재배치해 줄 것을 고용주에게 요청하자 고용주는 오히려 이 그들을 해고했습니다. 고용주들은 그들을 해고해도 그 자리를 채울 수 있는 인원이 충분히 많다고 말했습니다"라고 말했다고 한다(Moberg, 1996, p.432). '그 자리를 채울 수 있는 인원이 충분히 많다'라는 말은 우리가 제2장에서 이주에 대한 '구조적 접근structural approaches'을 논의했을 때 등장했던 마르크스의 '상대적 잉여군relative surplus army'이라는 개념을 떠올리게 한다.

알코올 남용과 국적에 바탕을 둔 인종차별적 폭력도 많이 발생했다. 또한 인종차별적이 아닌 다른 형태의 폭력도 일상적으로 발생했다. 난민 집단은 농장에서 비밀리에 잠복해 있는 과테말라와 엘살바도르 출신의 경비원에게 종종 억압당하곤 했다. 이러한 상황을 벗어날 수 있는 방법은 거의 없었다. 왜냐하면 근처 토지의 상당수가 이미 바나나 농장의 소유하에 있어서 대부분의 노동자가 자급 농업을 할 수 있는 형편이 되지 못했기 때문이다. 농장 노동자는 도둑질을 하기도 했고, 부채에 허덕였으며, 다른 농장으로 옮겨가기도 했다.

코펜과 다른 주거지는 사회 응집력과 이주자 '커뮤니티'에 호의적이었을 거라고 추정할 수 있을 것이다. 왜냐하면 많은 노동자가 에스파냐어를 구사했고, 벨리즈의 절대다수를 차지하는 영어를 사용하는 아프리카계 카리브해인과는 구별되는 다른 문화적 풍습을 가지고 있었기 때문이다. 노동자들이 벨리즈 사람과 다른 문화적 관습을 가질 수 있었던 것은 불법 거주지에 존재했던 사회적 관계의 유형이 엘살바도르와 온두라스의 바나나 생산 공동체에 그 바탕을 두고 있었고, 대부분의 노동자들이 그들의 고국으로 돌아가고 싶어 하지 않았기 때문이다. 이는 결과적으로 코펜과 다른 지역에서 지역 지원 네트워크를 구축하는 데 도움이 되었다. 그러나 모베르그는 거주지 내의 다양한 국적이 공동체 의식을 해쳤다고 주장했다.

앞서 언급한 두 가지 사례 연구는 다른 가난한 국가나 선진국과 비교했을 때에도 전혀 독특할 것이 없는 노동시장의 분절화와 이주의 과정을 보여 준다. 그러나 두 가지 사례의 영역이나 타이밍이 생산 의무, 규제의 압력, 사회적 재생산의 과정에 있어 특정 유형을 보여 주었고, 이러한 요소들이 더해져서 이주 노동자가 지리학적으로 특수한 경험을 할 수 있도록 했다.

결론

이 장에서 우리는 이주 노동의 원인을 간략하게 다루고 노동시장과 이주 사이의 관계에 대한 세 가지의 저명한 이론인 인적자본론, 이중 노동시장 이론, 노동시장 분절론을 살펴보았다. 인적자본론과 이중 노동시장 이론을 완전히 배제하지는 않았지만, 필자는 노동시장 분절론이 21세기 노동시장에서의 이주자의 위치를 파악하는 데 가장 타당하고 정교한 접근 방식이라고 주장했다. 이러한 접근 방식은 시민 고용주(일반적으로 '백인')가 가난한 국가에서 온 이주자를 그의 이주자로서의 지위, 국적, 다른 민족·성별·인종적 특징에 대한 고정관념을 바탕으로 저임금 직종에 세분화했음을 의미한다. 이러한 가정은 분명 타당한 것이긴 하지만 충분하진 않다. 몇몇 도시들과 그 근교 지역(때로는 민족교외지)에서 이주자는 민족 경제 혹은 민족 엔클레이브 내에 속해 있으며, 이곳에서는 고용주 또한 백인이 아닌 이주자이다. 이러한 직종이나 분야에서 이주 노동자는 노동력의 큰 부분을 차지해서(즉, 그들은 민족 혹은 이민자 '틈새시장'인 것이다) 시민보다는 이주자가 고용되곤 한다. 노동시장의 미시적 지리학적 요소는 노동자의 일자리 찾기, 일의 종류, 일에 대한 경험(종종 끔찍한 경우가 많은)에 중요한 영향을 미친다.

글로벌 도시 가설은 이주자와 노동시장을 연결하는 또 다른 공간적 이론이다. 이 이론은 장점이 많지만 국제적 흐름에 의해 형성되는 다른 도시를 다루지 않는다. 글로벌 도시라고 간주되는 공간에 물론 상당수의 고숙련과 미숙련/저임금 이주자가 밀집되어 있지만, 노동과 이주에 있어 글로벌 도시

외에 다른 지역도 존재한다. 따라서 필자는 '국제 노동시장 분절화'라고 부르는 이론을 소개했다.

국제 노동시장 분절화는 도시뿐만 아니라 지방 도시 혹은 작은 마을, 국가, 유럽연합과 같은 대규모 지역까지 포함한 서로 다른 영역의 이주자의 위치를 살펴볼 수 있는 유용한 접근 방식이다. 필자는 선진국에서 거의 보편적으로 나타나는 '생산 의무'에 대해 간략하게 설명했다. 여기에서도 글로벌 도시 가설이 방향을 제시해 주긴 하지만 글로벌 도시 가설은 미등록 이주자와 비공식 고용과 관련해서는 불충분한 감이 있다. 우리는 동시에 나타나는 비공식 고용과 미등록 이주자 사이의 관계를 심도 있게 다루었고, 필자는 이러한 것들이 선진국과 가난한 국가 모두에서 이주와 노동의 핵심적인 특징이라는 입장이다. 특히 선진국에 대한 논의에 있어서는 이주 노동자가 일하는 '틈새시장'을 상세하게 다루고, 그 후에 이주 노동자에 대한 규제와 재생산에 대한 몇 가지 기본적인 사항들을 짚어 보았다. 이 장은 가난한 국가에서의 노동시장 분절화의 두 가지 사례를 봄으로써 결론에 이르렀는데, 이 두 가지 사례는 선진국에서 나디니는 분절회 괴정의 많은 부분과 유사한 점을 보였다.

전 세계의 많은 국가의 정부에게 경제 확장과 일자리 창출은 중요한 목표이기 때문에 노동 이주는 이 목표를 달성하는 데 있어 핵심적인 전략이 되고 있다. 선진국은 특히 더 많은 고숙련 노동자를 유인하기 위해 여념이 없고, 가난한 국가는 고숙련 노동을 보유하는 데 노력을 쏟고 있다. 그러나 많은 정부들은 다양한 분야와 직종에 있어서 다양한 기술 수준을 가진 노동자에 접근할 수 있는 경로를 만들어야 한다는 것을 인식하고 있다. 따라서 노동과 노동의 지리학적 특징은 세계의 많은 국가에서 정부가 이주와 이민에 대한 정책을 만드는 데 핵심적이라는 것이다. 제4장에서는 각국 정부의 서로 다른 이주 정책에 초점을 맞추어 살펴보고자 한다.

더 읽을거리

노동 이주에 대한 전반적인 것을 알고 싶다면 제2장에서 이미 언급한 캐슬과 밀러(Castles and Miller, 2009)의 『The Age of Migration』(제4판)과 같은 기본적인 문헌을 살펴보는 것이 좋다. 노동시장 분절론에 관해서는 펙(Jamie Peck, 1996)의 『Workplace: The social regulation of labour markets』을 읽으면 이 주제에 대한 종합적인 그림을 볼 수 있을 것이다. 비공식 고용에 대해서는 윌리엄과 윈더뱅크(Williams and Winderbank, 1998)가 저술한 『Informal Employment in the Advanced Economies』에 유용하고 뚜렷한 설문 조사가 있고, 미등록 이민에 대한 좀 더 구체적인 참고자료는 *Journal of Ethnic and Migration Studies*(1999, 23권, 제2호)에 게재된 여러 논문들을 참고하는 것이 좋다. 클루스터맨과 라스(Kloosterman and Ratheds, 2003)의 『Immigrant Entrepreneurs』와 스펠저와 스웨버그(Smelser and Swedberg)의 『Handbook of Economic Sociology』에 실린 라이트(Ivan Light, 2005)의 연구는 경험적 자료들과 대략적인 개요를 담고 있다. 보더(Harlad Bauder, 2005)의 『Labour Movement: How migration shapes labour markets』에서는 미숙련/저임금 이주 노동자가 겪는 경험에 대해 상당히 이론적이며, 경험적인 자료를 제공한다. SOPEMI는 연간 발간되는 *International Migration Outlook*에 OECD 국가들에 대한 자료를 제공하고, 국제이주기구IOM의 *World Migration Report 2008*은 OECD 회원국들뿐 아니라 전 세계의 노동 이주와 이주 노동에 대한 자료를 제공한다. *World Migration Report 2008*은 고숙련 이주민들과 유학생 이동에 대해 각각의 장에 내용을 담고 있다. Open Doors Online(http://opendoors.

iienetwork.org/) 또한 유학생 이동에 대해 유용한 자료를 가지고 있다.

요약 문제

1. 인적자본론의 한계를 이주 노동자 고용의 관점에서 서술하라.

2. '국제 노동시장 분절화'의 기본적 특징을 서술하라.

3. 선진국과 개발도상국의 이주 노동자들 간에 경제활동과 경험에 대한 차
   이가 있다면, 그것에 대해 서술하라.

4. '인신매매'는 강제 이주인가? 이에 대해 논하라.

5. 선진국에서의 이주 노동자 수요에 대한 원인을 몇 가지 서술하라,

6. 사회 복지와 주택 정책이 이주 노동자의 경험에 왜 중요한지 구체적으로
   설명하라.

제4장

이주 통제의 지정학적 경제

서론

국제공항, 버스 터미널, 국경 지대를 방문해 본 사람이라면 민족국가는 요새와 같은 특성이 있음을 알고 있을 것이다. 국경은 다공질적이고, 변화무쌍하며, 복잡한 공간이지만(Anzaldúa, 1987), 민족국가의 상징적·물질적 힘을 보여 주기도 한다. 이러한 측면에서 볼 때 개별 국가와 국가의 법률 체계는 본질적으로 이주를 지양하고, 인종차별적이며, 외국인을 혐오하는 배타적 성격을 갖고 있다. 대중 또한 본질적인 의미에서 인종차별적, 문화주의적, 외국인혐오적 시각에 입각하여 이주에 반대한다고 볼 수 있다. 대중은 1980년대 영국의 마거릿 대처 수상이 사용했던 표현처럼 **특정 부류**의 외국인이 '무리를 지어', '침입하여', '들끓는 것'에 대한 두려움을 갖고 있다. 국가와 대중에 대한 이러한 가정에는 (항상 그런 것은 아니지만) 상당한 진실성이 있다. 실제 이주migration와 이민 정책immigration policies은 사회적, 공간적 의미 모두에서 훨씬 복잡하다. 어떤 선진국이 요새나 '폐쇄 공동체'와 같다고 할지라도(van Houtum and Pijpers, 2007) 그 국가는 어떤 특수한 목적을 달성하기 위해 자국의 도개교跳開橋를 특정 시기에, 특정 국가 내 공간을, 특정 사람들에게 개방한다. 예를 들어 홀리필드(Hollifield, 2004)는 19세기의 '요새 국가garrison state'에 빗대어 오늘날 '이주 국가migration state'의 부상에 대해 논한다. 홀리필드는 '이주 국가'가 무역, 투자, 사람에 대한 개방성과 국가적 안정성을 조응시켜야 한다는 의미에서 '자유주의적 역설'에 사로잡혀 있다고 주장한다. 이주 국가는 자국민에게 경제적 번영과 안정을 동시에 제공해야만 한다.

그러나 국가는 모든 국가적 목적을 달성할 수는 없다. 코넬리우스(Cornelius, 1994)는 소위 '격차 가설gap hypothesis'을 제시하는데, 이는 선진국 정부의 이주 제한 노력에도 불구하고 실제 이주는 시간에 따라 증가한다는 것을 말한다. 달리 말하면 정부의 관리에는 한계가 있고, 국가는 종종 자국의 목적을 달성하는 데 실패한다는 것이다(Castles, 2004).

홀리필드의 '이주 국가'와 코넬리우스의 '격차 가설'은 국가와 국가적 목적 달성의 실패를 단순하게 보여 준다. 정치사회학자들이 지적한 바와 같이 '국가'는 획일적이지 않다. 국가는 단일한 목소리를 가진 어떤 대상물이 아니다. 국가는 정책을 대량 생산할 수 있는 전문적 현인들이 모인 방이 아니다. 오히려 국가는 상호 갈등을 일으키기도 하는 많은 층위의 상이한 구성물로 만들어진 복잡한 기구이다. 그럼에도 불구하고 홀리필드와 코넬리우스의 개념화는 논의의 시작으로서 충분히 자극적이다. 이와 관련하여 많은 정치학자들은 이주 정치와 정책이 이루어지는 과정을 이해하려고 노력해 왔다. 그러나 이주 연구에 있어서 이러한 정치와 정책이 지니는 다양한 스케일의 문제는, 비록 그동안 무시되어 온 것은 아니라고 할지라도 상대적으로 저평가되어 왔고 명시적으로 설명된 적이 없었다. 파벨(Favell, 2008)이 주장하는 것처럼 지난 30여 년간 유럽과 북아메리카에서 민족국가의 권력이 로컬 스케일로 이양된 과정을 고려할 때, 오늘날 시민권과 이주자의 정주에 관한 통제에 있어서 지방 정부도 책임이 있다. 예를 들어 2006년의 경우 미국 조지아 주와 노스캐롤라이나 주는 미등록 이주 노동자의 본국 송금액에 대해 세금을 부과할 것을 제안한 바 있는데, 이는 이들의 '잉여' 소득이 개별 주 정부에 속한다는 생각에 기반을 둔 것이었다(Smith and Winders, 2008). 결국 파벨(2008)이 지적하는 것처럼 이주에 대한 대안적인 이주 지정학은 하위국가적 정책에 적대적일 수 있다.

이 책에서는 이주 정책의 발전과 특징을 설명하기 위해 이주 지정학geo-politics of migration 분야의 이론적, 개념적 주장을 소개하고자 한다. 이주 정책에 관한 많은 이론들은 철학적 토대가 명시적이지 않을 뿐더러 이주 이론으로서 정교하고 뚜렷이 발전된 것도 아닌 까닭에 '이론'보다는 '주장'이라는 용어가 더 적절하다고 생각한다.[1] 그러나 1장에서 살펴본 바와 같이 이러한 논의들 간에는 유의미한 차이가 있으며, 필자는 체계적인 방식으로 이 상이한 관점들을 개관하고자 한다. 우선 마르크스주의 접근과 신마르크스주의 접근을 다루는데, 이는 신자유주의와 '이주 관리' 개념에 대한 비판적 분석을 포함한다. 그리고 '민족 정체성 접근'에 대해 간략히 논의한 후, 프리만Freeman의 유명한 '고객 정치client politics' 논제를 다룬다. 이 논제를 시작으로 국가와 이주 간의 관계를 보다 정교하게 논의해 보고자 한다.

이 장의 제목을 '이주 통제의 지정학적 경제'라고 했지만 몇몇을 제외한 대부분의 관점은 경제적 차원에 국한되어 있지는 않다. 아울러 '공간'을 간과하는 것도 똑같이 문제적이다. 이 장의 목적은 독자가 다양한 관점을 접할 수 있게 하는 데에도 있지만, 이주 정책에 있어서 장소, 스케일, 영역의 중요성을 강조하는 데에도 있다. 앞 장에서와 마찬가지로 이주 정책에 관한 논의를 선진국과 개발도상국으로 나누어 살펴봄에 있어서 전자에 무게를 둘 것이다. 가난한 국가들의 경우에는 이주 정책이 대체로 유사한 반면, 선진국들의 경우 이주 정책은 그 목적에 있어서 상당한 차이가 있다는 점을 강조하고 싶다.

선진국의 이주 정책 이론

이주 정책에 대한 마르크스주의적·신마르크스주의적 설명

이주 정책에 대한 접근을 마르크스주의적 설명에서부터 신마르크스주의적 설명에 이르기까지 체계적으로 살펴보자. 이론이 특수한 역사적 '순간'의 산물이라고 한다면, 이주 정책에 대한 마르크스주의 이론은 1950년대부터 1970년대까지 유럽과 남부 아프리카 지역의 학자들 사이에서 발달했다. 마르크스주의 이론은 본질적으로 **노동** 이주 정책에 초점을 둠으로써 이주자를 피착취 계급, 곧 '산업 예비군'이라고 본다. 이들은 경제 팽창의 시기에 신속히 고용되고 경기 수축과 후퇴의 시기에 쉽게 해고될 수 있는 '상대적 잉여인구'를 지칭한다. 나아가 이주자는 노동계급 중에서 인종화된 집단으로 간주되기도 하는데, 이들은 '노동계급'의 힘을 약화시키고 (기존 신고전 경제학에서 '노동비'에 상응하는) '노동력의 가치'를 하락시키기 때문에 자본주의와 특정 민족국가의 이익에 부합한다고 이해되기 때문이다.

또한 이주자는 자본주의와 국가에 있어서 사회적 재생산 비용을 낮춘다고 여겨진다. 왜냐하면 이주자는 대체로 이입국에 성인 노동자의 상태로 도착하기 때문에 교육을 받거나 별도로 수용될 필요가 없기 때문이다. 나아가 마르크스주의적 관점에서 이주자는 매우 낮은 임금을 지급받기 때문에 이입국의 인플레이션 압력을 낮춘다고 간주된다. 결국 이주지의 저임금과 낮은 사회적 재생산 비용은 자본 축적을 가속화한다.[2] 마르크스주의 이론가들이 유럽 산업에서 이주 노동자의 '구조적 필요'에 대해 언급하는 것은 놀랄만한 일이 아니다(Castells, 1975; Castles and Kosack, 1973; Miles, 1982).

마지막으로 마르크스는 국가를 일종의 '부르주아[3]의 실행 위원회'로 간주한다. 즉, 국가는 송출국과 이입국 모두에 있어서 자본가 계급의 이익을 대변한다. 1970년대 이후 이주 정책을 마르크스주의적 입장에서 접근한 사람들은 거의 없다. 이는 마르크스주의가 전체적으로 퇴조하기도 했고, 1970년대와 1980년대 동안 북서유럽 지역에서 노동 이주가 감소했기 때문이다. 또한 마르크스주의는 국가를 **다양한 종류의 이주 유형과 연관시켜** 설명할 수 있는 틀을 정교히 하지 못했기 때문에 국가와 이주 간의 관계를 포괄적으로 고찰하는 데 실패할 수밖에 없었다. 몇몇 학자들이 보다 정교한 **신**마르크스주의적 입장에서 국가에 대한 보다 복잡한 분석을 통해 이주 정책을 평가하고자 했으나(Cohen, 1987; Samers, 1999; 2003a; Sivanandan, 2001) 대부분의 연구자들은 이러한 입장을 포기했다. 그럼에도 불구하고 마르크스주의적 관점에는 신자유주의에 대한 비판이 함축되어 새롭게 부상하고 있다.

■신마르크스주의적 입장에서 신자유주의에 대한 비판으로

십 수년 전부터 정부 정책과 **노동** 이주의 관계에 초점을 둔 새로운 연구가 등장했는데, 이러한 연구는 대체로 신자유주의를 비판적으로 이해하고 있다. 앞 장에서 이미 신자유주의에 대해 언급했기 때문에 이에 대한 부연 설명은 하지 않겠다. 오늘날 정부는 **특정** 사람들의 이동에 대한 자유화를 다른 사람들보다 특권화하고 있는데, 학계는 신자유주의에 대한 비판이라는 맥락 속에서 위와 같은 이주 정책의 계급적 차원을 비판적으로 고찰해 오고 있다. 실제 '미숙련' 이주자가 유입되고는 있지만 이들의 사회적·경제적 권리는 매우 제한적이며, 침해당하고 있는 실정이다. 스미스와 윈더스(Smith and Winders, 2008, pp.63-64)가 지적하는 것처럼 신자유주의적 정책, 프로그램, 실행, 담론은 이주자가 "이동성이 높은, 신뢰성 있으면서도 쉽게 처분할 수 있는, 생산적이면서도 저렴한 젊은 남성"일 것을 기대한다.[4] 논의 정도의 차이는 있지만 어쨌든 많은 학자들은 대체로 '신자유주의적 거버넌스' 또는 '신자유주의적 통치성governmentality'이라는 개념에 기대어 다양한 선진국의 이주 정책을 비판적으로 설명하고자 한다. 예를 들어 보더(Bauder, 2008)는 신자유주의 지향적인 미디어가 독일의 복지 재구조화를 주장하면서 이주 정책에 있어서 고숙련 이주자를 우선시하는 방식에 대해 고찰한 바 있다. 반대로 콜만(Coleman, 2005)과 스파크(Sparke, 2006)는 미국에 있어서 신자유주의적 거버넌스와 국가적 안전의 문제가 모순적인 상태에 있다는 점을 연구한 바 있다. 만약 지난 20여 년간 신자유주의 정책과 프로그램이 지배적이었다고 본다면 근본적인 의미에서 정부는 이주를 선택적으로 자유화해 왔다고 볼 수 있다. 그 이유는 다음과 같다.

- '저임금' 이주자는 이입국의 시민들이 현 상태로는 원하지 않는 일에 종사하는데, 이들은 저렴한 노동을 제공함으로써 자본축적에 기여한다. 동시에 이들은 국가의 중추적 복지 제도에 비정상적으로 부담이 되지 않는 한, 오직 국가정부의 입장에서만 매우 바람직한 사람들이다.
- (유럽과 일본 등의) 국가정부는 현재 '인구학적 적자'를 경험하고 있고, 이에 따라 향후 자국 내 노동력 부족과 관련하여 미래의 사회보장 프로그램의 지속 가능성을 (특히 연금 제도와 관련하여) 심각하게 우려하고 있다.
- 정부는 고숙련 이주자가 혁신과 투자를 통해 자본축적을 촉진하거나 (자금 사정이 원활하지 않은) 의료 및 사회 서비스에 필요한 기술을 제공함으로써 비용 절감에 기여할 것이라고 믿는다.
- 정부는 국제 유학생이 대학 재정에 직접적으로 기여하고, 간접적으로는 정부와 사업 부문에도 기여한다고 생각한다. 정부는 국제 유학생이 과학 및 공학 분야에 소요되는 학생을 충당함으로써 과학 및 공학에서의 혁신을 통해 국가 경쟁력 향상에 기여한다고 믿는다.

■ 신자유주의냐 '이주 관리'냐?

앞 장에서 간략히 언급한 바와 같이 정부와 일부 보수적인 학자들은 '신자유주의'보다는 '이주 관리'에 대해 논하는 것을 선호한다. '이주 관리' 또는 '관리 이주'란 선진국에서 (망명 신청자든, 가족 이주든, 노동 이주든 간에) 이주자의 종류와 수를 세밀하게 조정하기 위해 고안된 일련의 정책을 일컫는다. 특히 이주 관리는 특정 노동시장의 수요에 딱 들어맞는 종류와 수의 이주자를 확보하는 데 중점을 둔다(Morris, 2002; Kofman, 2008). 이는 캐나다와 오스트레일리아에서 시작된 '점수제'나 계층화된 이주 관리 시스템에 잘 반영되어 있는데, 이는 기술을 몇 가지 범주로 등급화하거나 교육 수준, 기술, 재정 상태 등에 따라 이주자에게 점수를 부여하는 제도이다. 대체로 100점 만점에서 일정 점수 이상을 받아야 이입국에 입국할 수 있는 자격이 주어진다.

이입국의 노동시장은 매우 엄밀하게 통제되는데, 다양한 국가 기관 및 프로그램이 고숙련 이주자를 확보하고 이외의 이주자는 철저히 제한하는 방식으로 노동 이주를 합리화하고 있다. 이러한 제도적 사례로 핀란드의 이주 정책 프로그램Migration Policy Program, 영국의 이주 자문 위원회Migration Advisory Committee, 캐나다의 외국인 자격 증명·조회 사무소Foreign Credential Referral Office를 들 수 있다(OECD/SOPEMI, 2008). 이러한 고용 조직들 자체가 완전히 새로운 것은 아니지만, 이주의 유형이 국가의 경제적 경쟁력이나 노동시장의 필요에 따라 '가치'를 부여받아 평가를 받는 복잡한 방식은 새로운 것이다. 예를 들어 영국은 오스트레일리아 유형의 계층화된 이주 관리 시스템을 갖추고 있고, 아일랜드가 고숙련 이주자에게 그랬던 것처럼 독일은 2000년대 초반부터 정보 기술 전문가에 한하여 특별 '영주권'을 부여하고 있으며, 덴마크는 '외국인 전문가' 비자를 고안하였다(Pellerin, 2008; OECD/SOPEMI, 2008). 1980년대와 1990년대 초반과 비교하면 노동 관리는 자국 노동시장의 수요에 맞게 일시적 노동 이주에 대한 의존도가 더욱 커지고 있고,

이주의 '일시성'을 보다 치밀하게 관리하고 있다(Pellerin, 2008).

이러한 측면에서 담론이자 정책으로서 '이주 관리'는 경제적 경쟁력 향상을 촉진하는 한편 허물어져 가는 복지 시스템에 대한 접근을 원천적으로 차단하려는 신자유주의와 맞닿아 있다. 그러나 역설적이게도 이러한 이주 관리를 위해서는 일정한 국가 노동력이 필요하다. 한편 이주 관리는 안전, 외교 정책, 무역 자유화, 세계에서의 국가 등급 향상, 윤리적 또는 인종적 등질성 확보, 민족국가의 확립(Walton, 2007), '상상된 미래(Walton-Roberts, 2004)'로의 전진 등과 같은 정부의 관심사를 보다 중요하게 반영한다. 또한 정부는 비공식 노동시장의 성장을 통제하고, 인신매매와 밀입국을 중지시키고, 연금 제도를 지탱하며, 이주자의 가족 재결합과 같은 인도주의적 책임을 다하고, 망명 신청자와 난민의 허가와 정착을 통제하고자 한다. 현재까지의 상황에 비춰볼 때, 21세기 초반에 있어서 균형점은 고숙련 노동의 선택적 도입, 가족 재결합에 대한 소극적 태도(Kofman, 2004), 망명 신청자와 난민에 대한 기준 강화, 관료적이고 고도로 통제적인 노동 이주 제도를 통한 저임금노동의 축소 등으로 기울어지고 있음이 명백하다. 이에 대해서는 이미 제3장에서 간략하게 언급했다.

진보적이든 보수적이든 간에 '이주 관리' 담론에 대한 비판은 미등록 이주자가 대제로 두 가지 방식으로 **증가하고 있음에** 초점을 둔다. 첫 번째 '방식'은 지난 20여 년간 프랑스, 이탈리아, 에스파냐, 스위스, 미국에서 취해진 정상화regularization 프로그램인데, 이는 다른 말로 '사면' 혹은 '합법화 조치'로도 불린다. 보수적 집단은 이러한 프로그램이 잠재적 이주자들로 하여금 일단 이주한 후, 다음 사면까지 불법적으로 '버티는 것'을 조장한다고 비판한다. 그러나 이에 대한 명확한 증거는 없는 실정이다. 또한 보수적 집단은 이러한 정상화 프로그램이 정부가 이주에 대해 통제를 상실했음을 보여 주는 신호라고 생각한다.

반면, 보다 진보적 집단은 특정 시기에 취해지는 이러한 정상화 조치에 찬성하기도 한다. 그러나 이들 또한 난민 정책을 엄격히 하면 합법적인 이주가 어려워져 불법적으로 이주할 수밖에 없기 때문에 미등록 이주자가 양산될 것이라고 본다. 다른 많은 정책들과 마찬가지로 정상화 프로그램은 이주에 대한 관리와 제한이 의도치 않은 결과를 낳을 수 있음을 보여 줄 뿐만 아니라(Castles, 2004; Massey et al., 2002), 이주 관리에 있어서 계급적 차원의 문제를 부각시킨다(McGregor, 2008; Datta et al., 2007). 그럼에도 불구하고 이주 관리에 대한 많은 비판적 논의들은 이를 계급이라는 문제로 다루지 않는다. 오히려 이들은 '이주 관리'를 대체로 이주자를 '바람직한' 사람과 '바람직하지 못한' 사람으로 나누는 수단으로 간주함으로써 요새와 같은 정신 구조와 얽혀 있는 '배타적' 과정을 강조한다. 예를 들어 '요새 유럽Fortress Europe'이라는 용어는 1990년대에 부상한 개념이다. 마르크스주의적 주장이 여전히 매우 유용하다고 생각되지만 사회적·정치적·경제적 현실의 변화, 학문적 유행, 새로운 관점을 제시하려는 욕망, 망명 신청자·난민·기타 주변화된 개인으로의 초점 이동 등으로 인해 이주 정책에 대한 마르크스주의적 분석은 거의 사멸하다시피 했다.

민족 정체성 접근

메이어스(Meyers, 2000)는 이른바 '민족 정체성' 접근을 언급하면서 특정 국가의 이주 정책을 이해하기 위해서는 해당 국가의 시민권 모델, 정부와 대중의 민족성에 대한 자기 인식, 민족적 등질성과 정체성이라는 신화, 정치적·법률적 문화의 성격을 파악해야 한다고 보았다. 그는 19세기와 20세기 초반 '미국적 정체성'에 입각하여 미국의 이주 정책을 분석한 힉햄(Higham, 1955)

과 존스(Jones, 1960)의 연구를 인용하면서 다음과 같이 설명한다(Meyers, 2000).

> 힉햄과 존스는 미국 사회 내의 사회적 균열, 사회적 소요, 산업적 불안이 민족 정체성의 상실과 민족적인 것의 파국에 대한 두려움을 불러일으킨다고 주장한다. 그리고 이는 민족주의와 토착민중심주의(외국인혐오증)를 생산한다. 힉햄과 존스는 토착민중심주의를 일종의 심리적 현상으로 보았다. 미국의 국가적 통일성에 대한 확신이 쇠퇴함으로써 토착민중심주의적 사고가 터져 나왔다. 오히려 낙관적인 분위기가 토착민중심주의를 약화시킨다.
>
> (Meyers, 2000: 1253)

민족 정체성 접근에 대한 다른 '고전적' 문헌은 부유한 이입국을 오스트레일리아, 캐나다, 미국과 같은 '정주 사회'와 오스트리아, 독일, 스위스와 같은 '민족집단 국가'로, 등질적 국가와 이질적 국가로(Castles and Miller, 1993), 또는 시민권 개념과 관련하여 **출생지주의** 국가와 **혈통주의** 국가로 구분하고 있다(이에 대해서는 다음 장에서 보다 상세히 논의하고자 한다). 또한 파이스트(Faist, 1995)와 같은 학자는 오늘날 선진국의 시민권 형태를 '민족적—문화적 정치적 포섭'과 '다원주의적 정치적 포섭'의 두 유형으로 구분한다. 물론 우리는 이러한 유형학을 영구적으로 받아들일 수도 있지만, 이 책이 방법론적 국가주의를 비판하고 있음을 고려한다면 이러한 사고방식을 쉽게 비웃을 수도 있을 것이다. 그러나 메이어스(Meyers, 2000)에 따르면 이러한 접근에는 세 가지 강점이 있다. 첫째, 민족 정체성 접근은 특정 민족의 문화적 특징과 전통이 어떻게 정치적으로 작동하는지를 검토할 수 있다. 메이어스가 주장하는 바와 같이 '국가 정책은 진공 상태에서 구성되는 것이 아니라

한 사회의 전통적인 사고방식과 역사의 영향을 상당히 받는다(p.1255).' 둘째, 이러한 접근은 독일과 프랑스처럼 왜 국가별로 일시적 이주와 영구적 이주에 대한 선호가 다른지를 설명한다. 예를 들어 홀리필드(Hollifield, 2000)의 주장에 따르면 프랑스의 이주와 이주 정치는 프랑스의 독특한 공화주의, 곧 외국인이 프랑스의 정치 문화로 동화·통합되는 한 '외국인'은 '좋다'는 보편적 비전에 여전히 영향을 받고 있다. 프랑스 행정 당국은 오직 영구적인 이주자만이 이러한 문화를 받아들일 수 있다고 본다(Brubaker, 1992). 셋째, 캐나다 퀘벡 주에서의 영국계와 프랑스계 간의 갈등이나 이스라엘에서의 유대인과 팔레스타인인 간의 갈등과 같은 민족적·인종적·종교적 갈등은 어떠한 **종류**의 이주가 바람직한가에 영향을 끼친다.

위에서 언급한 세 가지 장점을 제외한다면 이러한 접근은 결점과 한계가 많아 절망적이라고 하겠다.[5] 보다 비판적인 이론가들은 이러한 '민족 정체성'의 관점 대신에 민족 담론이 연령, 젠더, 섹슈얼리티, 민족성과 어떻게 교차함으로써 다중 정체성이나 국가 정책을 구성하는지를 탐구해 오고 있다(글상자 4.1 참조).

글상자 4.1 방글라데시 여성의 말레이시아로의 이주 통제하기:
민족 정체성의 문제?

방글라데시로부터 이주자 유출과 말레이시아로의 이주자 유입이 갖는 정치를 민족 정체성이라는 관점에 입각해서 이해할 수 있을까? 1980년대 초반, 방글라데시와 같은 일부 아시아 국가의 여성 이주자들이 다른 아시아 국가로 유입되었다. 방글라데시와 말레이시아는 무슬림이 다수를 차지하고, 말레이시아는 다른 걸프 만 주변의 국가들처럼 값싼 무슬림 이주자의 노동력을 활용하고자 했다. 그

러나 1981년 쿠웨이트에 있는 남성 위주의 이주 노동자 단체와 방글라데시 내 이슬람 단체는 방글라데시 정부로 하여금 여성의 해외 이주를 금지하도록 촉구했고, 그 결과 방글라데시 여성 중 전문직 종사자만이 해외로 이주할 수 있게 되었다. 그들은 이 결정을 정당화하기 위해 "여성의 명예는 오직 여성이 자신의 가족, 공동체, 고향을 버리지 않을 때에만 지켜질 수 있다"고 주장했다(Dannecker, 2005, p.657). 1988년 방글라데시 정부는 1981년의 법령을 개정했고, 그 이후 이주가 급속히 증가하였으나 1997년 보다 엄격한 금지령이 새롭게 발효됨에 따라 전문직 여성의 해외 이주조차도 금지되었다. 여성은 남성의 동반 없이 방글라데시를 떠날 수 없게 되었고, 방글라데시 정부는 역설적이게도 이주 여성이 해외에서 직면하는 위험을 보고한 인권단체의 연구를 인용하면서 자신들의 결정을 정당화했다. 해당 인권단체는 자신들의 연구를 이러한 방식으로 이용한 것을 공개적으로 비난했다.

1981년과 1997년 방글라데시의 이주 정책을 이해하기 위해서 우리는 방글라데시 사회를 세밀하게 들여다볼 필요가 있다. 여성의 해외 이주 금지는 외부에서 볼 때 (이슬람) 민족 정체성의 문제인 것처럼 보이지만, 사실 그것은 남성과 여성의 젠더 관계에 깊이 영향을 받은 것이었다.

말레이시아에서 많은 방글라데시 남성들은 방글라데시 여성 이주자를 '헤픈', 성적으로 문란한, 소비에 대한 욕망을 억제할 수 없는 사람으로 간주한다. 이는 부분적으로 방글라데시 남성이 이주 여성의 자유를 퍼다(purdah) 계율의 위반이라는 관점에서 바라보기 때문이다(퍼다는 이슬람 국가의 공통적인 관습 중 하나로 여성은 자기 남편 이외의 남성과 신체적으로 접촉해서는 안 되며, 자신의 얼굴과 몸을 베일로 덮어 감싸야 한다). 방글라데시에서 퍼다는 여전히 강력한 이념이자 관습이다. 다넥커(Dannecker)의 인터뷰에서 모든 남성들은 퍼다를 젠더 질서의 이념이라고 생각했다. 그중 한 남성은 다음과 같이 주장했다.

"여기 말레이시아로 방글라데시 여성들이 이주해 일하는 것은 좋지 않습니다. 그들을 보호해 줄 사람이 없기 때문이지요. 그 때문에 이곳의 방글라데시 여성들은 종종 부정하게 행동하곤 하죠. 그들은 남성들과 접촉하고, 제대로 옷을 갖추어 입지도 않으며, 돈을 벌어 고향으로 보내지 않고 물건을 사는 데 쓰죠. 그래서 우리는 그들과 떨어져 지냅니다.”　　　　　　(Dannecker, 2005, p.660)

방글라데시 여성은 이와 다른 관점을 갖고 있다. 말레이시아로 이주한 방글라데시 여성의 생각을 다음 내용에서 유추해 보자.

“보세요. 말레이시아는 무슬림 국가입니다. 하지만 여기에서는 여성도 일을 할 수가 있어요. 여성은 자기 스스로 돈을 벌고, 다른 사람들도 일하는 여성에 대해 아무런 험담을 하지 않아요. 오히려 남편이 여성을 내조하고 가사 일을 돕기도 합니다. 방글라데시의 경우 남성들은 집에서 일을 하지 않아요. 남성은 렁기(lungis: 남성이 허리에서 발목까지 두르는 천)를 입고 가고 싶은 곳을 갈 따름이에요. 우리나라의 남성들은 게으름뱅이들입니다. 고향에서 우리는 일을 할 수 없고, 일을 한다고 하면 사람들이 욕설을 퍼부을 겁니다. 직업이 없는 남성이라고 해도 절대 일하는 여성을 돕지는 않을 겁니다. 방글라데시 사람들은 훌륭한 여성이란 집 밖에서 일을 하지 않는다고 말하지만, 여기 말레이시아 사람들도 좋은 무슬림이지 않나요?”　　　(Dannecker, 2005, p.667)

말레이시아에서 귀환한 방글라데시 남성 이주자는 이러한 ‘헤픈’ 방글라데시 여성의 이미지를 고향으로 갖고 오며, 이는 한 번도 해외로 나가 보지 못한 고향 사람들의 여론을 형성한다. 다넥커가 지적하는 것처럼 ‘방글라데시 여성 이주자의 오명은 남성 이주자, 이슬람 단체, 지식인이 형성한 성공적인 초국적 네트워킹의 결과물이다(p.662).’ 이들은 이슬람 정체성을 촉구하는 과정에서 권력을 획득한다. 이슬람 단체는 말레이시아와 중동 지역에 조직 대표를 정기적으로 파견함으로써 초국적 공간을 확보한다. 해외 이주에서 고향으로 돌아온 남성은 자신의 물적 성취와 함께 자긍심을 얻지만, 방글라데시 여성은 이를 회피하는 경향을 띤다. 어떤 방글라데시 남성은 다음과 같이 주장한다.

> "우리 딸이 보내 주는 돈이 꼭 필요하기는 하지만 그 애가 말레이시아로 떠
> 난다는 말에 정말 당황스러웠습니다. 여성이 잘 지내기에 말레이시아가 적절
> 하지 않다는 것을 우리는 잘 알아요. 아마 그 애가 고향에 돌아오면 마땅한
> 남편을 만날 수 없을지도 모르겠습니다." (Dannecker, 2005, p.660)

그 결과 방글라데시 남성은 말레이시아에서나 방글라데시에서나 이주 여성과
의 만남을 회피하는 경향이 있다. 이처럼 남성들은 퍼다 관념을 통해 이주 공간
으로부터 여성을 배제함으로써 독특한 종류의 방글라데시 민족성과 공동체를 형
성한다. 그리고 말레이시아에서 방글라데시 남성은 방글라데시 문화의 표상으로
서 일종의 민족 정체성을 대표한다. 이러한 '민족 정체성'은 '젠더 질서'와 아울러
방글라데시와 말레이시아 정부의 정책을 바꾸려는 방글라데시 남성의 희망을 반
영한다. 결국 민족 정체성은 남성의 우월성을 지키려는 전략이다. 방글라데시 정
부가 여성의 해외 이주를 금지하자, 말레이시아 정부 또한 방글라데시 여성이 말
레이시아로 입국하는 것을 꺼리게 되었다. 그러나 여성 이주를 막으려는 방글라
데시 남성들의 시도에도 불구하고, 방글라데시의 시민 사회 단체와 고용 중개업
체는 정부로 하여금 금지 조치를 철회할 것을 요구하였다. 여전히 해외 이주에
있어서 방글라데시 여성은 남성에 비해 훨씬 더 복잡한 절차를 거쳐야 한다.

라이트와 엘리스(Wright and Ellis, 2000b)는 이주와 이주 정책의 원천으로서
의 '민족 정체성'에 대해 보다 공간적인 관점에서 비판을 제기한다. 이들은
자신들의 독창적인 논문을 통해 향후에는 미국 사회의 이민과 이주 정치가
미국 내 도시와 지역의 다양한 이주자 정착 환경의 특성을 반영할 것이라고
보았다. 동화주의가 아직 사멸하지는 않았지만 '백인성' 중심의 미국의 민족
정체성 이념은 더 이상 유지되지 못하고 있다. 그러나 이들에 따르면 이러한

지역화된 이주 정치는 수적, 정치적으로 이주자가 지배적인 지역 내에 거주하는 백인 소수자와 이주자 사이의 정치적 산물이 될 것이다.

위와는 다르지만 마찬가지로 공간적인 관점에서 볼 때 민족 정체성과 (이주자 유입에 반대하는) 토착민중심주의적 반응은 보다 로컬화되어 있고, ‘인종’의 문제에 **명시적으로** 초점을 두기보다는 ‘문화’에 초점을 두고 있다. 스미스와 윈더스(Smith and Winders, 2008)의 미국 내슈빌Nashville에 대한 연구에 따르면 미등록 라티노 이주자에 대한 많은 시민들의 분노는 ‘불법성’이라는 ‘중립적 언어’로 표현되지만 동시에 이는 장소, 유산, ‘문화’에 대한 방어를 의미하기도 한다. 이러한 내슈빌의 ‘문화’에서 볼 때 이주자는 ‘미국 문화’에 대한 위협으로서 재현된다. 미국 남부의 경우 영어만을 공식 언어로 만들려는 움직임이 일반적이지만, 이것은 단순히 문화적 투쟁만이 아니라 경제적인 이유도 포함한다. 이들이 인터뷰했던 한 ‘흑인 노동자’는 이주자가 ‘모든 혜택’을 다 가져가고 흑인은 시민권자임에도 불구하고 아무 것도 받지 못하는 현실에 대해 분개했다. 마찬가지로 스미스와 윈더스는 조지아 주지사가 “단도직입적으로 말해서 목요일에 이 나라에 불법적으로 기어 들어와서, 금요일에 공식적인 신분증을 발급받고, 월요일에 주민 복지 사무실에 찾아가며, 화요일에 투표를 하는 사람들을 묵과할 수 없다”(Office of the Governor, 2006, cited in Smith and Winders, 2008, p.67)라고 발언한 내용을 인용하기도 한다. 그들에 따르면 이러한 진술에 비추어 볼 때 “불법적인 국경 넘기, 신분증 절도, 공공 시설물 절취, 투표권 사기와 같은 범죄적 단언은 조지아 주뿐만 아니라 나라 전체가 위협받고 있다는 두려움을 불러일으킴으로써 다양한 스케일에서 ‘미국’의 방위를 부추기고 있다”라고 주장한다(Office of the Governor, 2006, Smith and Winders, 2008, p.67에서 재인용). 때때로 이러한 로컬 정치는 혼란스럽고 모순적일 수도 있다. 예를 들어 아칸소 주지사는 ‘불법체류 외국인'의 강제 출국을 지지하면서도 미등록 여성 외국인의 출산에 대해서는 (낙태 반대론의 입장으로 지지하기 때문에) 무상으로 의료 서비스를 제공해야 한다고 주장하기도 한다(Smith and Winders, 2008).

위에서 언급한 연구들은 이주 정치에 있어서 **하위**국가적 공간이 중요하다는 점을 보여 준다. 이주에 관한 많은 연구 문헌들은 방법론적으로 국가주의의 덫에 갇혀 이러한 측면을 간과하고 있다.

프리만의 '고객 정치' 논제

프리만(Freeman, 1995)의 영향력 있는 개념인 '고객 정치client politics'에 근거할 때 이주 정책은 다양한 '고객', 즉 "정책에 관심이 많고 정책 책임자들과 친밀한 관계를 형성하고 있는 작으면서도 고도로 조직적인 집단"의 산물이다(p.886). 이주 정책도 가장 강한 고객에 의해 불균형적으로 만들어질 것이다. 프리만의 주장에 따르면 이주자와 관련 소수민족 집단은 정부에 점차 영향력 있는 목소리를 내고 있을 뿐만 아니라 이주 노동력에 의존하고 있는 고용주 또한 보다 자유로운 이주 정책을 위해 로비 활동을 하고 있기 때문에 이주 정책은 이주를 확대하는 방향으로 나아갈 것이라고 주장한다. '고객'은 두 집단, 즉 사업가, 이민자 및 소수민족 집단 단체, 이민 찬성론을 주장하는 NGO 등과 같이 이주를 지지하는 집단과 토착민중심주의자, 민족주의자, 반이민주의자 단체 및 관련 NGO 등과 같이 이주를 지지하지 않는 집단으로 나눌 수 있다. 프리만은 자유로운 이주 정책의 수혜자는 일부 고용주와 이주 찬성 단체인 반면, 이주에 대한 비용은 국가 내 모든 유권자에게 전가되기 때문에 이주 정책은 점차 확대될 것이라고 주장한다. 프리만은 러기(Ruggie, 1982)와 홀리필드(Hollifield, 1992)의 연구를 언급하면서 북아메리카와 서부 유럽의 '선진 자유 민주주의'는 인종적, 민족집단적 특징에 따라 이주자를 선택적으로 배제하는 것을 금지하는 '착근적 자유주의embedded liber-alism'로 구성되어 있다고 주장한다. 그는 이것을 '반–포퓰리즘적' 규범이라고 하면서, 이민의 문제가 정당정치로 스며들게 허락하기보다는 정파를 초월한 합의가 필요할 것이라고 결론을 맺는다.

좁케의 '자기제한적 주권' 주장

프리만의 분석은 많은 주목을 받았고 후속 연구에 연구 어젠더를 제시했지만 동시에 많은 비판을 받기도 했다. 프리만에 대한 비판가들은 대부분 유럽 출신의 학자이거나 (프리만의 주장을 검증하기 위해) 유럽 국가를 연구 대상으로 삼고 있는 학자였다.

우선 좁케(Jopke, 1998a)는 프리만의 분석이 미국의 로비 풍토를 바탕으로 하기 때문에 (벨기에, 네덜란드, 프랑스, 독일, 영국이 노동 및 가족 이주를 중단시킨 1970년대 초반 이후의) 유럽 국가에서는 '필요하지 않은unwanted 가족 재결합'이라는 맥락에는 거의 맞지 않는다고 보았다. 1970년대 후반과 1980년대 초반에 유럽 국가가 마지못해 가족 재결합을 허용한 것은 **이주 노동자의 도덕적, 법률적 권리**를 보장하고자 한 것이었다. 그러나 이것은 '고객 정치'에 의한 로비의 결과가 아니라 법원의 자유주의적 결정에 따른 것이었다. 좁케는 프리만이 국가의 사법 체계에 주목하지 않았기 때문에 국가 내의 법률적 과정이 어떻게 확장적 **이주 정책**을 만들어 내는지를 간과했다고 지적했다. 특히, 판사는 '고객'의 요구로부터 자유롭기 때문에 오직 헌법과 법령에 입각해서 결정한다는 점을 지적했다. 결국 프리만은 '고객'이 이주 정책을 만들어 낸다고 보는 반면, 좁케는 (도덕적 의무와 법률적 단속과 같은) 법률적 과정이 이주 정책의 확장을 가져오는 주요 요인이라고 보았다. 그러나 좁케는 이러한 의무와 단속이 시간에 따라 변화할 뿐만 아니라 (특히 북부 유럽과 남부 유럽 국가 간에 나타나는) '필요하지 않은 이주'에 대한 각 **국가별** 도덕적 대응의 **차이**에 따라서도 다르다고 보았다. 예를 들어 이탈리아의 경우는 1970년대 중반에 들어서면서 이주자의 유입을 처음으로 경험했다. 한편 좁케는 법원의 자유주의적 법리가 국가에 '필요하지 않은 가족 이주자'의 입국을 금지하거나, 바람직하지 않거나 미등록 이주자를 강제로 추방한다고 결론을 내린다. 이처럼 민족국가는 점증하는 이주를 통제할 수 있는 국가의 주권을 스스로 제한한다. 좁케는 이를 '자기제한적 주권self-limited sovereignty'이라고 하였다. 국가의 실행에 대한 이러한 해석은 2001년 9월 11일 이후 강제로 출국당한 망명 신청자와 미등록 이주자의 급증에 대한 보다 비판적인 문헌과는 상당한 차이가 있다.

어쨌든 좁케(1999)는 이민 반대론자 고객이 이주 정치와 정책에 있어서 상당히 중요하다는 프리만에 주장에 동의하면서 이주 정책이 항상 '확장적'이지는 않을 것이라고 본다. 다음 절에서 이민 반대론자의 정치의 몇몇 특징에 대해서도 논하겠지만, 우선 정치사회학적 입장에서 프리만의 연구를 매우 다른 시각에서 비판한 연구를 살펴봄으로써 이민 찬성론자 고객이 실제 자신의 권력을 어느 정도 행사할 수 있고, 행사하고 있는지에 대해 살펴보자.

이주 정책의 정치사회학

시오르티노(Sciortino, 2000)가 이탈리아와 유럽의 맥락에서 프리만의 분석에 대해 제기한 많은 반론 중 특히 두 가지를 살펴보자. 시오르티노에 따르면 우선 이주 정책이 외국인 거주자에 의해 만들어지는 경우는 거의 없다. 특히 미등록 이주자나 망명 신청자는 공식적 정치 시스템의 외부에 있기 때문에 로비를 하는 것이 불가능하다. 둘째, 시오르티노는 이주 정책에 대한 정치경제학적 접근에 반대하면서 정치적 의사 결정자와 정책 입안자가 (예를 들어 미등록 이주자에 대한 사면이나 정상화를 요구하는 NGO 또는 가족 이주를 자유화할 것을 요구하는 NGO와 같은) '고객'으로부터의 '정보'를 단순하게 가공하는 것은 아니라는 점을 지적한다. 오히려 그는 일반적인 정치사회학적 접근, 특히 '의사 결정 사회학'을 지지하는 입장에서 정책 입안자가 실제로 어떻게 로비스트와 관계를 형성하는지, 그리고 그들이 로비스트의 요구에 어느 정도 신경을 쓰는지에 대해 연구해야 한다고 주장한다(Guiraudon, 2003; Boswell, 2008). 그러나 정책 입안자가 실제 로비스트에게 영향을 받는가의 여부와는 상관없이 정책 입안자는 특정한 계급, 인종, 젠더 정체성을 기반으로 하고 있으며, 이는 결과적으로 이주 정책에 있어서 무엇이 가능하고 무엇이 불가능한가에 영향을 끼친다(Samers, 2003a).

모든 고용주는 비슷한 '고객'인가?
미등록 이주자의 고용주에 대한 정부의 반응

프리만의 논제에 있어서 '고용주'라는 범주는 너무 단순하다. 예를 들어 어떤 고용주는 다른 고용주가 미등록 이주 노동자를 부당하게 고용함으로써 (소위 '사회적 덤핑'을 통해) 자기 업체의 경쟁력을 위협한다고 주장하기도 한다. 미등록 이주자의 고용주는 정부가 이주 정책을 확장하도록 로비를 하는가? 아마 이에 대한 기존의 연구는 거의 없을 것 같다. 나아가 정부가 미등록 이주 노동자를 활용하는 고용주를 지원하고 있다는 것도 사실과는 다르다.

프리만은 지난 20여 년간 선진국의 모든 정부가 미등록 이주와 비공식적 고용의 관계를 더욱 우려하고 있다는 점을 완전히 무시했다. 이러한 우려는 국가의 노동시장이 완전히 탈조직화되었기 때문이기도 하고, 미등록 이주자의 유입으로 인한 대중의 안전감을 위협받았기 때문이기도 하며, 정부가 비공식 노동과 미등록 이주자를 뿌리 뽑기 위해 무엇이라도 해야 한다고 주장하는 이민 반대론자의 압력을 받기 때문이기도 하다. 작업장 급습이나 강제 출국과 같은 행위는 양자를 통제할 수 있는 국가적 역량을 효과적으로 상징화한다.[6] 그러나 이와 동시에 비공식적 고용과 미등록 이주를 둘러싼 정치는 모순적이기도 하다. 비공식 고용과 미등록 이주자에 대한 통제에서의 모순을 설명하기 위해서는 범법 고용주를 조사할 수 있는 인력의 부족, 벌금 부과의 어려움, 이주자 강제 출국의 장애, 강경 단속[7]으로 인한 이주 노동력의 주기적 부족, 이주 노동자에게 매우 낮은 임금을 지불함으로써 얻을 수 있는 국가 경쟁력 향상 등의 상호 관계를 파악해야 할 것이다.

이주 정책의 '스케일 상승'

프리만의 분석에서의 두 번째 문제점은 이주 통제의 재영역화reterritori-alization 또는 재스케일화re-scaling의 문제와 관련되어 있다. 이 책의 제1장에서 필자는 '스케일'이라는 용어는 부분적으로 '영역'과 같은 뜻으로, 그리고 '영역화'라는 용어는 조질의(또는 통제의) 스케일과 같은 뜻으로 사용했다. 귀라돈(Guiraudon, 2000) 및 귀라돈과 라하브(Guiraudon and Lahav, 2000)의 연구는 유럽연합의 경우 이주 정책이 '스케일 상승up-scaling', '스케일 하강down-scaling', '스케일 외부화out-scaling' 과정을 겪고 있다고 주장한다. '스케일 상승'은 지난 20여 년간 많은 저술의 주제가 되었던 글로벌화 또는 정치의 국제화에 대한 주장과 일치한다. 보다 구체적으로 말하면 스케일 상승은 이주와 이주 정책의 의사 결정이 민족국가에서 (유럽연합 집행 위원회나 유럽 위원회와 같은) 상위국가적 조직으로 이행함을 일컫는다. 이를 다른 말로 표현한다면 이주 통제의 '글로벌화', '국제화' 또는 '포스트국가화'라 할 수 있을 것이다. 스케일 하강은 권력과 의사결정이 지방정부, NGO, 자선단체 등

의 하위국가적 조직으로 이행함을 일컫고, 스케일 외부화는 (아웃소싱에서
와 같이) 민간 부문 행위자로 이행하는 것을 일컫는다. 귀라돈이 이주 거버
넌스에서의 변화를 이해하기 위해 '재스케일화'라는 분석 틀을 처음으로 사
용한 사람은 아니지만, 이 틀은 이주 정치를 문제적으로 생각해 보는 데 유
용하다. 우선 이 절에서 '스케일 상승'의 문제에 초점을 두어 살펴본 후, 그
다음 절에서 차례로 '스케일 하강'과 '스케일 외부화'에 대해 살펴보자.

이주 관련 문헌에서 '스케일 상승'은 종종 '상위국가화supra-nationalization'
로 불리는데 이는 세 가지 차원을 의미한다. 첫째는 유럽연합이나 전 세계에
서와 같이 이주 정책이 일반적으로 상위국가화된다는 것, 둘째는 세계의 망
명 신청자와 난민 보호가 상위국가화된다는 것, 셋째는 북미자유무역협정
NAFTA과 서비스 교역에 관한 일반협정GATS과 같은 국제 무역 블록과 제
도가 개별 국가의 이주 정치와 정책에 큰 영향을 끼친다는 것이다.

⑴ **유럽연합에서 이주 정책의 상위국가화가 나타나는가?** 이 질문에 대한
대답은 '예'이기도, '아니오'이기도 하다. 브뤼셀에 있는 유럽위원회European
Commission는 (유럽의 의회 수준은 아니지만) 유럽 전역의 이주 정책에 관한
법률의 **구상**을 책임지고 있다. 하지만 구상된 법률은 (역시 브뤼셀에 있는)
회원국 대표들로 구성된 통치조직인 각료이사회에 의해 **결정되거나 법제화
된다.** 이러한 의미에서 유럽연합은 엄밀히 말해 상위국가적 의사결정체라
고 할 수는 없다. 게데스(Geddes, 2000; 2003b)는 (유럽 '공동체' 수준에서 구상
된 정책이라는 의미에서) 이를 '공동체화communatarization'라고 말하면서도
동시에 (정책이 실제로 유럽 전역에서 시행되어 가고 있기 때문에) 서서히
'상위국가화'하고 있다고도 말한다. 아직까지는 유럽연합의 '외부'로부터의
이주에 대해 유럽 전역에 걸친 단일한 정책은 없지만 다음의 요소들로 구성
된 유럽 **내부**의 이주 정책과 유럽 **정부**가 부상하고 있다.[8]

1) 국가정부는 여전히 유럽 외부로부터의 (가족, 망명 신청자, 난민과 같
은) 이주 노동력의 **종류와 양**을 결정할 수 있다(글상자 4.2 참조). 그러나
유럽 전체 수준에서의 망명 신청자 및 난민 지원 체제도 부상하고 있는
데, 이러한 사례에는 소위 '고통 분담'이라 불리는 더블린 II 회의와 유럽
난민기금European Refugee Fund을 들 수 있다(글상자 4.4 참조).[9]

2) 유럽 내 **국경** 통제는 1985년의 셍겐 협정Schengen Agreement에 기반을
두어 시행되다가 ('공동 여행 구역'을 설정하기로 합의한) 영국과 아일랜
드를 제외하고 2007년에 완전히 폐지되었다. 그러나 불가리아, 키프로
스, 루마니아는 2008년 현재 (셍겐 회원국이 아닌 까닭에) 유럽에 포함
되지 못하고 있다. 국경 개방에도 불구하고 여전히 공항에서는 여행객
을 셍겐 회원국 출신과 비회원국 출신으로 구분하고 있다.

3) 유럽에서는 범유럽적 정책의 시초로서 유럽연합 외부로부터의 '제3국
국적자'를 고용하는 사람에게 제재를 가하기로 결정하였다.

4) 범유럽 '통합 정책'의 시초로서 유럽 위원회는 모든 유럽인에게 보편적
인 노동권과 거주권을 부여하는 범유럽적 정책을 제안하였다.

5) 고숙련 이주자에게는 영주권을 부여해서 특혜를 제공하기로 결정했다.
이는 다른 지역에 대한 유럽의 '경쟁력'을 제고하기 위한 조치로 계획되
었다(OECD/SOPEMI, 2008).

유럽연합의 통제 사례 이외에도 국제노동기구의 이주 노동자의 권리에 대
한 협약(ILO 97 in 1949 and ILO no.143 in 1975), 이주 노동자 및 가족의 권리에
관한 UN협약(1990)(2003년 발효), 인신매매(2003)와 밀입국(2004)에 대한 두
의정서는 글로벌 스케일에서의 주요한 국제 법률적 도구들이다. 이러한 **국
제적**, 글로벌 인권 보장 체제에는 한계가 있다. 우선 이러한 법률적 도구를

강제할 수 있는 수단이 없기 때문에 이는 각 국가가 따라야 하는 일반적 협약에 불과하다. 둘째, ILO 및 관련 협약은 이주 노동자의 직업을 '일반적이고 불명확하게' 정의하고 있기 때문에 일시적 이주 노동자와 그 가족의 증가 추세를 뚜렷하게 반영하지 못하고 있다. 요컨대 이러한 협약은 각 국가의 이주 정책 수립에 있어서 매우 제한적인 수준에서만 영향을 미친다(Pellerin, 2008, p.32).

글상자 4.2 유럽 국가의 가족 이주 정책(Kofman, 2004)

가족 이주(그중에서도 특히 유럽연합의 경우)는 연구되지 않은 주제이다(Kofman, 2004). 유럽연합의 경우 이에 대한 조사가 없었다는 점은 매우 놀라운데, 왜냐하면 유럽연합 외부로부터의 이주자 중 대다수가 1980년대 중반부터 2000년대 중반까지 가족 이주 자격으로 유입되었기 때문이다. 또한 가족 이주는 미국의 경우 전체 이주자의 2/3를, 캐나다의 경우 1/3을, 오스트레일리아의 경우 25%를 차지한다. 그러나 한편으로는 그렇게 놀라운 일도 아니다. 왜냐하면 노동 이주에 관한 연구들은 대체로 남성은 경제생활과 공적 영역과 연관시키는 반면, 여성은 사회생활과 사적 영역에 연관시키는 경향이 강했기 때문이다(p.256).

그럼에도 불구하고 유럽 국가는 대체로 1990년대 이후 가족 이주의 문호를 좁히고 이에 대한 심사를 엄격하게 하고 있다. 예를 들어 이탈리아의 가족 이주 정책은 상대적으로 관대했기 때문에 이주자의 부모, 형제, 자매는 처음 이주했던 가족 구성원과 재결합하여 이탈리아에 함께 거주하는 것이 쉬운 편이었다. 그러나 이탈리아 정부는 2002년에 보시-피니(Bossi-Fini) 법률을 제정·시행하면서 이를 엄격하게 제한하기 시작했다. 개별 유럽 국가는 보다 통제적인 정책을 실시했지만, 유럽연합은 '제3국 국적자'에게 가족생활을 영위할 수 있는 권리를 주는 어떠한 실효적인 법안도 제출한 적이 없다. 결국 유럽연합은 유럽인권조약 및 기타 범유럽적 법률과 정책의 영향하에 있지만, 개별 유럽연합 회원국은 자국만의 정책을 실시할 수 있는 상당한 법적·정치적·사회적 공간을 확보하고 있다. 가족 이주에 대한 엄격한 통제에는 여러 가지 차원이 있으며, 국가마다 지역마다 상이하다.

국가가 이주를 관리하는 일차적인 수단은 가족, 최소 연수 기간, 적절한 재정적 여건과 '충분한' 주거에 대한 엄밀한 정의, 연령 제한, 가족 방문 통제, 망명 신청자와 기타 임시 체류자의 가족 재결합 통제 등을 통해 이루어진다. 이를 다음의 여덟 가지 차원에서 살펴보자.

1. 가족은 다양하기 때문에 (예를 들어 오스트레일리아, 유럽, 북아메리카에 가족 구성원이 흩어져 살고 있는 홍콩의 어떤 가족처럼) 가족 구성원이 여러 대륙에 걸쳐 떨어져 있는 '초국적' 유형이 있을 수 있다. 그러나 유럽 국가정부는 가족을 배우자와 (18세 미만의) 피부양 자녀로 협소하게 정의한다. 코프만이 지적하는 것처럼 자신의 가족이 누구라는 것을 정의하는 것은 이주자 자신이 아니라, 이민을 가고자 하는 이입국의 정부이다. 네덜란드, 스칸디나비아 반도의 국가, 영국은 '동성' 부부의 입국을 허용하는 유일한 3개국이다. 물론 이 또한 '전통적인' 핵가족처럼 보일 때에만 가능하다. 유럽연합의 이주 정책은 이성애적 가족을 가정하고 있다(Simmons, 2008).

2. 유럽 국가 간에는 어떤 이주자가 고향의 가족을 데려오기 위해서 거주해야 하는 기간 규정에 큰 차이가 있다. 특히 독일과 스위스는 가족 재결합을 위한 필요 거주 기간이 가장 길다. 그리고 대부분의 유럽 국가는 임시 비자를 가진 외국인에게는 고숙련의 전문가가 아닌 한 가족 재결합을 허락하지 않는다.

3. 부모의 이주는 매우 제한되어 있다. 오직 덴마크, 에스파냐, 영국만이 이주자와 피부양 부모와의 재결합을 허락하고 있다. 독일은 이주자가 '인도주의적 이유'를 근거로 부모를 데려올 수 있고, 네덜란드는 부모가 '심각한 어려움'에 직면한 경우에만 데려올 수 있다.

4. 특히 각국 정부는 사기적인 '정략결혼'이나 '위장 결혼'을 우려한다. 영국은

2002년 국적이민법에서 임시 체류 자격자가 결혼을 통해 보다 안정적인 체류 자격을 획득하는 것을 방지하는 내용을 담고 있다. 이러한 정책이 유럽연합 회원국에서 일반적인 것은 아니지만 네덜란드를 포함한 몇몇 정부는 이주자의 결혼을 예의 주시하고 있다. 예를 들어 배우자와의 연령 차이가 상당히 큰 경우는 의심의 대상이 되며, 조사 대상자는 결혼을 함에 있어서 상호 간의 사랑과 약속 이외의 다른 이유는 없다는 것을 밝혀야 한다. 네덜란드의 경우에는 내국인이 이주자와 혼인할 경우, 내국인이 경제적으로 이주자에게 의존한다는 것을 명시해 놓고 있다. 영국의 경우 이주 노동자의 연수 기간 동안에 파혼할 경우 가정 폭력을 고려하는 경우가 많은데, 이는 이주 노동자가 연수 기간을 연장하는 구실로 이용될 수도 있다. 많은 사람들은 재정 상태나 주거 요건이 불충분하다는 이유로 가족 재결합 허가를 받지 못하고 있다.

5. 적당한 소득 및 재정 여건과 관련하여 독일과 네덜란드의 경우 복지 수당으로 살아가는 이주자는 가족 재결합을 허가받기 어렵다. 프랑스의 경우 가족 복지 수당은 개인의 최소 소득에 포함되지 않기 때문에 이주자는 정부가 요구하는 최소 임금 수준을 그대로 충족시켜야만 한다. 영국의 경우 이주자의 가족은 자녀 양육 수당, 장애인 복지 수당, 주택 수당, 실업 수당에 의존하여 생활하는 것이 금지되어 있다. 높은 실업률과 공영주택의 부족은 이주자가 고향의 가족을 데려오는 것을 더욱 어렵게 하고 있다. 가사 도우미, 육아 도우미와 같은 가사 노동자들은 일터에서 함께 살아가기 때문에 가족을 데려오는 것이 특히 어렵다. 이탈리아의 경우 많은 필리핀 여성이 오랫동안 거주해 왔음에도 불구하고 고향의 가족을 데려오기 시작한 것은 최근의 일이다.

6. 국가는 연령 제한을 통해 가족 이주를 통제할 수 있다. 예를 들어 독일로의 입국이 허락될 수 있는 자녀의 최소 연령은 (과거에는 18세였다가) 12세이고, 2002년 덴마크의 경우 시민권자인가의 여부와 관계없이 해외의 자녀를 입국시킬 수 있는 최소한의 자녀 나이는 24세이다. 이러한 가혹한 법률은 과거 터키와 북아프리카를 포함하는 이슬람 인구의 유입을 차단하기 위해 우파 정부

가 통과시킨 장치였다. 이러한 정책은 법적 논란의 대상이 되고 있다.

7. 영국의 경우 이주자의 가족 방문은 엄격하게 제한되어 있는데, 왜냐하면 방문한 가족이 비자에 허락된 기간을 넘어 체류할 가능성이 있기 때문이다. 이는 특히 자메이카 사람들에게 엄격해서 이들의 가족 방문 신청은 기각률이 매우 높다. 더군다나 입국 불허 결정은 자메이카에서 출발한 가족이 상당한 시간 동안 배를 타고 온 후에서야 내려진다. 이러한 비자 제한은 잠재적으로 초과 체류할 가능성이 높다고 판단되는 국가에 보다 엄격하게 이루어진다. 이는 특히 가족의 보살핌을 필요로 하는 이주자에게 의미하는 바가 크다. 가까운 가족이 강제적으로 떠나게 되면 병든 상태의 당사자를 보호해 줄 사람이 없어진다는 것을 의미하기 때문이다.

8. 임시 보호 대상 체류자 중에는 오직 '협약 난민(convention refugees)'만이 가까운 가족을 데려올 수 있다. 이외의 난민은 소득과 주거 조건을 충족시키고 몇 년을 기다려야 자격을 받을 수 있으며, 실제 가족과 만나기 위해서는 다른 조건들에도 부합해야 한다. 영국의 경우 대부분의 난민은 가족 재결합을 위해 몇 년을 기다려야 한다. 앞서 언급한 바와 같이 난민의 경우 가족 구성원이 전 세계 여러 곳에 흩어져 살고 있는 경우가 많기 때문에 이민 당국이 가족을 매우 협소하게 정의하는 것은 이들에게 결코 도움이 되지 않는다.

코프만에 따르면 각국 정부는 이처럼 이주에 대해 규제 중심적 입장에 있음에도 불구하고, '적절한 기술'을 갖춘 이주자의 가족 구성원에 대해서는 이와 대소적으로 매우 자유주의적인 관점에서 이주를 이해한다.

(2) **망명 신청자와 난민 보호에 상위국가화가 나타나는가?** 필자는 제1장에서 국제 인권 보호 체제와 관련된 핵심적인 법률로서 제네바 협약(1951)과 뉴욕의정서(1967)를 소개했다. 1967년 의정서는 제네바 협약에서 망명 신청자에 대한 인종주의적·배타적 성격을 없애는 한편, 가난한 국가에 대한 경

제적·사회적 지원보다는 **유럽 국가**의 망명 신청자에 대한 시민적·정치적 권리 보장을 우선시하는 경향이 있었다(Hyndman, 2000). 그 이후 21세기 초반의 오늘날 국가들은 제네바 협약을 매우 엄격하게 해석함으로써 유럽과 북아메리카에 있어서 망명 신청자의 보호는 과거에 비해 제한적으로 이루어지고 있다(Hyndman and Mountz, 2008). 아시아의 경우 제네바 협약과 1967년 뉴욕 의정서에 합의한 국가는 캄보디아, 동티모르, 필리핀 3개국뿐이다. 물론 다른 국가들이 이 국제 협약에 상응할 만한 지역 내 협약에 서명한 것도 아니다(Hedman, 2008). 원조와 인도주의적 지원은 많은 조인국에 의해 추진되고 있지만, 이는 대체로 각국의 외교 정책과 연관되어 있고, 실제 지원을 필요로 하는 사람이 지원받지 못하는 경우도 있으며, 역효과를 불러일으키기도 한다. 결국 제네바 협약은 국제법이긴 하나 이를 강제할 수 있는 도구도 없고, 망명 신청자들이 안보 문제와 관련되어 있기 때문에 협약에 대한 위반이 만연한 상태이다(Hyndman and Mountz, 2008).

(3) **국제 무역 블록과 기구는 국가의 이주 정치에 영향을 미치고 있는가?**
서비스 교역에 관한 일반협정GATS이나 북미자유무역협정NAFTA과 같은 글로벌 '신자유주의적' 제도들이 국가의 이주 정치를 형성하고 있다는 것을 우리는 인식할 수 있을까? 펠러린(Pellerin, 2008)은 WTO의 GATS 중 소위 '유형Mode 4'에 초점을 둔다. '유형 4'란 '한 회원국이 다른 회원국에 서비스를 공급하기 위해 사람을 임시로 체류시키는 것'과 관계있다(p.31). 서비스는 오늘날 글로벌 자본축적에 있어서 가장 추진력이 강한 부문이며, 가난한 국가는 유형 4에 근거를 둔 서비스의 자유로운 무역을 지지한다. 선진국도 이 조항에 동의하지만, 이들은 개별 국가는 이러한 제한적 이동성limited mobility을 조절할 수 있어야 하며, 자국의 '영역적 보전'에 위협이 될 수 있는 이동성에 대해서는 개입할 수 있어야 한다고 주장한다.

이러한 제한적 이동성이 주로 고임금/고숙련 노동자들을 겨냥한 것이라는 점은 간과되어서는 안 될 것이다. 예를 들어 캐나다의 경우 이를 사업상 방문자, 전문가, 고용주가 '내국인 노동자'를 구할 수 있는지의 여부를 증명할 필요가 면제되어 특별 대우를 받는 기업 간 파견 근무자를 세 가지 범주로 구분한다. 일본, 유럽연합, 기타 가난한 국가도 이와 유사하게 선택적인 기준을 적용하고 있다. 결국 펠러린(2008)은 GATS의 일부를 구성하는 **상법**lex mercatoria이 이주 노동자에 대한 정의와 일시적 이주 정책 모두에 뚜렷한 영향을 미친다고 주장한다. 그는 이러한 맥락에서 고숙련 노동자조차 해당 국가의 시민권자에게 부여되는 복지 혜택과 인권 보호로부터 제외될 수 있음을 지적한다. 이주 노동자에 대한 정의와 일시적 이주 정책에 대한 GATS의 영향은 국가의 이주 정책에 통합되어야 하는 법률적 단속 조치를 통해 달성된다(Pellerin, 2008).

1994년 캐나다, 멕시코, 미국이 서명한 북미자유무역협정NAFTA에는 이동성과 관련된 조항이 '챕터chapter 16'에 포함되어 있다. 이에 따르면 **일시적** 이주지는 사업상 방문자, 기업 간 파견 근무자, 전문직 종사자, 무역업자 및 투자자의 네 가지 범주로 분류된다. 나아가 일시적 이주자의 배우자는 입국 시 어떠한 특혜도 없기 때문에 통상적인 경로를 통해 입국하게 되어 있다. 대략 60개의 직업을 포함하고 있는 TN 비자Trade NAFTA visa는 캐나다 국적의 전문직 종사자가 빨리 미국에 고용될 수 있도록 다른 비자와 달리 신속하게 처리될 수 있는 특혜를 부여한다. 미국은 비자 발급에 있어서 차별적 행태를 취한다. 1994년부터 2004년에 이르는 동안 미국 정부는 멕시코 국적의 전문직 종사자에게 제한 사항을 부과했는데, 이는 동일 직종의 캐나다 국적자에게는 요구하지 않았던 것이었다. 미국과 캐나다가 영어를 공용어로 하고 교육 시스템도 유사하다는 점은 멕시코 노동자에게 불이익으로 작용한다(Gabriel, 2008).

가브리엘(Gabriel, 2008)은 캐나다 국적의 이주 간호사 문제에 특히 주목하여 국제화, 신자유주의, 이주 정책의 젠더화가 NAFTA와 어떻게 연결되어 있는지를 보여 주었다. NAFTA는 캐나다 경제 발전의 신자유주의화와 잘 부합되어 있는데, 이는 무역 자유화와 '대륙화'를 지향하면서도 캐나다 경제의 시장화, 민영화, 재규제re-regulation를 포괄하고 있다. 이 재규제의 과정은 캐나다 병원에 지원되던 상당한 재정을 삭감함으로써 예산 축소, 노동 강도 강화, 병원 당국의 통제력 축소 등을 야기했다. 이 결과 캐나다인 간호사의 근로 여건은 심각하게 악화되었고, 이에 따라 상당수의 간호사가 더 나은 근로 여건을 찾아 미국으로 이주했다. 캐나다인 간호사는 자유로운 TN 비자를 발급받았기 때문에 (캐나다인 다음으로 다수를 차지하고 있는 중국계나 인도계 간호사들에 비해) 특권을 누릴 수 있었고, 이는 캐나다인 간호사의 이주를 더욱 촉진시켰다.

자료의 신빙성이 문제가 될 수 있지만, 미국 이민국Immigration and Naturalization Service의 자료에 따르면 1991년 2195명이었던 캐나다의 이주 간호사가 1999년에 6809명으로 급증했다. 캐나다 간호사는 1990년대 동안 '비자 스크린'이라 불리는 미국의 새로운 정책으로 체류 기간 동안 비자 처리에 상대적 특권을 누릴 수 있었다. 그러나 다른 외국인 간호사와 마찬가지로 (영어 사용 능력 시험을 포함한) 자격 증명서를 제출해야 했고, 이 또한 주state마다 달랐다. NAFTA 자체는 간호사의 자격에 대한 상호 이해에 있어서 어떠한 조항도 갖고 있지 않다. 그럼에도 불구하고 NAFTA는 사람들의 이동을 상당한 정도로 자유화하는 기능을 하고 있고, 이 또한 선택적으로 이루어지기 때문에 국가와 하위국가의 이주 정책의 힘과 부딪히기도 한다(Gabriel, 2008).

초점은 다르지만 이와 유사한 맥락에서 콜만(Coleman, 2005)과 스파크 (Sparke, 2006)는 2001년 9월 11일 이후 NAFTA의 모순에 대해 언급한 바 있 다. NAFTA의 맥락에서 캐나다와 미국의 국경을 가로질러 재화와 서비스 가 이동하는 것을 보장하는 신자유주의적 지리경제geo-economics는 '테러와 의 전쟁'이란 맥락에서 국경의 안보를 확보하려는 지정학적 요구와 충돌하 게 되었다는 것이다. 결국, 스파크는 지리경제적 필요성이 '국가의 요새화라 는 지정학적 상상'에 승리했다고 주장했다(2006, p.12).

노동 이동성은 상이한 유형으로 전개되고 있지만 GATS 이외의 역내 무 역 협정들 또한 노동 이동성 조항을 갖고 있다. 여기에는 오세아니아지역 ANZCERTA, 동남부아프리카 공동시장COMESA, 카리브공동체CARICOM 협약 II, 일본-싱가포르 자유무역협정JSFTA, 동남아시아국가연합ASEAN 국가 간에 맺어진 다양한 협약, 아시아태평양경제협력체APEC, 남미공동시 장MERCUSOR, 남아시아지역협력연합SAARC 등이 포함된다.

라브넥스(Lavenex, 2007)의 주장에 따르면 이러한 역내 무역 협정은 GATS 와 연동하여 고숙련 노동의 자유화를 보여 줄 뿐만 아니라 어떻게 국가의 이 주 정책이 국제 무역 블록과 협정에 의해 (물론 필연적이지는 않지만) 형성 되는지를 드러낸다. 라브넥스가 지적하는 것처럼 국가는 자국 내의 고숙련 이주자의 해외 이수를 통제하려고 하지만 GATS나 역내 무역 협정의 조항 도 충족시켜야 한다.

마지막으로 지적하고 싶은 점은 이러한 상위국가적 이동성 통제와 동시 에 민간 고용주도 고숙련 노동자의 이동에 있어서 상당히 중요한 역할을 하 고 있다는 점이다. 귀라돈과 라하브(Guiraudon and Lahav, 2000)는 이를 '스케 일 외부화' 또는 '아웃소싱'의 관점에서 분석한 바 있다. 예를 들어 영국 정부 는 2000년에 다국적 기업이 기업 간 파견 노동자를 '자체 검증'하는 제도의 도입 계획을 발표했다(Lavenex, 2007). 그러나 이러한 '일시적 노동자'는 미등록 이주자, 그들과 떨어져 지내고 있는 가족 구성원과 큰 격차를 갖고 있다. 또한 국가는 일시적 노동자의 이주를 통제하기 위해 민간 부문 행위자와 함께 강력한 힘을 행사하고 있음이 많은 사례에서 드러나고 있다.

이주 정책의 스케일적, 영역적 성격에 대한 인식을 토대로 하여 이제 프리만의 또 다른 주장인 '착근적 자유주의'의 중요성에 대해 검토하기로 한다.

이주 정책:

'착근적 자유주의'의 산물인가, 단속과 지속적 통제의 산물인가?

'자기제한적 주권'이라는 내용을 상기할 때 좁케Joppke는 정치가나 (또는 **법률적 과정**이 아닌 **정치적 과정**은) 이민 반대론자 집단의 영향을 더 받기 쉽다고 지적했다. 이는 곧 이주 정책이 '착근적 자유주의embedded liberalism' 의 산물은 아니라는 점을 말한다. 다시 말해서 이주 정책은 언제나 확장적인 것은 아니며, 특정 범주의 이주자 집단에게는 특히 그러하다. 왜 시민들이 보다 자유주의적인 이주 정책에 반대하는지를 이해하는 것은 매우 복잡한 문제이며, 이 책에서 충분히 논의하기에는 적절하지 않을 것 같다. 그렇지만 '민족 정체성' 접근과의 교차점에서 살펴볼 때, 토착민중심주의적 반응은 오랜 식민주의와 인종차별주의의 결과 '제3세계 타자'가 열등하다는 인식에 뿌리를 두고 있다(Balibar and Wallerstein, 1991). 또 어떤 사람들은 문화적 희석에 대한 두려움에 초점을 두어 설명하기도 한다. 귀라돈(Guiraudon, 2000)의 주장에 따르면 시민들은 이주를 민족문화의 쇠퇴를 상징하는 것으로 이해하기 때문에 확장적 이주 정책의 '비용'은 프리만의 주장처럼 광범위하게 퍼져 있지는 않다. 이 경우, 정부는 저임금 또는 고숙련 노동 수요에 대한 고용주의 요구를 충족시키고자 할 뿐만 아니라 토착민중심주의자나 이민 반대론자의 정당과 유권자를 충족시키는 데 관심을 둔다(Boswell, 2008; Samers, 1999).

이러한 이론적 주장은 대체로 시간적 맥락을 무시하고 있기 때문에 단속 강화, 이민 반대론자의 정치와 정책, 이주에 대한 보다 엄격해진 통제 등을 2001년 9월 11일 이후의 시기와 관련시키는 것은 오류일 수도 있다. 왜냐하면 이는 '이민 공포immigration panics'가 지니는 오랜 역사와 1882년 미국의 중국인 배제법Chinese Exclusion Act이나 20세기 오스트레일리아의 '백호주의White Australia' 정책과 같이 '위험한 외국인 무리'를 배제하려는 극도의 통제적 정책을 간과하는 것일 수 있기 때문이다. 미국이나 오스트레일리아의 이주자 배제 정책은 민족주의, 민족 정체성, 인종차별주의, 경제적 불확실성 등이 매우 악독하고 배타적인 방식으로 결합된 많은 사례 중 일부에 지나지 않는다.

오늘날 망명 신청자와 미등록 이주자에 대한 보다 통제적인 입장은 1990년대에 선진국을 중심으로 광범위하게 나타난 바 있다. 1993년 오스트레일리아 정부는 구금 명령과 관련된 법률을 발효했는데, 이는 필요한 서류를 구비하지 못한 이주자 모두를 추방하거나 단속힐 수 있도록 했다(Hyunman and Mountz, 2008). 또한 미국의 남부 국경 지대에 대한 군사적 강화는 1986년 이민개혁및규제법IRCA의 시행과 함께 본격적으로 진행되기 시작했고, 테러리즘에 대한 대응의 일환으로 통과된 1996년 불법이민개혁법IIRIRA의 발효 이후에 더욱 강화되었다(Massey et al., 2002). 유럽연합 또한 마찬가지였는데, 대부분의 유럽 국가는 망명 신청자에 대한 정부의 '허가율'을 급격히 낮추었다.[10] 예를 들어 프랑스의 경우 망명 신청에 대한 허가율은 1992년 28%였다가 2000년 17%로 하락했다(Legoux, 1999; Le Monde, 28 April 2001). 다시 말해서 이러한 정책과 실행은 2001년 9월 11일보다 훨씬 이전부터 이루어지기 시작했다. 그러나 선진국에서 이러한 통제 정책이 실시되던 시기는 몇몇 범주의 이주자에 대한 (특히 1990년대 후반 고숙련 이주자에 대한) 자유화 정책이 실시되던 시기와 맞물린다. 결국 국가들은 자유화와 통제 및 단속 사이에서 동요하고 있는 실정이다. 통제와 단속은 다른 문제이지만 서로 밀접하게 관련된 과정이다. 통제는 입국 허가를 발부하는 이주자의 범주와 수를 제한하는 것인 반면, 단속은 이주 정책을 어기는 사람들을 '범죄자'로 간주하는 법률, 정책, 프로그램, 실행과 관련되어 있다. 따라서 후자는 모든 이주자의 행동과 동기를 잠재적으로 의심하는 분위기를 만들어 낸다.

그럼에도 불구하고 선진국에 있어서 21세기 초반은 망명 신청자, 난민, 미등록 이주자, 귀화인에 대한 통제와 단속의 강화와 관련하여 (특히 미국에 있어서) 또 다른 결과를 수반했다고 볼 수 있다. **법률적** 과정이 확장되어 간다는 좁케(1998a)의 주장도 많은 국가들에서 '필요하지 않은 자'에 대한 통제를 강화해 왔다는 점에서 심각한 의문을 제기할 수 있다. 예를 들어 길(Gill, 2009)의 영국에 대한 연구에 따르면 판사, 변호사, (통역 및 면접관을 포함하는) 사례 담당 직원은 망명 신청 건수의 급증에 압도당하고 있는 실정이다. 2004년에 발효된 법률로 인해 법적 자문이 감소함에 따라 변호사는 개별 망명 신청 건에 대해 소비할 수 있는 시간을 최소화하도록 강요당한다. 결과적으로 망명 신청 건수의 허가율은 낮아질 수밖에 없었다. 영국의 경우 망명 신청자에 대한 집단 수용 건수는 1993년 250명에서 2005년 2500명으로 급격히 증가했다(Bacon, 2005, Gill, 2009에서 재인용).

■ 통제와 단속의 스케일 상승과 스케일 하강

이제까지 유럽연합의 경우 이주 정책의 '상위국가화'가 어느 정도까지 진척되었는지에 대해 살펴보았다. 여전히 유럽연합 개별 회원국 정부에게 어떤 그리고 얼마나 많은 망명 신청자에게 일시적, 영구적 체류 자격을 부여할 것인가를 결정할 수 있는 권한이 있지만, 유럽 전체 스케일에서의 망명 신청자 및 난민 관리 체계가 상당히 발전된 상태이고, 이는 망명 신청자의 복지에 치명적으로 작용하고 있다는 점을 고찰했다. 이러한 측면에서 졸버그(Zolberg, 2002)는 '원격 통제'라는 용어를 사용함으로써 선진국의 정부가 이주자가 국경을 넘어 선진국에 입국하는 것을 망명 신청을 하기 '이전' 단계에서부터 차단하는 과정을 조사하였다.

망명 통제를 출신국이나 '경유transit 국가'로 '외부화externalization'하는 현상을 힌드만과 마운츠(Hyundman and Mountz, 2008)는 '신**강제송환**neo-refoulement'이라고 표현한 바 있다. 이들에 따르면 '원래 1951년 난민 협약의 33항은 가맹국으로 하여금 난민을 본국으로 강제송환하는 것을 엄격하게 금지하고 있고 이를 비**강제송환**non-refoulement이라고 일컫는데, 신강제송환은 이와 달리 난민을 새로운 방식으로 강제송환할 수 있는 지리적 전략'이라고 설명한다(p.250). 결국 신강제송환이란 난민이나 망명 신청자가 자국에 도착하여 거주 허가를 신청하기 **이전** 단계에 본국이나 경유 국가로 강제송환하는 조치를 말한다(p.250). 힌드만과 마운츠는 이러한 전략이 완전히 새로운 것은 아니지만 신**강제송환**의 전략이 얼마나 흔하게 이루어지는지에 주목하는 것은 매우 중요하다고 주장한다. 이러한 신**강제송환**은 많은 국가의 사례에서 드러나지만, 특히 오스트레일리아의 '태평양 해법'과 UN의 망명 신청자 및 난민 관리 체계에서 뚜렷하게 나타난다(글상자 4.3과 4.4 참조).

글상자 4.3의 내용에서 설명하는 사건에서 우리는 특히 두 가지 과정에 주목해야 한다. 첫째는 '정상적인' 법적 절차의 정지라는 점이고, 둘째는 망명 통제의 문제를 자국 이민법의 적용을 받지 않는 지역으로 '재스케일화'한다는 점이다.

유럽연합과 달리 NAFTA의 망명 신청자, 난민, 미숙련 노동 협약의 상위

스트레일리아 북부 해상의 (마누스, 파푸아뉴기니, 나우루와 같이) 작고 가난한 섬들로 이양되었다(Hyndman and Mountz, 2008: 259).

태평양 해법은 '절제(excision)의 힘'으로 귀결되었는 바, 마침내 오스트레일리아 의회는 이민법에 근거할 때 오스트레일리아 주변의 섬은 더 이상 자국의 영토가 아니라고 선언하게 되었다. 이는 크리스마스 섬도 포함하는 것이었으며, 결과적으로 망명을 희망하는 사람들이 망명을 신청할 수 있는 권리를 박탈하는 조치였다. 곧 망명 신청자에 대한 입국 저지와 관련하여 이차적인 전략이 시작되었는데, 이는 이주자 선박에 대해 해상에서 개입하여 오스트레일리아 본토에 상륙하지 못하게 하는 전략이었다. 또한 인도네시아는 제네바 협약 가맹국이 아니었기 때문에 이주자 선박을 인도네시아로 예인하는 조치도 포함되었다.

결과적으로 이주자는 이전에 비해 안전한 곳을 찾기가 더욱 힘들어지게 되었다. 태평양 해법이라는 새로운 조치로 인해 망명 신청자를 포함한 많은 이주자는 크리스마스 섬에 설치된 수용 시설에 머무르게 되었다. 이는 법률적 도움을 줄 수 있는 변호사에게 접근할 수도, 오스트레일리아의 법적인 절차에 접근할 수도 없음을 의미한다. 이 중 환자들은 본토에서 치료를 받을 수는 있지만, 망명을 신청할 수는 없고 일정 기간 후에 다시 섬으로 송환되도록 되어 있다. 놀랍게도 국제이주기구(IOM)는 가난에 찌든 나우루 섬의 수용 시설을 운용하기로 했다. 이 섬에는 사람이 마시기에 부족한 물에 간헐적으로만 접근할 수 있고, 화장실부터 음식에 이르기까지 질병이 만연하며, 가속을 만날 방법이 선혀 없는 곳임에노 불구하고 말이다. 한 망명 신청자는 "수용 시설은 작은 감옥이고, 섬은 큰 감옥입니다. 이 섬의 모든 것은 감옥과 같습니다. 나는 자유를 원합니다(Gordon, 2005, cited in Hyundman and Mountz, 2008, p.261)"라고 언급한다.

오스트레일리아 정부는 국제법 및 아동 인권 협약 등을 위반한 혐의로 고발당했다. 나아가 UN고등인권위원회(UNHCR)는 오스트레일리아 정부의 행동과 조치에 대해 공개적인 반대를 표명했다. 결국 이 망명 신청자들의 운명은 부분적으로

UN고등인권위원회에 의해 해결되었고, 이들을 다른 국가로 송환하려는 협의가
진행되었다. 결국 탐파호에 승선한 망명 신청자 중 131명은 뉴질랜드에 난민으로
받아들여지게 되었고, 나머지 이주자는 캐나다를 포함한 여러 국가에 분산 입국
되었다.

글상자 4.4 유럽연합의 망명 신청자 통제: 더블린 협약과 '원격 통제'

개별 국가의 이주자 통제 강화와 더불어 1990년에 더블린 협약이 발효되었는
데, 이는 망명 신청자를 통제하고 이들에 대한 부담을 범유럽 스케일에서 분담 ·
경감하려는 합의였다(Thielemann, 2004). 1990 더블린 협약은 '제한(confinement)'과
'강제송환(refoulement)'의 두 원칙으로 구성되어 있다.

제한은 망명 신청자가 발생하는 잠재적 기원국에 대해 비자 발급을 제한함으
로써 '경제 이주자'와 '진정한 정치적 난민'을 구분하려는 것이다. 이 조치는 '운
송업체 제재(carrier sanctions)'에 의해 더욱 강화되었는데, 이는 미등록 이주자를
운송하는 항공사, 해운사 및 기타 운송업체에 대해 벌금을 부과하는 것이다. 따
라서 현재 운송업체가 운송 수단의 탑승 전에 이주자의 서류를 필히 검증해야
한다. 이는 갑작스럽게도 운송업체가 누가 유럽에 입국하여 망명을 신청할 수 있
는지 없는지의 여부를 판단하는 책임지게 되었음을 의미한다. 이러한 민간 부문
행위자는 이민 심사관처럼 전문적으로 훈련되지 않았기 때문에 '명백히 불법적
이라고 판단되는' 여권, 비자, 여행 서류를 구분할 수 있는 수단이 없다. 나아가
미등록 이주자가 유럽에 입국하여 망명을 신청하는 경우에 있어서도 운송업체
가 '명백히 터무니없는' 사람과 '진정하게 망명을 희망하는' 사람을 판별하는 것
이 필수화되었다. 그렇기 때문에 운송업체는 출입국 심사에서 누가 망명 허가를
받을 수 있을지 없을지에 대한 '이차적 추론'을 할 수 밖에 없다. 운송업체는 벌
금을 부과받을 위험이 있기 때문에 이주자의 서류를 매우 까다롭게 검토하고 있

다. 결국 유럽 국가는 은밀한 방식으로 자국에 입국할 수 있는 잠재적 밀입국자를 걸러 내는 것이다(Legoux, 1999; Marie, 1996). 이처럼 민간 행위자가 이주 통제의 책임을 지게 만드는 것은(참고로 프리만의 '고객 정치 논제'는 이를 전적으로 간과하고 있다) 귀라돈과 라하브(2000)가 언급한 '스케일 외부화(out-scaling)'의 전형적인 사례이다.

더블린 협약의 두 번째 특징은 '강제송환'인데, 이는 세 가지 차원으로 구성되어 있다. 첫째, 망명 신청자의 망명 신청은 최초로 신청을 받는 국가에서만 처리되어야 한다는 조항으로 이는 소위 '망명 쇼핑'을 줄이기 위해 고안되었다. 둘째, 망명 신청자는 최초의 '안전 국가' 또는 '안전 경유 국가'로 송환되어야 한다는 조항이다. 달리 말해서 유럽연합이 판단할 때 우크라이나가 '안전 국가'라고 판명되면 우크라이나에 있는 망명 신청자는 유럽 국가에 망명을 신청할 수 없다는 것이다. 유사한 맥락에서 우즈베키스탄 출신의 망명 신청자가 우크라이나를 거쳐 유럽에 도착했을 경우, 유럽 국가는 그 사람을 우크라이나로 송환할 수 있는 것이다. 이러한 강제송환 조치는 1990년대에 유럽에서 널리 실행되었는데(Samers, 2003a).

현재 더블린 I은 더블린 II로 대체되었는데, 2003년에 발효·실행되고 있는 더블린 II는 더블린 I의 핵심 원칙에 근거하고 있다. 이는 국가가 망명 신청자에 대한 결정을 책임져야 한다는 것을 밝히고 있다. 즉, 망명 신청자에 대해 책임을 져야 하는 국가는 다른 회원국에 '불법적으로' 체류하고 있는 망명 신청자의 송환을 (제한된 기간 내에) 수용해야만 한다는 것을 일컫는다. 이러한 목적을 달성하기 위해 더블린 II는 (지문을 자동 등록하는 시스템인) 유로다크(EURODAC)를 개발했을 뿐만 아니라 2001년 9월 11일로부터 2주일밖에 지나지 않은 시점에 (안구, 지문, 얼굴 인식이 가능한 시스템인) 비자정보체계(VIS)를 시행하기로 함으로써 여러 목적 하에 '비자 쇼핑'을 하는 이주자를 차단하기로 했다. 아울러 (솅겐 정보 시스템의 2세대인) SIS II 운영을 병행하기로 했는데, 이는 회원국의 자국 국경 검열을 폐지하게 하는 조치였다.

더블린 협약에서 가장 알려지지 않은 세 번째 특징은 원격 통제 과정의 도입이라는 점이다. 이것은 단순히 외국의 공항이나 유럽연합 국경 밖에 자국의 국경 순찰대를 파견하는 것을 의미하지 않는다. 오히려 망명 신청자가 유럽의 국경 지대에 접근하는 것 자체를 미리 방지하는 것으로서, 우즈베키스탄 동부의 페르가나(Ferghana) 계곡과 같이 밀입국과 인신매매가 만연한 지역을 '매우 멀리에서부터 통제'하고 국경 출입을 엄격하게 조사하는 것을 일컫는다. 이 '매우 멀리에서부터 통제하는 것'은 해외 개발 및 기술 원조와 밀접하게 얽혀 있기도 하다. 이는 이주 통제를 유럽연합 너머에 있는(인권보호단체의 감시의 눈에서 아주 멀리 떨어져 있는) 국가들로 '재스케일화'하는 전략이다(Samers, 2004a).

국가화는 매우 최소화되어 있는 상태이다. 미국의 경우에는 미등록 라티노 이주자들에 대한 통제 전략과 단속이 '로컬화'되어 있다는 점이 주목할 만하다(글상자 4.5 참조).

글상자 4.5 미국 도시에서의 연방 정책 변화, 백인/앵글로 정체성, 라티노 이주자에 대한 지역 단속

1996년 미국에서는 불법이민개혁법(Illegal Immigration Reform and Immigrant Responsibility Act, IIRIRA)이 발효되었다. 이 법률의 287절은 미국 국토안보부가 일부 권한을 개별 주와 도시 정부 당국으로 위임하는 것을 골자로 하는데, 연방정부와 지방정부 간의 협약 체결과 지방정부 직원에 대한 '적절한 훈련'이라는 선결 조건이 충족되면 지방정부는 이민세관집행국(Immigration and Customs Enforcement, ICE) 직원의 감독하에 여러 기능을 수행할 수 있게 된다.[12] 지방정부에 위임된 기능은 갱단 등의 조직적인 범죄 활동, 인신매매와 밀수, 자금 세탁, 마약 운반 및 판매, 성매매 관련 위법 행위, 폭력 범죄, 원격 통제를 위한 지원을

포괄하고 있다.

그러나 바사니(Varsanyi, 2008)의 연구는 2001년 9월 11일 이후 애리조나 주의 피닉스(Phoenix) 시가 어떻게 연방 법률의 집행을 위한 연방정부의 협력 제안을 거절했다는 점에 주목했다. 특히 경찰은 위와 같은 감시 전략을 실행하는 데 소요되는 비용이 예산을 초과한다는 점을 근거로 이를 거부했다. 이와 달리 지역 내 유권자는 지방 조례를 제정함으로써 자신들의 지방정부가 '뒷문으로 들어오는' 이주자를 감시할 것을 촉구했는데, 이는 미등록 이주자가 일자리를 얻기 위해서는 고용주가 와서 데려갈 때까지 특정 장소에서 대기하고 있어야 한다는 조항처럼 미등록 일일 노동자에게 상당한 정도의 행동 제약을 규정하는 것을 포함하고 있다. 이러한 조례는 미등록 이주자와 같이 '더러운', '무질서한', '탈장소적(out of place)' 인간을 제거하기 위해 계획된 것이다.

'뒷문으로 들어오는' 이주자에 대한 단속은 미국 전역에서 나타나고 있다. 이 중 가장 악명 높은 사례로 펜실베이니아주의 헤이즐턴(Hazelton)이라는 인구 3만 명가량의 작은 도시를 들 수 있다. 2006년 7월 이 도시 의회는 미등록 이주자 구제 조례를 발효했는데, 이는 미등록 이주자의 고용주나 이들에게 주거를 제공하는 집주인에게 벌금을 부과한다는 규정과 영어를 공식 언어로 한다는 내용을 포함했다. 헤이즐턴의 시장은 미등록 이주로 인해 학교, 병원, 사회복지 서비스가 혼잡해졌으며 범죄도 증가했다고 주장했다. 연방 법원은 헤이즐턴의 조례가 헌법에 위배된다고 판결했다. 이는 헤이즐턴과 유사한 조례를 통과시켰거나 제정할 계획에 있는 다른 지방정부로부터 큰 반향을 불러 일으켰다. 연방법원의 담당 판사는 도시 의회에 반대 결정을 내리면서 "연방법에 근거하여 헤이즐턴이 해당 조례를 근거로 하는 어떠한 법 집행도 금지하며, 법원은 이 조례의 시행을 영구적으로 금지한다"고 판결했다(『New York Times』, July 26, 2007).

이와 유사한 갈등이 (시카고에서 북서쪽으로 40마일가량 떨어져 있는) 일리노이주의 카펜터즈빌(Carpentersville)이라는 도시에서도 벌어졌다. 1997년부터 2007년까지는 멕시코와 중앙아메리카 출신의 이주자가 전체 인구의 17%에 불과했지만, 오늘날 도시 전체 인구인 3만 7000명 가운데 약 40%가량이 라티노 인구이다. 많은 '백인' 시민은 이민 조례를 제정하고자 했고, 이를 위해 두 명의 지역 주민이 이민 반대론을 내세우는 두 개의 지역 신문사의 지원하에 마을 운영위원으로 당선되었다. 이 조례로 인해 도시는 두 진영으로 나뉘게 되었다. 미등록 이주자의 급증, 에스파냐어의 사용, 지역 문화경관의 변화에 대한 반응을 둘러싼 '백인' 시민 사이에서뿐만 아니라, 사업상 이주자를 고용하고 있는 '백인' 시민 사이에서도 갈등이 나타났다. 경찰 당국의 관리자 또한 이러한 차별적인 법안이 라티노 거주자와의 관계에 미칠 부정적 영향을 우려했다. 오랜 싸움 끝에 2007년 6월 영어만을 공식어로 사용하자는 법안이 6대 2로 가결되었고, 두 명의 마을 위원은 법률을 위반하는 고용주와 집주인에 대해 강경 조치를 취할 것을 선언했다. 이러한 법률적 조치가 미국 전역에 걸쳐 대략 35개 지역에서 계류 중에 있다. "모든 이민 정치는 (복잡하게 얽혀 있고, 해결하기 힘들고, 개인적이며) 로컬하다 (『New York Times Magazine』, 5, August 2007)".

■ 이주 통제의 '스케일 외부화':

미국과 말레이시아의 준군사적인 자경단체와 이주자에 대한 단속

NGO들도 비공식적으로 통제와 단속 정책을 만드는 데 능동적이다. 활동하는 국가가 완전히 다름에도 불구하고 서로 놀라울 정도로 유사한 두 단체에 대해 생각해 보자. 첫째는 시민보호민병대Minutemen Civil Defense Corps; MCDC라는 단체로서 미국과 멕시코 국경 지대를 순찰하는 자원봉사 시민 단체이다. 이 단체는 35만 명의 회원으로 구성된 것으로 알려져 있는데(DeChaine, 2009), "유입, 침략, 테러로부터 미국의 영토 주권을 수호하는 것"을 목적으로 한다.[13] 특히 현재는 미국 남부 국경 전체에 걸쳐 철제 장벽으로 만들어진 '국경 장벽 건설 프로젝트'에 관심을 두고 있다. 이 단체는 "우리의

국가와 우리의 가족 및 자녀의 안전을 위하여 국경 감시, 불법 행위 보고, 국경 장벽 건설, 정부의 법 집행 촉구 등의 활동을 지속"하고 있다(MCDC 대표와의 면접, DeChaine, 2009, p.57에서 재인용).

말레이시아에도 이러한 '민병대' 형태의 단체가 있는데 '렐라Rela; Ikatan Relawan Rakyat' 또는 '인민자원봉사대'라고 불린다(Hedman, 2008). 이 단체는 원래 1964년 정부의 법률에 근거하여 준공공 조직이라 할 수 있는 경찰 지원 단체로 출발했다. 초기의 목적은 "국가의 치안 유지와 시민의 안녕을 보호하는 것"이었다(Hedman, 2008, p.375에서 재인용). 이 단체의 회원 수는 적게는 34만 명에서 많게는 47만 5000명으로 추산되는데, 이는 말레이시아 경찰 및 군인 전체를 능가하는 규모이다.

지난 10년간 렐라는 '렐라 습격단'을 불법적으로 조직했는데, 이는 쿠알라룸푸르와 같은 도시 내의 '불법 이민자'를 색출·체포하는 임무를 수행해 왔다. 예를 들어 2001년 1월에 300명으로 구성된 습격단은 경찰, 시청 공무원, 이민 당국자와 함께 쿠알라룸푸르 내 인도 거리Jalan Masjid India 지역의 상점과 식당을 샅샅이 조사했다. 2005년 2월에는 렐라의 권력이 더욱 강해져서 정부와 보다 깊은 관계를 맺고 '불법' 이주자에 대한 치안 활동을 적극적으로 실시했다. 2005년 이후부터 렐라는 영장 없이 가택을 조사할 수 있고, 총기를 사용할 수 있으며, 이주자에게 신분증을 요구할 수 있고, 구금 시설을 관리할 수 있는 권리를 행사하게 되었다.

정부는 렐라 회원의 행위를 대체로 묵인하는 태도를 취했다. 더군다나 렐라 회원은 자신이 체포한 미등록 이주자에 대해 1명당 80링깃(약 22달러)을 대가로 지불받았다. 이 결과 놀랄 것도 없이 2005년 1만 7000명에 불과하던 구금된 이주자 수가 2007년에는 3만 4000명으로 2배 증가했다. 쿠알라룸푸르 외곽의 농촌 지역에서는 이주자를 강제 퇴거시키고 그들의 집을 파괴하는 행위가 발생하기도 했고, 2006년 2월 어느 날 밤, 렐라는 쿠알라룸푸르의 셀라양바루Selayang Baru 지역에서 미등록 이주자를 '색출'하는 과정에서 폭력을 사용했다. 이 결과 5명이 사망했으며, 색출·체포된 이주자 중 몇몇은 UN난민고등위원회에서 체류를 허가한 난민이었다(Hedman, 2008). 이 과정을 고려할 때 렐라가 이러한 임무를 수행하는 동안 자행한 과잉 폭력, 임의 체포, 미등록 이주자의 소지품 절취 등으로 기소되었다는 사실은 그리 놀랍지 않다. 말레이시아 정부의 인권위원회는 이러한 문제를 인식하고 렐라를 개혁할 것을 권고했다. 인권위원회는 렐라 회원들이 "법률을 자신들 손아귀에 넣고자 했고"(Hedman, 2008, p.374에서 재인용), "렐라 회원의 권력 남용을 용서해서는 안 되며, 이러한 사건이 반복되는 것을 예방할 수 있는 조치를 취할 것이다(Ibid)."라고 밝혔다. 그러나 이는 정부의 수사에 지나지 않는 것처럼 보인다.

■ 구금, 추방, 분산

지난 20년 간 많은 국가들에서 구금detention, 추방deportation, 분산dispersal이 점차 증가하는 추세에 있다(Hegan et al., 2008; Hedman, 2008; Hyndman and Mountz, 2008; Schuster, 2005). 먼저 구금, 퇴거, '수용' 시설의 문제를 살펴보자. 이러한 이슈들이 새로 등장한 것은 아니지만 1990년대 이후 그 수와 규모는 계속 증가하고 있다. 사회과학 전반에 걸친 많은 비판적인 연구가 '예외 상태'에 관한 이탈리아의 철학자 조르조 아감벤Giorgio Agamben의 저술에 주목하고 있는데, 그는 오늘날 일반적인 법률이 중지된 상태에서 망명 신청자가 수용소와 같은 구금 시설에서 '벌거벗은 생명bare life'으로 전락했다고 말한다. 오스트레일리아 북부 섬에 설치된 수용소에 대해 생각해 보자. 옹(Ong, 2006)과 같은 연구자는 과연 법률이 **완전히** 정지될 수 있는지에 문제를 제기하면서 이러한 시설을 '차등화된 주권 공간들spaces of graduated sovereignty'이라고 명명했다. 어찌 되었든 간에 수용 시설 중 일부는 망명 신청이 진행되는 동안 망명 신청자를 즉각적으로 보호하는 데, 일부는 이주자의 신청이 항소 중이거나 기각되었을 경우 이들을 수용하는 데, 일부는 추방을 기다리는 이주자를 임시로 머무르게 하는 데 이용되고 있다(Hyndman and Mountz, 2008).

사실 고문, 강간, 기타 각종 폭력에 오랜 기간 시달려 오다가 난민 지위를 부여받은 사람 중에는 '바깥 세계'로 '해방'되기 전까지 억류된 채 생활하는 경우가 많다. 많은 국가들은 망명 신청자를 얼마나 오래 억류할 수 있는지에 대한 시한을 규정하고 있는데, 프랑스의 경우는 32일이고 독일의 경우는 대략 6개월 정도이다. 그러나 덴마크, 그리스, 아일랜드, 영국의 경우 망명 신청자들에 대한 수용 기간의 한계가 없다. 수용 시설의 조건은 매우 상이하지만 파리의 찰스드골 공항의 **대기 구역**은 매우 악명이 높다. 즉, 정보에의 접근, 법률적 자문, 적절한 음식과 위생시설 등이 완전히 보장되어 있지 않다. 말레이시아 수용 시실의 경우에는 학대와 고문이 보고된 바 있어서 공공연히 비난을 받고 있다(Hedman, 2008). 오스트레일리아의 수용 시설에 대해서는 이미 앞서 언급한 바 있다. 수용 시설의 국가 간 차이는 크지만 대체로 날카롭거나 끝이 뾰족한 철조망으로 둘러쳐져 있거나 엄중한 감시가 이루어질 수 있는 구조로 되어 있다(Hayter, 2004; Schuster, 2005). 대개 시민들은 망명 신청자가 있다는 사실 자체에 혐오감을 갖고 있기 때문에 정부가 이러한 수용 시설을 건설하는 것이 어려운 경우가 많다(글상자 4.6 참조).

추방은 망명 신청자와 미등록 이주자의 이동성을 통제하는 수단의 일부로서 시민권자에 대한 특혜와 '불법적인 나쁜 외국인'이라는 관념이 재생산된다(Peutz, 2006). 깁니와 핸슨(Gibney and Hensen, 2003, Schuster, 2005에서 재인용)

을 것이라고도 주장했다. 지역 주민의 정치적 주장은 다양했지만 대개의 경우 인종차별적 태도를 내재하고 있었다. 어떤 사람들은 망명 신청자를 위한 복지시설의 건설 계획을 의심스럽게 바라보면서 충분한 서비스가 공급되지 못할 것이고, 친구, 친척, 커뮤니티 구성원의 지원을 받기 어려울 것이라고 보았다. 망명 위원회조차도 이러한 우려를 공감했다는 점은 주목할 만한 사항이다. 또 어떤 사람들은 지역 의회가 주장하는 것처럼 '그린벨트'와 농촌 지역에 수용 시설이 들어선다는 이유로 반대했다. 그러나 허바드가 지적하는 것처럼 이 계획에 앞서 (수용 시설이 건설될 예정지에) 주택 지구를 건설하겠다는 정부의 계획에 대해서 이들은 어떠한 반대도 거의 하지 않았다.

허바드는 지역 의회와 주민이 수용 시설 건설 계획에 대한 반대를 어떻게 정당화하는지를 비판적으로 분석함으로써 '백인' 시민들의 항의는 인종차별주의와 '백인성'이라는 관념을 토대로 했다고 지적했다. 허바드의 주장에 따르면 이곳의 '백인' 시민들은 시골을 순수한 영국의 백인성을 상징하는 곳으로 간주함으로써 더럽고, 위험하고, 성적으로 공격적인 '유색인종'은 지역 주민, 특히 '백인' 여성에게 위협적이라고 생각했다. 침입, 강간, 폭력에 대한 두려움은 수용 시설 건설 계획에 반대하는 빙엄 주민들의 주장 깊숙이 스며들어 있었다. 결국 영국 정부는 이 지역이 교통 접근성의 측면에서나 '그린벨트'에 포함될 뿐만 아니라 '위치적 지속 가능성'의 측면에서도 적합하지 않다고 하면서 이 지역에 수용 시설을 건설하지 않기로 했다.

뉴턴 예정지의 사례는 이 책의 서두에서 언급했던 '장소'의 의미가 얼마나 중요한지, 그리고 이주의 로컬 정치가 얼마나 이주의 '국가' 정치만큼 중요한지를 보여 준다. 물론 허바드의 연구는 '민족 정체성'은 농촌 지역에서 망명 신청자를 배제하는 데 동원되는 주요 관념이라는 점도 지적한다.

의 주장에 따르면 국가는 추방이 비효율적이긴 하지만 절대적으로 필요하다고 간주한다. 추방이 '절대적으로 필요한' 이유는 국가가 이를 통해 시민과 망명 신청자 모두에게 여러 가지 중요한 신호를 보내기 때문이다. 첫째, 정부의 망명 신청자 규모 관리 실패에 대해 대중이 비판의 목소리를 내세울 수 있지만, 추방을 통해 '정부가 어떠한 조치를 취하고 있다'는 것을 보여 줌으로써 이를 잠재운다. 둘째, 추방은 다른 망명 신청자로 하여금 망명 시도의 의욕을 꺾어 버린다. 셋째, 국가는 망명에 실패한 이주자에게 추방이라는 강제 퇴거의 위협을 보여 줌으로써 자발적으로 떠나도록 압력을 가한다. 추방이 실제 이러한 효과를 지니는지는 또 다른 차원의 문제이다.

한편, 이주자를 추방하는 것은 어렵고 비용이 높은 행위이기도 하다. 왜냐하면 이주자는 필요한 서류를 구비하지 못한 경우도 있고, (자신의 서류를 의도적으로 파괴했기 때문에) 출신국이 불분명한 경우도 있으며, 이러한 추방에 직접적으로 저항하기 때문이기도 하다. 미국에서 '특별귀환extraordinary rendition'으로 알려진 추방 제도의 경우, 이주자는 거주지나 작업장에서 당시 몸에 지니고 있는 것만을 소지한 채 즉각적으로 퇴거된 후 정규 비행 스케줄에 따른 항공편이 아닌 '유령회사'의 민간 항공기나 공군이 제공하는 특별기에 태워 송환된다(Peutz, 2006). 언론이나 대중에게 이러한 과정은 잘 알려져 있지 않다.

미국의 경우 추방 건수는 해마다 증가해 왔는데, 1990년부터 1995년 사이에는 연간 4만 건에 불과하던 것이 2005년에는 20만 8000건으로 급증하였다(Hagan et al., 2008). 말레이시아나 태국과 같은 동남아시아 국가들도 상당히 많은 이주자를 추방하고 있고, 이는 1997년 '아시아 금융 위기' 직후 급격히 증가했다. 2003년 5월의 경우 태국 정부는 메솟Mae Sot 국경 검문소를 통해 1만 명에 달하는 버마 난민을 한꺼번에 추방한 바 있고, 말레이시아 정부는 2004년 40만 명에 달하는 '불법 이주자'를 추방하거나 추방을 종용했다(Hedman, 2008). 영국은 2003년 한 해 동안 전체 6만 1000명의 망명 신청자

중 1만 7000명에 달하는 사람들을 추방했다. 당시의 노동당 내각 총리였던 토니 블레어는 이 수치를 '업적'이라고 평가한 바 있고, 이러한 상황은 다른 선진국 정부도 마찬가지이다. 오늘날 여러 국가가 한꺼번에 추방하는 방식도 이루어지고 있는데, 이는 이주자 통제 경관에 있어서 국제화를 반영하는 것이기도 하다(Schuster, 2005).

추방된 사람들을 '명백한 범죄자'나 국가 안보에 위협적인 사람으로 간주하는 것은 매우 흔한 일이다. 힌드만과 마운츠(Hyndman and Mountz, 2008)에 따르면 이주의 대중적 여론은 이주자를 통틀어서 '테러리스트', '난민', '경제 이주자' 등으로 이루어진 위험한 집단으로 간주하는 경향이 있기 때문에 이러한 상황에서 이주자는 뚜렷한 한 개인으로 간주되지 못한다. 페츠(Peutz, 2006)는 추방된 사람들의 개인적 특성을 날카롭게 조명한 바 있는데, 캐나다와 미국의 소말리아 출신 망명 신청자가 소말릴란드로 추방된 사례에 대한 매우 흥미롭고 구체적인 현장 조사를 실시했다. 페츠는 '퇴거removal의 인류학'이 필요하다고 역설하면서, '산업'이라고도 부를 수 있는 추방 과정에서 추방된 사람의 삶을 이해해야 한다고 주장했다. 그녀가 말힌 '퇴거의 인류학'은 추방시킨 국가와 추방당한 국가 양쪽 모두에서의 삶을 탐구해야 함을 의미한다. 미국과 캐나다의 많은 소말리아 사람들은 시민이라면 결코 감옥에 갈만한 사안도 아닌 경범죄로 유죄 판결을 받을 뿐만 아니라, 거의 이민 당국에 의해 '유괴' 당하다시피 하여 본국으로 즉시 송환되고 있다.

소말리아와 같은 '파탄국가failed state'로 되돌아간다는 것은 무엇을 의미하는 것일까? 페츠가 면접한 소말리아인 중에는 소말리아 북부의 소말릴란드로 송환되는 경우가 있는데, 이들은 '성공'했다는 증거 없이 돌아왔기 때문에 결코 그곳에서 환영받지 못한 채 치욕스럽게 살아야 한다고 지적했다. 더불어 많은 추방인은 타국에서의 오랜 생활 때문에 원래의 말과 문화를 잊어

버려 고향에서 이방인으로 살아가는 경우도 있었다. 그녀가 인터뷰했던 한 이주자는 미국 이외의 다른 곳에서 추방되는 사람들 간의 네트워크 형성에 대한 지원이 필요하다고 역설했다. 그 이주자는 '우리에게는 미국인의 정신도 없고, 서양인의 정신도 없다. 지금 우리는 소말리아에 있고, 우리의 가족을 책임져야 한다'(Peutz, 2006, p.223에서 재인용)라고 말한다. 페츠가 지적하는 것처럼 '많은 추방인은 특정 장소와 특정 시간으로 "회귀"하는데, 그것은 그들에게 고향으로 되돌아가는 것이 아니라 단지 또 다른 곳에 도착하는 것일 뿐이다(p.225)'.

이제 우리의 관심을 망명 신청자와 난민의 **분산**으로 돌려 보자. 분산은 특정 국가정부가 특정 지역으로의 이주자 집중에 따른 '부담을 경감시키고', 어떤 지역, 도시, 마을에 특정 국가 출신의 이주자가 '집중'하는 것을 피하기 위한 전략이다. 또한 토착민과 새로운 이주자 사이의 인종적, 민족적 갈등을 없애기 위한 전략으로서 이주자를 갈등의 **원인**으로 간주하는 시각에 근거한다. 즉, 이는 '희생자를 비난하기'의 좋은 사례라고 하겠다.

한편 분산은 (푸코가 '통치의 기술'이라고도 표현했던) 특수한 **'공간적'** 전략이자 방법으로서 의도치 않은 결과를 야기하기도 한다. 예를 들어 1970년대에 프랑스 정부는 UN난민고등위원회UNHCR의 후원하에 (베트남 전쟁 이후 '보트피플'이라고 부르던) 베트남 난민을 받아들였는데, 이들을 파리로부터 프랑스 서부 지역으로 분산시켰다. 그로부터 약 1년이 지난 후, 대부분의 난민은 파리 지역으로 다시 돌아가기로 결정했는데, 왜냐하면 그곳에 베트남 등 아시아계 이주자가 많았기 때문이었다(White et al., 1987). 1999년 영국은 이른바 '난민 위기'를 '관리'하기 위하여 난민에게 복지 수당 대신 옷과 음식을 구입할 수 있는 할인권을 지급하기로 했고, 런던 및 남부 지역에 집중되어 있던 망명 신청자를 북부 지역 도시로 분산시키기로 했다. 이는 다음의 두 가지를 근거로 정당화되었다. 첫째, 북부 지역의 주거 비용이 더 저렴하기 때문에 이주자가 보다 넓거나 저렴한 주거 공간을 확보할 수 있다는 것이었다. 둘째, 정부는 남부 지역 호텔에 많은 망명 신청자가 임시로 체류함에 따라 내국인뿐만 아니라 외국인 관광객들도 이 지역을 기피한다는 점을 내세우면서 분산 계획은 망명 신청자와 (영국 남부의 가난한 항구 도시에 살고 있는) **일부** 토착민중심주의적, 외국인혐오증적, 인종차별주의적 시민들 간의 잠재적 갈등을 약화시킬 것이라고 주장했다(Audit Commission, 2000; Schuster, 2005). 역설적이게도 망명 신청자와 난민을 남동부 이외의 지역으로 분산시킨 결정으로 인해 새로운 정착 지역에서 갈등이 불거지게 되었다. 예를 들어 3500명의 쿠르드인들이 글래스고의 사이트힐Sighthill 지구로 분산·이주했는데, 이 지역에서 2001년 7월 터키계 망명 신청자가 지역 주민과 충돌하는 과정에서 살해당한 바 있다(Hubbard, 2005a; Philimore and Goodson, 2006).

통제와 단속에 대한 이 절의 논의를 통해 볼 때 프리만의 '착근적 자유주의' 개념은 근시안적일 뿐만 아니라 국가정부의 스케일에만 국한되는 것은 아니라는 것을 알 수 있다. 물론 미등록 이주자, 망명 신청자, 난민 등의 인간적인 정착과 대접에 대한 '인도주의적' 근심이나 법률적, 정책적, 시민사회적 실천이 없는 것은 아니다. 또한 선진국에 정착한 난민이 새로운 환경에 만족하며 즐겁게 생활하는 경우도 있다. 그러나 이러한 사례는 매우 예외적이다. 이 때문에 이제까지 이주 정책에 대한 엄격한 통제와 이주자에 대한 단속이 어떤 특징을 지니고 있으며, 어떤 결과를 낳고 있는가에 대해 살펴보았다. 이제 이주 정책의 세속화라는 문제에 대해 살펴보자.

이주의 안전화와 고객 정치 비판

단속과 이주 정책의 통제 강화는 안보에 대한 걱정과 이주 정책의 '안전화'라는 문제와 연관되어 있다. 이는 프리만이 (국가 안보와 관련된 기관과 같은) 가장 중요한 '고객'을 강조했는지, 그리고 '착근적 자유주의'가 이주 정책 전반에 걸쳐 나타나고 있는지에 대해 재고해 보도록 한다. 아주 단순하게 말해서 프리만은 국가적 안전의 중요성을 (안전을 중요시하는 주체가 지방정부든, 국가정부든, 국제 협약이든, 민간 조직이든 간에) 간과하고 있다. 이주의 '안전화securitization'란 정확히 무엇을 의미하는가? 보스웰(Boswell, 2008)에 따르면 이주의 안전화란 단순히 고도의 통제적 정책을 말하는 것이 아니라 정치 **담론**에 있어서 이주와 테러리즘이 형성하는 관계라고 정의한다.[14] 아마 이주의 안전화는 2001년 9월 11일 이후부터 나타났을 것이라고 생각할 수도 있을 것이다. 그러나 이는 2001년 이전부터 선진국에서 단계적으로 진행되어 온 이주의 안전화를 간과하는 것이다(Huysmans, 2000; Tirman, 2004; Weiner, 1995). 보스웰의 정의를 전개함에 있어서 2001년 9월 11은 이주 정책의 안전화가 매우 고양되었던 시기라고 생각한다(글상자 4.7 참조).

글상자 4.7 미국과 유럽연합에서의 이주와 이민의 안전화

미국은 안전화의 정치와 정책이 이주와 이주 정책 결정에 핵심적인 사안으로 부상하게 된 좋은 사례이다. 이는 새로운 제도, 법률, 프로그램의 구축을 수반했다. 우선 2002년 (시민이민업무국(CIS)으로 명칭을 바꾼) 이민귀화국(INS)은 이민세관집행국(ICE)과 통합되어 국토안보부(Department of Homeland Security) 내의 하위 부서가 되었다. 또한 애국법(Patriot Act), "강제송환할 수 있는 이민자에 대한 사법 당국의 검토 절차"를 폐지한 반테러및유효사형법(AEDPA)(Hagan, Eschbach

---

and Rodriguez, 2008, p.65), 국경안보강화법(EBSA), 비자입국개협법(VERA)이 발효되었다. 또한 공식적인 이민 자격 입국자를 대상으로 한 이민자격검사시스템(US-VISIT)에 (지문, 신체, 안구, 정보국 데이터베이스 활용을 포함한) 생체 측정 정보 기술을 도입하도록 결정했다. 이러한 모든 제도는 소위 '스마트 국경'을 구축하도록 고안되었는데, 이는 정교한 군사 기술을 활용함으로써 국경과 주요 교통 허브에서 입국자들을 검사하고, 입국 시 신속 처리 대상이 되기에 '알맞은' 사람을 (NEXUS, FAST, CANPASS 프로그램을 사용하여) 골라내며, 출신국 등의 기준을 근거로 국내에 체류 중인 이주자에 대해 인종적, 민족적 프로파일링을 할 수 있음을 의미한다. 동시에 이 모든 것은 (테러 방지보다는 이주 단속을 목적으로 하여) 각 개인의 강제송환 기록과 연동되어 작동한다(Coleman, 2005; Cornelius, 2004; Nevins, 2008; Sparke, 2006; Tirman, 2004).

전체 유럽 수준에서 시행되고 있는 제도, 정책, 프로그램, 실행 또한 미국과 매우 유사하며, 안전과 관련하여 똑같은 기본적인 기능을 수행하고 있다. 보스웰(Boswell, 2007b)은 유럽연합에서 나타나고 있는 이러한 이주의 안전화에 문제를 제기한다. 보스웰은 2001년 9월 11일 이후 유럽연합의 맥락에서 볼 때, (고도의 통제적인 정책이라기보다는 정치 '담론'에서의 이주와 테러리즘과의 관계를 의미하는) '이주의 안전화'는 '안전화 조치(practices)'와 구분해서 사고해야 한다고 주장했다. 또한 보스웰은 프랑스, 독일, 영국, 유럽연합 전체에서도 이주가 정치 담론 내에서 테러리즘과 연계되어 있는 경우는 많지 않다고 주장했다. 그러나 보스웰은 국가별로 정치 담론이 '특정 시점에' 안전의 문제를 아우르는 방식에는 차이가 있다는 점을 지적했다. 그러나 보스웰은 실제 정책과 관련해서 볼 때, 이주 정책이 반테러리즘적 목적을 위해 수집된 정보를 활용하는 것이 아니라 반대로 유럽연합의 반테러리즘적 조치가 유럽의 이민 데이터베이스 정보를 활용하고 있다고 주장했다. 이것은 매우 중요한 비판점이지만 향후에는 이주 업무와 안전 업무가 상당히 융합되어 나아갈 것으로 예측된다. 한편 보스웰은 이주 안전화의 '로컬화'를 간과하는 경향이 있다.

대부분의 이주자는 (그리고 수많은 시민들은) 이러한 안전화의 힘을 느끼고 있지만, '서양' 전체를 놓고 볼 때 이는 특히 무슬림에게 있어서 매우 무서운 결과를 가져왔다. 아프리카, 아시아, 유럽, 북아메리카, 중동 등 모든 지역에 걸쳐 이민 당국과 관련 기관들은 무슬림 지배적인 조직, 마을, 근린지구 등을 샅샅이 조사해 왔다. 이 결과 무고한 무슬림이 급습, 강제송환, 모스크와 이슬람 단체의 폐쇄, 재산 압류, 문화적·종교적 굴욕, 실직, 소득 감소 등을 경험하고 있다. 필자는 이에 대해 구체적으로 설명하지는 않겠지만(Howell and Shryok, 2003), 대신 이주의 안전화에 대한 몇 가지 이론적인 고찰에 대해 살펴보고자 한다.

안전과 이주의 관계를 비판하는 문헌들은 매우 다양하다. 어떤 문헌들은 정치 담론에 있어서 '집home'이라는 용어의 상징성과 중요성을 조사한다. 예를 들어 스파크(Sparke, 2006)는 미국 국토안보부에 사용하는 '국토homeland'라는 용어가 미국 외부에 있는 사람들을 배제하는 새로운 방식이라고 보았다. 마찬가지로 월터스(Walters, 2004)는 안전의 '고국정치domopolitics'라는 용어를 사용하기도 하는데, 라틴어로 '**domo**'는 '길들이다'라는 뜻을 갖고 있으며, 집을 의미하는 '**domus**'와도 깊이 관련되어 있다. '집home'은 '가족', '피신', '안식'이라는 정체성을 갖고 있기 때문에 집을 강조하는 것은 매우 중요하다. 월터스는 이주의 맥락에서 '집'이라는 용어를 사용하는 데 비판적이다.

'집'이라는 용어는 많은 용법으로 사용되지만 가족, 친밀, 장소와 매우 가깝게 사용된다. 예를 들어 "집은 (다른 사람이 아닌) 우리만이 자연적으로 속하게 되는 '우리의' 장소이고, 누구에게나 (최소한 한 개 이상의) 집은 있으며, 집은 우리가 수호해야 하는 장소이다. 우리는 집에 손님을 초청할 수 있지만, 손님은 초청이 있을 때만 들어올 수 있다. 그리고 손님은 집에 영구히 머무를 수는 없다. 미등록 이주자와 위장 망명자는 '자신의' 집으로 되돌아가야 한다."

(Walters, 2004, p.241)

2001년 9월 11일 이후 안전과 이주와의 관계에 관한 또 다른 연구 문헌들은 미셸 푸코의 '생체정치'와 '통치성'이라는 개념에 주목한다(Burchell et al., 1991). 이 문헌들은 이러한 개념을 통해 국가가 이주 통제를 위해 잔인한 폭력을 사용하기보다는 이주자의 '신체'를 특징에 따라 구분·측정·통제·기호화하는 정교한 (권력의) 기술을 사용한다는 점을 강조한다. 요컨대, 이주 통제의 지정학적 경제는 '체현'되어 있다(Mountz, 2004; Hyndman and Mountz, 2008). 궁극적으로 말해서 이는 음벰베(Mbembe, 2003)가 말한 (누가 살고 누가 죽을지에 대한 국가의 결정력이 더욱 강해짐을 의미하는) '죽음의 정치 necro-politics'이다.

■ 안전화의 로컬화

안전과 이주에 대한 많은 연구는 방법론적으로 국가주의적이거나 상위국가적 접근 경향을 띤다. 다행히 지난 10여 년간 지리학자나 비판법학자 등 사회과학자들은 이주와 안전의 로컬 차원의 문제에 관심을 가져왔다. 이 책에서는 앞서 오스트레일리아의 신**강제송환**의 지리의 사례를 통해 '스케일 상승'과 '스케일 하강' 모두를 포함한 이주의 재스케일화에 대해 이미 살펴보았다. 이외의 공간적인 관점이 뚜렷한 연구의 경우에는 '안전화'가 단순히 중심부, 연방정부, 상위국가의 상층부로부터 하층을 향한 일방적 정치 담론이 아니라는 점을 강조한다. 예를 들어 앞에서 미국의 불법이민개혁법 IIRIRA 287절을 사례로 들면서 이주에 대한 감시가 지방 정부로 어떻게 권한이 이양 되었는지를 살펴보았다. 이와는 다소 상이한 맥락에서 길(2009,

citing Back, 2006)은 (런던 남부의 크로이던에 위치한) 영국 이민국 본부Lunar House에서 망명의 안전화와 관련된 미시적 힘을 지적한다. 이곳은 망명 신청자가 망명을 신청하거나 관련 요청을 하는 곳이다. 이들은 다른 이주자와 다른 줄에서 오랫동안 기다린 후에 제일 마지막에 결과를 통보받는 곳에 다다르게 된다.

> 망명 신청인은 플라스틱으로 막혀진 창구 반대편의 면접관들로부터 분리된 곳에 앉는다. 면접을 받는 사람이 창구에 더 가깝게 가는 것을 방지하기 위해 의자는 바닥에 고정되어 있다(Back, 2006). 이 때문에 망명 신청인은 망명 신청 경위를 상세히 설명하기 위해 종종 공개적인 공간에서 목소리를 높여야만 할 때가 있다. 물론 이들의 이야기는 고향에서의 힘든 역경과 괴로움을 포함하고 있다. 플라스틱 스크린으로 막혀진 창구와 바닥에 고정된 의자를 정당화하는 근거는 바로 '안전'이다.
>
> (Gill, 2009, p.225)

여기에서 (보호 스크린이나 고정 의자와 같은) 안전은 테러리즘으로부터 면접관들을 보호하기 위해 설치된 것이 아니라 안전의 척도이자 (노골적인) 불신의 표현으로 고안된 것이다(Gill, 2009). 길은 망명 신청 처리와 관련된 네 개 부문 단계(수용 센터 직원, 국가 망명 지원 서비스, 망명 신청 담당자, 이민국 심사관)를 조사하면서 자신이 면접한 행위자들은 자유 재량적 권한을 갖고 있다고 보았다. 즉, 이 행위자들이 망명 신청을 기각하는 원인은 법률적 과정이나 재정적 조건 때문이 아니라 여러 가지 이유로 인해 그런 쪽으로 유도되기 때문이라는 것이다. 그는 "(비록 자신의 논문이 이를 배제하는 것은 아니지만) 이러한 유도는 주체에 대한 규율, 제재, 위협을 통해 작동하는 것이 아니다"라고 언급한다(p.20). 대신 자유 재량적 권한을 지닌 이러한 행위자가 망명 신청자를 해로운 존재들인 것처럼 대하는데, 그 이유는 국가 권력이 망명 신청자를 "부당한 묘사를 이용해 비방함에 따라 이 행위자도 그들을 그런 대접을 받아도 마땅한 사람들인 것처럼 생각하기 때문"이라는 것이다(Ibid). 요컨대 이러한 행위자는 망명 신청자를 함부로 대하도록 **강제 당하는 것**'이 아니라 해롭고 위험하게 묘사하는 방식에 의해 '**유혹되는 것**'이 다. 이러한 '묘사'는 단순히 담론을 통해서가 아니라 이민국 본부와 같은 섬 뜩한 '공간'을 통해서도 나타난다.

이주의 단속과 안전화에 대한 저항

일부 대중과 그들을 대표하는 정치집단이 이주자에 대한 단속과 안정화를 수용할 때 반대가 전혀 없는 것은 아니다. 실제 학계의 관심은 지방정부나 국가정부가 취하는 하향식 정책 조치들에 있었지만, 이는 단속과 안정화, 그리고 이민에 대한 엄격한 통제에 반대하는 민중적인 저항의 지리를 간과한다. 이주자는 국가의 행동과 정책에 대해 단순한 희생자나 수동적인 수용자가 아니다. 오히려 이주자는 국가와 국가 정책의 발진을 형성힌다. 예를 들어 1996년 7월 말리 출신의 미등록 이주자는 체류자도 아닌, 난민도 아닌, 그렇다고 추방 대상도 아닌 자신들의 부당한 지위에 대해 프랑스 정부 당국에 저항했다. 그들은 중간지대limbo에서 살았던 것이다. 이들은 파리의 성 앙브루아즈 교회와 성 베르나르 교회에서 단식 농성을 하였으며, 학계, 유명인사, 성직자, NGO 등 1만 명 이상의 지지자들로부터 항의 행진의 지지를 받았다. 결국 경찰은 이주자를 두 교회에서 쫓아냈고 프랑스 내의 다른 이주자를 대상으로 "프랑스에서 운 없을 줄 알라"(시라크 대통령, Chemillier-GEndreau, 1998에서 인용)는 메시지를 보냈다. 그러나 이 사건은 시라크 대통령에게 결국 큰 골칫거리가 되었고, 이주자는 이에 응답하여 '이 일은 또 다시 일어날 것이다'라는 메시지를 전했다(Samers, 2003a).

몇 년 후 프랑스 정부는 이와 유사한 시위에 봉착했다. 이번에는 칼레Cal-ais 항구의 영불해협터널Channel Tunnel 근처의 상가트Sangatte 난민 센터에서 발생했는데, 결국에는 이주 센터를 폐쇄하기에 이르렀다. 상가트 난민 센터가 폐쇄된 데에는 여러 이유가 있지만, 이 시설이 미등록 이주자가 영불해협 터널을 통해 영국으로 입국하는 것을 용이하게 한다는 영국 정부의 반대도 한몫했다. 그러나 이주자는 난민 센터의 부적절한 생활 조건과 지역 경찰의 부당한 대우에 대하여 계속 항의했다. 동시에 영국 정부도 케임브리지 근처의 오킹턴 수용 센터와 옥스퍼드 근처의 캠프스필드 송환 센터에서 발생한 저항 행위로 난관에 봉착하게 되었다(Hayter, 2004; Schuster, 2003). 사실 캠프스필드는 1990년대 이후 단식 농성, 고공 시위, 대중 호소, 자해, 자살 등이 계속되어 온 곳이었다(Gill, 2009).

지난 10여 년간 미국에서는 특히 이민 경찰국에 반대하는 이주자들의 시위가 계속 되었다. 이는 2003년에 열린 '이주 노동자 프리덤 라이드Migrant Workers Freedom Ride' 운동에서 가장 잘 드러난다. 그해 9월 10개 도시에서 약 1000명의 이주 노동자가 18대의 버스에 나누어 타고 (중간에 여러 도시를 거쳐서) 워싱턴 DC에서 만나기로 한 것이다. 프리덤 라이드라는 아이디어는 로스앤젤레스에서 시작되었는데, 당시의 로스앤젤레스는 노동조합운동이 급격히 성장하고 있었을 뿐만 아니라 '인종', 젠더, 민족성 등의 선분이 교차하는 연대 운동이 활발하던 시기였다. 특히 국제 호텔·레스토랑 노동자 연맹에는 수천 명의 이주자가 가입되어 있어서 프리덤 라이드 운동의 심장과도 같았다. 국가의 정치권력이 집중된 워싱턴 DC는 그 전략적, 상징적 중요성 때문에 버스가 집결하는 대상지가 되었다(Leitner et al., 2008). 이주자는 워싱턴 DC에 다음과 같이 자신들의 요구가 담긴 목소리를 냈다(Leitner et al., 2008).

1) 미등록 이주자의 합법화, 특히 고용된 상태이고, 세금을 납부하고 있는
   이주자
2) 시민권 취득에 대한 규제 완화
3) 기본권 보장과 미국 이주 정책의 개혁
4) '신자유주의' 정책에 의해 침해당한 노동의 권리 복원
5) 만민에게 평등한 자유와 권리 보장

정치권력과 경찰력으로부터 분리된 "버스라는 '안전한' 시·공간" 내에서 이주자는 국경을 넘은 이야기, 추방의 두려움, 차별에 대한 경험 등을 공유했다(Leitner et al., 2008, p.167). 버스 안에서 이주자는 노래 부르고, 시민 불복종 운동의 전략을 연습하고, 집단적인 정치적 정체성을 형성했다. 또한 워싱턴 DC로 향하는 도중 들른 많은 도시들에서 지역 노동조합 지부, 종교 단체, 희생 조직, 직능 단체, 지역 시민단체 등 다양한 조직들과 만날 수 있는 기회를 가졌다. 이러한 모바일 운동에서 모든 조직들은 지지를 표명하였으며, 동지애를 보여 주었고, 연대의 정치를 형성했다. 그들은 버스가 지나는 동안 종교 행사에서 시가행진에 이르는 다양한 시위 방식을 동원하여 이주자를 지지했다.

그러나 워싱턴 DC에서 정치 지도자를 만났을 때, 시위 참여자의 집단적 정체성은 보다 급진적인 쪽과 보다 온건한 쪽으로 균열을 일으키게 되었을 뿐만 아니라 저항의 담론 또한 포괄적인 인권 담론으로부터 "근면한, 세금을 내는, 규칙을 준수하는 이주자"라는 주류적 모토로 바뀌었다(Leitner, 2008, p.168). 이러한 모토에서 프리덤 라이드 운동이 의미한 바는 미국 이민

세관집행국ICE이 '뉴아메리칸 기회 운동New American Opportunity Campaign'
과 같은 이주자 단체에 단호한 조치를 취한 것을 비판하는 것이었지만, 이는
2009년 현재 1200만 명으로 추산되는 미등록 이주자에 대한 논쟁을 불러일
으켰다. 특히 지금 이 글을 쓰는 순간에 미국 정부는 (입법 비용에 필요한 요
금을 지불하는 것을 포함하여) 일정한 기준을 충족하는 이주자에 대한 대규
모 합법화 프로그램을 통과시킬지도 모른다.[15]

미국의 경우 이러한 저항이 보다 영구화된 사례로 샌프란시스코의 '난민
도시조례City of Refuge Ordinance'를 들 수 있다(Ridgley, 2008). 리글리는 미국
내 피난처 도시sanctuary cities에 있어서 소위 '시민권에 대한 반역의 계보학'
을 연구했는데, 이는 시민권에 대한 대안적인 비전과 방향의 출현과 그 역사
를 의미한다. 1980년대에 등장한 피난처 도시는 이민법에 근거한 경찰력의
법 집행에 반대하여 중앙아메리카 난민을 보호하면서 출현했는데, 이는 이
주에 대한 단속과 안전화에 상당히 성공적으로 맞선 사례였다. 이러한 사례
는 망명 신청자나 미등록 이주자 스스로 힘을 형성하여 실천할 수 있다는 것
을 납득시키기에는 불충분할 수도 있지만, 역사적 경험으로 볼 때 이주자는
정부의 법 집행에 영향을 미친다. 물론 때로는 이러한 실천이 모든 이주자에
게 치명적인 결과를 가져오기도 했고, 때로는 연민을 불러일으켜 (잘 드러나
지는 않지만) 인도주의적인 태도를 이끌어 내기도 했다.

우리는 지금까지 선진국에서의 이주 정책을 개괄적으로 이해하고자 했고,
이러한 정책의 모순과 결과에 대해서도 살펴보았다. 이제 보다 가난한 국가
의 사례로 눈을 돌려보자. 이들의 이주와 이주 정책은 여러 면에서 선진국의
경우와 유사하면서도 동시에 유의미한 차이를 갖고 있다.

가난한 국가의 이주 관리

아프리카, 아시아, 라틴아메리카의 가난한 국가의 정부와 대중이 이주 통제에 관심이 없을 것이라고 추측하는 것은 오류이다. 가난한 국가는 단지 이주자의 송출국만은 아니다. 2005년의 경우, 영국과 에스파냐에는 각각 540만 명과 480만 명의 이주자가 거주하고 있었던 반면, 인도에는 세계에서 여덟 번째로 많은 570만 명의 이주자가 거주하고 있었다. 만약 사우디아라비아를 가난한 국가의 범주에 넣는다면 세계에서 여섯 번째로 많은 640만 명의 이주민이 거주하고 있다(Koslowski, 2008). 가난한 국가도 선진국과 마찬가지로 급증하는 부채, 빈곤, 실업률과 같은 맥락에서 이주에 있어서 상충되는 목적 간에 균형을 유지해야만 한다. 이러한 모순적인 목적은 다음을 포함한다.

1) 송금을 통한 외환 확보를 위해 해외로의 이주를 독려하는 것. 송금은 해외 원조나 각국의 지원 프로그램을 대신하는 개발의 수단으로서 강조되고 있다. 제2장에서 논의한 바와 같이 송금은 (주택 건축이나 사치품 구입에 사용하는 것 이외에) 학교, 종교 시설, 도로, 커뮤니티센터 등을 건설하는 것처럼 다양한 사회지향적 프로젝트를 개발하는 데 사용될 수 있다. 이를 '사회적 송금'이라고도 한다. 인도네시아와 필리핀은 정부 주도하에 노동송출기구를 운영함으로써 이러한 목적 달성을 추구하고 있다. 알제리와 모로코의 경우처럼 어떤 정부는 귀환 이주자로 하여금 세관에서 자국 화폐로의 환전을 의무화함으로써 외환 보유고를 늘리고자 한다.

2) 자국 내 실업률을 낮출 뿐만 아니라(이는 안전판이라고도 불린다) 개발

에 도움이 될 수 있는 새로운 기술을 (귀환 이주자들을 통해) 확보하려는 목적으로 해외로의 이주를 촉진한다.

3) 위의 두 가지 목적을 달성하기 위해 기원국과의 쌍무적, 다자간 협약을 체결하여 협력하는 것. 이는 경제 발전이라는 명목으로 이루어지지만 대외 정책의 입장에서는 종종 환영받지 못하고 불만족스러운 타협을 해야만 하는 경우도 있다.

4) '두뇌 유출'을 방지하거나 특정 경제 부문에 필요한 기술 고갈을 막기 위하여 특정 범주 노동자의 해외 이주를 억제하는 것. 이에 대한 좋은 사례로 남아프리카공화국 정부는 자국 내의 의사와 간호사가 유럽과 북아메리카로 이주하는 것을 우려하고 있다.

5) 이주자 유입을 막기 위한 선진국의 이주 정책에 대해 항의하는 것. 이는 결과적으로 1)과 2)의 목표를 달성하려는 것이다.

6) 주변 국가나 보다 가난한 국가로부터의 난민이나 미등록 이주자의 유입을 억제함으로써 자국 내의 실업률 증가에 따른 시민사회의 불만을 낮추는 것. 이는 '테러리즘'을 방지하기 위한 수단이기도 하다. 예를 들어 소말릴란드는 송출국일뿐만 아니라 지부티, 에티오피아, 남부 소말리아 등의 주변 국가로부터 수천 명의 이주자가 유입되는 국가이기도 하다. 2003년 10월 소말릴란드에서는 '인도주의적 인력'으로 파견된 3명의 유럽인 노동자가 살해당한 사건이 있었다. 범인이 정확하게 밝혀지지 않았음에도 불구하고, '불법' 이주자에 대한 대대적인 단속이 있었고, 사건 이후 45일 동안 7만 7000명의 이주자가 강제 추방되었다. 이처럼 '불법' 이주자는 '흑마술black magic', 에이즈, 마약, '문화적 타락'의 원천으로 간주된다(Peutz, 2006).

7) 이주자 유입에 반대하는 시민들과 주기적으로 나타나는 토착민중심주

의와 외국인혐오증 현상을 누그러뜨리는 것. 즉, 가난한 국가의 정부 또한 정당화의 문제에 직면하고 있다. 예를 들어 클로츠(Klotz, 2000)는 남아프리카공화국에서 아파르트헤이트Apartheid가 종결된 이후 '새로운 비인종적 외국인혐오증'이 형성되고 있음을 지적한다. 2007년에는 짐바브웨 출신 이주자가 폭력의 대상이 되었고, 말레이시아에서는 인도네시아 출신 등이 폭력의 대상이 되고 있다.

이상의 내용은 여러 가지 목적 중 대표적으로 모순되는 것들을 나열한 것이다. 선진국에서 시행되는 이주 통제의 지정학적 경제와 마찬가지로 국가에 대한 압력은 다양하고 종종 예기치 못한 갈등으로 나타나기도 한다(글상자 4.8 참조).

글상자 4.8 프랑스 해외 영토에서의 놀라운 이주 통제의 지정학

프랑스 해외 영토(DOM-TOM)에서의 이주 통제는 특정 국가와 포스트식민 영토에서 작동하는 이주 통제 방식이 얼마나 기묘한 특성을 띠고 있는지를 보여 주는 사례 중 하나이다. 남아메리카 대륙의 북동쪽에 있는 프랑스령 기아나(French Guyane), 카리브 해 남쪽의 과들루프(Guadeloupe) 섬, 마다가스카르의 북서 해안에 있는 마요트(Mayotte) 섬의 도시와 마을 대표는 겉보기에 장점이라고 생각되는 프랑스의 자유주의에 항의하기 시작했는데, 그 이유는 마요트 섬, 기아나, 과들루프 섬 모두 엄청난 규모의 미등록 이주자가 거주하고 있었기 때문이다. ('과거의 피식민지인'이 과거 식민 지배국의 자유주의적 조치에 항의하는) 이러한 역설적인 포스트식민 항의가 전개되면서 미등록 이주자에 대한 외국인혐오증과 공포도 함께 거세졌다. 코모로제도(Comorian islands) 시장협의회의 의장이었던 알리 수프(Ali Souf)는 자신들의 섬이 프랑스 본토로 향하는 이주자의 입국장이 되었다고 주

장했다. 2006년 11월 22일자 프랑스 신문 『르몽드』에 따르면 알리 수프는 오늘날 마요트 섬의 수도인 마무즈(Mamoudzou)에 살고 있는 7000명의 유아 중 80% 이상의 어머니가 미등록 이주자이고, 학교는 40% 이상의 '외국인' 학생으로 혼잡한 상태가 되었다는 점에 유감을 표명했다. 2006년 한 해 동안 코모로제도에서는 1만 1000명이 추방되었고, 이주자의 인구는 원주민인 마호란(Mahoran) 인구를 1년 내에 앞지를 것으로 예상되었다. 프랑스의 시민권 부여는 출생지주의(jus soli)에 근거하고 있기 때문에 많은 아이들은 결국 프랑스 국적을 취득할 수 있을 것이다. 수프에 따르면 많은 지방자치단체장들은 태어난 곳을 근거로 한 프랑스식의 시민권 취득이 금지되기를 원했다. 대신 (국가와 관계된 민족성과 같은) '혈통'에 근거해서 시민권 취득을 보다 제한하고자 했다. 또한 시민권법 수정과 아울러 은밀하게 잠입하는 이주자 보트를 단속하기 위하여 두 대의 레이더 추적 장비를 설치해 줄 것을 요구했다.

프랑스령 기아나에서는 대략 7000명 이상의 미등록 이주자가 수리남, 가이아나, 브라질 등의 주변 국가로부터 유입된 상태이다. 이로 인해 프랑스령 기아나에서는 미등록 이주자의 밀입국에 이용되던 교량 등의 하천 시설물을 파괴하기로 결정했다. 과들루프에는 절망적인 상황에 처해 있는 수천 명에 달하는 아이티 출신의 미등록 이주자가 집중해 있다. 과들루프 시장은 위장결혼이나 위장자녀 등이 만연한다고 보고 있다. 아비메(Abymes)라는 마을의 시의원 샤를 르페(Charles-Edouard Leffet)는 이러한 위장결혼을 찾아낼 수 있는 새로운 비공식적 수단을 개발했다.

'시청에서 나는 이 부부에게 이 엄숙한 순간에 키스를 하라고 합니다. 그리고 종종 입술이 아닌 볼이나 턱에 키스를 하는 것을 보죠. 그런 경우 시청 밖을 보면, 결혼식 후에 신랑과 신부 가족이 각각 헤어져서 각자의 집으로 떠나는 것을 목격할 수 있습니다'(cited in 『Le Monde』, 22 November 2006).

이 얼마나 초보적인 형태의 생체 측정이란 말인가!

이 시의원은 지역 검찰청에 이 부부를 기소할 수 있다고 생각했지만 "의뢰받은 검사는 너무 바빠서 법률을 적용할 수 없다고 대답했습니다. 만약 프랑스 본토에 있는 어떤 시장이 같은 상황에 처한다면 그는 오래전에 시장직을 그만두었을 겁니다(『Le Monde』 22 November, 2006)"라고 말했다. 아마도 이것은 앞서 언급했던 좁케의 '자기제한적 주권'의 한 사례에 해당될 수 있을 것이다. 물론 이는 사법당국이 너무 자유주의적이어서 발생한 문제라기보다는 단순히 너무 많은 사건들 때문에 이 사건을 처리할 수 있는 여력이 없기 때문이었다. 이는 가난한 국가의 빈약한 관료주의에서 일반적으로 나타나는 현상이다.

위의 내용은 이주 정책에 있어서 놀라운 사례들이다. 그러나 이주 정책과 관련하여 더욱 악명 높은 문제는 젠더의 차원과 관련되어 있다. 다음 절에서는 젠더와 이주 정책이 아시아 국가들에서 어떻게 교차하고 있는지를 알아보자.

■ 아시아에서의 젠더와 이주 정책

젠더는 프리만이 간과했던 또 하나의 차원이다. 가난한 국가에서 이주자 유출과 유입과 관련된 법률과 정책은 명백히 성차별주의적인 성격을 띠거나 겉으로는 성중립적인 것처럼 보이지만 젠더화된 결과를 야기한다. 아시아 국가 간의 이주 정책에 일정한 공통점이 있지만, 이 절에서는 특히 가난한 남아시아 국가에 초점을 둔다. 대부분의 아시아 국가의 이주 정책은 이주자를 수적으로 제한하고, 이주자의 체류 기간을 한정하며, '통합' 정책의 부재를 통해 이주자의 적응이 쉽지 않다는 특징을 공유한다. 아시아 국가로 이주한 여성은 법적으로 가사 노동에 한정하여 고용주 1명당 최대 2년 계약을 유지하도록 되어 있는데, 이는 여성을 가사 노동자나 돌봄 노동자로 정형화한다. 이처럼 계약은 영구적이지 않고, 여성 이주자의 노동은 국가의 노동법이 적용되기 힘든 사적 영역에 한정되어 있다. 제3장에서 살펴본 바와 같이 이는 이주 노동자들에게 가장 치명적인 결과를 가져온다(Piper, 2004; 2006).[16] 실비(Silvey, 2004)가 지적하는 것처럼 아시아 국가의 정부는 사적 영역에서의 (노동) 학대에 대해 상대적으로 침묵해 왔으며, 이러한 묵인된 고통을 드러내는 것은 NGO의 몫으로 남겨져 왔다고 주장한다. 보다 일반적으로 아시아에서 이주의 송출국과 이입국 모두에 있어서 정책과 실행은 이주 여성의 선택이 매우 제한되어 있음을 보여 준다(Piper, 2004; 2006). 예를 들어 방글라데시의 여성 이주자에 관한 글상자 4.1을 참조하라.

파이퍼(Piper, 2004)는 이주 정책에 관한 논의를 국가 행위자와 비국가 행위자로 구분한 후, 그들의 이익, 국내 및 국제 인권 기구, NGO의 역할 등에 대해 차례로 설명한다. 우선 국가 행위자와 관련하여 대부분의 이주 정책은 정부 엘리트에 의해 '하향식'으로 전달되는 경향이 있다. 파이퍼의 주장에 따르면 정부 관료의 다수는 (특히 가난한) 여성 이주자의 삶을 이해하지 못하고 있고 '저 높은 곳에 있는', '거만한', '무관심한' 사람들이다(p.221). 많은 국가들이 (앞서 언급한 국가 이주 정책의 7가지 목적을 달성하기 위해) 자국의 여성 이주 노동력을 사우디아라비아와 같은 국가로 이주시키는 데 관여하고 있지만, 많은 불법적인 '노동 송출 기관'이 존재한다. 그러나 인도네시아 등의 많은 아시아 국가는 이러한 비공식적 기구를 단속할 수 있는 자원이 없거나, 이들이 국가의 경제 발전에 도움이 되기 때문에 묵인하고 있거나, 아니면 송출국과 이입국 양쪽에서 여성 이주자가 받는 대접에 대해 그럴 만하다고 수긍한다. 또한 경찰과 관료는 이러한 비공식적인 노동 수출 활동에 불법적으로 연루되어 있다. 이 결과 해외 여성 이주자에 대한 보호 조치는 피상적일 수밖에 없으며, 사우디아라비아에 살고 있는 인도네시아 여성 이주자의 열악한 생활환경이 이를 잘 반영하고 있다(Silvey, 2004b; Rudnyckjy, 2004). 대개 정부는 해외에 살고 있는 자국 시민의 안녕을 염려하지만 이는 대체로 이주자가 송출국에 대한 교섭력이 상대적으로 취약한 경향을 띤다. 쌍무적인 협약은 매우 드물고, 자국의 해외 이주자에 대해 부당한 대우가 있다고 할지라도 본국의 정부가 할 수 있는 일은 매우 드물다. 특히 대상 국가가 이주자를 강제로 송환할 수 있다고 위협하는 경우에는 이주자으로부터 자국으로 송금되는 외화의 감소를 우려하기 때문에 더욱 그러할 수밖에 없다(Piper, 2006).

(1999년 방콕 선언과 같이) 미등록 이주자에 대한 아시아 국가 **간의** 협력이 이루어지고는 있지만 이러한 협약은 법적 구속력이 없기 때문에 유럽연합의 상황과 유사한 경향이 있다. 실제 앞서 논의한 몇몇 역내 경제 연합체 차원에서 이루어지는 협약을 제외하면 아시아 국가가 이주와 관련하여 맺은 협력 관계는 매우 드물다. 한편, 이주는 국가 내 다양한 부처 간의 전쟁터가 되기도 한다. 노동부는 대체로 이주 노동력을 필요로 하는 입장에서 (예를 들어 싱가포르와 일본은 노동 보호 기준을 제정하고 노동 문제를 상담해 주는 기관을 운영하고 있다) 정책을 조율하는 반면, 내무부는 이주보다는 국가적 안전 문제에 더 큰 관심을 둔다(Piper, 2004; 2006).

비국가적 행위자와 관련해서는 NGO 등의 자발적 조직이 아시아 국가에서 활발하게 활동하고 있다. 마닐라에 본부를 둔 아시아이주포럼이나 쿠알라룸푸르에 있는 카램CARAM; Coordination of Action Research on Aids and Mobility과 같은 많은 NGO는 송출국과 이입국 양쪽에서 이주자의 복지, 교육, 등록, 법률적 도움 등을 지원하기 위한 국제적인 협력 네트워크를 강화해 나가고 있다. 마찬가지로 이주자 스스로도 종교나 민족성을 기반으로 한 상호부조 단체를 조직해 오고 있는데, 이는 특히 해외 필리핀 이주자 사이에서 매우 잘 나타난다. 필리핀은 NGO들이 형성하는 자국과 전체 해외 이주자와의 연계가 가장 강한 반면, 캄보디아와 베트남은 이러한 연계가 약하다. 이러한 NGO는 엘리트가 주도하는 이주 정책과 달리 풀뿌리에 기반을 둔 상향식 활동을 전개하고 있다(Ibid).

아시아에서 1990년 UN협약과 같은 국제 제도를 비준한 국가는 필리핀과 스리랑카뿐이다. 이 협약은 이주자에 대한 최소한의 보호 수준을 제시하고 있지만 아시아 등 세계 많은 지역을 고려할 때 비준율은 매우 낮은 수준이다. 따라서 이주자의 삶은 NGO의 활동과 해당 국가의 노동법의 영향을 크게 받는다. 그러나 노동법이 실행되는가는 또 다른 문제이다. 이주 노동자 단체에서 일하고 있는 어떤 활동가는 "밖은 온통 법률로 가득하지만, 실제 현실에 부딪혔을 때에는 아무것도 없다"고 말한다(Piper, 2004, p.224).

결론

이주의 문제와 마찬가지로 왜 특정 국가가 특정한 성격의 이주 정책을 추구하는가라는 문제에 대한 대답은 복잡하다. 이 장에서 필자는 이주의 정치와 이주 정책에 대한 다양한 접근을 개괄적으로 소개하고, 이들이 때때로 어떻게 모순되고, 상충되며, 국가 기반의 '이주 관리' 전략으로 응축되고 있는가를 설명했다. 이러한 접근 중 일부는 명백하게 양립 불가능한 것도 있고, 어떤 것은 보완적이고 중복되기도 한다. 중요한 점은 이주는 신비로운 경제적 법칙에 의해 결정되는 또는 이주자 자신의 선택에 따른 어떤 '자연적인' 현상이 아니라는 점이다. 민족국가는 이주자를 통제하지만 역으로 이주자,

시장, 비국가적 행위자, 유럽연합이나 북미자유무역협정과 같은 국제기구, 상위국가적·하위국가적 힘이 민족국가를 형성하기도 한다.

민족국가의 통제가 사라지지 않고 있지만 (또한 이주 연구에 있어서 '방법론적 국가주의'가 많이 이용되고 있지만) 어떤 영역 스케일이 가장 중요하다고 단정적으로 말할 수는 없다. 실천적인 수준에서 볼 때, 오늘날 어려움에 처한 이주자들의 문제를 해결하는 데 상위국가적 또는 로컬화된 이주 정책이 대안이 될 수 있다는 착각에 빠질 수 있다. 그러나 이 두 가지 재스케일화의 전략 가운데 어느 것도 오늘날 전 세계의 이주자가 겪고 있는 곤궁에 대한 해법이 될 수는 없다. 보다 중요한 것은 이주 정책의 '**내용**' 그 자체이며, 이를 **반드시** 어떤 특정한 스케일에서 논의할 필요는 없다. 어찌 되었든 국가는 국가 경쟁력 강화 전략이라는 명목하에 고숙련 노동력과 부유한 사람에게 특권을 부여하고 있고, 이러한 '기술'을 가지지 못한 사람은 배제하고 있다. 학술적 연구는 '세계의 나머지 절반'에 대해 다양하게 범주화하여 기술하고 있지만, 이들을 어떻게 범주화하든 간에 이주자는 스스로 이주 정책의 성격을 (항상 자신들에게 도움이 되는 방향은 아닐지라도) 바꾸어 나가고 있다. 이주자의 조직화는 더욱 가속화되어 자신들의 권리를 쟁취하기 위해 투쟁할 것이다. 제5장에서는 이들의 권리와 시민권의 문제에 초점을 둔다.

더 읽을거리

국가와 이주에 관해 많은 연구가 진행되어 왔지만 특히 지난 10여 년간 북아메리카와 유럽에 관한 연구 결과가 많은 학술지에 게재되어 왔다. 보스웰(Boswell, 2007a), 홀리필드(Hollifield, 1992), 매시(Massey, 1999), 메이어스(Meyers, 2000), 새머스(Samers, 2003a)의 연구는 마르크스주의, 민족주의, 기타 자유로운 정치경제학적 접근에 기반을 둔 이주에 관한 이론들을 소개하고 있다. 국가별 사례 연구에 기반한 보다 전통적인 이주 정치 연구 문헌으로는 코넬리우스(Cornelius et al., 2004)를 참조하라. 파이퍼(Piper, 2004, p.206)는 아시아 국가에 대한 분석 결과를 많이 발표했다. 실비(Silvey, 2004b)는 국가의 초국가적 측면과 인도네시아 여성의 젠더화된 이주에 관해 통찰력 있는 논문을 발표했다. 캐슬과 밀러(Castles and miller, 2009)는 합법화 프로그램, 난민 정치, 이주와 안전 이슈와의 관계를 개괄적으로 잘 설명한다. 게데스(Geddes, 2003)는 유럽 개별 국가 및 유럽 전체 스케일에서의 제도에 대한 훌륭한 사례 연구를 한 바 있다. 가브리엘과 펠러린(Babriel and Pellerin, 2008)은 특히 이주 통제의 거버넌스에 대한 단행본을 편저했다.

매시 등(Massey et al., 2002)은 2000년까지 멕시코와 미국 간의 이주 통제가 어떤 특징을 지니고 있고 어떤 결과를 낳았는지를 역사적 측면에서 포괄적으로 설명한다. 네빈스(Nevins, 2008)는 미국-멕시코 국경 지대에 살고 있는 '사람들'에 관한 이야기를 하고 있다. 캐슬(Castles, 2004)과 졸버그(Zolberg, 2006)는 국가가 이주 관리에 있어서 당면한 문제에 대해 잘 설명하고 있다. 코프만(Kofman, 1999; 2002; 2004), 파이퍼(Piper, 2006), 윌리스와 여(Willis and Yeoh, 2000)는 젠더와 이주 정치 간의 관계를 잘 검토하고 있다. 이주 통제에 대한 지역연구와 관련하여 (특히 미국과 유럽에 주목하고 있는 문헌으로) 허바드(Hubbard, 2005a; 2005b), 스미스와 윈더스Smith and Winders, 2008), 바사니(Varsanyi, 2008)를 참조하라. 라이트너 등(Leitner et al., 2008)은 미국 내 미등록 이주 노동자들의 '프리덤 라이드'에 대해 공간적으로 매우 독특하고 섬세하게 설명한다.

요약 문제

1. 선진국에서의 이주 정책이 왜 단순히 통제적인 것만은 아닌지에 대해 설
   명하라.

2. 이주 정책의 '스케일 상승' 방식에 대해 논하라.

3. 더블린 협약이란 무엇이며, 이는 망명 신청자들에게 어떤 영향을 끼쳤는
   가?

4. 이주 정책은 어떤 측면에서 로컬 사안이라고도 할 수 있는가?

5. 이주 정책은 어떤식으로 젠더화되어 있는가?

6. 선진국과 가난한 국가 사이의 이주 정책이 어떻게 다른지 논하라.

제5장

이주, 시민권 그리고 소속의 지리

서론

뉴욕 시에 있는 어느 에콰도르인의 삶을 살펴보자.[1] 부모는 뉴욕 자치구의 하나인 퀸스Queens에 미등록 이주자로 살고 있다. 에콰도르에서 컴퓨터 시스템 분석가로서 화려한 경력을 가진 어머니는 아동 도우미babysitter로 일하고 있다. 1980년대 뉴욕의 공학 대학을 중퇴하고 에콰도르에서 낮은 보수를 받으며 공학 분야에서 일했던 아버지는 중국 이민자 소유의 건설회사에서 제도공으로 일한다. 아버지는 2001년 텍사스를 거쳐 뉴욕에 비밀리에 도착하였고, 어머니와 딸은 같은 해에 뉴욕에 관광비자로 도착하여 눌러앉게 되었다. 아들은 마이애미에서 태어난 미국의 시민권자이다. 이들은 '혼합 상태 가족mixed status family'으로 아들은 합법적 상태이나 딸은 미등록 상태이다. 아들은 에콰도르와 미국 사이를 자유롭게 여행할 수 있고 미국에서 공식적 직업을 구할 수 있음에도 에콰도르로 돌아가길 원하지만, 가족은 아들이 시민권을 유지하기를 원한다. 그러는 동안 어머니는 아들의 시민권을 이용해 그린카드(영주권 자격을 의미)를 얻기 위해 노력하고 있다.

딸은 지역 고등학교와 대학을 졸업하였고[2] 친구가 모두 있는 미국에 거주하기를 희망하지만 이민 직원에 의해 체포될 수도 있어 뉴욕을 떠나는 것을 두려워한다. 그녀는 회계학 학위를 갖고 있지만 고임금 직장을 구할 수 없고, 운전면허나 사회보장번호social security number도 받을 수 없다. 부지런한 딸은 보수가 낮아도 이민자에게 합법적으로 이주 정책과 비자에 관한 정보를 제공하는 소규모 회사에서 일하고 있다. 미국 정부는 사회보장번호 없이도 일하고자 하는 사람에게 세금등록번호tax identification number를 제공하기 때문에 그녀는 합법적으로 일할 수 있다. 어머니는 딸이 미국인 남편을 만나 시민권을 획득하기를 원한다. 서서히 딸의 마음도 변하고 있지만 그녀는 아직 미국인 남자를 만날 생각이 없다. 그녀는 미등록 상태인 남자친구와 함께 NGO 활동에 참여해 부모와 함께 미국으로 건너와 고등학교를 졸업한 미등록 학생이 합법적 상태로 전환되는 '꿈의 법안Dream Act'의 제정을 촉구하는 로비 활동을 벌이고 있다.

위의 사례는 이주자와 이주자 가정에 대한 시민권과 소속belonging의 중요성을 보여 준다. 이 장은 이주 정책에서 시민권이 어떻게 이해될 수 있는지와, 시민권의 형태와 이주자 소속 사이의 관계를 다룬다. 특히 국적법과 관련하여 이러한 관계를 심도 있게 연구한 역사는 그다지 오래되지 않았다. 19세기와 20세기 동안 학계에서는 이주자를 시간이 지나면 점차 동화되거나(특히 미국에서), 방문노동자quest-workers의 상태(예를 들어 유럽에서)로 존재하지만 결국 본국으로 돌아갈 사람으로 여겼다. 유럽과 미국에서 1980년대까지 이주, 시민권, 소속 사이의 관계에 대한 다양한 논쟁이 제기되지 않았으나, 시간이 지나면서 동화 또는 방문노동자의 귀국이 단순하지도 않고 필연적이지도 않다고 인식되었다(Bauböck, 2006; Hansen and Weil, 2002b). 이주에 대한 공간적 견해와 논쟁을 둘러싼 학문적 토론이 이루어지기 시작했으나, 이러한 논쟁은 아직 부족한 점이 많아 초국가적 시민권 또는 지역 참여와 소속을 논하면서 국민국가nation-state의 중요성을 간과하였다. 이러한 점에서 이 장은 시민권, 이주, 소속에 관한 복잡한 지리를 이해하기 위해 고안되었다.

먼저 지리적 문제 제기를 설명한 후, 시민권과 이주 연구에서 전개되고 있는 특성을 살펴보고자 한다. 이는 법률적 상태로서의 시민권, 권리로서의 시민권, 소속으로서의 시민권, 정치적 참여로서의 시민권에 대한 것인데(Bloemraad et al., 2008; Bosniak, 2000; Leitner and Ehrkamp, 2006; Lister and Pia, 2008), 이러한 학문적 및 사회적 특성을 서로 구분되면서도 상호 연관된 네

개의 절로 나누어 살펴보고자 한다.

공간, 이주, 시민권

국제법, 국제 인권 체제의 출현, 초국가적 소속, 시민권의 탈국가화dena-tionalization의 출현에 직면하여 시민권과 소속을 둘러싼 이주 연구의 핵심적 논쟁은 시민권과 소속의 결정 또는 국민국가의 지속적인 중요성에 대한 것이다(Sassen, 2006b). 이는 국가 지향적인 형태의 시민권과 지구적, 포스트–국가적, 탈국가적, 초국가적 형태의 시민권 간의 논쟁을 말한다(Joppke, 1998a; 1998b; Sassen, 2006b). 이와 함께 파벨(Favell, 2001; 2008)은 시민권을 바라보는 초점을 국민국가의 수준이 아닌 도시cities, 광역 도시지역wider urban areas의 범위에서 접근해야 한다고 강조했다. 심지어 시민권을 가정의 수준으로 낮출 필요성이 있음을 제기할 수도 있다. 이 장의 첫 부분에서 살펴보았던 이주의 일화에서 보듯이 시민권을 분석할 때 가정을 단위로 하는 것이 매우 중요한데, 엘리아스(Elias, 2008)도 가구 또는 가정의 스케일이 시민권 분석에서 중요함을 주장한다. 말레이시아에서 수많은 인도네시아, 필리핀 여성이 가사 노동자이기 때문에 이주자 권리에 대한 담론과 실천의 양상이 상당히 젠더화 되어 있다. 때론 공공 영역에서 갖는 권리가 가사 노동자가 활동하는 가정이라는 사적 공간에서는 적용되지 않을 수 있다.

국가적 수준보다 상위국가적supranational 또는 준국가적sub-national 차원에서 시민권을 더 잘 분석할 수 있지만, 이는 시민권 형성의 과정과 적용의 범위에서 왜 국민국가가 영역으로서 중요한지를 제대로 설명하지 못한다. 이러한 점에서 초국가주의 또는 글로벌리즘의 열정과 모호함 속에서 시민권과 소속에 대한 국가의 중요성이 간과되어서는 안 된다(Geddes, 2003; Faist, 2008; Kofman, 2002; 2005b; Koopmans, 2004). 시민권과 소속이 갖는 차별적differential, 계층적stratified, 분리적segmented 형태를 연구하기 위해서는 상위국가적, 국가적, 준국가적 영역을 상호 연결하는 것이 중요하다. 비록 어떤 경우에는 영주권만으로도 충분할 수 있으나 이민 국가에서의 시민권(또는 이중 시민권) 획득은 모든 이주자의 궁극적인 목적이다. 이러한 점에서 우리는 시민권을 하나의 전략으로 생각해 볼 필요가 있다(글상자 5.1 참조).

글상자 5.1 전략으로서 시민권

그동안 이주와 이주의 법률적 지위에 대한 많은 연구는 '이주자'를 시간이 흐르면 자연스레 법률적 시민권을 얻게 되는 대기실(a waiting room)의 기능으로 인식하거나, 정상화(regularization)와 거주권과 같은 사회적 권한을 갖기 위해 이주자가 어떻게 저항하는가에 관심을 보였다. 초국가적 시민권 연구는 시민권을 획득하는 것을 이주자의 전략으로 다루고 있으나, 이는 일반적 현상으로 볼 수 없다. 이와 반대로 옹(Ong)의 유명한 저서인 『유연적 시민권』(1999)에서 언급되듯이 생존은 물론 경제적으로 잘 살기 위한 유연적 전략으로 시민권에 주목할 필요가 있다. 구체적으로 그녀는 소위 우주비행사라고 불리는 미국의 시민권을 획득하고 홍콩과 미국 서부 해안을 자유롭게 오가는 고소득의 전문성을 가진 사업가들의 삶을 보여 준다. 그들의 아내와 자녀는 샌프란시스코의 교외에 살면서 미국의 교육이 제공하는 기회와 다른 사회적 혜택을 누리며 살고 있다. 이는 이주자가 미국의 서부 해안에 있는 도시와 교외 지역의 경제적, 정치적, 사회적 경관을 바꾸고 있음을 보여 준다(캐나다의 사례는 Kobayashi and Ley, 2005; Preston et al., 2006; Waters, 2003 참조).

옹이 경제적 목적을 위한 유연적 시민권에 대해 연구했다면, 프레스턴을 비롯한 다른 연구자는 토론토와 밴쿠버에 살고 있는 홍콩 남성과 여성의 시민권 획득을 위한 다른 전략을 보여 준다. 많은 남성 이주자는 앞에서 보았던 우주비행사가 아니며, 일부는 캐나다 도시에서 상대적으로 저임금을 받고 있었다. 그리고 홍콩에 경제적 토대가 있어 소유한 자산이 있는 사람은 없었다. 대부분의 여성은 그들의 남편이 캐나다에 정착하기를 원했거나 캐나다의 교육 환경이 자녀에게 보다 낫다고 판단했기 때문에 이주하였다. 가족에 대한 책임과 함께 1997년 이후 영국에서 중국으로 홍콩 반환에 따른 정치적 억압에 대한 두려움이 캐나다에서 시민권을 획득하도록 한 주요 요인이었다. 모든 것을 고려할 때, 남성과 여성에 있어 시민권은 그들 가족을 위한 궁극적인 목적이었다.

이와는 완전히 다른 맥락에서 매브로우디(Mavroud, 2008)는 그리스 아테네의 팔레스타인 난민 사이에서 '실용적 시민권(pragmatic citizenship)'을 언급하였다. 그녀의 연구는 그리스와 보다 넓은 세계에서 팔레스타인 사람들이 느끼는 망명과 주변화에 대한 심오한 감정을 보여 주었다. 어떤 사람은 팔레스타인으로 다시 돌아가는 꿈을 갖고 있었지만, 어떤 사람은 귀국에 대해 양면적인 생각을 갖고 있거나, 평화에 대한 어떠한 희망도 갖고 있지 않았다. 이러한 사례에서 팔레스타인 사람들은 실용적 시민권을 획득하기 위해 무용지물인 그들의 여권이나 국가가 없는 상태를, 그리스 시민권을 획득하는 어려움을, 저임금 상태라는 복잡하고 어려운 현실 등을 전략적으로 활용하고 있었다. 이들의 실용적 시민권 전략은 그리스 시민권을 얻기 위해 기다리거나 또는 보다 나은 삶을 목표로 새로운 이주지를 찾거나 또는 팔레스타인으로 복귀하기 위해 캐나다 또는 아랍에미리트에 있는 친구와 친척을 활용하는 것이었다.

이주자의 기원지와 정착지의 복잡성, 그들이 갖는 형식적 시민권의 차이는 그들이 받게 되는 권리의 형태와 질, 범위에 영향을 미친다. 그러나 국가는 관대하게, 하향식 방법에 의해 이주자의 권리를 일방적으로 제공하지 않으며, 특별한 권리를 주장하는 주체는 다름 아닌 이주자 자신으로 인도주의 차원의 호소, 실용성의 문제, 대규모 항의와 같은 방법을 통해 권리를 찾아야 한다. 제4장에서 살펴보았듯이 시민권과 보다 큰 권리를 위한 투쟁은 전 세계의 이주자 사이에서 일반적인 것이다. 시민권의 차이와 마찬가지로 이주자의 시민권에 대한 투쟁은 장소, 공간, 영역의 차이에 따라 다르게 나타나며, 이러한 시민권의 지리는 이 장의 나머지 부분에서 언급할 내용의 핵심이다.

법률적 상태로서 시민권(형식적 시민권, 국적과 귀화)

시민권의 개념은 그리스의 도시국가만큼이나 오래된 것이지만 우리가 근대 형태의 시민권(국민국가에 기초한 시민권)을 이야기 한다면, 그것의 기원은 프랑스혁명과 19세기 국민국가의 형성과 결속에서 찾을 수 있다(Brubaker, 1992; Hansen and Weil, 2002a). 근대적 시민권은 여권과 같은 통제의 요소를 가져왔고(Torpey, 2000), 권리와 책임을 갖는 정착된 인구에 관심을 갖게 했으며, 국적에 의해 다른 사람을 배제하는 결과를 가져왔다. 사센(Sassen, 2006b)은 다음과 같이 언급한다.

> 오늘날 시민권과 국적은 국민국가와 관련된 것이다. 그러나 본질적으로 같은 개념이라고 할지라도 시민권과 국적은 다른 법률적 구조를 반영한다. 두 개념은 국가의 구성원으로서 개인의 법률적 상태를 증명한다. 그러나 시민권이 주로 국가적 차원에 국한된다면, 국적은 국제적 시스템의 맥락에서 국제적인 법률 차원에 관련된다.
> (p.281)

그러므로 국적은 시민권의 또 다른 말처럼 보이지만 이 둘을 구분하는 것이 중요할 것이다. 국적과 시민권은 동의어는 아니지만 동전의 다른 면에 해당한다(Bauböck, 2006, 17).

이 절에서는 국적과 시민권의 속성 또는 획득에 대한 것을 다룬다. 국적은 출생·혈통·결혼의 상태에 의한 또는 거주에 의한 시민권을 통해 나타난다(Hansen and Weil, 2002b). 국가에 따라 차이는 있으나 시민권은 국가 선거의 투표권으로부터 공직의 진출과 군복무에 이르는 권리와 책임을 포함한다. 비록 시민권과 국적이 국민국가로서 단 하나의 영역에서만 발생하는 것이 아니고, 형식적 시민권의 개념은 복잡한 것이지만 위의 논의에서 얻을 수 있는 점은 형식적 시민권과 국적은 정의상 배타적(서로 다른 것을 배제하면서)이라는 것이다.

필자는 제1장에서 어떻게 이주자의 상태를 정의하기 위해 사용되는 특정 이주의 범주가 비판의 대상이 되었는지를 강조한 바 있다. 그러한 비판은 타당한 것이나 이는 또한 과장된 면이 있다. 예를 들어 학생으로 이주한 사람은 그들의 상태를 영주권으로 변화시킬 수 있을 것이며, 시간이 지남에 따라 가족 재결합 또는 고용에 의해서 결국 국적을 획득할 수 있을 것이다. 이와 비슷하게 유럽공동체에 포함되지 않은 유럽 국가에 거주하는 이주자들은 즉각적으로 또는 시간이 지남에 따라 시민에게 할당되는 다양한 사회적 혜택을 받을 수 있을 것이다. 그러나 미등록 이주자들은 정상화 프로그램의 이용 가능성과 시기, 이주자의 나이, 입국 시기, 출신국의 배경, 젠더 등에 의존하면서 여러 해 동안 미등록 상태를 유지할 것이다. 이러한 사례에서 이들 이주자의 상태는 유동적fluid이라고 부를 수 있을 것이다. 이는 국적과 형식적 시민권이 과거 국가 지향적 시대의 단순한 산물로 간과될 수 없음을 시사한다.

■ 형식적 시민권의 국가적 모델?

20세기 동안 연구자들은 시민권의 국가적 모델이란 맥락에서 이주자와 시민권 사이의 관계를 접근하였다. 귀화의 정도, 통합과 소속을 염두에 두면서 시민권의 국가적 모델이 적용되었다(Brubaker, 1992; Favell, 1998[2001]). 예를 들어 브루바커(Brubaker, 1992)는 프랑스의 **출생지주의**(출생 또는 영토법에 의한 시민권)를 독일의 **혈통주의**(후손 또는 혈연법에 의한 시민권)와 비교하였다. 프랑스의 **출생지주의**jus soli[3]는 만약 아이가 프랑스 영토에서 태어난다면 외국인 부모의 아이에게 자동적으로 시민권이 부여되는 것을 말한다. 이러한 사고는 국가주의적, 공화주의적, 보편적 이상에 기초하고 있다. 다른 말로 설명하면 프랑스 정부는 민족적 기원에 상관없이(보편주의적 차원) 프랑스의 정치적 문화의 일원이 되고자 하는 사람은(국가주의적, 공화주의적 차원) 환영받는 시민권의 확장주의 개념을 고수한다.[4] 프랑스 보편주의는 프랑스혁명 이래 왜 인종과 민족적 소수자에 대한 법적, 정치적, 심지어 사회적 인정이라는 말이 금기시 되었는지를 부분적으로 설명한다(Feldblum, 1993). 이는 프랑스의 공공장소에서 베일(그리고 다른 눈에 띄는 종교적 상징)을 착용하는 것에 대한 반대와도 연결된다.

이와 반대로 독일의 **혈통주의**jus sanguinis는 **민족공동체**volksgemeinschaft 또는 혈통의 공동체, 독일인 감정의 개념에 기초하고 있으며, 독일의 시민권은 대개 부모로부터의 유산을 통하여 독일 민족의 배경을 증명할 수 있는 사람에게만 인정된다. 브루바커(1992)는 프랑스보다 독일에서 법적인 시민권(귀화 비율로 측정된)을 획득하기 힘든 이유를 혈통주의 때문이라고 본다.

시민권의 **혈통주의** 개념이 뿌리를 내린 오스트리아, 그리스와 스위스를 제외하고 대부분의 유럽 국가와 영국은 영토와 혈통의 사이에 놓여 있다. 오스트레일리아, 캐나다, 미국은 **출생지주의**에 보다 가깝다. 그러나 이러한 국가적 모델은 결코 고정된 것이 아니다(Kastoryano, 2002). 예를 들어 1950년대와 1960년대 동안 독일 정부는 **혈통주의**를 상당히 자유적인 난민 정책과 결합시킨 반면에 프랑스 정부와 프랑스 사회단체는 아프리카와 무슬림 이주자들이 프랑스 영토에서 출생하였고, 프랑스에 살고자 하는 강한 의지가 있음에도 불구하고 문화적 차이에 기초하여 이주를 제한하기도 하였다(Bloem-raad et al., 2008; Laurence and Vaisse, 2006). 만약 20세기 동안 국민국가가 저마다 상대적으로 다른 시민권의 개념을 갖고 있었다면, 지난 15년 동안 국민국가의 시민권 개념은 비슷한 의미로 수렴되는 것처럼 보인다. 파이스트(Faist, 2000)는 시민권의 국가적 모델을 언급하는 것이 사실상 타당하지 않다고 주장한다.

■ 이중·복수 국적

이중·복수 국적은 **출생지주의, 혈통주의** 또는 다른 국가(들)의 국적을 소유한 사람과의 결혼에 의한 시민권의 획득 또는 부여에 관한 것이다. 그러나 이것은 단순히 다른 국적을 가진 이주자에게 귀화를 허락하는 이입국의 문제만은 아니며, 송출국은 국민 중의 한 사람이 다른 국적을 취득함을 인정해야 하는 것이다. 만약 두 번째 국적이 의도적인 귀화보다는 비자발적인 **출생지주의**에 의해 획득된다면 기원국은 보다 관대하게 된다(Schuck, 2002). 비록 전 세계의 이중국적에 대한 비교 가능한 증거가 부족하지만 특정 국가에 대한 사례 조사는 이중국적이 급격히 증가하고 있음을 보여 준다. 현재 전 세계의 약 절반의 국가가 이중국적 또는 이중 시민권을 제공하고 있는 것으로 예상된다(Bauböck, 2006; Kraler, 2006). 이중국적은 특히 스위스 같은 국가에서 중요한데, 1990년대 스위스 시민의 60%가 이중국적자로서 해외에 거주하는 것으로 추정되었다(Koslowski, 1997, Schuck, 2002, p.67에서 재인용). 이중(심지어 삼중)국적은 예를 들면 다음과 같은 경우에 나타난다. 독일인이 터키인과 결혼해서 미국에서 아이를 낳을 경우, 혈통적으로는 독일과 터키의 후손이고 출생에 의해서는 미국인이 된다(Hansen and Weil, 2002b, p.3). 이처럼 다중 시민권은 국제 이주의 증가에 따라 증가하는 경향이 있다(Hansen and Weil, 2002b).

그러나 이중 또는 다중 국적의 분명한 증가에도 불구하고 많은 이주자들은 본국에서 국적 변화를 인정하기 않기 때문에 다른 국적을 취득하는 것이 여전히 어렵다. 예를 들어 미국에서 살고 있는 아이티 사람이나 브라질에 살고 있는 일본인(아이티와 일본 정부는 이중국적을 허락하지 않는다), 아르헨티나에 살고 있는 시리아인이 이에 포함된다(시리아에서 국적 포기의 과정은 매우 힘들기 때문에 국적 포기가 일반적이지 않다)(Escobar, 2007; Forcese, 2006; Schuck, 2002; Surak, 2008). 사실 아르헨티나는 이중국적의 문제에 대한 극단적인 사례를 보여 주는데, 이중 또는 다중 국적을 허락하지 않기 때문에 시민권의 포기 또한 허락되지 않는다. 그러나 해외에 있는 아르헨티나의 시민은 정부에 알리지 않고 시민권을 받아들이기 때문에 어찌 되었든 이중국적을 갖게 된다(Escobar, 2007). 이러한 점을 통해 개방적, 관대적, 제한적 이중국적 체제를 구분할 수 있을 것이다(Aleinikoff and Klusmeyer, 2001, Escobar, 2007, 47에서 재인용). 예를 들이 영국, 미국, 인도를 사례로 이중국적 체제의 개방성, 관대성, 제한성을 살펴볼 수 있다(글상자 5.2, 5.3 참조).[5]

글상자 5.2 누군가를 위한 인도의 이중 시민권 자유화

아르헨티나의 매우 제한적인 입장과는 반대로 인도의 2003년 '이중 시민권(수정)법안'과 2005년 개정 내용은 많은 사람에게 이중 시민권의 자유화 혜택을 부여했다. 그러나 이것이 해외에 있는 모든 인도인에게 해당되는 것은 아니다. 이중 시민권에는 두 가지 범주가 있는데, 한 가지 부류는 비거주인도인(NRIs) 또는 해외에서 183일 이상 거주한 인도인이 해당되며, 또 다른 부류는 '인도계(PIO)'를

지칭하는 것으로 한때 인도의 여권을 소유했던 모든 사람 또는 부모와 조부모가 인도 시민권자의 후손 또는 인도 시민권자와 결혼한 사람이 포함된다. 이중 시민권의 자유화는 해외에 거주하면서 성공한 예술인, 사업가, 지성인, 전문직 디아스포라에 해당하는 사람을 인도로 복귀시키기 위한 정부의 새로운 전략에 의해 시작되었다(글상자 5.6과 주요 용어해설의 디아스포라 정의 참조). 인도 밖에 거주하는 인도인은 약 2000만 명에 이르는 것으로 파악되었다. 정부 입장에서는 해외로부터 인도인을 복귀시키는 데 두 가지 목적을 갖고 있는데, 하나는 해외직접투자와 기술이전 촉진에 의한 국가 경제개발을 고무시키는 것이며, 다른 하나는 인도인의 복귀로 힌두주의의 중용적이고 관용적인 특성에 초점을 둔 상상적 민족주의를 강화시키는 것이다. 경제개발을 고려하면서 이중국적은 인도 경제의 자유화를 향한 변화 중의 하나가 되었다.

사실 인도 정부는 두 갈래 전략을 개발하였는데, NRIs와 PIOs의 인도와의 긴밀한 관계 유지에 대한 공헌을 축하하기 위하여 인도상공산업회의연합(FICCI)으로 하여금 '해외 인도인의 날(Pravasi Bhartiya Divas: 모임, 공연, 파티와 연설을 포함한 3일간 지속되는 행사)'을 조직하게 한 것이었다. 이 전략의 두 번째 특징은 이들 NRIs와 PIOs의 일부에게 이중 시민권을 제공하는 것이었다. 결과적으로 이중 시민권은 16개국에 거주하는 인도인에게 제공되는데 오스트레일리아, 아시아, 유럽, 북아메리카에 거주하는 인도인에게 제공된다. 아프리카, 남아시아, 서부 아시아에는 훨씬 많은 인도인이 거주하지만 대상 국가 목록에서 제외되었다(나이지리아와 레바논은 예외). 이중 시민권을 수여받은 사람들은 비자 없이 인도로 여행할 수 있다. 그들은 등록을 하지 않고도 체류할 수 있고, 다양한 경제활동에 참여할 수 있으며, 그들의 자녀를 인도 대학에 등록시킬 수 있다(Dickenson and Bailey, 2007).

인도의 독립 이전과 독립 이후 디아스포라에서 나타나는 차이를 인식하는 것이 중요한데, 독립 이전의 디아스포라는 영국 식민지와 억압이라는 과거의 인도와 관련된 것이다. 이러한 점에서 이중국적의 진보적 조치에서 남아프리카 인도

인은 배제되었는데, 그들은 1860년과 1911년 사이의 고용 계약 노동자나 무역상
이었으며, 통합된 해외 시민권에 대한 정부의 이상에 해당되지 않거나 또는 이상
적인 디아스포라의 일원에 해당되지 않았다. 이처럼 남아프리카의 인도인은 인
도 정부에 의해 다문화주의에서 배제되었는데, 이들은 흑인 다수와 백인으로부
터 거리를 두고 있으며(Dickenson and Bailey, 2007, p.768), 궁극적으로 근대의 인
도로부터 너무 멀리 떨어져 있다고 판단되었다.

　이와 반대로 인도의 독립 이후 디아스포라는 초국가적 네트워크를 통해 경제
적으로 번영할 수 있는 것으로 인식되며, 새로운 인도의 건설에 기여할 수 있을
것으로 판단되었다. 디킨슨과 베일리(Dickenson and Bailey, 2007)가 주장하듯이
인도 정부는 전문가적 성공, 보편적 힌두주의, 다문화주의를 통해 디아스포라의
개념을 만들고 있다(p.765). 이들에 의하면 인도의 이중 시민권에는 계급적 차원
이 발견되는데, 서구에서 교육적 및 전문적 활동을 추구하는 사람에게만 시민권
이 제공되며, 반면에 보다 가난한 국가에서 계약 노동에 관련된 인도인은 배제되
기 때문이다. 결국 인도 정부는 지리적 및 사회적 기원에 바탕을 두면서, 누가 이
중국적에 적합한가에 따라 인도인을 구분하며, 이는 '인도인답기(Indian-ness)'의
이상에 따른 것이다.

글상자 5.3 영국과 미국의 이중 시민권 비교

　이중국적의 본질과 중요성을 파악하는 가장 효과적인 방법은 아마도 영국(관용
적 체제)과 미국(법적 제한과 실천적 관용)의 이중국적의 특성을 비교하는 것일 것
이다. 독일이나 미국과는 달리 영국 정부는 이주자로 하여금 귀화를 요구하지도
않으며, 그들이 시민권을 포기하도록 하지도 않으면서 이중국적에 대해 자유적
인 또는 무관심한 태도를 유지하고 있다. 이러한 무관심은 영국 정치조직의 다수
로부터 항의가 거의 없음을 반영한다. 한센(Hansen, 2002)에 의하면 21세기 이중

국적의 허용은 다음 내용을 반영한다. 첫째, 1948년 영국 시민권의 출현은 복수적 시민권(plural citizenship)을 의미하며(영국과 영연방의 정서를 가진 시민권), 둘째, 영국 정부는 이중국적을 이주자가 영국 사회로 보다 잘 통합될 수 있는 단순한 수단으로 인식하며, 셋째, 이중국적은 영국 정부에게 어떠한 실천적인 문제도 만들지 않음을 의미한다. 사실상 이중국적에 관한 어떠한 제한도 없으며, 영국 정부는 이중국적에 대한 통계를 보유하고 있지도 않다. 해외에 거주하는 영국인은 다른 국가의 시민권을 획득할 수 있으며, 영국으로의 이주자들은 영국 국적을 취득하기 위하여 이전의 시민권을 포기할 필요가 없다. 사실 영국 내무성(이민국)은 이주자들에게 영국으로 귀화할 의향이 있는지 질문하지도 않으며, 이주자의 원래 국적의 정부에 귀화 과정을 알리거나 누설하지도 않는다.

그러나 이중국적의 이해에는 두 가지 사실이 포함된다. 첫째, 루이스와 닐(Lewis and Neal, 2005)이 신동화주의(neo-assimilation)라고 부른 것으로 시민권 평가는 영국을 포함한 선진국에서 확산되고 있다는 점이다. 이는 이중국적이 허용되기는 하지만 아마도 획득하기 어렵다는 것을 암시하며, 특히 이슬람 국가의 이주자들에게는 어렵다는 것을 보여 준다. 둘째, 이중국적은 국민과 동일한 권한을 갖는 것이 아니다. 예를 들어 이중국적자가 영국 시민으로 귀화한 상황에서 매우 심각한 반역죄로 고발당하거나 영국인들의 안전에 위협적 존재로 인식되면, 정부에서 임명한 임시 위원회는 해당자가 국적 취소에 따라 무국적자가 되지 않는다면 국적을 취소할 수 있다. 영국 국적을 갖고 태어난 사람은 어떠한 경우라도 영국 국적을 취소할 수 없다(Hansen, 2002).

한센의 분석에서 가장 영향력 있는 것 중에 하나는 이중국적과 영국에 대한 충성심 사이에는 어떠한 증거도 없다는 것이다. 이는 미국에서 일본계-미국인들이 제2차 세계대전 중에 캠프에 수용되었던 것과는 달리 영국에서 독일-영국 이중국적자를 억류하지 않았던 영국 정부의 결정에서 잘 나타난다. 그러나 위의 논의는 영국 정부가 이주와 정주에 대하여 일련의 자유주의 정책을 지향하고 있음을 보여 주는 것은 아니다. 결국 한센(2002)이 지적하듯이 한 나이든 보수파 정치인은 1990년에서야 서인도인은 그들의 충성에 대한 증명으로 크리켓 시험을 치뤄야 한다고 제안하였다(그들은 어느 쪽을 응원할까? 영국인가 자메이카인가?) (p.188).

  미국 연방정부는 미국 헌법이 제정된 이래 이중국적에 대해 오랫동안 회의적인 태도를 유지하고 있는데, 1990년대부터는 점차 이중국적을 허용하고 있으나 이를 장려하는 것은 아니다(Schuck, 2002). 특히 이중국적은 정치적 충성과 미국에 대한 충성에서 문제를 야기할 수 있으며(이러한 생각이 정확히 의미하는 것은 무엇인가?), 테러와의 전쟁에 직면하여 이중국적자에 대하여 외교적 보호를 제공해야 하는 복잡성 때문에 이중국적에 대해 미온적이다(Forcese, 2006). 그러므로 이중국적은 헌법으로 금지되어 있으며, 귀화를 위한 요구 조건은 개인의 기존 시민권에 대한 포기이다. 그러나 부분적으로 이중국적의 허용이 증가하고 있는데, 첫째, 많은 나라가 이중국적의 정보를 미국 정부에 알리지 않기 때문에 이중국적을 증명하기 힘들거나 불가능하기 때문이다. 둘째, 미국정부는 시민권 포기를 강제할 법적 요구를 갖고 있지 않으며, 그러므로 시민권 포기는 강제적인 것이 될 수 없다.

  라틴아메리카 국가에서 이중국적의 자유화에 따른 귀화의 통계를 살펴보면 미국에서 이중국적이 증가하고 있음을 알 수 있다. 최근 미국 정부는 귀화를 원하는 사람의 급격한 증가를 경험하였고, 역설적으로 지난 10년간 국경 감시를 위한 지출도 급증하였다. 이주자가 미국에서 귀화하기 위해서는 일정 기간 동안 거주를 해야만 한다(Schuck, 2002). 미국에서 이중국적의 허용은 라틴아메리카 정부와 미국에 거주하는 이민자의 수가 많은 캐나다, 인도 및 필리핀 정부처럼 이중국적의 이슈를 주장하는 정부의 정치적 부담을 덜어 준다(Escobar, 2007; Portes and Rumbaut, 2006; Schuck, 2002). 이중국적과 귀화가 라티노 이주자 사이에서 점차 일반적인 현상이 된 것은 그다지 놀랄만한 일이 아니다. 마틴(Martin, 2002)은 이에 대한 최소한 다섯 가지 이유를 확인하였다.

  1. 귀화에 적합한 이주자의 수가 1990년대 동안 급격히 증가하였다.

2. '그린카드'가 위조된 장기 거주 카드를 쉽게 대체하게 되었다. 그린카드는 귀
   화의 비용만큼이나 비싸고, 많은 이주자들이 단순히 그린카드를 얻기보다는
   귀화를 선택하게 된다.
3. 이주와 귀화 서비스가 귀화를 강조하는 방향으로 움직였고, 증가하는 귀화
   자를 다루기 위한 프로그램을 도입하였다.
4. 멕시코의 이중국적 자유화는 위에서 언급한 바와 같이 미국 내 멕시코인의
   귀화를 자극하였다.
5. 복지 재구조화는 사회적 혜택을 잃지 않도록 이주자들에게 귀화를 유도하였
   다. 마틴은 이를 '시민권의 평가절하(devaluation of citizenship)'라고 언급하였는
   데, 단지 이주자만이 사회적 혜택을 얻기 위해 귀화해야 하기 때문이며, 이는
   미국 시민권 자체의 가치를 떨어뜨린다고 보았다.

우리는 마틴의 다섯 가지 리스트에 9.11의 효과와 2001 애국법을 더할 수 있는
데, 이는 비거주 외부인(non-resident aliens)의 강제 추방을 촉진하는 것이다. 간
단히 말해서 라티노와 다른 이주자는 귀화를 강제 추방에 대비한 수단으로 인식
하게 되었고, 동시에 귀화는 이주자가 '출신국'과의 견고한 결속을 유지하는 수
단이 되었는데, 특히 출신국 선거에서 투표권을 갖게 되었다(Escobar, 2007; Levitt,
2002).

■ 국가적 모델로부터 시민권과 거주지주의로의 변화: 국가적 모델의 수렴
프랑스와 독일의 국적법은 '서구의 자유 민주주의'에서 귀화 정책 수렴의
중요성과 권리의 결정 요소로서 거주 기간의 중요성을 보여 준다.

프랑스 국적 코드의 변화
프랑스에서 국적 코드 1889의 44조는 시민권 **획득**에 관한 것이며, 23조

는 시민권의 **귀속**에 관한 것이다. 프랑스 국적 코드의 44조는 부모가 외국인 태생의 이주자이든 상관없이 프랑스 땅에서 태어난 아이에게 (개인적 요구가 있을 때, 그리고 성년의 시기에) 시민권을 부여하고 있다. 23조는 **이중출생지주의**double jus soli라 불리는 것에 관한 것인데, 특히 알제리 이민 부모로부터의 자녀에게 시민권을 귀속하는 것에 관한 것이다(알제리는 1962년까지 프랑스의 **행정구역** 또는 지역에 속하였다). 1993년 말 프랑스는 국적법(1994년 1월부터 효력을 가짐)을 통과시켰는데, 기존의 23조를 제한하면서 이전의 프랑스 식민지로부터 이민한 부모가 자녀의 출생 전 최소 거주 기간을 충족시켰을 때 자녀에게 프랑스 국적을 귀속시키는 것이다. 국적법이 개정되면서 44조는 더 이상 인정되지 않았는데, 만약 그들의 부모가 이주자이고 외국인 태생이라면 자녀에게는 더 이상 시민권이 부여되지 않으며, 그 대신 프랑스 영토에서 거주할 권리는 부여된다. 이에 대하여 펠드브럼(Feldblum, 1999)은 다음과 같이 언급한다.

1993년까지 프랑스 태생이 아닌 이주자 부모로부터 프랑스에서 태어난 아이는 (원칙에 의해서) 출생 당시 부모의 국적 상태(예를 들어 외국인)가 아니라 출생권한(프랑스인이 되는 절대적 권한)에 의해 정의되었다. '1993 개정'은 이러한 논리를 변화시키는 것이었고 … 이주자 부모로부터 태어난 아이는 그들이 출생 권한을 취득하기까지 외국인으로서의 출생 상태를 유지하게 된다. 그들은 스스로 프랑스인임을 증명하기 전까지는 외국인이 되는 셈이다. (p.149)

그러나 '1993 개정'은 출생지주의를 폐지한 것은 아니며 프랑스 국적을 취득하기가 이전보다 힘들어졌음을 의미한다. 시민권 정책을 강화하기 위한 이전의 보수적 행정부의 결정에 반대하는 일종의 반작용으로서 프랑스 사회주의 정권하에 1998년의 기구 법안Guigou Bill은 11세 때부터 최소한 5년 동안 프랑스에 항상 거주하고 있었음을 증명한다면, 이주자가 18세가 되었을 때 준자동적으로 시민권이 부여되도록 개정되었다(어린 이주자는 만약 그들이 원한다면 국적 취득 연령을 낮출 수 있다). 또한 알제리 이주자의 자녀를 위한 **이중 출생지주의** 권한을 재도입하였는데, 이는 1993년 개정 때 폐지되었던 것이었다. 그러나 이러한 개정은 다른 프랑스 식민지의 이주자에게는 적용되지 않으며, 유럽연합 이외의 다른 국가로부터의 이주자에게도 적용되지 않는다(Feldblum, 1999). 결론적으로 1998 기구법Guigou law은 일부 미등록 이주자의 정상화를 가져왔는데, 특히 프랑스에서 가족과 연계되어 있거나 또는 역으로 독신인 이주자가 해당되었다. 기구법은 인권에 대한 유럽법안의 제8조와 관련하여 정의되었는데, 이는 상위국가적 법안이 국적법을 결정하는 데 어느 정도 영향력을 갖고 있음을 시사한다(Kofman, 2002).

독일의 국적법 변화

1990년 독일 정부는 1913년의 국적법을 변경하여 이민조례Alien Act를 통과시켰다. 이 법안은 만약 이주자가 범죄를 저지르지 않고 원래의 국적을 포기한다면, 그리고 그들이 생활하는 데 충분한 돈을 갖고 있다면 독일에서 15년간 거주한 후에 1세대의 이주자에게 독일 시민권을 부여한다는 것이다. 결과적으로 이민 2세대 아이들은 16세부터 23세까지 8년 동안 독일에 거주하고, 6년간의 교육 참여가 이행된다면 국적을 취득할 수 있으며, 귀화의 비용은 낮다(Bryant, 1997; Köppe, 2003).

1990년대 말 시민권 자유화에 대한 수정 요청이 제기되어, 2000년 1월 1일에 귀화의 기간은 15년에서 8년으로 낮추어졌다. 어떤 잠재적 시민권자도 범죄를 저지르지 않아야 하며, 그들은 어떤 이유에서라도 스스로 살아가기 위해 사회 안전 또는 사회보장에 의존할 수 없으며(Köppe, 2003, p.440), 독일의 정치적(헌법과 민주주의) 시스템에 충실할 것을 맹세해야 하며, 독일에 대한 충분한 지식을 증명해야 한다. 게다가 귀화로서 이중 시민권은 폐지되고, 23세까지 **출생지주의**에 의한 이중 시민권은 발생하지 않는다. 즉, 2세대 이주자는 출생에 의해 자동적으로 독일 국적을 취득하게 되지만(그들 부모 중 한명으로부터 최소한 8년간 독일에서 살아왔음이 증명되거나 또는 거주의 무제한적 허가를 갖고 있거나), 그들은 23세 때 독일인이 되거나 또는 원래 국적을 보유할지를 선택해야 한다. 원칙적으로 이주자는 독일 시민권을 유지하기 위해 외국인 국적을 포기해야 한다. 만약 그들이 원래 국적을 선택한다면 독일 국적은 취소될 것이다. 이러한 선택 모델은 1994년 프랑스 국적 개혁으로부터 영감을 받은 것이며(Green, 2001; Klusmeyer, 2001; Köppe, 2003; Rotte, 2000), 프랑스와 독일은 거주 기간의 중요성에 대하여 어느 정도 일치하는 면을 보여 주고 있다(Joppke, 2007).

공민권괴 기주지주의

『민주주의와 국민국가』(1990)라는 영향력 있는 책에서 하마르(Hammar)는 유럽 국가에서 장기 거주 이주자는 사회적 및 정치적 권리를 많이 누리고 있다고 주장하였다. 이러한 권리에는 사회보장에 대한 접근, 지방 및 지역 선거 투표권과 같은 권리가 포함된다. 그는 이러한 상황을 '공민권denizenship'이라고 하였는데, 공민권이란 이주자의 출신국, 이주 유형, 거주 기간에 따라 일정 부분 시민권의 형태를 제공하는 것이다. 이러한 차별적 권리의 상태는 또한 유럽연합이라는 맥락에서 시민의 계층화로 언급될 수 있다(Morris, 2001; Kofman, 2002). 파이스트(1995)는 거주 기간을 토대로 이주자의 사회적 서비스를 설명하는데 영국, 독일, 스웨덴, 프랑스와 같은 국가에서 사회 서

비스에 대한 접근이 출생 장소 또는 국민국가의 소속에 따라 결정되는 것과
마찬가지로, 이주자에 대한 법률적 인정도 점차적으로 **거주 기간**에 따라서
결정된다고 주장하였다. 그는 이를 거주지주의jus domicili라고 정의하였다(개
략적으로 거주법이라고 영어로 번역될 수 있는 것).

유럽연합 국가에서 이주자들은 다섯 가지의 구분된 범주로 시민권 부류
에 포함되는 경향이 있는데, 다섯 가지 시민권의 범주는 특정 국민국가의 시
민, 다른 유럽연합 국가에 거주하는 유럽연합 국가의 시민, 비유럽연합 국
가로부터 유럽연합 국가로 이주하거나 거주한 사람, 상호 협정에 의한 이중
시민, 망명 신청자, 난민, 미등록 이주자로 구분된다. 결론적으로 유럽에서
이주자들은 계층화·분절화되어 있다. 하마르의 책이 유럽에 초점을 두고
있으나 전 세계 국가들의 시민권 정책은 어느 정도 **거주지주의**에 기초한 시
민의 계층화와 공민권을 포함하고 있다.

권리로서의 시민권

이 장의 서론에서 언급하였듯이 시민권은 단순히 국적 이상의 것이다. 실
질적인 또는 **실제적인** 시민권은 권리를 포함하고 있다. 분명히 시민권과 권
리는 상호 교차하는 특성이 있으나, 여기에서는 시민권과 **관련하여** 이주자
에게 부여되는 경제적, 정치적, 사회적 **권리**의 차별적 경관을 살피고자 한
다. 이주와 관련한 시민권과 권리에 대한 많은 문헌 연구의 출발점 중의 하
나는 현재 광범위하게 읽혀지고 있는 마샬(Marshall, 1950)의 고전적인 책『시
민권과 사회적 계급』일 것이다. 이 책에서 마샬은 사람들은 맨 처음 시민의
권리(예를 들어 공정한 심판, 자유 발언, 자유 이동 등에 관한 권리)를 얻고,
다음으로 정치적 권리(예를 들어 투표의 권리)를 얻고, 그다음으로 사회적
권리(예를 들어 사회보장에 대한 접근)를 얻는다고 주장한다. 이러한 연속적

경로는 선형적-진화적이라는 특성을 갖는데, 마샬은 시민권의 획득과 내용에 대한 이주자와 정부 사이의 관계를 무시했기 때문에 비판을 받았다(Isin and Wood, 1999; Bloemraad et al., 2008).

21세기의 처음 10년 동안 마샬이 언급한 연속적 경로는 변하는 것으로 보이는데, 이주자에게 사회적 권리가 맨 처음에 부여되는 것처럼 보이며, 지역 선거에서 투표와 같은 정치적 권리는 국가마다 차이가 심하다(Guiraudon, 2000). 에스파냐와 같은 국가에서는 법적인 지위가 없는 미등록 이주자에게도 사회적 권리가 주어지고 있다. 이는 단순히 마샬의 연속적 경로를 새로운 질서로 대체한다는 것이 중요한 것이 아니라 지리적으로 다양하게 나타나는 질서의 복잡성을 이해하는 것이 중요하다는 것을 시사한다. 이주자의 실제적 권리의 차이를 국가마다 하나씩 살펴보는 것보다는 선진국에서 이주자 권리의 획득에 관한 일반적 논쟁과 개념을 살펴보는 것이 더 좋은 방법일 것이며, 이를 토대로 이주자 권리의 실제적 경관을 이해할 수 있을 것이다.

■ 시민권의 포스트-국가적 형태를 향하여

만약 시민권의 국가적 형태가 1990년대 동안 수렴되었거나 또는 유럽에서 **거주지주의**와 같은 다른 기준에 초점을 둔 시민권이 등장했다면, 이는 시민권이 법적인 지위와 권리에 관련되는 다른 변화 과정을 경험하고 있다는 것을 의미한다. 이러한 시민권의 변화는 포스트-국민적, 초국가적, 글로벌 형태로 구분되어 종종 언급된다. 불행하게도 이러한 과정들은 접근이나 분석 틀 또는 연구 어젠더에 비해 이론이 덜 발전하고 있으며, 이들 용어 사이의 차이와 유사는 때때로 모호한 상황을 반영한다(Lister and Pia, 2008).

유럽 국가에 대한 분석을 토대로 소이잘(Soysal, 1994)은 『시민권에 대한 한계』라는 책에서 시민권의 국가적 형태가 개인적 형태로 변화하고 있음을 주장하였다. 이는 국민국가 안에서 구성원들의 위치에 상관없이 상위국가적 또는 국제적 헌장, 코드, 관습 및 법이 점진적으로 개인에게 보편적 권리와 특권을 부여하고 있다는 것이다. 그녀는 이러한 새로운 모델을 **포스트-국가적 시민권**이라 불렀는데(제이콥슨(Jacobson, 1996)은 국경을 가로지르는 권리라고 표현함), 이는 국제적 또는 글로벌 인권의 사고를 예견하고 정당화한 것이다. 이러한 이유에서 개인뿐만 아니라 이주자 집단도, 예를 들어 언어와 종교를 포함한 그들의 정체성에 대한 권리에 토대를 두면서 보호받게 된다(Soysal, 1997). 이처럼 소이잘(1994; 1997)은 국가적 영역으로부터 권리의 해체를 수반하면서 시민권의 국가적 형태는 약화된다고 보았다. 그녀가 주장하는 것처럼 스웨덴에서 방문 노동자는 여러 가지 권리에 접근함에 있어 스웨덴 역사 또는 언어에 대한 지식을 갖고 있을 필요가 없다. 그러나 소이잘은 역설적으로 포스트-국가적 권리는 국민국가들에 의해 조직됨을 인식하였다.

■ 소이잘의 포스트-국가적 시민권에 대한 비판

비록 소이잘의 주장이 시민권 이해를 위한 좋은 연구 어젠더를 제시하지만 그녀의 연구에 대한 많은 비판이 존재하는 것도 사실이다. 첫째, 포스트-국가적이라는 것은 탈국가적denationalized과 같은 것이 아니며(Bosniak, 2000), 또한 사센(2006b)이 언급하듯이 시민권의 탈국가화denationalization와 같은 것이 아니라는 비판이다. 사센에 의하면 포스트-국가적 시민권은 국가정부를 넘어선 어떤 것을 의미하지만, 탈국가화란 국가정부와 국가가 국제적 및 포스트-국가적 규준을 흡수하는 방법에서의 변화를 의미한다. 탈국가화는 국제적 또는 글로벌 인권 체제가 서서히 작용함을 의미하며, 법학(법에 대한 해석)과 법률적 의사 결정을 위한 국가 법정에서 국제적 인권 도구를 사용하는 것을 나타낸다. 사센에 의하면 이슈가 되는 것은 **국가정부를 벗어나** 발생하는 어떤 것이 중요한 것이 아니라 국가적인 것은 국제적 및 포스트-국가적인(예를 들어 이중 시민권의 인식) 것으로 변화하거나 이를 흡수하는 것을 의미한다. 이는 왜 탈국가화와 포스트-국가적 시민권 사이를 구분하는 것이 중요한지를 보여 주며, 탈국가화와 포스트-국가적 시민권은 다른 것이나 상호 간 얽혀 있는 과정에 해당한다.

둘째, 소이잘은 포스트-국가적 시민권의 과정을 탈영역화deterritorialization의 지표로서 언급하면서 비판을 받고 있다. 이러한 주장은 엄밀하게 말하면 잘못된 것인데, 사실 탈영역화 대신에 발생하고 있는 것은 조절에 대한 새로운 스케일의 형성이며, 시민권에 관한 국가의 새로운 영토 정책과 국가의 정책에 상위국가적 영토 정책이 포함되는 것이다. 이러한 이중적, 그리고 때때로 모순적인 변화는 탈영역화가 아니라 영역화와 시민권의 변화하는 형태에 해당한다.

셋째, 이주자와 고등(유럽)법원 사이의 관계에 대하여 소이잘에 대한 비판이 제기되고 있다. 제기된 질문 중의 하나는 이주지의 법률적 위치와 권리가 국가정부에 의해 여전히 할당되는가, 개별 이주자는 국가정부에 의해 부여되지 않는 권리와 특권을 요구하기 위해 고등(유럽)법원에 접근할 수 있는지가 비판의 대상이다. 이와 비슷하게 이주자늘은 국가정부보다 실제적으로 상위의 기관에 청원하는 경우가 많은지에 대한 질문이 제기되며, 국제기구의 의사결정이 국가정부에 의한 권리와 책임을 넘어서는 법률적 위상을 갖는지에 대한 의문도 제시된다(Joppke, 1998a; Kofman, 2005b; Surak, 2008). 이러한 세 번째 비판에 주의를 기울이면서 실제로 유럽연합에서 권리의 공간 스케일적 작동이 어떻게 전개되고 있는지를 판단하는 것도 중요한데, 왜냐하면 유럽연합은 권리의 상위국가화supra-national 또는 포스트-국가화postnationalization가 가장 잘 나타나고 있는 지역에 해당되기 때문이다. 1990년대 동안 룩셈부르크에 위치한 유럽재판소(유럽연합의 대법원)와 스트라스부르Strasboury에 위치한 유럽인권재판소(또는 단일 법정)[6]로부터 제기된 중요한 법률적 결정 중 **일부는** 시민권과 인권의 확대에서 상위국가화되었거나 또는 포스트-국가화된 사례를 보여 준다(Geddes, 2003; Guiraudon, 2000; Kostakopolou, 2002). 이에 대하여 다음 사항을 인식할 필요성이 대두되는데, 우선 어떠한 유럽 국가의 시민은 유럽연합의 시민이지만 난민, 가족 일원 또는 노동 이주자이든지 상관없이 제3세계 국가의 이주자(또는 TCNs: 유럽연합 이외 지역으로부터의 이주자)에 대한 시민권을 결정하는 것은 국가정부라는 것이다. 그러므로 포스트-국가적 권리의 어떠한 실체는 부분적으로 국가정부 안에서 개인적 공민권에 의존한다는 점을 강조해야 하며, 공민권은 결과적으로 **거주지주의**에 의해 부분적으로 결정된다(거주 기간에 기초한 시민권과 권리). 예를 들어 유럽 국가에 5년 미만의 기간 동안 살고 있는 유럽연합 이외 지역으로부터의 이주자는 유럽연합 국가에 보다 긴 시간 동안 거주했던 유럽연합 국가의 이주자와 똑같은 권리를 가질 수 없다. 그러나 법적으로 유럽연합의 시민인 다른 유럽연합 국가에 살고 있는 유럽연합 국가 출신의 이주자들은 비슷한 경제적 및 사회적 권리를 갖지만, 대부분의 유럽연합 국가들에서 정치적 권리(공무원이 되는 것)는 제한된다(Perching, 2006).

유럽연합에 있는 난민의 상황은 전반적으로 어두운데 난민들 사이에서 수용소-쇼핑이라고 불리는 것을 피하기 위해 대부분의 국가들은 최소한의 사회적 지원과 고립된 거주지를 제공한다. 예를 들어 영국에서 지난 10년 동안 난민을 위한 혜택은 점진적으로 감소하였으며, 대부분의 경우 난민이 궁핍하다고 여겨질 때만 혜택을 받을 수 있다(Dwyer, 2005).

결과적으로 유럽연합의 시민권 수준은 자국에 살고 있는 유럽 시민, 타국에 살고 있는 유럽 시민, 합법적으로 거주하는 유럽연합 이외 지역으로부터의 이주자, 망명 신청자, 미등록 이주자 사이에 차이가 있다(Kofman, 2005b). 이처럼 경제적, 사회적, 정치적 권리에 대해 살펴보면 상황은 헤아릴 수 없을 정도로 복잡하다. 회원국의 **거주지주의**뿐만 아니라 권리의 제공, 유럽 국가들, 유럽-비유럽 국가들 사이의 국가 간 노동과 유럽의 협회 및 공동 협정에 관련된 유럽의 명령 및 법률적 지배 체제에 의존한다. 반면에 권리에 대한 국가적 수렴과 포스트-국가화가 나타났고, 펠드브럼(1998)의 신국가적 회원neo-national membership의 견해는 보다 적합한 것으로 보인다. 펠드브럼은 신국가적 회원이라는 개념을 통해 문화적, 국가적, 초국가적 경계가 어떻게 재설정되는지를 살펴보았다(p.232). 결과적으로 다중적 영역화가 국가적, 유럽적 공민권을 생산하면서 사회적 권리를 획득하도록 한다는 것이다.

시민권과 권리에 대한 세상의 많은 논쟁들과 함께 이들 용어의 사용은 어떤 국가에 대한 어떤 연구인가에 따라 그 선택이 달라질 수 있다. 예를 들어 북아메리카와 아시아에서는 포스트-국가적 시민권이라는 용어보다는 '초국기적 시민권'(Baubcök, 1994), '국경을 가로지르는 권리rights across border'(Jacobson, 1996) 또는 국제인권 체제(Benhabib, 2008)라는 용어가 보편적으로 사용된다. 이것은 아마도 소이잘이 유럽연합을 연구 사례로 사용하였고, 유럽연합 이외 지역에서의 시민권은 유럽 소식에서 냉냉한 상위국가적 법과 규칙 같은 것을 갖고 있지 않기 때문이다. 이와 동시에 인권에 대한 논의가 전세계적으로 전개되면서 소위 인권의 신자유화neo-liberalization에 대한 언급이 제기되고 있다.

■ 이주자 권리의 신자유화?

이상하게도 시민권, 이주, 소속에 대한 많은 연구들은 정치적-경제적 변화에 대한 신자유주의 논쟁과 분리되어 전개되고 있다(예외적인 사례로 Mitch-ell, 2003; Schierup et al., 2006). 이는 이주자의 권리가 소수의 **합법적** 이주자에 대한 경제적, 정치적, 사회적 권리의 증가를 강조하고 있다는 점에서 전혀 놀라운 것은 아니다. 그러나 **대부분의** 이주자가 얻게 된 권리(특히 **대부분의** 국가에서 이주자를 위한 경제적 및 사회적 권리)의 실제적 **내용**은 감소하였는데, 이는 신자유주의에 관한 논쟁과 일치한다(Schierup et al., 2006). 유럽연합 국가들, 특히 스칸디나비아 반도의 국가들은 여전히 강한 사회복지 모델을 추진하고 있다. 그러나 프랑스와 마찬가지로(Samers, 2004b) 스웨덴에서 이주자 권리의 **내용**과 질은 서서히 감소해 왔다(글상자 5.4 참조). 이와 비슷하게 미국에서 이주자를 위한 권리는 미국이 신자유주의를 추진함에 따라 점차 복지국가의 기능이 약화되고 있음을 보여 준다(글상자 5.5 참조).

　유럽과 북아메리카를 제외한 선진국, 예를 들어 일본에서 이주자의 권리는 확대되고 있는데, 특히 1990년 이민 통제 및 난민 인정법이 제정된 이래 제2차 세계대전 이후 장기 거주 한국인에 대한 권리가 확대되었다. 비록 이

글상자 5.4　한때 강력한 복지국가에서 이주자와 사회적 권리: 스웨덴

　다른 스칸디나비아 반도 국가의 사례와 마찬가지로 스웨덴의 모든 사람은 이론적으로 복지 지원 대상에 포함된다는 보편적 원리에 의해 작동되는 강력한 복지국가로서 오랫동안 명성을 갖고 있었다. 스웨덴은 여전히 상대적으로 강력한 복지 정책을 지속하고 있으나 1980년대 이래 사회 보호는 심각하게 축소되고 있으며, 복지 정책은 증가하는 미등록 이주자와는 상관없는 것으로 보인다(Schierup, Hansen and Castles, 2006). 스웨덴의 시민권은 혈통주의에 기초하고 있으나 귀화는 상대적으로 자유롭고 거주 기간(거주지주의)에 의해 결정되는데, 현재는 5년 거주로 되어 있다. 독일이나 미국과 달리 스웨덴에는 시민권 시험이 존

재하지 않는다(Sainsbury, 2006).

  스웨덴에서 이주자의 사회적 권리를 언급하면서 세인스부리(Sainsbury, 2006)는 스웨덴을 독일, 미국과 비교하였다. 스웨덴에서 1950년대부터 1990년대까지 형식적 시민권의 토대는 현재와는 달랐는데, 현재는 거주 기간과 고용 상태가 사회적 권리의 기초로 작용하면서 기존의 국적 또는 법률적 시민권을 대체하고 있다. 이주자의 경제적, 정치적, 사회적 권리는 실로 막대한 범위에서 적용될 수 있는데 실업과 직장 보험, 국가 건강보험, 장애와 퇴직 연금, 질병 보상, 자녀에 대한 부모 수당 등과 같은 것이 혜택의 일부로서 제시될 수 있다.

  스웨덴의 복지 체계는 독일, 미국의 것과는 구분되는 많은 특징을 갖고 있다. 스웨덴에서는 직업 테스트(일할 수 있는 능력에 기초한 수혜의 적합성 측정, 즉 수입 조사와 비슷한 테스트로 의무적인 것은 아니다)가 실시되며, 이주자의 가족 일원은 (비록 그들이 스웨덴에 거주함이 틀림없지만) 고용의 유무에 상관없이 사회적 혜택을 개인적으로 신청할 수 있다. 이는 독일과 대조되는 것으로 독일에서 사회적 혜택에 대한 권리는 그가 독일에 살고 있든 그렇지 않든 상관없이 개인의 고용과 직간접적 관계에 의존한다. 스웨덴에서 사회적 권리는 거주자에게 부여되며, 스웨덴 밖에 살고 있는 가족 일원에게는 그러한 혜택이 주어지지 않는다. 독일에서 아동 원조는 가구의 가장으로서 아버지에게 지급되지만, 스웨덴에서는 법적으로 아동 원조는 자녀에게 속하며 일반적으로 어머니에게 지급된다. 독일에서 어머니 수당은 파생된 권리, 즉 노동력 참여에 해당하는 반면에 스웨덴에서는 개인적 권리이다. 스웨덴에서 정치적 이주자(망명 신청자, 난민)와 경제적 이주자 사이의 구별은 없다(Sainsbury, 2006).

  1975년 이주자들은 지방 및 지역 선거에 투표하거나 공직에 출마할 수 있는 권리를 부여받았고, 2001년 국적법은 이중 시민권을 도입하였다. 이주자의 사회적 자격(권리)은 미국이나 독일보다 훨씬 강하게 유지되었고, 심지어 스웨덴의 복지 정책의 강화와 축소는 특별히 이주자를 목적으로 시행된 것이 아니었다. 그러나 복지 정책의 개혁으로 인해 특히 저소득층에 포함된 사람들의 복지 지원금이 대폭적으로 삭감되면서 이주자에게 가장 치명적인 영향을 미치게 되었다. 이는 1990년대 증가하는 실업과 동시에 이루어져 직업에 대한 전망이 매우 좋지 않았으며, 이주자들이 직업의 세계와 연결 고리를 잃게 되면서 혜택을 받을 수 있는 권리가 악화되었다. 망명 신청자와 난민이 1990년대 증가하였고, 이들에게 사회적 혜택은 더욱 중요하게 되었으나 1992년 정부는 망명 신청자 수당을 10% 축소하였다. 정부는 시민과 다른 이주자에 대한 혜택이 축소되었기 때문에 망명 신청자도 예외일 수 없다고 주장하였다. 게다가 스웨덴 정부는 영주권 카드보다는 임시체류 카드의 발행을 통해 증가하는 망명 신청자에 대처하겠다고 발표하였다. 영주권 카드가 의미하는 것은 망명 신청자와 난민이 일반 사회보험에 대한 혜택을 받을 수 없음을 의미한다. 세인스부리(2006)가 설명하듯이 이 경우는 거주지의 원칙이 사회적 포함의 메커니즘으로부터 사회적 배제의 메커니즘으로 전환되었음을 보여 준다(p.239).

그럼에도 불구하고 1996 법안은 망명 신청자와 난민들에게 일할 수 있는 권리를 부여하였고, 그들의 자녀가 교육받을 수 있는 기회를 확대하였다. 가족과 결합하는 고령의 이주자들은 수입과 거주에 있어 스스로 생존해야 한다는 요구는 기각되었는데, 그 이유는 스웨덴 시민들은 나이든 부모를 원조할 필요가 없으며, 이는 시민과 비시민 사이의 차별을 유도한다는 것이다(Sainsbury, 2006; Schierup, Hansen and Castles, 2006). 반면에 많은 사회적 혜택이 이주자에게 지원되지 않고 있는데, 심지어 스웨덴과 같이 강력한 복지국가를 지향하는 곳에서도 신자유주의와 관련된 사회 보장의 축소가 이주자의 삶에 실질적인 영향을 미치고 있다.

글상자 5.5 약한 복지국가에서 이주자와 변화하는 사회적 권리: 미국

제3장에서 미국의 사회적 혜택의 변화를 어느 정도 살펴보았으나 보다 세부적으로 다시 살펴보자. 유럽 국가들과는 다르게 미국에는 어떠한 상위국가적 기구

가 없으며, 미국에서 권리의 인도는 연방정부, 주정부, 지역정부 사이의 관계에 의해 형성된다. 1996년, 그리고 '불법 이민 및 이주자 책임법(IIRCA)' 이전의 합법적 이주자들은 미국 시민과 동등한 사회적 권리를 즐겼으며, 1990년대 이전에는 심지어 미등록 이주자도 약간의 사회적 서비스를 받을 수 있었다. 합법적 이주자를 위한 사회적 권리에는 부양가족 지원(AFDC), 노인과 장애인을 위한 보족적 보장 소득(SSI), 식료품 할인권(voucher) 등이 포함되었다. 모든 이주자들이 사회적 권리의 수혜자는 아니었으나 추정이라 불리는 약정은 이주자의 후원자가 첫 3~5년간 이주자의 예상된 수입을 적도록 하는 것이었다(대부분의 가족 범주의 이주자는 후원자를 필요로 하였다). 마틴(Martin, 2002)이 언급하듯이 이것의 장점 중의 하나는 추정 과정에 포함된 제한된 기간을 갖고 있어서 세금을 내면서도 어떠한 혜택도 받지 못하는 영원한 사회적 약자를 만들지는 않았다는 것이다(p.217).

 1996년 이후 사회적 혜택에서 많은 변화가 나타났는데, 이러한 변화 중에 두드러진 것은 합법적 이주자, 특히 미등록 이주자는 시민과 똑같은 사회적 권리로부터 이익을 받지 못하는 것이었다. 사회적 혜택의 축소는 이주자와 친숙한 관변 단체, 주와 지방의 정치적 정당에 의해 항의를 받았으나 법률적 이주자와 시민 사이의 구분이 있어야 한다는 기본 전제는 유지되었다. 특별한 정책과 관련하여 보족적 보장 소득(SSI)과 식료품 할인권은 120개월(약 10년)이 지난 후에 지원받을 수 있으며, 120개월이라는 부가적인 제한에 의해서 이주자는 수입 조사에 의한 공공 혜택을 받을 수 없게 되었다. 노인, 아동, 망명 신청자, 난민 등 일부의 범주에 대해서는 예외가 주어졌다. 그러나 대부분의 합법적 이주자들에게 수입 조사에 의한 공공 혜택은 거주 5년 동안 주어지지 않게 되었다. 거주 5년 동안에는 수배 상황(fleeing conflict), 환경 파괴, 다른 문제의 발생과 임시 보호 상태로의 전락 등과 같은 상황에 연루되어서는 안 되는데, 이러한 일이 발생할 경우 망명 신청자 또는 영주권자를 불문하고 시민이 될 수 있는 가능성이 없어진다. 예를 들어 베일리 등(Bailey et al., 2002)은 임시 보호 상태에 놓여 있는 엘살바도르 이주자들에 대한 연구에서 이들에게 건강보험이 적용되지 않는 것을 발견하였고, 엘살바도르 이주자들의 궁핍한 수입은 많은 사람들이 보험에 가입할 수 없음을 의미하였다. 그 결과는 예방적이고 필수적인 건강보험의 부족이었고, 이는 결국 만성적 질병을 가져오게 되었다.

연방정부 차원의 이러한 변화에도 불구하고 각각의 주정부들은 궁핍한 가족을 위한 임시 지원(TANF, AFDC의 새로운 명칭)을 합법적 이주자에게 지속적으로 지원하는 것에 대한 결정권을 가지고 있다. 일부 주정부는 이러한 개정에 따른 문제를 해결하기 위해 연방과 주정부의 자금으로부터 자원을 마련하는 것을 시도하고 있으며, 캘리포니아와 뉴욕과 같이 이주자의 인구가 많은 주에서는 연방정부가 폐지했던 사회적 혜택을 채우기 위해 주정부 차원의 식료품 할인권과 다른 보조 프로그램을 가동하고 있다.

미등록 이주자는 응급 치료와 지방 수준에서 지원되는 일부 주택과 응급지원을 제외하고는 대부분의 사회적 프로그램에서 지속적으로 배제되기 때문에 여전히 힘든 상황에 놓여 있다(Martin, 2002). 그럼에도 불구하고 이주자가 받고 있는 사회적 및 의료 혜택에 대한 실제적인 접근은 출생 장소, 이주자가 입국했던 비자의 종류(예를 들어 전문 기술의 H1B 비자는 망명 신청자 또는 임시적 농업 계약의 비자와는 다른 권리를 갖는다), 미국에서의 체류 기간, 어머니의 국적에 따라 달라진다(Durden, 2007). 흥미롭게도 미국에서 이주자의 경제적, 정치적, 사회적 권리 약화에 대해 얼마나 많은 사람들이 비판했는지에 관하여 블로엠라드(Bloemraad, 2006)는 권리의 부족 또는 권리의 약화가 미국보다 관대한 이주자 권리를 부여하는 캐나다에 비해 미국 시민권 획득 비율이 낮은 이유라고 주장한다.

주자 사이에서 인종차별 법률의 부족과 정치적 재현에 대한 참여의 부족 등 많은 예외가 존재하지만, 이주자 권리의 전반적인 확대가 **합법적** 이주자에게 주어지면서 시민과 이주자 사이의 권리가 동등해졌고, 오히려 영주권이 시민권보다 더 나은 것처럼 보이기도 했다. 이러한 이주자 권리 확대의 상당

부분은 첫째로 1980년대 이래 일본 정부 부서에서 국제인권위원회의 권고를 따랐기 때문이며, 둘째로 이주자 선거구민의 복지 보장에 대한 실천을 희망하는 지방 관료들이 이주자의 직업, 의료보험, 연금에 대한 권리가 필요함을 로비했기 때문이다. 국가의 이주 정책가들은 이러한 지방에서 추진된 이주자의 권리 확대로부터 힌트를 얻었고, 정책에 그대로 반영하였다(Surak, 2008).

그러나 이러한 이주자(특히 난민)의 권리는 실제로 제한되고 있는 사회적 보호와는 관련이 없는데(Dean and Nagashima, 2007), **이주자와 난민의 권한에 대한** 신자유주의 설명은 일본의 맥락에서는 어느 정도 잘못 진행되고 있는 것 같다. 이는 한국에서도 마찬가지인데 이주자는 1950~1960년대에 권리를 거의 갖지 못하였다. 비록 합법적 이주 **노동자**의 권리가 이제 일본과 한국에서 시민과 거의 비슷한 수준이고, 이주자들이 새로운 사회적 정책으로부터 이익을 받고 있지만(Surak, 2008; Lee, 2008), 일반적으로 신자유주의하에서 노동자의 권리는 약화되고 있다. 또한 이주자의 권리가 확장되었더라도 미등록 이주자의 권리에 대해서는 기의 언급되지 않고 있는데, 사실 한국과 일본에서 이주자 인구의 비율은 급격히 증가하고 있다. 이는 세계의 다른 곳과 마찬가지로 한국과 일본에서 이주자의 권리가 계층화되어 있음을 반영한다.

다른 곳, 특히 가난한 국가에서 실제적인 권리의 내용에 대하여 신자유주의 용어를 전개하는 것은 비슷한 문제에 해당하는 것으로 보인다. 왜냐하면 경제적, 사회적, 정치적 권리가 이주자에게 제도화되지 못하였기 때문이다. 그리고 과거에 이주자를 위해 미약하게나마 존재했던 권리도 지난 25년간 구조 조정을 거치면서 없어졌다. 결과적으로 가장 낮은 소득의 이주자들, 특히 미등록 이주자들은 이주자의 증가 속에서 스스로를 지켜야 하며, 글로벌 남부의 급격히 성장하는 메가시티에서 비공식 경제에 참여하지 않으면 안 된다(Davis, 2004).

요약하면 포스트-국가적 권리 또는 초국가적 시민권에 대한 주장을 과장하는 것은 쉽다. 이들 권리의 내용은 이주자들이 권리에 접근하는 순간 침식되는 것처럼 보이는데, 특히 유럽연합에서 그러하다. 미국에 대하여 살펴보았듯이 복지의 일반적 변화에 의해서 심지어 이주자의 권리에 대한 접근 자체가 제한되고 있다. 다른 권리를 갖는 이주자의 경험은 이입국에서 참여와 소속의 기회가 있음을 시사하지만, 이는 이주자가 갖는 권리에 의해 결정되지는 않으며, 소속의 문제와 관련된다.

소속으로서의 시민권

시민권은 법적 지위와 사회적 권리에 의해 정의될 수 있으며, 또한 소속에 의해서도 정의될 수 있다. 이 부분에서는 소속에 의해서 이주자 정체성에 영향을 미치는 시민권의 주관적 감정과 실천을 설명하고자 하는데, 이주자의 정착국 또는 출신국과 관련하여 이주자의 소속감을 특히 도시를 중심으로 살펴볼 것이다. 이를 위해 먼저 사회적 배제와 문화적 주변화에 대한 논의부터 시작하고자 하는데, 이는 아마도 소속에 대한 설명의 도입으로서는 적절하지 않을 수 있다. 사실 사회적 배제와 주변화는 소속의 과정에 대한 반대로 보일 수 있으나 소속의 느낌을 발생시킨다. 사회적 배제에 대해 논의한 후에 동화, 다문화주의, 통합 사이의 구분에 대해 검토하고자 하며, 그다음으로 이주자의 정치적 참여를 포함한 초국가적 소속을 논의하고자 한다. 이 부분에서는 시민권에 대한 하향식 이해로서 담론, 정치 및 실천을 통해 정부에 의해 소속이 형성되는 것을 살펴볼 것이며, 상향식 이해로서 이주자들이 이러한 담론, 정치 및 실천에 대하여 자신의 복잡한 정체성을 만들어 가는 것을 살펴볼 것이다.

■ 도시 사회적 배제와 문화적 주변화

'사회적 배제'에 대한 개념은 빈곤 또는 빈곤선에 대한 앵글로-아메리칸 사고에 대한 대안으로서 1980년대 유럽에서 인기를 얻었던 것이다. 그 이유는 사회적 배제라는 개념은 "불충분한 사회적 참여, 사회적 통합의 부족과 권력의 부족을 가져오는 사회적 **과정**"의 범위를 강조하기 때문이다(Room, 1995, p.5). 그러나 사회적 배제보다는 전 세계적으로 주변화marginalization 또는 취약성vulnerability(특히 망명 신청자, 난민, 내적으로 추방된 사람들 사이에서)이라는 용어가 더 많이 사용되는데, 이들 용어가 사회적 배제와 같이 반드시 정책과 관련되지 않기 때문에 선호되며, 사회적 배제란 말이 유럽 이외의 지역에서는 다른 맥락으로 나타나기 때문이다. 유럽에서는 정책 담론이 점점 불균형 또는 사회적 **포함**에 초점을 맞추고 변화하고 있지만, 사회적 배제에서 설명되는 과정들은 사라지지 않고 있으며, 선진국과 가난한 국가의 도시에서 이주지기 직면히는 문제에 대한 유용한 은유로서 사용된다(용어에 관한 비판에 대해 Madanipour et al., 1998; Samers, 1998a 참조).

필자는 도시의 사회적 배제 과정을 강조한다. 이는 인종차별, 민족주의, 외국인혐오승, (나이·계급·장애·민족성·젠더·국석·섹슈얼리티 등의 넥스트를 통해 언급해 온 차별화의 많은 것들 주변에서 생성되는) 부정적 편견의 다양한 형태를 통해 작동한다. 다시 말하면 이는 단순히 백 또는 흑이 아니고, 서구 국가에만 제한되는 것도 아니다.

이와 함께 사회적 배제는 물질적, 담론적 차원을 포함한다(Samers, 1998a; Musterd et al., 2006). 물질적 배제는 형식적 임금 고용 또는 기업 설립, 은행과 다른 금융권의 이용, 고등교육 또는 유망한 교육,7 적합한 주거, 건강과 사회 서비스, 훈련 및 공원과 같은 여가 공간으로부터의 배제를 포함한다. 또한 지역 또는 국가 선거에서 투표에 대한 이주자 참여의 배제를 포함하며, 보다 일반적으로 다양한 지역적, 국가적, 국제적 맥락에서 정부 공무원과 함께 '협상'이 필요할 것이다. 담론적 배제는 어떤 정책 보고서에 이주자의 존재가 없거나, 주요 미디어로부터 개인적 또는 집단적 목소리가 부재한 경우에 해당한다. 그러므로 과정과 효과의 세트로서 사회적 배제는 어느 곳에서나 발생하는 것이 아니라 특별한 장소와 스케일에서 발생한다. 즉, 사회적 배제는 '사회―공간적 배제'socio-spatial exclusion라고 부르는 것이 적절할 것이다(Sibley, 1995). 그러나 이주자들은 일부다처제 또는 가부장제, 그들의 언어 또는 종교와 같은 문화 관습 때문에 많은 시민으로부터 '다름'과 공포로서 인식되기 때문에 문화적으로 주변화 된다.

이와 동시에 피부색, 언어 사용, 국가와 민족적 배경, 직업의식, 실제 또는 상상된 경제적 성공, 정치적 자유에 대한 열망에 의해 어떤 이주자들은 다른 이주자들에 비해 시민으로서 보다 잘 받아들여지는데, 이러한 요소들이 시민의 눈에서 이주자의 포함을 결정하는 중요한 것이다. 물론, 이주자에 대한 태도는 시간에 따라 변화하고, 때로는 우호적으로 바뀐다. 예를 들어 이그나티에브Ignatiev는 그의 책『어떻게 아일랜드인이 백인이 되었는가』(1995)에서 미국 시민전쟁 이전의 기간에 아일랜드인은 받아들여질 수 없는 이주자로 인식되었으나, 시민전쟁 이후 지배적인 인종 계층의 일부로서 백인이 되었다는 것이다. 그렇다면 이주자에 대한 인정acceptability이란 '순간' 또는 역사적 시간의 문제에 해당한다.

그러나 21세기 초기의 많은 이주자들은 인정의 증가를 누리지 못하고 있다. 예를 들어 미국 정부는 2001년 9월 11일 테러 이후 라티노와 무슬림 이주자(또는 라티노와 무슬림으로 추정되는 사람)에 대한 조사를 강화하고 억압적 조치를 취하였다(Howell and Shryock, 2003; Ashutosh, 2008; Shoeb et al., 2007; Staeheli and Nagel, 2006). 유럽 정부들은 유럽을 가로질러 무슬림 이주자들에게 비슷한 방법으로 대응하였다. 때때로 폭력적인 이러한 형태의 문화적 주변화는 유럽과 북아메리카에 국한된 것이 아니었다. 1980년대의 말레이시아 정부와 많은 말레이시아 사람들은 이웃의 동료 무슬림 노동자라는 측면에서 인도네시아의 이주자를 반겼으나, 현재는 반인도네시아 정서가 확대되었고, 말레이 민족주의의 부활에 의해 인도네시아 이주 노동자들은 외국 이슬람 국적자로 인식되고 있다(Spaan et al., 2002).

이주자들은 이러한 문화적 적대감을 **느끼며**, 이는 결국 그들의 소속감에 영향을 미친다. 도시의 맥락에서 이주자의 사회-공간적 배제와 문화적 주변화에 대한 많은 연구가 존재한다. 여기서 한 가지 사례를 살펴보자. 뉴욕시 퀸스 지역의 잭슨 하이츠Jackson Heights의 다양한 근린지구에서 이민 2세대 중 십대(그들의 부모가 최근에 합법적 또는 미등록 이주자에 해당하는)에 대한 행동지향적 연구가 대표적일 것이다(Driscoll et al., 2008).[8] (이 장의 첫 부분 일화에서 다루었던 퀸스 자치구를 회상하면서) 이러한 논의의 핵심은 사회적 배제는 이민 2세대 또는 이주자 출신의 청소년으로 확대됨을 보여 주지만, 이들이 직면한 것은 항상(또는 최소한) 인종차별주의와 외국인혐오증은 아니다. 이들은 다른 사회-공간적 배제의 과정에 직면해 있다.

잭슨 하이츠에서 디리스콜 등(Driscoll et al., 2008)이 수행한 연구에 등장하는 청소년들에게 어른들의 억압으로부터 안전하고 자유로운 그들만의 장소는 거의 없다. 사실 청소년들은 규칙의 가치를 이해하고 있지만, 이러한 규칙은 어른들의 것이며 자신들을 위한 것은 아니라고 인식한다(p.2836). 대략 30블록 규모를 지닌 한 공원은 청소년들에게 매력적인 장소지만, 혼잡하고, 위험하며, 특히 마약 거래와 싸움이 있는 장소이기도 하다. 이 장소는 청소년과 젊은 성인들에 의해 지배되는 것처럼 보이고, 10대들은 이곳이 어린이 놀이터의 확장에 의해 잠식당하는 것에 분개한다. 이와 동시에 이들이 학교 앞에 모이는 것은 허락되지 않는데, 지역 건물 규제법에 의하면 어른을 동행하지 않으면 복합 건물 내부의 정원 지대 출입이 금지되기 때문이다.

일반적으로 잭슨 하이츠의 거주자 위원회와 민간 관리회사는 위험하다고 인식되는 일부 성인과 청소년을 공공장소로부터 몰아내고 있으며, 청소년의 도시에 대한 권리를 무시하면서 도시 근린지구를 문과 담장으로 둘러싸고 있다(D. Mitchell, 2003). 만약 거리가 이러한 요새로부터 피난처로 인식된다면 청소년들은 비록 부모와 경찰로부터 안전과 배회라는 이유로 제지를 받기는 하지만 거리를 모이는 장소로 선택한다. 위에서 언급한 공원 옆에 청소년들이 모일 수 있는 몇몇 장소 중 하나는 아이스크림콘을 먹을 수 있는 지역 맥도널드이다(Driscoll et al., 2008, p.2837). 맥도널드에서 그들은 평화롭게 앉아서 대화를 나눌 수 있고, 부모, 경찰, 다른 성인의 개입으로부터 자유로울 수 있다. 상대적으로 자유로운 어떠한 공간이라도 그들에게는 열린 공간이거나 닫힌 공간이 될 수 있으며, 또한 지역의 의사결정으로부터 박탈감을 느낄 수 있고, 부모(때때로 미등록 이주자), 지역 관료, 경찰 및 다른 사람들의 말을 듣지 않으려고 저항할 것이다.

만약 청소년 집단이 근린지구의 미화 프로그램에 공헌하기 위하여 벽화를 그리기로 결정했다면, 청소년들의 기획은 잭슨 하이츠가 역사적 근린지구이며 주민들이 벽화를 좋아하지 않는다는 이유로 지역 미화위원회로부터 곧바로 거절당할 것이다. 이러한 이유와 그들 부모의 법적 지위의 한계 때문에 일부 청소년은 지역사회에 뿌리내리는 것을 원하지 않는 반면에 일부는 엄청난 자부심을 느끼면서 공동체를 건설하려고 희망한다. 사실 연구에 포함된 청소년이 매우 많고 그들이 직면한 문제가 매우 다양함에도 불구하

고, 그들은 함께 모이고 지역사회 전체에서 볼 수 있는 이동 벽화를 만드는
데 성공하였다. 그들은 역사보전지구의 경계 밖에 있는 건물에 벽화를 그렸
다. 그들은 또한 한 지역 정치인에게 쓰레기통이 없는 학교 주변에 '태양열
캔 압축기' 두 개를 사줄 것을 요청하여 성공하였다(p.2840). 그들은 지역 기
업과 공동으로 정원을 만들었고, 그들 아파트의 내부 녹색 공간에 대한 접근
을 허락해 달라는 청원을 제출하였다(Driscoll et al., 2008). 결과적으로 사회적
배제는 법적 지위 이슈 그 이상임을 보여 주며, 잭슨 하이츠에서 다양한 청
소년 집단은 함께 모여 비공식적인 시민 연합을 실천할 수 있는데, 이는 미
국에서 가장 다양한 지역사회 중의 하나에서 그들의 '포함'을 어느 정도 보장
받기 위한 것이다.

위의 논의로부터 사회-공간적 배제와 주변화는 여러 가지 방법에서 확
인될 수 있다. 사회-공간적 배제와 주변화로 인하여 이주자들은 지배 문화
의 문화적 담론과 관습을 거부할 수 있으며, 지배 문화의 담론을 채택할 수
도 있을 것이며, 지배적 재현에 대한 협상과 도전을 야기하고 이주자 자신의
문화를 고수할 수도 있다. 이러한 협상과 도전에 대한 이주자의 최종 선택
은 예를 들어 시가행진으로 나타나는데, 시가행진은 이주자 문화를 표현하
는 매우 흔한 방법이며, 인종차별, 오명, 세상으로부터의 배제와 주변화의
과정에 대하여 저항하는 신중한 행동이다. 이주자들은 미첼(Mitchell, 1995)이
언급하는 재현을 위한 공간spaces for representation을 구성한다.
한 가지 사례를 제공하기 위해 베로니스(Veronis, 2006)는 토론토 북서부의
제인Jane과 핀치Finch 교차점에 거주하는 다양한 라티노 공동체를 위한 '캐
나다 히스패닉의 날'의 중요성을 보여 준다. 이 지역의 중앙대로를 가로지르
고 상업지구를 통과하는 시가행진은 아름다운 음악, 춤, 음식에 의해 고무

된다. 시가행진은 캐나다 또는 캐나다인으로 살고 있는 것에 대한 도전적 행동이 아니라 라티노의 오명, 그들이 거주하는 공공 주택의 낙후성, 사회적 이동성의 부족에 대한 기념적이고 신중한 형태의 저항이다. 시가행진은 라틴아메리카인이라는 존재감과 자부심을 고취시킬 뿐만 아니라 라틴아메리카인의 다양성을 보여 주며, 캐나다의 정치적 담론으로 만들어진 다문화주의의 가치를 받아들이고자 하는 것이다. 이주자는 "가난하고, 교육받지 못하고, 부패하고, 게으르고, 폭력적이다"는 지배적 담론에 도전하는 것이 주된 목적인 셈이다(p.1665).

또한 베로니스는 그러한 시가행진이 지역 비즈니스를 지원하고, 혜택을 받지 못하는 젊은이들에게 기회를 제공하기 위해 고안되었다는 점에서 신자유주의에 영향을 받았다고 주장하였다. 비즈니스와 고용에 대한 지원이 필요하든지 필요하지 않든지 간에 신자유주의는 또 다른 문제이다. 또한 시가행진은 개인적 책임화의 가치를 부추기는데, 다른 말로 표현하면 신자유주의적 사고는 지원을 위해 정부에 의존하는 것이 아니라 사람들이 자신의 삶과 복지를 스스로 책임져야 하기 때문이다. 그러한 시가행진은 라틴문화를 기념하고 있으나 토론토에 거주하는 라티노 이주자들이 캐나다 삶의 모든 것을 거부해야 한다는 것을 의미하지는 않는다. 동화의 압력이 주는 무게를 생각할 때 이러한 거부는 불가능하다.

■ 동화

20세기 대부분의 시기 동안 이주 연구 문헌에서 동화assimilation는 최소한 세 가지 의미를 갖고 있는 것으로 보인다. 이주자는 시간이 지남에 따라 지배 문화의 문화적 사고와 관습에 적응하거나 그것을 채택하고, 정착국 사람들이 갖는 동등한 사회-경제적 지위를 추구하며(Zhou et al., 2008, p.41), 지배

집단 또는 지배적 문화 집단으로부터 구분되지 않는 주거와 고용의 공간적 패턴을 발전시킨다는 것이다.[9]

　비록 동화라는 용어가 유럽 국가 내에서 여전히 통용된다고 할지라도 미국이나 일본 같은 국가에서 동화라는 말은 학계와 사회에서 강한 반대를 가져오는 것으로 보인다. 미국에서 동화라는 말은 부분적으로 미국 사회를 용광로melting pot에 비유했던 오래된 사고를 반영하는데, 이주자의 연속적인 물결은 미국적Americanness이라는 이상화된 개념으로 녹아든다는 것이다. 19세기 동안 동화란 문화적 관습을 채택하고 국가적으로 지배적인 문화(백인, 앵글로-색슨 프로테스탄트 중심, WASP 문화)를 기대하는 것을 의미했다. 이주자(특히, 가톨릭과 일부 유대인)의 물결이 미국의 문화적 경관을 재구성하고, 국가적으로 지배적인 문화가 불분명해지면서 동화주의 견해는 시간의 흐름에 따라 변화하였다. 사실상 캣지와 에클랜드(Cadge and Eckland, 2007)는 20세기의 미국을 프로테스탄트, 가톨릭, 유대인으로 구성된 '세 개로 이루어진 용광로'라고 언급하였다. 따라서 사회의 담론과 관습에서 동화는 사라지지는 않았다. 일본과 같은 국가처럼 미국에서 귀화를 희망하는 사람은 시민권 시험에 응해야 하는데, 이는 어느 정도는 미국적(어떠한 전쟁이 일어났을 때라는 질문부터 미국 헌법에 대한 특별한 개정에 대한 질문으로 변화하면서) 비전을 재강조하려는 시도이다.

　학문적 담론에서 동화는 여러 서구 국가에서 사라졌다고 생각할지 모르나 전혀 그렇지 않다. 다만 동화를 주장하는 본질이 변했을 뿐이다. 실제로 시간이 지남에 따라 모든 이주자의 삶은 결과적으로 주류 문화의 삶을 보여 준다는 19세기와 20세기의 일방적인 동화에 대한 주장에 대해 의구심이 나타났고, 포르테스와 조우(Portes and Zhou, 1993)는 동화에 대한 보다 유연한 개념을 고안하였다. 그들은 (민족 집단에 의해서 이해된) 이민 **2세대** 이주자들 사이에서 사회-경제적 지위와 사회-문화적 관습의 수용에서의 차이는 분리된 동화segmented assimilation라고 불릴 수 있다고 주장한다(Portes and Zhou, 1993; Portes and Fernadez-Kelly, 2008; Zhou et al., 2008). 포르테스와 조우는 그들의 초기 연구에서 분리된 동화를 다음과 같이 설명한다.

> … 문제는 미국 사회의 어떤 분야로 특정한 이주자 집단이 동화하는가이다. 관습과 편견에 의한 편입의 일반적 경로를 주장하는 상대적으로 정형화된 주류 시각 대신에 우리는 현재 몇 가지로 구분된 적응 형태를 강조하고자 한다. 첫째 형태는 전통에 대한 문화변용을 통하여 백인 중산층으로 동등하게 편입되는 것이고, 둘째 형태는 반대로 영구적 가난으로 향하면서 하급 계층에 동화되는 것이고, 셋째 형태는 이주자 공동체의 가치와 긴밀한 결속을 바탕으로 삶을 영위하는 것이다.
>
> (Portes and Zhou, 1993, p.82)

포르테스와 조우는 그들의 분석에서 공간을 간과하지 않았다. 그들이 관찰한 지역은 마이애미의 아프리카계-미국인이 지배적인 지역으로 아이티 사람들이 문화적 동화를 추구한다는 것은 잘못된 것으로, 그들은 **사회-경제적**(교육, 직업, 소득, 집 소유 등)**으로** 동화되지 않고, 많은 방식에서 포르테스와 조우가 동화라고 부르는 것과 유사한 면을 보인다. 이러한 분리된 동화를 설명하기 위하여 포르테스와 조우는 '편입의 양식modes of incorporation'을 언급하였는데, 이는 정착국 정부 정책의 복잡성, 받아들이는 사회의 가치와 편견, 동족co-ethnic 공동체의 특성에 의한 것이다(Portes and Zhou, 1993, p.83).[10] 이러한 편입의 양식은 주류 사회의 시민이 유색인종 또는 이주자의 인종을 대하는 방식, 이주자의 위치, 이동성 사다리의 부족(미국에서 탈산업화에 의해 고소득, 노조화된 제조업의 많은 일자리가 사라지게 된 것을 의미)을 어떻게 바라보는지에 따라 결정된다.

이러한 분리된 동화에 대한 이해와 일반적으로 동화에 대한 전통적인 견해에 만족하지 못하면서 조우 등(Zhou et al., 2008)은 동화에 대한 전통적인 방식은 이주자 집단이 부모의 성취로부터 어느 정도로 발전했는가를 나타내는 세대 간 진보의 측정을 제대로 고려하지 못했다는 점에서 문제가 있다고 지적하면서 분리된 동화의 개념을 한층 발전시켰다. 그들은 이주자 자신이 "이동성과 성공에 대해 어떻게 인식, 정의, 측정하는가"에 초점을 두는 동화에 대한 주체-중심적 접근을 제안하면서 이를 한 걸음 더 발전시켰다(p.42). 이러한 주체-중심적 접근은 민족지학자와 인류학자, 사회학자, 비판적 인문지리학자들에게 친숙한 질적 연구의 형태에서 시도되고 있으나, 분석에 대해서는 정교함이 떨어진다. 이러한 연구는 원래의 편입의 양식에서 다루었던 요소에 가족 구조, 문화적, 경제적, 인문적, 사회자본, 부모의 법적인 지위, 부모의 기대와 투자 우선, 2세대 이주자의 법적인 지위(이는 유럽연합이라는 맥락에서 이전에 논의했듯이 시민의 계층화와 유사하다), 출신국에서 어려웠던 삶에 대한 문화적 기억, 특히 불리한 위치에 처한 이주자의 공공 자원과 서비스에 대한 접근 등과 같은 변수들을 포함시키고 있다. 그들은 전통적인 방식에 의해 이주자의 사회-경제적 성과가 어떻게 측정되었든지 간에 중국과 베트남 응답자들은 그들 스스로를 성공적이라고 인식하지 않는 반면에 전통적 방식에 의하면 보다 덜 성공적인 멕시코인들은 스스로를 성공적이라고 언급하는 것을 알게 되었다.

다시 한 번 이러한 연구는 정교화되었으나 일반적으로 말하자면 여전히 표준화 동화 연구는 출발부터 민족적 차이를 가정하는 것 같으며, 따라서 그들의 연구는 민족 집단들의 비교를 이용한다. 우리는 제3장에서 인용했던 노동시장에 대한 연구에서 젠더와 같은 차별화를 살펴보았는데, 도착 시기,

세대, 이입국의 정치적 및 사회적 맥락, 심지어 귀환 정책과 같은 변수들도 사회-경제적 지위에 대한 표준화 측정으로 나타낼 수 있다. 문화적 동화에 초점을 두었던 다른 연구들은 이민자뿐만 아니라 시민들도 이러한 동화의 과정에서 시간이 지남에 따라 자신의 문화적 및 사회적 관습이 변화함을 보여 준다(Levitt and Jaworsky, 2007). 지난 10년간 동화에 대한 또 다른 색다른 연구가 출현하였는데, 초국가주의의 유행 속에서 동화를 비판 사회과학자의 연구 어젠더로 돌리려는 시도였다(Leitner and Ehrkamp, 2006의 특집 편집본 참조). 그러나 이러한 연구는 적응의 정도를 측정하기보다 **담론으로서** 동화를 관찰하고 이러한 담론이 어떻게 받아들여지는가에 초점을 두고 있다.

동화에 대한 이러한 마지막 연구가 **밝히는** 것은 누가, 그리고 무엇이 받아들여지는가는 공간의 문제이자 시민과 공민과 같은 복잡한 정체성의 문제라는 점이다. 미국 내 아랍 이주자(반드시 무슬림은 아니다)가 가장 많이 집중된 미시건 주의 데이본과 주변 도시에서 수용되는 관습이 백인들이 많이 거주하는 서부 버지니아에서는 상당히 이상하고 심지어 수용될 수 없는 것으로 인식된다. 그렇다면 어떤 장소에서는 이주자가 장소에 적합하지 않은out of place 사람으로 인식될 것이다(Cresswell, 1996). 반대로 이주자들은 (다른 곳과 마찬가지로) 미국의 어떤 도시, 타운 및 근린지구에서는 적합한 사람으로 인식될 것이다. 이러한 곳은 특정 민족, 종족 및 종교 집단이 우세하며, 이들은 전반적으로 이입국 차원에서 볼 때 소수자로 인식될 것이나, 이들 도시, 타운, 근린지구에서는 지배 문화를 형성한다. 사실 마이애미 주 또는 멕시코와 국경을 마주하고 있는 텍사스 주의 남부에서는 에스파냐 언어가 우세할 뿐만 아니라 적극적으로 장려되고 있다. 문화적 기준과 이주자의 관습이 민족적으로 우세한 문화적 담론과 관습에 의해 복잡해지고, 지역 영역성은 소수 문화에 의해 지배되면서 이로 인하여 동화(및 동화의 담론)는 보다 복잡한 것이 되었다.

이러한 현상은 독일의 탈산업화된 루르 지역의 소도시인 막스로Marxloh 시(인구 2만 명)에 대한 에흐르캄프(Ehrkamp, 2006)의 독일인과 터키인의 민족지학적 연구에서도 밝혀졌다. 1990년대 말에 터키인은 막스로 시 거주자의 25%를 차지하였다. 에흐르캄프는 동화의 정도를 평가하기보다는 존재하는 동화 **담론**에 관심을 갖고 있었고, 적대감의 문제로서 동화 또는 통합을 비유했던 작고한 철학자 자크 데리다의 연구를 활용하였다. 주인은 어떠한 규칙을 만들지를 결정하고 손님은 이를 따라야 한다. 다른 곳과 마찬가지로 독일이라는 맥락에서 방문 노동자(이는 대부분의 터키 노동자가 싫어하는 용어이다)는 터키인과 다른 이주자를 동화시키는 데 요구되는 국가적 및 지역적 스케일에서 동화 담론에 노출되기 쉽다. 그러나 에흐르캄프가 신중하게 설명하듯이 한편으로 치우친 논리가 작용한다.

이주자로 하여금 비슷해지기를 요구함으로써 원지역민들은 다른 사람으로 묘사되는데, 이는 이주자의 적응 또는 통합(독일에서는 정치적 담론으로 자주 사용됨)을 거의 불가능하게 한다. 이는 다음으로 대중매체뿐만 아니라 정치인들이 터키 이주자들은 동화할 수 없는 것 같다는 담론을 생성한다. 다수의 거주자들은 독일 규범으로의 문화적 변화와 적응에 대한 책임을 이주자에게 부과한다. 이처럼 동화 담론은 다수의 정체성을 교란시키지 않으면서 이주자를 다룰 수 있는 편리한 양식이 되는 사회적 규범을 창조한다.

(Ehrkamp, 2006, p.1678, 괄호는 삽입된 것임)

다른 측면에서 살펴보면 이러한 담론은 터키 이주자를 이국적인 타자로 변용시키는데, 즉 터키 이주자는 문화적으로 구분되고 결국 동화가 불가능한 사람으로 동양화시키는 것이다(Said, 1978).

국가적, 지역적 스케일에서 작동하는 동화 담론은 도시에서 기도를 요구하는 이슬람교의 요구와 거리에서 2개 국어의 사용이나 터키어만의 사용, 또는 매장 안에서 터키어의 사용에 대한 지역 독일 정치 지도자와 지역 주민의 입장이 포함된 것이다. 이러한 두 가지 이슈를 탐색하면서 에흐르캄프는 터키 정체성의 구성은 독일 정체성의 감정과 관련지을 때 이해될 수 있다고 주장하는데, 터키와 독일의 정체성은 국가적, 지역적 스케일에서 동화 담론을 통하여 생성된다고 본다. 이러한 담론들이 독일인다움Germanness의 반대로서 터키 이주자를 구성한다. 이로 인하여 터키 이주자들은 그들 스스로 게토에 집착하길 원하는 사람으로 인식된다. 에흐르캄프가 인터뷰 한 이주자에 의하면 '떨어져 사는 것'이 바람직하지 않지만 주택에 대한 차별 때문에 터키 이주자들은 한곳에 집중될 수밖에 없다고 한다.

터키 이주자들은 그들에 대한 부정적 담론을 내부화하지만 또한 여러 형태의 정부와 대중매체 및 독일 시민에 의한 그들의 사회적 및 공간적 재현에 대해 저항하기도 한다. 터키 이주자들은 독일인은 터키인이 독일 문화 관습에 대한 적응을 항상 원하면서도 터키 문화 관습의 수용은 원하지 않는다고 불평한다. 이렇게 담론적으로 상상된 감정의 차이를 통해서 에흐르캄프 연구가 보여 주는 것은 터키 이주자는 독일인이 아니라는 것이다. 한 터키 이주자가 주장하듯이 "우리 터키인은 독일인이 아니다"라는 것이다.

에흐르캄프의 논문에서 또 다른 주요한 주장은 막스홀의 터키 거주 지역에서 너무 유럽적인 행동, 너무 동화된 행동, 독일적인 행동은 동료 이주자들에게 환영받지 못한다는 것이다. 이들 장소에서 이주자 동화는 매우 다른 형태로 나타난다. 터키인들이 에센이나 뒤셀도르프와 같은 큰 도시를 방문할 때는 다른 스타일로 옷을 입고 다르게 행동한다. 대도시에서 막스홀과 같은 동일한 지역 동화 담론이 나타나는 것은 아니며, 최소한 터키의 문화적 관습이 나타나지는 않는다. 에흐르캄프는 동화 담론의 공간성은 또한 (이주자) 정체성의 공간성을 발생시킨다고 주장한다(Ehrkamp, 2006, p.1688).

■ 다문화주의

다문화주의는 인정recognition과 재현representation이라는 이름으로 정치적 이동을 지향하는 일종의 담론, 이데올로기, 정치철학, 정책에 해당하며, 개인보다 집단에 의해 소속감을 부여하는 일종의 다원주의pluralism에 해당한다(Kymlicka, 1995; Parekh, 2000; Vertovec, 2007). 캐나다, 독일, 네덜란드, 영국을 다문화적이라고 말하는 것은 문제가 될 수 있는데, 비록 다문화주의가 1971년부터 캐나다의 공식적인 정책이었지만, 1990년대 이후 네덜란드와 영국에서 **정책**으로서 다문화주의가 신뢰를 잃거나 포기되고 있기 때문이다(Joppke, 2007). 이와 비슷하게 미국에서는 그들 사회가 용광로melting pot로부터 이상하게도 샐러드보울salad bowl로 변화하고 있다는 주장이 팽배하다. 즉, 대다수의 이주자들이 출신국으로부터의 문화적 관습을 유지하면서, 고유의 문화적 관습을 보유하고 있는 사람들과 섞이고 있다는 것이다.

서구의 자유주의적 민주주의가 다양하다는 것은 부정하기 어렵지만 문제가 되는 것은 다문화주의가 다양한 차원의 정부 정책에서 지나치게 활용되고 있다는 것이며, 이 책에서 논의되는 것과 같이 다양한 차이를 항상 변화하는 문화적 혼합이라고 인식하기보다는 차이를 국가적으로 정의된 특정한 문화에 결합시키고 또는 결합되어야만 하는 것으로 인식한다는 것이다. 다른 말로 표현하면 문제가 되는 것은 다문화주의는 문화가 본질적으로 일관성이 있는 것인지, 다문화주의가 소속감을 보여 주거나 또는 규정하는 가장 바람직한 방법인지가 의문스럽다는 것이다.

초기(1980년대) 다문화주의라는 용어의 이해에서 다문화주의 담론과 정책은 이주자와 이주자의 문화적 관습은 구분되는 것이며, 문화적 다수자 또는 다른 이주자들의 문화적 관습과 분명히 구분된다고 인식하고 있으며, 이주자들은 국가적 또는 민족적 믿음에 고정되고, 안정화되고, 변화하지 않고, 뿌리내린다고 본다. 보다 최근의 다문화주의의 연구는 문화적 관습이 **상대적으로** 지속적이지만, 시간이 흐름에 따라 변화하고 본질적으로 일관적이지도 않다고 본다(Parekh, 2000). 한 가지 사례로 시카고 북부의 웨스트 데본 애비뉴West Devon Avenue를 따라 남부 아시아아인의 비즈니스와 거주지가 집중하고 있는 것을 들 수 있다. 대다수의 인도인과 파키스탄인은 이 지역에서 2001년 9.11 사건 이전에는 상호 간 사회적 관계가 거의 없었는데, 고조되는 이슬람포비아Islamaphobia와 정부의 감시 강화라는 맥락에서 서로를 황인 또는 남부 아시아아인으로 인식하게 되었다. 그러므로 황인/남부 아시아 문화는 이러한 근린지구에 꿰맞추어졌으며, 이는 뚜렷한 인도인 또는 파키스탄인 정체성이라고 말하기는 어렵다(Ashutosh, 2008).

비슷하게 초기 다문화주의 특성은 과거 영국에서의 인종 관련 패러다임과 마찬가지로 민족적 문화와 소수자 문화(네덜란드에서), 심지어 인종의 구분에 의존하였다. 소수자(누가 소수자이며, 언제, 어디에서 소수자인가?), 인종(이에 대한 생물학적 기초가 존재하지는 않는다)이라는 용어를 사용하는 문제에도 불구하고 문화적 관습은 특정 민족성에 따라 확인될 수 있으며, 민족성 또는 종족적 배경은 정체성과 소속감에 영향을 준다는 점을 부인하는 사람은 거의 없다. 그러나 다시 한 번 젠더, 언어 능력, 세대 간 차이, 종교적 신념과 관습을 포함한 다른 형태의 차별화가 존재하며, 인종주의에 대한 개인적 경험 또는 같은 마을, 지역, 국가 출신 사이의 역사적 관계 및 애정적 유대는 민족성 또는 종족성으로써 한 사람의 정체성 형성에 핵심으로 작용할 수 있다. 예를 들어 로빈스와 애크소이(Robins and Aksay, 2001)는 영국에서 터키계 키프로스인은 한 번도 민족적 용어를 통해 정체성을 표현한 적이 없으며, 영국 내 그리스계 키프로스인의 존재에 의해 그들의 정체성을 표현하지도 않으며, 키프로스가 그리스계와 터키계로 분리되기 전후에 도착한 이주자의 나이에 의해서나 현재의 영국과 터키라는 맥락에서도 정체성을 표현하지 않는다.

궁극적으로 다원적인 문화적 정체성이 존재함을 부인하기는 힘들 것 같다. 중요한 것은 그럼에도 불구하고 서구의 자유주의적 민주주의에서 문화적 차이를 어떻게 조화시킬 것인가이다. 이러한 점에서 다문화적 감수성sensibility은 통합이라고 불리는 다양한 담론, 의미 및 관습과 경합하고 있는데, 다음 내용에서 통합에 대해 다룬다.

■ 통합

유럽 시민들 사이에서 '그는/그녀는 스웨덴에서는 잘 통합되고, 오스트리아에서는 잘 통합되지 않는다'와 같을 말을 흔히 듣게 된다. '통합intergration'이라는 용어는 학계와 정계에서 다른 어떤 것보다도 논쟁거리가 많다. 여기에서는 우리의 목적을 위해 통합을 최소한 세 가지의 주요한 의미를 갖는 것으로 고려하고자 한다. 첫 번째는 동화와 비슷한 의미로 유럽연합 국가에서 자주 사용되는데, 특히 2000년대 초반 이래 프랑스, 독일, 네덜란드, 영국에서 사용되고 있다. 정부 또는 시민이 통합의 문제가 있다고 한탄할 때, 그들이 의미하는 통합은 이주자들이 지배적 관습의 상상적이고 이상적인 세트에, 그리고 주류 시민의 가치에 잘 맞는 정도를 의미하거나 또는 주택, 고용, 교육, 건강과 같은 물질적 재화에 대한 접근이 잘 되고 있는가의 정도를 의미한다(Ager and Strang, 2008). 통합의 두 번째 의미는 다문화주의의 의미와 비슷한데, 이주자들이 그들의 문화를 잃기보다는 그들의 문화를 유지하면서 서구의 자유적 민주주의의 진보적 정치문화에 참여하는 것이다. 프랑스인이면서 알제리계 부모를 가진 한 젊은 여성이 이를 잘 설명한다.

> 나로 말하자면, 나는 프랑스에 완전히 통합되었음을 알기에 모든 곳에서 편안함을 느낀다. 프랑스에서 태어났고, 프랑스어를 말하며, 내 문화가 프랑스의 것이고, 내가 프랑스 역사를 배운다는 것은 프랑스가 내 국가임을 보여 준다. … 나의 정체성은 알제리 기원의 프랑스인이며, 종교적으로 무슬림인 프랑스인이다.
>
> ('Fatima', Keation, 2006, p.40에서 재인용)

세 번째의 통합에 대한 정의는 일반적이지는 않으나 이주자와 시민을 동시적으로 결합하는 것으로 각각이 다른 문화로부터 문화적 관습(언어, 종교, 음식, 음악 등)을 채택한다는 것이다. 프랑스와 독일에서 통합이란 용어의 가장 대표적인 의미는 동화에 가깝지만 유럽연합은 사실상 이주자 통합 정책을 위한 통상적 기본 원칙에서 통합을 '함께 하는 것coming together'이라고 공식적으로 부르고 있다. 2004년 11월에 유럽이사회협정은 '통합이란 회원국의 모든 이주자와 거주자에 의한 상호 순응의 역동적이고 쌍방향적 과정을 의미하는 것'으로 선언하였다(Joppke, 2007, 3에서 재인용). 좁케가 지적하듯이 유럽 시민이 이주자의 문화, 언어, 종교를 수용하고 존중해야 한다는 유럽연합이사회에 의한 이러한 성명은 "전례 없는 입장 표명"이며, 동화보다는 통합을 강조하고 있음을 반영한다. 결국 문화와 종교 관습은 유럽헌법에 의해 보장되는 것이다. 그럼에도 불구하고 이사회의 통상적 기본 원칙은 또한 "유럽연합의 기본 가치"에 대한 존중을 요구하는데, 이는 "자유, 민주주의, 인권과 기본적 자유에 대한 존중, 법의 지배"를 포함한다.[11] 나아가 이

사회는 이주자에 대하여 여성의 평등, 자녀의 권리와 흥미, 특정한 종교의 관습과 무관심의 자유를 주장한다(Joppke, 2007). 이는 유럽 사회의 이슬람 근본주의에 대한 걱정에서 파생한 것인 반면에 이사회는 서구 문화에서 여성의 억압을 인정하는 데는 실패하였고(예를 들어 미와 섹슈얼리티에 의해 서구 여성에 부과된 요구), 앞의 잭슨 하이츠 논쟁에서 언급한 것처럼 자녀의 권리와 희망은 간과되고 있다.

통합에 대한 첫 번째 이해로 되돌아와서 동화에 대한 설명에서 언급했듯이 비록 누구에 의해, 그리고 어느 정도로 타자가 다르다고 받아들여질 수 없는 것인지는 공간과 장소의 문제이지만, 동화와 마찬가지로 통합도 시민과 타자의 개념에 의존하고 있다. 그럼에도 불구하고 이주자의 타자화는 계급적, 인종적, 민족적, 혐오적 특성에 따라 달라지는 경향이 있다. 따라서 검은 피부 및 무슬림은 서구의 정부와 대중에 의해 문화적 이질성 또는 서구 자유적 민주주의의 유대-기독교인의 뿌리에 대한 위협적인 존재로 인식된다(Balibar and Wallerstein, 1991; Staeheli and Nagel, 2006).

네덜린드는 좁게(2007)가 시민적 통합civic integration이리 불렀던 것처럼 어떻게 다문화주의를 포기했는가에 대한 패러다임적 사례에 속한다. 여기서의 통합은 동화와 비슷한 것으로 네덜란드에 가족 비자를 신청하는 저소득의 지원자는 통합 시험을 통과할 것을 요구받는데, 시험에는 유장한 네덜란드어 구사가 포함된다. 그러나 네덜란드어는 해외에서 쉽게 훈련받기 어렵기 때문에 언어 시험은 대부분의 저임금 이주자의 합법적 이주를 효과적으로 차단한다. 프랑스, 독일, 영국도 이와 비슷한 조치를 취하고 있다(Joppke, 2007; Lister and Pia, 2008). 영국에서 이러한 시험은 "핵심적 영국인의 가치"에 대한 소속감을 창조하는 것으로 인식된다(Lewis and Neal, 2005), p.431). 또한 인종적 평등에 대한 위원회[12]의 활동이 전개된 이후에 갑자기 1970년대 '인

종 관계 패러다임race relations paradigm'의 확대로서 다문화주의를 지원하면
서 위원회의 회장은 다문화주의 담론을 포기하였고, 대신에 통합의 가치를
주장하였다. 루이스와 닐(Lewis and Neal, 2005)이 언급하는 것처럼 이는 엄청
난 것이었다. 요약하면 국가는 국가를 추상적 개념으로서 그들의 잠재적 시
민이 어느 정도의 충성을 보여 주기를 원할 뿐만 아니라 이를 국민성nation-
hood의 어떤 형태와 연결시키기를 원한다. 유럽 국가들은 "사회적 화합과 통
합을 성취하는 요소로서 핵심적인 국민의 가치 개념을 중시하고 있다"(Lewis
and Neal, 2005, p.433). 그리하여 유럽에서 시민권 정책은 2001년 9.11 이후 다
문화주의에서 시민 통합 또는 신동화주의neo-assililationist 상태로 변하게 되
었다(Joppke, 2007; Kofman, 2005b).

그러나 이러한 시민 통합과 신동화주의의 시대에도 불구하고 국민국가를
동질적이라고 가정하거나 시민 통합과 신동화주의가 이주자 문화를 제거할
것이라고 가정하는 것은 오류이다. 이와는 달리 외부인들에게는 다양한 것
으로 인식되지 않을 수 있으나 다원주의pluralism, 이질성, 다양성은 심지어
포르투갈과 그리스와 같은 남부 유럽 국가들을 포함하여 서구의 자유주의적
민주주의 국가에서 반박할 여지가 없는 특징이다(Faist, 2009). 이주자가 단순
히 이러한 동화주의적 또는 통합주의적 압력을 채택할 것이라는 단순한 생
각 대신에 문화이론가인 호미 바바(Homi Bhabha, 1994)가 말한 협상의 개념
을 되돌아 볼 필요가 있다. 이주자는 송출국 또는 이입국에서 동족co-ethnic
적인 것으로부터 다른 환경의 다양성 속에서의 시민적인 것에 이르는 다양
한 사회적 압력을 살펴보거나 또는 협상한다. 이러한 정체성의 협상을 초국
가적 차원이라 부르는데 다음 절에서 살펴볼 내용이다.

■ 초국가적 소속감?

키톤(Keaton, 2006)은 파리 교외에 살고 있는 모로코 출신의 젊은 여자인 아이차Aicha(가명)의 말을 다시 생각했다. "서류상 프랑스인임에도 불구하고 나는 항상 아랍인일 것이며, 내 문화를 바꿀 수 있는 것은 단순히 서류가 아니다. 나는 프랑스에서 태어났다. 내가 프랑스 문화를 갖고 있으나 나는 모로코인들과 살고 있다. 매년 2개월간 나는 모로코에 간다. 나는 모로코어를 말하고, 모로코의 음식을 먹는다. 사실상 나는 두 개의 문화를 갖고 있는데, 프랑스 문화와 타자의 문화, 즉 모로코 문화이다. 나는 인생에서 성공하기 위해 현실적으로 프랑스인이 되어야 하는데, 그렇지 않으면 망치게 될 것이다. … 그래서 나는 모로코 기원의 무슬림이다. ('Aicha', Keaton, 2006, p.35에서 재인용)

비록 무슬림으로서 자신의 정체성을 인정하지만 두 국가와 두 민족성 사이에서 아이차가 느끼는 소속감은 초국가적 소속감transnational belonging이라고 불리는 것에 해당한다(Basch et al., 1994; Levitt, 2001). 초국가적 소속감이란 이입국과 송출국, 또는 특별한 민족적·종족적 디아스포리가 포함되는 다른 국가 사이의 복잡한 사회 결속이 혼합된 것이다. 어떤 사람들은 초국가적 소속감을 이중 초점(Rouse, 1992) 또는 이중 계약(Grillo and Mazzucato, 2008)이라고 부르는데, 여기에서 이주자들은 항상 여기와 저기를 생각하며, 때로는 모순적인 태도를 보인다(Turner, 2008). 어떤 경우, 예를 들어 이탈리아 이민법이 이탈리아에서 이주자의 국가적 보험 증여의 송금을 금지한다면 이탈리아에서 자녀를 두고 있는 세네갈 출신의 많은 이주자들은 세네갈로 돌아가는 것을 포기할 것이고, 리치오가 언급하듯이 이는 세네갈인들이 여기와 저기에 소속되지 못하는 느낌의 시작점이 될 것이다(Riccio, 2008, p.230). 이러한 초국가적 소속감(또는 초국가적 소속감의 부재)은 문화적, 경제적, 정치적, 사회적 관습의 다양성을 통하여 설명될 수 있을 것이며(이에 대한 상세한 것은 Levitt and Jaworsky, 2007; Vertovec, 2004 참조),**13** 이는 소속감과 그들의 표현 또는 관습 사이를 구분하는 데 유용할 것이다(Glick-Schiller, 2003).

이주자들 사이에서 초국가적 소속감은 동화로부터 또는 분절된 동화로부터 반대쪽 끝의 스펙트럼으로 이해될 수 있다(Ehrkamp, 2006). 루카센(Lucassen, 2006)과 같은 사람들은 이러한 과정을 상호 배제적인 것으로 보지 않는데, 초국가적 소속감은 동화적 관습과 분명히 같은 것이라고 주장하기 때문이다. 그러나 다른 사람들은(예를 들어 Glick-Schiller, Caglar and Guldbransen, 2006) 초국가주의와 함께 편입incorporation이라는 용어를 선호하는데, 이는 초국가적 사회의 장에서 이주자의 위치를 표현하는 보다 정교한 방법일 것이다.**14** 글릭-쉴러 등(2006)은 편입을 다음과 같이 설명한다.

> … 편입은 개인 또는 개인들의 조직된 집단이 하나 또는 그 이상의 국민국가의 조직에 연결되는 사회적 관계를 생성하거나 유지하는 과정을 의미한다. 편입에 대한 우리 연구의 시작점은 개인 이주자, 이주자들이 형성하는 네트워크, 그들의 네트워크에 의해 창조되는 사회적 장에 해당한다.
>
> (Glick-Schiller, et al., 2006, p.614)

이 책의 제1장과 제2장에서 논의했던 초국가적 이슈에 대한 토론을 생각한다면 초국가적 네트워크는 **초국가적** 소속감의 개발과 지속을 가능하게 하지만, 1990년대에 전개된 논쟁은 실제로 초국가적 소속감이 새로운 현상으로 고려될 수 있는지, 그리고 어느 정도 고려할 것인지에 대한 것이었다. 글릭-쉴러 등(1992)의 걸작인 『이주에 대한 초국가적 관점에 대하여』, 배쉬 등(Basch et al., 1994)의 『자유로운 국가』에서 이들이 강조한 것은 20세기의 마지막 10년간 카리브 해와 미국 사이의 트랜스 이주자들은 이들 국가에서 이주자들의 정치적·사회적 참여의 정도에서 19세기나 20세기 초반의 이주자 집단과는 차이가 있다고 주장한다. 그러나 이에 대한 주장은 최소한 1910년과 1920년 사이의 귀환 이주의 규모를 고려할 필요가 있는데, 포너(Foner, 2000)는 이 기간 동안 미국에 유입되었던 이주자 100명 당 1/3은 본국으로 돌아갔으며, 심지어 정치적 박해로부터 유입되었던 러시아 유대인도 마찬가지였다고 밝히고 있다(Levitt, 2001, p.21).

또한 제1장과 제2장에서 알 수 있었듯이 소속감이란 단순히 특성상 **초국가적**이지 않을 것이다. 그렇다면 결국 '국가적'이라는 것이 의미하는 것은 정확히 무엇일까? 한편, 민족 문화적, 경제적, 정치적, 사회적 연대는 다른 공간적 및 사회적 차원의 집합에 의해 영향을 받는다. 공간적 차원에 대해 살펴보면 초국가적 학문의 담론에서 방법론적 국가주의methodological nationalism에 대한 질문이 대두될 것이다. 다시 한 번 시카고 북부에 거주하는 남부 아시아인에 대한 어슈토쉬(Ashutosh, 2008)의 연구를 살펴 보자. 어슈토쉬에 의하면 한 식당의 벽에는 시우스올Southall(영국에서 남부 아시아인 생활의 문화적 중심지로서 잘 알려진 런던 서부 지역)이라고 쓰인 표시가 있다고 한다. 이는 하나의 현상으로서 전혀 이상한 것이 아니며, 시카고의 인도 이주자들은 아대륙(인도)에 소속될 뿐만 아니라 홍콩과 나이로비를 포함한 광범위한 인도인(또는 남부 아시아) 디아스포라의 공간에 속함을 의미한다. 그렇다면 아마도 우리는 고유한 초국가적 소속감을 이야기하기보다는 여러 영역에 걸친 애착과 관습을 이야기해야 할 것이다.

이주자의 소속감과 관련된 복잡한 공간적 애착을 보다 잘 이해하기 위해 인류학자들과 사회학자들은 다양하고 광범위하게 전개되는 개념을 고안하였다. 이러한 개념으로는 초국가적 사회의 장transnational social field, 초국가적 사회적 공간transnational social space, 트랜스-로컬리즘trans-localism, 트랜스-로컬리티trans-locality, 트랜스-지역주의trans-regionalism, 트랜스-도시주의trans-urbanism, 초국가적 마을transnational village 등이 있다(이들 용어의 일부에 대한 개요는 Vertovec, 2001 참조). 이들 용어의 상당 부분은 서로 중복되며 필자는 이들 모두의 정의를 살펴보고자 하지도 않는다. 대신에 마지막 두 개인 트랜스-도시주의와 초국가적 마을에 집중하여 살펴보고자 한다. 이러한 개념을 도시와 이주자와 연관지어 관심을 가진 마이클 피터 스미스(Michael Peter Smith, 2001)의 『초국가적 도시주의』는 특히 영향력이 크다. 이 개념에서 초국가적 사회 행위자는 그들의 문화적 기회(특정 세계적 도시cosmopolitan cities의 생활 모습과 이미지, 고등교육의 목적을 추구하는 기회), 경제적 기회(직업을 찾고, 소규모 비즈니스의 인수와 창업을 위한 경제적 자본을 개발하기 위한 목적으로 본국으로 송금을 보내는 것), 정치적 기회(예를 들어 이주자에 우호적이고 초국가적인 조직을 위해 일하는 것)를 제공할 수 있는 초국가적 네트워크의 결절로서 세계적 도시의 이점을 취하고자 하는 개인들이다. 이러한 모든 것들은 거대도시로부터 거대도시의 국경을 가로질러 이주자들이 그들의 이동과 소통의 회로를 개발함으로써 성취된다.

보다 덜 도시화된 지역이지만 초국가적 소속감이 빈번하게 나타나는 곳으로부터 레비트(Levitt, 2001)의 초국가적 마을transnational village이라는 아이디어가 유래되었다. 그녀에 의하면 초국가적 마을은 네 가지 고유한 차원을 갖는다. 첫째, 국제 이주자들은 사실상 마을(또는 초국가적 사회의 장)의 일원이 될 필요는 없다. 둘째, 그러한 마을은 사회적 송금(사회자본, 행동, 아이디어)에 의해서 생겨나고 유지되는데, 이입국에서 생겨나고 송출국으로 흘러간다. 셋째, 초국가적 마을은 다양한 종교적·시민적·정치적 조직으로부터 출현되며, 또한 이들을 생성시킨다. 네 번째 요소는 사회적 비용이다.

즉, 어떤 이주자들은 부자가 되어 돌아가는 반면에 다른 사람들은 떠나왔던 수준과 비슷한 수준을 유지하면서 이전의 계급, 젠더 및 세대적 분리를 강화시킨다.

이러한 사회적 분리와 관련하여 레비트는 작은 사례 연구도 어떻게 초국가적 소속이 특성상 단순히 초국가적인 것만이 아님을 우리로 하여금 믿도록 하는 데 충분하다고 강조한다. 이에 대해 맥그레거(McGregor, 2008)는 짐바브웨 망명 신청자와 런던의 빈민 공간의 미등록 남녀 이주자에 대한 연구를 통해 고향과 영국 사이의 관계에서 계급 분리가 뚜렷함을 보여 준다. 짐바브웨 출신 중에서 특히 적은 돈을 갖고 이주한 사람들과 런던에서 사업을 시작할 수 있는 충분한 기술을 갖고 있는 이주자들 사이에서 계급 분리가 재생산된다. 상당한 돈을 갖고 있는 사람은 그럭저럭 작은 사업을 시작할 여유가 있다. 주목할 점은 짐바브웨에서 고도의 숙련된 기술을 가졌다고 생각되었던 사람이 망명 신청자, 난민과 함께 빌딩 청소를 하거나 저임금의 배달 업무를 수행할 때 이러한 계급 분리가 때때로 어떻게 용해되는가를 살펴보는 것이다. 이들은 근린지구, 향우회, 짐바브웨의 번영을 위한 희망을 공유한다.

비슷하게 맥우리페(Mcauliffe, 2008)의 시드니, 런던, 밴쿠버에서 무슬림과 바하이교 이란인 2세에 대한 민속지학적 연구에서 본국과의 관계는 민족적 기원보다는 계급적 열망 또는 자신이 느끼는 계급 위치(하류층, 중산층, 상류층), 종교(무슬림 또는 바하이), 장소(그들의 정주 패턴)의 다양성에 의해 더 많이 영향받는 다는 것을 보여 준다. 예를 들어 바하이교도들은 국내 개척 또는 지역 영적 집회의 형성이라고 불리는 도시의 특정 구역에 9명의 바하이교 성인으로 구성된 집단을 형성하기 위해 도시의 한 지역에 정착할 것을 요구받는다. 이러한 요구는 그들의 계급적 열망과는 맞지 않는 도시나 희망하지 않는 지역에 공동체를 구성하게 되지만 그들은 이러한 모순을 감수하는 것처럼 보인다. 비록 그들이 다른 무슬림 이란인과 근처에 살지만 이란에서 바하이교에 대한 박해의 역사가 보여 주듯이 그들은 다른 무슬림처럼 이란에 대한 강한 애착을 반드시 갖는 것은 아니다.

다시 한 번 우리가 특히 초국가적 관습과 공간에 대해 오해할 수 있는 것은 로컬리티, 친족, 가족 관계, 젠더에 관한 것이다. 젠더에 대해서는 에흐르캄프(2008)의 독일 막스홀에서 터키와 쿠르드 출신의 젊은 남성 이주자에 대한 연구 사례를 고려할 수 있을 것이다. 그녀는 공적 공간에서 터키 여성에 대한 터기 남성의 남성성은 젠더로서의 남성성과 배제적 공간이라는 맥락에서 설명되어야 하는데, 특히 독일의 미디어, 정치인, 시민에 의해 이러한 남성성이 터키적인 특성으로 인종차별화된다는 것이다. 분명히 초국가적 문화 관습은 출신국의 문화에 단순히 연관될 수 없으나 특별한 젠더적 수행과 교차되는 것 같다. 스케일 또는 영역으로서 도시, 타운 및 마을의 중요성에 대한 특별한 참조가 없더라도 이탈리아에서 사리히(Salih, 2001)의 모로코 여성에 대한 설명은 초국가적 소속에서 젠더적 차이를 강조한다. 그녀는 이탈리아에서 모로코 여성에 대한 젠더적 기대와 가족에 대한 책임감이 이탈리아에서의 고용, 결혼 및 거주 상태, 이탈리아와 모로코의 친척과 자녀를 위한 돌봄의 필요성에 따라 모로코에 대한 초국가적 애착의 차이를 만들어 낸다고 보았다. 글릭-쉴러, 캐글라와 굴브랜드슨(Glick-Schiller, Caglar and Guldbrandsen, 2006)은 이주 연구는 종교를 민족성과 혼동하고 있다고 주장하면서 이주 연구에서 민족적 렌즈의 문제를 언급하며, 초국가적 연대는 민족적인 것보다는 종교적인 사회적 장에 가깝다고 주장한다. 예를 들어 런던과 토론토에서 소말리아인들은 광범위한 아프리카 디아스포라의 일부분으로 인식되기보다는 스스로를 무슬림이라고 한다(Grillo and Mazzucato, 2008). 이는 초국가적 정체성에서 종교의 문제를 생각하도록 한다.

사실 지금까지 종교에 대해서는 거의 언급하지 않았다. 종교는 초국가적 정체성과 관습에서 중요한 차원에 해당하는데, 서구 미디어에서 주목을 받고 있는 것은 이슬람교, 특히 근본주의 이슬람교이지만 종교적 신념의 모든 특성은 이주자의 일상생활 속에서 나타난다. 이들은 단지 이슬람교뿐만 아니라 바하이교, 불교, 힌두교, 펜텐코스트교를 포함한 다양한 형태의 그리스도교를 포함하며, 특히 펜텐코스트교는 서구 국가에서 아프리카계 이주자의 종교에서 특히 중요하다. 이들은 이주자에 의한 종교적 관습의 일부에 지나지 않는다.[15]

종교에 대한 간단한 소개에서 많은 것을 언급할 수는 없으나 초국가주의와 종교에 대해서 몇 가지를 언급할 수 있는데, 이주자 사이에서 종교적 관습의 복잡한 공간과 장소에 대해 성급한 일반화는 위험하므로 신중을 기해야 할 것이다. 만약 초국가주의와 종교의 관계에 있어 진리가 존재한다면, 이는 아마도 분명하게 설명할 수 없다는 것일 것이다. 이러한 복잡성에도 불구하고 초국가주의와 종교와의 관계에 대한 연구에서 가장 중요한 발견은 믿음이 초국가적 정체성의 영향을 받을 뿐만 아니라 정체성을 구성한다는 것이다. 사실 선진국으로 멀리 이주하는 것은 보다 세속적인 관습을 유도할 수 있는데, 종교와 이주에 대한 일부 연구는 이주와 정주 후에 종교적 정체성과 관습이 오히려 커짐을 보여 주고 있다. 예를 들어 이는 서부 아프리카인과 펜테코스트주의Pentecostalism[16]뿐만 아니라 한국인과 복음주의적 그리스도 정신의 관습에서 잘 나타난다(Riccio, 2008).

종교는 기원국에서 목적국으로 있는 그대로 이동하는 것이 아니다. 종교는 새로운 환경에 변화하고 적응한다. 예를 들어 모스크가 비록 가부장적 젠더 체제의 핵심으로 유지되지만 프레델리(Predelli, 2008)는 노르웨이 모스크의 사회적 삶과 공간에서 무슬림 여성들의 참여가 증가하고 있음을 언급하였다. 이와 반대로 텍사스 주 휴스턴에서 그리스도교 인도인 여성에 대한 연구는 가부장적 통제가 감소하면서 여성이 교회 활동에 더 많이 참여하고 있음을 보여 주며, 또한 인도로부터 동방정교의 그리스도교 신자가 텍사스 주로 많이 이주하는 것을 보여 준다.

미국과 유럽에서 수행된 일부 연구에 의하면 2세대 이주자는 종교에 대해 보수적인 신념을 갖고 있으며, 다종교와 다민족의 서구 국가에서 독특한 종교적 정체성을 형성하기 위하여 1세대보다 2세대가 열정적인 종교 생활을 한다는 견해가 제시되고 있다(Cadge and Ecklund, 2007; Hondagneu-Sotelo, 2007; Kepel, 1997; Laurence and Vaisse, 2006). 예를 들어 새롭게 형성된 믿음은 이주자가 보다 개인적, 세속적, 선택 지향적 사회에 정착했음에 대한 인식과 방황에 관련된다. 미시건 주 데어본에서 이라크 난민에 대한 연구에서 쇼업 등(Shoeb et al., 2007)은 이라크 전쟁으로 인한 상처, 사우디아라비아 난민촌의 삶, 미국 망명의 감정, 복잡한 자유의 감정과 미국 사회의 영향력, 귀환의 믿음 등이 이라크 난민들로 하여금 그들의 가족을 하나로 하기 위해 무슬림에 몰두하는 것을 보여 준다. 이와 비슷하게 리코(Riccio, 2008)는 종교가 북부 이탈리아의 세네갈 무슬림 사이에서 비슷한 도덕적 목적에 부합되고 있음을 발견하였다. 보다 구체적으로 리코(2008)와 카그(Kuag, 2008)는 어떻게 무라이드 수피 형제단(이슬람 수피 교단)이 세네갈인들에게 인종주의와 차별을 포함하여 복잡한 초국가적 삶을 위한 사상적, 정신적 지침을 제공하는지를 보여 준다. 리코(2008)는 다음과 같이 언급한다.

무라이드Mouride의 초국가적 형성은 직접적인 대화와 카세트의 판매로서 유지되는데, 기도 내용과 카사이드(신성한 시) 외에도 칼리파(교단의 우두머

리)로부터 은디겔(명령, 강령)에 관한 정보를 얻게 된다. 이러한 사회적 형성
은 수신국에 퍼져 있는 많은 다히라스(종교적 모임)의 활동에 의해, 세네갈
로부터 도사(영적 지도자)의 빈번한 방문에 의해 형성 및 강화된다.

(Riccio, 2008, p.229)

이러한 점에서 국가가 사회보장을 축소하면서 종교적 관습이 강화되는 것
은 또한 사회의 신자유주의화와 부분적으로 관련되는데, 다양한 종교의 이
민자 교회, 모스크, 사원이 사회보장의 부재를 채우게 된다. 레이(Ley, 2008)
는 밴쿠버의 연구에서 이를 '도시 서비스 중심'이라 부른바 있다. 사회적 보
호를 제공하는 데 종교의 역할이 전혀 새로운 것은 아니지만, 신자유주의화
는 이러한 모습의 일부로 간주된다. 이 책에서 여러 차례 논의된 차별화의
다양한 사회적 측면에 대한 다중적 스케일에서 '정치적 기회 구조(이 장의
마지막 부분에서 논의됨)'의 어느 것이든지 초국가주의, 종교, 정체성 사이
의 연결로부터 형성된 복잡한 정체성에 영향을 미친다(Turner, 2008). 종교적
믿음은 어느 정도 기화를 방해할 수 있다는 견해가 있을 수 있으나, 실제로
고향 교단과 연결된 많은 종교 조직들은 이주자들이 미국 시민권을 획득할
수 있도록 지원한다. 그리고 대부분의 연구는 커져 가는 종교적 신앙심이 미
국/멕시코 국경의 군사적 특성에 반대하는 가톨릭에 기반을 둔 정치적 서항
의 형태를 포함하여 초국가적인 사회적, 정치적 개입을 조장한다고 보고 있
다(Cadge and Ecklund, 2007).

초국가적 정체성에 대한 논의에 대한 결말을 짓기 위해 이러한 정체성의
표현은 종종 개인적 선호도의 문제라고 보이지만(많은 것 중에서 귀화를 추
구하는 것과 같이), 사실 초국가적 정체성은 국가, 조직 및 집단 관습에 의해
제한되거나 가능해진다. 그렇다면 우리는 초국가적 또는 디아스포라적 소

속(글상자 5.6 참조), 종교적 정체성과 관습이 기원국과 정착국의 두 국가에서 **생산된다**고 보아야 한다. 이는 프랑스의 이주와 해외 정책, '프랑스인 이슬람교'의 생산에서 중심적 역할을 한다고 생각되는 알제리와 모로코 대사관과 영사관의 담론 사이의 관계에서 분명히 나타난다. 이러한 복잡한 정부들 간의 관계 속에서 프랑스, 알제리, 모로코 정부는 프랑스에서 이슬람교의 실제적인 관습을 만들며, 알제리와 모로코 이주자의 민족적, 종교적 정체성을 만든다(Samers, 2003).

이러한 논의를 요약하기 위해 초국가적 소속의 이론을 상상하는 것은 쉬운 일이 아니다. 이보다 우리는 이주자들이 여러 영역들 내에서, 그리고 영역을 가로지르면서 다양한 초국가적, 그리고 다른 애착(트랜스-로컬, 트랜스-지역적 등)을 갖는 것으로 판단해야 할 것이다. 이러한 애착들은 정치적 참여의 다른 형태를 생산할 것이며, 이에 대한 이슈를 세부적으로 살펴보자.

시민적, 정치적 참여로서의 시민권

이 장에서 논의되는 시민권에 대한 마지막 내용은 이주자의 시민적, 정치적 참여이다. 유럽에서 20세기 절반 이상의 시간 동안 이주자는 지방 선거의 투표권과 노조 가입의 공식적인 정치적 권리를 갖지 못하였다. 실제로 유럽의 정부와 대중은 이주자를 정치적으로 유순하다고 간주하면서 그들이 정치적으로 조용하기를 기대한다. 그들은 이주자를 유럽에 일을 하러, 즉 국가의 경제적 요구에 부응하기 위해 단순히 방문 노동자로서 들어온 것으로 생각한다. 이러한 정치적 소극성은 이주자의 정치와 시민 생활에 대한 무관심으로 일관될 수밖에 없었는데, 유럽에서 지난 30년간 이주자의 정치적 권리 획득이 증가하면서 변화를 경험하였다(예를 들어 투표 권리, 민족법의 자유화 등).**17** 그러나 이러한 이주자의 공식적 정치의 권리에 대해서는 국가에

디아스포라 용어와 디아스포라의 연구는 오랜 역사를 갖고 있다. 아프리카인, 중국인, 유대인, 팔레스타인인과 같은 전통적인 디아스포라를 이야기하는 것은 일반적인 것이 되었으나, 이 용어는 알바니아인으로부터 타밀인에 이르기까지 다양한 집단으로 확대될 수 있다(Brubaker, 2005; Safran, 1991; Sheffer, 1986; Cohen, 1997). 비록 디아스포라라는 용어의 의미가 논쟁의 요소가 있지만 브루바커(Brubaker, 2005)는 디아스포라는 이산, 고국 지향, 경계의 유지라는 요소를 갖는다고 주장한다. 이산(dispersion)은 민족-문화적 또는 민족적 조건에서 민족 집단으로부터 떨어지는 것으로 대부분 초기 고국으로부터 세상의 다른 부분으로 강제적으로 분리된 것을 의미한다. 이러한 세상의 다른 부분이 멀 필요는 없으며, 국제적 경계를 넘어서는 것일 수 있고, 같은 국가 내에서도 나타날 수 있다.

디아스포라에 대한 일부 학자들은 이산보다는 분리를 주장하는데, 민족 집단을 나누는 국가의 국경이 디아스포라를 형성할 수 있기 때문이다. 고국 지향(homeland orientation)은 실제적 또는 상상적으로 고국을 갈망하는 것을 포함한다. 이는 대개 고국에 대한 '신화'와 '귀국의 신화'와 같은 특정한 기억을 포함한다. 그러나 브루바커(2005)가 지적하듯이 모든 사람들의 디아스포라가 고국으로의 복귀를 갈망하지는 않는다. 예를 들어 남부 아시아인에 대한 인류학자 제임스 클리포드(James clifford)의 연구는 새로운 국가에서 문화와 공동체 감정을 재창조하려는 이주자의 열망이 고려되어야 한다고 제시한다.

경계의 유지(boundary maintenance)는 다른 집단(들)으로부터, 특히 지배 집단(들)으로부터 자신들을 구분함으로써 강한 정체성을 유지하려는 디아스포라의 특성이다. 그러나 경계의 유지와 경계의 침식 사이에는 긴장이 있을 수 있다. 경계는 확장된 시간(extended time), 즉 세대를 넘어서 유지되어야 할 것이다. 브루바커는 "디아스포라의 존재에 대한 흥미로운 질문은 어느 정도, 어떤 형태로 2세대, 3세대, 그리고 다음 세대에 의해 경계가 유지되는가"라고 하였다(Brubaker, 2005, p.7). 즉, 이러한 질문은 "디아스포라 시대의 시작인가 또는 세계보다는 용어에서의 변화, 즉 디아스포라 용어의 단순한 확대를 보고 있는 것인가?"(Brubaker, 2005, p.7)에 대한 것이다.

이러한 질문은 한 가지 측면 때문에 쉽게 설명될 수는 없는데, 디아스포라 개념 자체가 비판적 연구의 주제가 되고 있기 때문이다. 이와 관련해 간단한 몇 가지 비판을 언급하면 다음과 같다. 첫째, 디아스포라는 일시적 또는 자발적으로 일어나는 노동 이주자를 언급하는 데는 적절하지 못하다(Faist, 2000). 둘째, 디아스포라 개념은 바람직하지 못한 웨버주의의 이상적 형태가 될 수 있다. 즉 특정 민족 집단 사이에서 사회적 변화의 모순적 상태를 파악할 수 없는 추상적 개념이 될 수 있다(Wahlbeck, 2002). 셋째, 디아스포라 개념은 다른 차별화의 핵심보다는 정체성과 결속 구성의 핵심을 기원국의 민족성의 중요성에 의존한다. 넷째, 디아스포라는 물신화되었는데(연구자가 집착하면서 대상으로 변해버린), 이는 계급, 자본축적, 국가 내부의 트랜스–민족적 연대와 같은 다른 사회적 차원 또는 과정의 중요성을 모호하게 만든다. 다섯째, 디아스포라는 항상 국가에 의해 중재되고 이러한 중재를 따른다는 점에서 디아스포라적이지 않다(Basch et al., 1994). 여섯째, 디아스포라는 민족경제, 문화, 정치에 의해 형성될 뿐만 아니라, 디아스포라 소속을 만드는 로컬적인 애착이 존재한다(Blunt, 2007). 여기에서 알 수 있는 핵심은 초국가적, 디아스포라적 정체성을 구분하기는 힘들다는 것이다. 이는 연구자와 연구의 실제적 주제에 의해 어떤 디아스포라적, 초국가적 정의가 사용되는가에 따라 달라진다.

따라 차이가 나타난다. 일반적으로 동부와 남부 유럽 국가에 비해 북부와 서부 유럽 국가(네덜란드, 영국과 같은)가 이주자에게 보다 많은 정치적 참여의 기회를 제공한다(표 5.1 참조).

이주자의 정치 참여는 로컬, 지역적 차이(최소한 투표 권리에 있어서)를 반영한다. 암스테르담, 파리, 런던, 베를린과 같은 글로벌화된 진보적 도시는 남부 독일의 뮌헨이나 슈투트가르트와 같은 보수적 도시에 비해 이주자의 정치적 참여가 높다. 그러나 이러한 직관과는 반대로 글로벌 도시가 소도시에 비해 이주자의 정치 참여 환경이 좋지 않을 수 있으며, 도시보다는 국민국가가 이주자의 정치적 참여를 촉진하는 데 핵심적인 역할을 제공한다. 그렇다면 이주자의 (정치적) 포함 체제에서 로컬의 차이가 민족적 차이보다 어느 정도로 중요한지가 주요한 이슈가 될 수 있다(Koopmans, 2004, p.451). 쿠프만은 "로컬 수준이 시민권과 통합 정책의 국가적 목록"의 일부라는 점에서 정치적 참여는 로컬 수준에서 일어난다고 주장한다(Koopmans, 2004, p.467). 쿠프만과 마르티니엘로(Martiniello, 2006)는 정말로 이주자의 정치적 참여가 증가하고 있다면, 이러한 이주자의 정치적 변화는 '정치적 기회 구조 political opportunity structure'라는 맥락에서 설명될 수 있다고 주장한다. 마르티니엘로(2006)는 다음과 같이 정치적 기회 구조를 설명한다.

외국인에게 투표권을 인정하거나 거부하면서, 시민권과 국적에 대한 접근을 촉진하거나 방해하면서, 결속의 자유를 인정하거나 제한하면서, 이주자 관심의 재현을 보증하거나 금지하면서, 자분적 정치를 위한 상과 기구를 설립하서나 설립하지 않으면서, 국가는 이주자를 위한 정치적 참여의 장을 열거나 폐쇄할 수 있으며, 집단적 사건의 운영에 참여하는 기회를 다소나마 제공할 수 있다. (p.88)

그러나 정치적 기회 구조(또는 북아메리카의 문헌에서 자주 '안내의 맥락'이라고 부르는 것)는 단지 여러 이유 중의 하나일 뿐이며, 다른 개인 또는 민

<u>**표 5.1**</u> 제3국 국민에 대한 유럽연합 25개 국가의 지역 선거에서 투표의 권리

국가	투표 권한	적합성
오스트리아	없음	없음
벨기에	5년 후	없음
키프로스	없음(2006년 논의에 따라)	
체코	체코와 국제 협약이 된 이주자에 한함(2006년, 비유럽연합 제외)	없음
덴마크	3년 후(북유럽 시민은 최소 거주 기간 없음)	
에스토니아	5년 이상 체류한 영주권자에 한함(영주권의 최소 거주 기간은 3년)	없음
핀란드	2년 후(북유럽 시민은 최소 거주 기간 없음)	—
프랑스	없음	없음
독일	없음	없음
그리스	없음	—
헝가리	있음(최소 거주 기간 없음)	없음
아일랜드	있음(최소 거주 기간 없음)	—
이탈리아	없음	없음
라트비아	없음	—
리투아니아	영주권자(최소 거주 기간 5년)	—
룩셈부르크	5년 후	—
몰타	6개월 후(비유럽연합 국민 제외)	—
네덜란드	5년 후	—
노르웨이	3년 후	
폴란드	없음(2006년 논의)	없음
포르투갈	2~3년 후(상호 협정의 국민에 한정)	4~5년 후(상호 협정의 국민에 한정)
슬로바키아	영주권자(영주권을 위한 최소 거주기간은 3년)	
슬로베니아	영주권자(영주권을 위한 최소 거주기간은 8년. 시장으로 선출될 수 없음)	—
에스파냐	노르웨이 국적자는 3년 후	없음
스웨덴	3년 후(북유럽 시민은 제한 없음)	
스위스	4개 주에서 5~10년간 거주 후, 선거권은 2개 이상의 주에 부여됨	5~10년 후, 3개 주에 거주자. 선거권은 한 개의 주 이상에 부여됨
영국	영연방과 아일랜드 시민에게만 부여(최소 거주 기간 없음)	

출처: Harald Waldrauch(2004)에 근거, Martiniello(2006)에서 재인용

족 집단 사이에서 시민적 및 정치적 참여의 다양한 수준을 완벽하게 설명할 수 없다. 예를 들어 포르테스와 룸바트(Portes and Rumbaut, 2006)는 최소한 출신국, 또는 역으로 정착국을 향한 정치적 참여의 **형태**를 정의함에 있어 세대 (1세대, 2세대 등)의 중요성을 제시한다. 포르테스와 룸바트는 정치적 참여의 모습과 동등하게 중요한 것은 출신국의 특성으로 국적 없는 국가, 폭력적 국가, 합병되었으나 사이가 좋지 않은 국가, 이민을 장려하는 국가 등과 같은 특성이 중요하다고 본다. 이 시점에서 정치적 참여가 무엇을 의미하는지를 정의할 필요가 있다. 마르티니엘로(2006)는 정치적 참여를 다음과 같이 언급한다.

> 정치적 참여란 개인이 주어진 정치적 공동체의 집단 사건의 운영에 참여하는 다양한 방식이다. 정치적 참여는 많은 정치과학 연구가 보여 주듯이 투표 또는 선거 출마와 같은 전통적 형태에 제한되지 않는다. 정치적 참여는 저항, 시위, 연좌 농성, 단식, 보이콧 등과 같은 전통적인 형태와는 다른 정치적 활동을 포함한다. (p.84)

마르티니엘로는 전통적, 현대적(그리고 개인과 집단 정치) 방법으로 정치적 참여를 구분하는 것은 문제가 있으며, 정치적 참여를 범주화하는 대안적 방법이 필요하다고 주장한다. 레비트와 야월스키(Levitt and Jaworsky, 2007)는 여러 연구를 요약하면서 이주자 정치 참여는 최소한 세 가지 측면이 있다고 보았다. 즉, 선거 정치의 참여, 정치 정당 또는 캠페인의 참여와 정치적으로 구성된 협회의 참여, 하나 또는 그 이상의 국가에서 정치적 목적을 위한 로비 또는 정치적 선동이 포함된다. 이는 **출신국**의 정치와 **정착국**의 정치를 포함한다.

출신국 정치homeland politics는 출신국의 주요 이슈에 대한 정치를 의미하지만 이는 출신국과 정착국의 쌍방적인 특성을 포함하는데, 출신국의 정치인들이 정치적 지원을 위해 정착국을 방문하는 것이 보통이다. 예를 들어 2004년 도미니카공화국의 대통령은 실제로 뉴욕 시에서 선출되었다(Portes and Rumbaut, 2006). 이처럼 출신국 정치는 이주자들이 국외 거주자 캠페인과 해외 선거에 참여하거나 보다 적극적인 형태로는 심지어 후보로 출마하는 것을 포함한다. 이러한 정치적 참여는 여러 다양한 목적을 갖고 있지만, 특히 출신국에서 해외 정책에 큰 영향을 미친다. 이처럼 다양한 출신국 지향적 정치는 **정착국**의 정치와 직접적으로 연결되거나 연결되지 않을 수 있으며(Levitt and Jaworsky, 2007), 이는 이중 또는 다중 국적의 출현, 보다 일반적으로 이주자 초국가주의는 정착국에서 이주자의 정치적 통합을 방해할 것이란 주장이 제기되고 있다. 하지만 포르테스와 룸바트(2006)는 미국에서 이러한 주장이 왜 잘못되었는지를 다음과 같이 설명한다.

초국가적 활동이 일부 사례에서는 충성심과 정체성의 획득을 늦추는 것이 가능하지만, 많은 증거가 보여 주는 것은 이는 제로섬 게임이 아니며 초국가주의의 많은 측면들은 미국에서 이주자의 정치적 통합을 확대하는 것으로 귀결된다. (p.138)

쿠프만(Koopmans, 2004)은 독일의 이주자는 의사결정에 대한 정치적 통로를 찾기 힘들고, 공적인 영역으로부터 제외되는 도시의 이주자는 출신국의 정치를 더 지향한다고 밝히고 있으나, 포르테스와 룸바트(2006)는 '정치적 통합'이 이주자에 의해 성취될 수 있다고 주장한다. 왜냐하면 첫째, 이주자의 초국가적 정치에 대한 경험은 미국에서 정치적 활동에 개입하는 방법을 제공해 주며, 둘째, 이중국적은 출신국 정치의 포기 없이 미국 정치에 개입될 수 있다는 느낌을 가능하게 하며, 셋째, 이주자는 출신국에 적용할 목적으로 미국의 기구와 정치적 문화를 사용하기 때문이라는 것이다.

정착국에서의 이주자 정치는 대개 권리, 정상화, 거주 및 노동 허용, 서비스에 대한 접근, 차별에 대한 투쟁, 집단의 존재성 부각(때때로 요구제기라고 불리는 것)과 같은 것을 포함한다. 정착국에서의 정치는 또한 출신국의 자원을 포함한다. 모로코와 터키 정부는 자국 출신의 이주자를 위하여 통상적으로 프랑스와 독일 정부의 정책에 개입한다. 그러나 정착국에서 이러한 부류의 정치는 출신국의 정치를 반드시 포함할 필요는 없다. 에리트레아인과 쿠르드족이 끊임없이 요구하듯이 집단은 자치권의 인정 또는 보호 조치의 시행을 위하여 지역 또는 국제 조직(예를 들어 유럽위원회)에 로비를 목적으로 하나 또는 다수의 정착국의 자원을 활용할 수 있다(Levitt and Jaworsky, 2007).

이주자의 정치적 참여의 또 다른 특성은 레비트와 야월스키가 언급한 **트랜스-로컬** 정치에서 찾아볼 수 있다. 이는 이주자가 고향 마을이나 도시의 경제적 프로젝트를 지원하기 위해 향우회를 결성하는 것을 포함하는데, 특히 송금이 주로 사용된다. 초기에는 경제적인 특성을 갖고 있지만, 이러한 프로젝트는 출신국의 정부가 이를 규제하거나 장려하면서 곧바로 정치적인 것이 된다(Levitt and Jaworsky, 2007). 예를 들어 이는 미국의 멕시코인이나 엘살바도르인에게서 흔히 일어나지만, 영국의 가나인 또는 프랑스의 모로코인에게서도 나타난다(Mohan, 2008; Samers, 2003c).

이주자의 정치적 참여는 반드시 선거 또는 정당 활동과 같은 형식적인 정치를 포함할 필요가 없음을 앞에서 언급하였다. 실제로 상당수의 이주자 NGO와 이주자 협회가 유럽과 북아메리카에서 이주자의 관심을 드러내기 위해 출현하였다. 유럽에서 친이주자 NGO는 유럽연합에 대한 로비에서 이익을 얻기 위하여 유럽연합이 위치한 브뤼셀에 집중되어 있으나 이주자 인구가 많은 대부분의 주요 도시에도 존재하고 있다. 상담위원회consultative committees는 정치적 과정에서 이주자 문제를 전담하고 이를 유럽 지역으로 확대하기 위해 1960년대 벨기에에 창설되었다. 시장, 도시, 읍의 의회는 이주자에 대한 정책 결정에 앞서 상담위원회에 자문을 구하는데, 특히 공공서비스의 공급과 관련된 자문이 주를 이룬다.

몰루카인,[18] 모로코인, 수리남인,[19] 터키인 공동체의 이주자 조직 또는 민족 조직은 종교적 다양성을 허락하는 네덜란드의 정치적 구조 속에서('토대화pillarization'라고 불리는 것) 종교적 요구를 주장하기 위해 형성되었다. 오랫동안 네덜란드 정책에서 다문화주의 채택과 함께 토대화는 왜 상당수의 이슬람교와 힌두교 학교들이 네덜란드에 세워졌는지를 설명해 준다. 이는 어쨌든 이상한 과정이 아니며, 종교 학교의 설립에서부터 교회나 모스크의 설립과 같은 현상이 벨기에, 프랑스, 독일, 영국에서 나타나고 있다(Dumont, 2008; Martiniello, 2006).

그러나 위에서 언급한 상담위원회는 실제적인 권력의 실천에는 영향력을 발휘하지 않는다. 대신에 상담위원회는 민주주의에 대한 립 서비스, 즉 지방정부로 하여금 이주자의 정치적 참여 과정을 법제화하는 수단을 촉구하거나 또는 상당수의 이주자가 정치에 참여하지 않고도 지역 이주자 엘리트를 통하여 공공서비스를 공급받을 수 있는 방법을 제공해 준다(Dumont, 2008; Martiniello, 2006). 마르티니엘로는 북부와 서부 유럽 국가에 비해 이주자의 지역 정치 참여가 어려운 이탈리아와 에스파냐와 같은 남부 유럽 국가에서 상담위원회의 제안에 대해 지역 공무원이 불평을 제기한다고 언급한다. 카탈루냐(바르셀로나를 포함한 카탈루냐어를 사용하는 지역)의 국가정부 대표

중의 한 사람은 "그들(이주자들)은 카탈루냐 사람들의 억압의 역사를 진정으로 이해할 수 없다"고 주장하였다(Martiniello, 2006, p.95). 이와 비슷하게 볼로냐(이탈리아의 북부 중앙 도시)에서 한 군인 좌파 민주주의자는 "그들은 민주주의에 익숙하지 않다"고 언급하였다(Martiniello, 2006, p.95).

비록 일종의 편견과도 같은 일반화일지 모르지만 이러한 주장은 완전히 생소한 것은 아니다. 예를 들어 빌로도우(Bilodeau, 2008)는 대부분 억압적인 체제(그들의 이주 이전의 경험)로부터 이주한 사람들은 저항적인 정치적 참여를 꺼려한다는 것을 언급하였다. 이와 비슷하게 프레스톤 등(Preston et al., 2006)은 캐나다의 홍콩 이주자들은 공식적인 정치 참여가 낮은데, 이는 홍콩에서 대의 민주주의의 역사가 짧기 때문이라고 보았다. 그러나 이주자 중에서 남성들은 공식적인 캐나다 정치에 참여하고자 하였고, 여성들은 지역 교육 정책이나 자녀와 관련된 정책에 좀 더 관심을 보였다. 그들의 연구에서 대부분의 홍콩 이주자들이 젠더에 상관없이 캐나다 시민권을 중요하게 여기는 이유는 정치적 권리(특히, 투표권) 때문이라고 언급하였다. 그러나 이러한 연구 결과는 상황에 따라 딜라진다는 특성은 말할 것도 없거니와, 국가와 이주의 로컬리티에서 정치적 기회 구조의 차이를 간과할 수도 있다.

심지어 미등록 이주자들은(사센(1999)은 이들을 합법화되지는 않았으나 인정된 사람들이라고 부름) 비공식적 활동을 통해 정치적 참여를 할 수 있다. 제4장에서 살펴보았던 1990년대 중반 파리의 성 베르나르 성당에서 말리 출신 **불법 체류자**(미등록 이주자)의 정상화regularization를 위한 저항은 이에 대한 하나의 사례이다. 또 다른 예는 제4장에서 살펴본 것처럼 2005년 미국 정부의 제한적인 이민 정책에 반대하면서 미국 전역에서 시가행진을 하고 저항했던 수많은 미등록 이주자들에게서도 찾아볼 수 있다. 그러나 이러한 거대하고 영웅적인 행동과는 반대로 근린지구위원회나 이와 비슷한 활동에 이주자가 참여하는 것이 보다 일상적인 것이며, 이는 이주자의 정치적 참여만큼 중요하다.

결론

이 장에서는 시민권이 지니고 있는 법적 지위, 사회적 권리, 소속, 정치적 참여의 다양한 모습에 대해 살펴보았다. 필자는 지리학자의 연구를 포함한 이주 연구가 초국가적 연결과 정체성을 선호하면서 지역과 국가적 영역의 중요성을 간과한다고 주장하면서 이 장을 시작하였다. 그다음 필자는 소위 '시민권 모델'이라는 것을 살펴보았다. 비록 이것이 미등록의, 주변화된 사람의 사례는 아닐지라도 **거주지주의**가 귀화와 사회적 권리에서 보다 중요해지면서 시민권 모델이 갖는 적합성이 (특히, 유럽에서) 점점 감소하고 있다. 국가들은 점점 정치적 및 경제적 이유 때문에 이중국적을 허락하고 있으며, 이주자들은 부분적으로는 공포로부터, 부분적으로는 현실적 효용을 위해 이중국적을 취득하려고 한다.

이 장의 두 번째 부분은 포스트-국민적 멤버십과 시민권(Soysal, 1994) 또는 국경을 가로지르는 권리(Jacobson, 1996)가 강조되고 있음에도 불구하고, 여전히 국민-국가의 스케일이 중요함을 보여 주고 있다. 포스트-국가화는 아마도 전 세계의 어느 곳보다 유럽에서 가장 뚜렷하게 나타날 수 있으나 유럽에서도 이주자 유형의 범주에 따라 이주자가 갖는 권리의 수준이 달라지고 있다(공민화 또는 시민적 계급화). 비록 사회적 보호는 분명히 국가와 하위국가적 영역에 따라 달라지지만, 전 세계의 다른 곳과 마찬가지로 유럽연합에서도 사회적 복지 수혜의 내용은 신자유주의라는 맥락에서 축소되고 있는 것으로 보인다.

이 장의 세 번째 부분은 도시의 사회적 및 문화적 배제, 동화, 다문화주의, 통합, 초국가적 소속에 대한 복잡한 이슈를 살펴보았다. 우리가 만약 이러한 사고에 관여하기를 원한다면 장소, 스케일, 영역 및 시간의 중요성을 간과할 수 없다. 배제, 동화, 다문화주의, 통합, 소속과 같은 것은 강력한 담론, 정치 및 관습을 재현하며, 많은 서구 국가들은 2001년 9.11 사건 이후 공식적 또는 비공식적으로 다문화주의의 관습으로부터 시민의 통합 및 신동화주의라고 불리는 것으로의 변화를 경험하였다. 다른 형태의 배제(고용, 주택 등)와 함께 이는 특정 이주자 공동체에 심각하고 때때로 해로운 영향을 미친다. 그러나 이주자들은 때로는 정착국의 규준과 관습을 거부하면서, 때로는 이것에 적응하면서, 때로는 복잡한 초국가적(또는 디아스포라적) 정체성을 구성·탐색·협상하면서 수퍼-다양성super-diversity이라는 맥락에서 다중스케일적 실재를 협상하는데, 이는 실재적 또는 가상적 고국에 대한 애착을 포함한다. 이러한 애착은 특성상 초국가적이면서도 도시적, 트랜스-로컬적, 트랜스-지역적, 젠더적, 계층적, 친족적, 범민족적 또는 범종교적 특성을 갖는다. 종교는 초국가적 이주자 소속감에서 중요한 특성을 가지며, 우리가 초국가주의라고 표현할 수 있는 것은 아마도 국경을 가로지르는 동일-종교적 애착일 수 있다.

이중국적, **거주지주의**, 다중적 소속감은 정착국에서 정치적 참여를 약화시키는 것으로 보이지는 않는다. 이와는 반대로 이는 많은 해외 공동체와 복잡하게 얽힌 문화적, 정치적, 사회적, 경제적 네트워크에 의해 송출국과 이입국이 연대를 형성하면서 정치적 포함을 자극할 수 있다. 이는 자유적인 글로벌 도시의 다민족 집합에 의한 정치적 참여를 설명하려는 시도일 수도 있으나, 보다 중요한 것은 이주자들이 시민권을 얻는 과정에서 정치적으로 선거권을 가질 수 있는 공식적 또는 비공식적 기회를 제공하는 국가적, 지역적 및 로컬의 정치적 기회의 구조이다.

더 읽을 거리

시민권과 이주에 대한 문헌은 매우 많다. 최근 개론서로는 바우벡(Bauböck, 2006)의 『이주와 시민권』이 있다. 이 책은(비록 유럽에 초점을 두고 있지만) 이 장에서 언급했던 시민권의 차원과는 다른 연구를 언급하고 있다. 베르토벡, 레비트와 야월스키(Verbovec, Levitt and Jaworsky, 2006)에 의해 출간된 "*Journal of Ethnic and Migration Studies*"(2001)의 특집호 내용은 초국가주의에 대한 다양한 측면의 광범위한 요약을 담고 있다. "*Journal of Ethnic and Migration Studies*"(2008)의 특집 주제인 '디아스포라의 긴장: 초국가적 관계의 딜레마와 갈등', 그리고 '아프리카—유럽: 이중 관계'(Grillo and Mazzucato, 2008)는 최근의 사례 연구를 제공한다. 포르테스와 룸바트(Portes and Rumbaut, 2006)의 포괄적인 연구, 캣지와 에클랜드(Cadge and Ecklund, 2007)의 연구는 미국에서 이주와 종교에 대한 1990년 이래 출판된 문헌을 고찰하고 있다. 브루바커(Brubaker, 2005)는 블런트(Blunt, 2007)와 마찬가지로 디아스포라에 대한 광범위한 연구를 고찰하는데, 보다 지리적인 연구에 초점을 두고 있다. 쿠프만(Koopmans, 2004)은 정치적 제청에서 로컬, 지역, 국가적 맥락의 중요성에 대한 구체적 설명을 제공한 반면에 포르테스와 룸바트(Portes and Rumbaut, 2006)는 초국가적 이주 정책을 강조하는 설명을 제공한다. "*Asia and Pacific Migration Review*", "*Ethnic and Racial Studies*", "*Gender, Place and Culture*", "*International Migration Review*"와 같은 학회지들은 시민권과 소속에 대한 다양한 개념적 접근의 사례 연구와 논점을 다수 포함하고 있다.

1. 왜 시민권의 민족적 모델이 문제가 되는가?

2. 소이잘의 포스트–국민화의 한계는 무엇인가?

3. 어떤 점에서 권리의 신자유주의화가 존재하는가?

4. 지리학은 동화 또는 통합의 과정에 어떻게 중요한가?

5. 왜 단순히 초국가적인 것이 아니라 초국가적 소속감인가?

6. 정치적 기회 구조는 무엇이고, 지역 문제에서 왜 정치적 참여가 중요한가?

제6장

결론

국제 이주는 16세기 국민국가가 출현한 이래로 계속되고 있는 가장 근본적인 특성으로서, 21세기를 맞이한 지구촌 사회의 정치·경제·사회문화적인 면모를 지속적으로 변화시켜 가고 있다. 세계 경제활동의 주기적인 부침, 수많은 정부들의 규제적 입장, 시민들의 우호적 수용, 이주자들의 에너지와 그들의 단호한 결정 및 희망 등은 국제 이주에 가장 뚜렷하게 영향을 미쳐온 요인이다. 하지만 국제 이주는 그러한 요인들에 의해서만 진행된 것은 아니며, 그 영향력과 관계없이 광범위하게 이루어져 온 것도 사실이다. 이러한 맥락에서 사회과학에서의 '새로운 이동성 패러다임'은 인간이 어느 정도 규모로, 얼마나 쉽게 이주하는지에 대해서 다소 과장되게 접근하는 위험에 빠질 수도 있다.

필자가 제1장에서 지적했듯이 세계 인구의 약 3%가 그들의 기원국 바깥에서 살고 있는 것으로 추산된다. 혹자는 이 수치가 이주와 이민을 과소평가한 수치이며, 실제로는 더 많다고 주장하기도 한다. 하지만 어찌 되었건 단 3%라는 수치에만 주목한다면, 그 3% 이외의 다른 비이주자들의 세계는 마치 국제 이주와는 **무관하게** 전개되고 있는 것처럼 오해를 부를 수도 있다. 칼링(Carling, 2002)이 지칭한 '비자발적 비이동성involuntary immobility'[1] 개념에 주목한다면 전 세계의 수많은 사람들이 국제 이주와 관련하여 고난의 과정을 겪고 있음을 이해할 수 있을 것이다. 이와 아울러 수치상으로는 단지 3%에 불과하지만 전 세계의 이주자의 수가 역사적으로 전례가 없는 거대한 규모로 증가했다는 사실을 직시해야 한다. 최근 전 세계적으로 이주자의 수는 대략 1억 9300만 명 정도로 추산되고 있고, 그중 1400만 명은 난민으로 추산된다.

새로운 이동성 패러다임은 신선한 사회적 상상력과 수많은 문화기술지적 연구와 함께 탄생하게 되었는데, 이주자들은 단순히 빈곤이나 전쟁의 희생자로서 수동적으로 형성된 것이 아니며, '행위주체'로서 자신들의 목소리를 내고 있음이 밝혀지고 있다. 그렇지만 국제 이주를 그러한 패러다임 속에서 무비판적으로 흡수해서는 안 된다. 대부분의 정부와 공공기관은 특히 미숙련/저소득 이주자들의 이동을 억제하는 이주의 장애물을 계속 만들어 내고 있다. 또한 국제 이주는 일반인들이 흔히 생각하는 것처럼 개인적인 수준에서 쉽게 이루어지는 변덕스러운 프로젝트가 결코 아니다. 사실상 이동성은 영역의 문제와 부딪칠 수밖에 없다. 따라서 국제 이주는 파편화되고 계층화되고 있다. 즉, 누군가는 다른 이들보다 **법적으로** 더 많은 이동성을 보장받게 되는 것이다.

21세기 사회과학의 학술 담론은 뚜렷한 사회적 범주를 용해시켜 탈범주적 접근을 시도하는 환상에 사로잡혀 있는 경향이 있다. 하지만 '글로벌 도시 global city'의 부유한 업무지구에 위치한 고소득 직업을 취하기 위해 매우 쉽게 이주를 실행하는 고소득 이주자와 수용소나 난민 캠프에 갇힌 수많은 망명 신청자 혹은 전 세계의 수많은 미등록 이주자 간에는 분명한 차이가 있나. 따라서 이를 구분하여 접근하는 것이 마땅하다. 후자에 속하는 많은 이들은 고향으로 돌아갈 수가 없거나 혹은 돌아가려 하지 않는다. 왜냐하면 고향으로 돌아간다면 다시는 지금 살고 있는 곳으로 되돌아 올 수 없다는 두려움이 있기 때문이다. 그렇다고 해서 고소득 이주자는 높은 이동성을 지니고 있으며, 저소득 이주자는 낮은 이동성을 지니고 있다고 도식적으로 단정하는 것도 옳지 않다. 오히려 저소득 이주자가 이동성을 **강요받아** 고통받는 경우도 있을 수 있다. '고숙련' 이주자인 경우에도 마찬가지이다.

이동성은 역설적인 전략이다. 왜냐하면 이주자를 뿌리 뽑는 외교 정책을 우선적으로 시행하고 있는 정부들(특히 선진국의 정부)이 전 세계적으로 이동성을 억제하기 위해 많은 노력을 기울이고 있기는 하지만 이주는 여전히 계속 진행되고 있기 때문이다. 지리학자들이 말하는 '불균등 발전'이라는 맥락 속에서는 이동성의 억제가 오히려 더 활발한 이동성의 원인을 제공하는 것이다. 그 이유는 이주자들도 당연히 '더 나은 삶'을 추구하고 있기 때문이다. 이것이 바로 저소득 국제 이주자들에게서 나타나는 이동성의 역설인 것이다.

필자는 차별적 이주와 공간 사이의 관련성을 이해하기 위해서는 공간, 장소, 스케일, 영역 같은 공간적 메타포에 좀 더 큰 관심을 기울일 필요가 있다고 주장하였다. 놀랍게도 기존의 이주 연구 문헌들은 대체로 '공간적인 측면과 관련하여 미숙한' 수준에 머물러 있다. 공간적 용어를 적절하게 정의하는 데에도 인색하고, 상호 연관된 영역이나 스케일의 상세한 효과를 지적하지도 못하고 있다. '다중스케일적 공간성multi-scalar'이나 초국가주의transnationalism, 트랜스로컬trans-local 등과 같은 공간적 용어를 직접 사용할 때조차도 그 미숙함은 여전하다.[2] 마찬가지로 도시, 마을, 근린 등의 구체적인 한 장소를 주의 깊게 분석하고 기록하는 연구들조차도 그 '장소'가 발휘하고 있는 상세한 효과를 분명하게 드러내지 못하는 경우가 적지 않다. 특히 한 장소를 분석함에 있어서 다른 장소 및 영역과 비교하면서 논의하지 못한다면 그 장소의 효과를 온전히 드러내기가 무척 어렵다. 블룸라드(Bloemraad, 2006)와 블로흐(Bloch, 2007)는 그러한 장소 비교 연구를 위한 가이드라인을 제시하고 있어 참고할 만하다. 이처럼 '지리가 중요하다'는 점을 정확하게 밝히기란 늘 쉽지 않은 일이다. 바로 이러한 점이 이 책의 여러 목적들 중 하나이다.

필자가 제2장에서 밝힌 것처럼 가족 이주자로부터 난민에 이르기까지 무척이나 파란만장한 그들의 사연과 특성을 고려해 볼 때, 그러한 다양한 이주들을 설명하는 것은 그리 단순한 작업이 아니다. 더욱이 필자는 단지 '배출—흡인' 이론들이나 '인구의 불균형demographic disparity'과 관련된 주장들을 사용하여 그 답을 구하고자 하는 것은 적절하지 **못하다**는 입장에 서 있다. 대안적으로 본다면 글로벌 자본주의와 글로벌 불균등성을 고려하여 이주를 설명하는 것이 보다 전진된 방법임이 분명하다. 하지만 이것도 이주의 방법, 이유, 장소, 시기 등에 대한 불확실하고도 모호한 윤곽만을 그려 주는 것으로 끝나버릴 수 있다. 이 문제를 해결하기 위해서는 구체적인 이주자 네트워크와 제도(향우회, 노동자 모집 사무소, 송금 업무 사무소 등)에 주목해야 하며, 궁극적으로는 사람들의 이동에 영향을 미치는, 그리고 그 이동에 의해 만들어지는 영역의 문제에 주목해야 한다. 간단히 말해서 이주 현상은 단순히 글로벌 자본주의만을 가지고 '완전히 이해될read off' 수 없다. 이주는 자본주의의 외형과 자본주의 재생산의 바탕이 되는 영역을 형성하고 있는 것이다.

제3장에서는 이주자의 운명이 서로 다른 국가에서 매우 다양하게 갈라진다는 점을 밝히고 있다. 전 세계적 이주자들의 사회-경제적 성취 정도를 일반화하는 것은 불가능할 것이다. 왜냐하면 이주자 송출국의 상황, 이주자 유입국으로의 노착 시기, 이민 지위의 특성, 문화적·사회직 수용 맥락, 젠더·국가적·민족적 배경, 다양한 차별화의 기준 등이 각각 다르고, 이는 인종차별주의, 성차별주의, 외국인혐오증, 고용주와 이주자의 체화된 기대치와 실천 등과 결합되어 있기 때문이다. 이 모든 과정들은 특정 장소에서의 기업가주의와 활동 및 임금 고용에 대한 전망에 영향을 미치게 된다. 미리 정의된pre-defined 민족적, 국가적 집단을 출발점으로 삼아 그 이주의 결과를 분석했던 기존의 수많은 연구들은 분명 문제가 있다. 왜냐하면 그러한 결과는 이주자 개인들 모두가 미리 정의된 범주로 정형화되어 있고, 따라서 그 개인들은 모두 동일하다는 전제로부터 나오기 때문이다. 다시 말해 그들의 사회-경제적 이동성을 독특하게 만들어 내는 것은 바로 그들의 국가성 혹

은 민족성과 관련된 획일화된 그 무언가라는 전제로부터 나오기 때문이다.

그렇다고 해서 필자가 이주자들의 실제 삶의 문제에 있어서 국가성이 별로 중요하지 않다고 주장하는 것은 아니다. 국가성은 물론 중요하다. 특히 이주와 이민 문제의 담론과 실천과 정책이 전개될 때에 국가성이란 것이 사회적으로 의미 있는 그 무언가로 다루어지고 있기 때문에 중요하다고 할 수 있다. 여하튼 간에 필자가 명명한 '국제 노동시장 분절화ILMS, international labor market segmentation', 혹은 다른 이들이 주장한 '노동시장의 체화된 특성 the embodied character of labour markets' 등의 과정에 초점을 맞추어 설문 조사와 문화기술지적 작업을 시도할 필요가 있다. 이러한 작업의 결과를 활용한다면 '전통적' 접근이 갖고 있는 한계를 극복하면서 이주와 노동의 지리를 좀 더 잘 이해할 수 있을 것이다.

국제 노동시장 분절화ILMS 개념 및 이와 연관된 접근법을 활용하여 살펴본다면 그러한 노동시장의 결과가 사회적 권리, 이주 정책, 주택 정책, 도시 및 농촌 경제의 특성들(고용 전망, 임금 등)과 결코 분리되어 만들어진 것이 아니라는 점을 알 수 있게 된다. 더욱이 그러한 여러 문제들은 구체적이면서도 상호 연관되어 있는 영역의 문제와 연루되어 있음을 간과해서는 안 된다. 물론 이 책에서 제시된 중요한 이야기들은 상이한 노동시장의 결과가 복잡한 지리들과 어떻게 연관되어 있는가의 문제는 물론이고 그 이상의 것을 다루고 있다. 제3장에서 살펴본 바와 같이 가진 것이 거의 없는 이주자들의 삶은 이탈리아와 말레이시아의 집안 청소 작업에서 네브래스카 도살장의 고기 절단 작업에 이르기까지, 브라질의 고단한 거리 행상에서 남아프리카 공화국의 귀금속 채굴에 이르기까지 단조롭고도 임금 수준이 낮은, 때때로 대단히 위험한 노동으로 점철되어 있다. 매우 비정한 고용주에게 종속된 이주자에게, 가장 낮은 수준의 사회적 권리마저 박탈당한 이주자에게, 배제와 주변으로 내몰려진 이주자에게 이주는 끔찍한 경험이 아닐 수 없다. 그러한 상황은 자발적 선택으로, 혹은 어쩔 수 없이 그들이 떠날 수밖에 없었던 기원지의 조건과 비교했을 때 여러 가지 측면에서 결코 더 나아진 것이 없는 것이다. 저임금 고용이나 만성적 실업 문제 등의 열악한 상황으로 그들의 건강은 악화되고 자녀들의 삶도 아울러 고통을 받게 된다.

제4장에서는 저소득 이주자, 망명 신청자, 고숙련 이주자들에 대한 입국 정책에 있어서 선진국과 가난한 국가 간에 어떠한 공통점과 차이점이 있는지에 대해 살펴보고 있다. 대부분 국가들의 이주 정책은 특정 기술에 대한 노동시장의 수요 변동, 안전 문제에 대한 두려움, 문화적 인종주의 혹은 민족주의, 외국인혐오증, 가난한 자들에 대한 두려움, 외교정책의 규정, 공공 비용에서 이민이 차지하는 의미 등을 어떻게 평가하고 인식하느냐에 따라 다르게 추진된다. 이외에도 국가의 건설(예를 들어 캐나다의 경우), 문화적 친밀감, 가족 결합과 같은 인도주의적 관심 등에 대한 평가와 인식에도 영향을 미친다. 하지만 이주 정책에 관한 대부분의 이론적 설명에서 흔히 놓치고 있는 부분이 있는데, 그것은 복잡한 하위국가적 영역성들이 어떻게 국가 정책을 만들어 가고 있는가 하는 점이다. 이와 관련하여 필자는 제4장에서는 미국의 사례를, 제5장에서는 일본의 사례를 기술하였다. 아울러 같은 맥락에서 입국 정책이 만들어지는 데 이주자 자신도 일정 부분 영향을 미치고 있다는 점도 간과해서는 안 된다. 흔히 입국 및 정착과 관련된 정책이 이주를 만들어 가는 것으로 간주되지만, 또한 역으로 이주 자체가 다른 영역 혹은 조절 스케일을 통해서 입국 및 정착과 관련된 정책을 만들어 가기도 한다.

선진국의 '이주 관리'라는 주술적 용어 속에는 캐나다나 오스트레일리아에서 영감을 얻은 점수제 혹은 단계식 이주 제도가 반영되어 있다. 이러한 제도의 영향을 받은 이주 관리의 목적은 '적절한 부류'의 이주자, 다시 말해 고용주들의 요구에 의해 결정된 '고숙련' 이주자 혹은 충분한 자본을 가져와 투자할 수 있는 부유한 이주자를 끌어들이는 것이다. 동시에 저소득 이주자의 경우는 재정난에 빠졌다고 주장되는 복지제도를 보호해야 한다는 명목으로 그 숫자를 최소한으로 제한하고 있다. 이러한 정책들은 1980년대 이래로 선진국에서 벌어지고 있는 신자유주의화 과정의 핵심이라고 간주되기도 한다. 물론 그것과는 상관없다는 의견도 있다.

그런데 이러한 정책들을 신자유주의화의 과정이라고 간주한다 하더라도 그것들이 결코 새로운 것은 아니라는 점을 기억해야 한다. 적어도 19세기 이래로 많은 국가들이 외국으로부터 고숙련 노동자를 유입시켜 왔으며, 반면 국수주의적 반이민 주창자들panics은 '가난한 이주자'와 '건강하지 못한 이주자unhealthy'를 배척해 왔다. 하지만 선진국의 정부가 21세기 벽두부터 저소득/미숙련 이주자들의 입국을 완전히 금지하고 있는 것이 아니냐는 주장은 옳지 못하다. 오늘날 미숙련 이주에 대한 조절이 유럽에서 육체노동에 대한 수요가 최고조에 달했던 1950~1960년대보다 훨씬 더 엄격하게 이루어지고 있음은 분명하다. 그러나 미국, 영국, 캐나다, 프랑스, 말레이시아, 사우디아라비아, 싱가포르, 에스파냐 등을 포함한 여러 정부에서는 여전히 특정 미숙련 노동자의 이주를 권장하고 있다. 예를 들어 영국과 미국에서의 농업 노동 이주자, 말레이시아와 사우디아라비아의 가정 노동 이주자가 그 예이다. 유럽의 많은 국가에서는 또한 법제화된 사회적 권리인 가족 재결합을 일부 조건에 한하여 인정하고 있다. 미국의 경우 1960년대 이래로 구체적인 정책을 통해 이를 적극적으로 권장하고 있다.

또한 수천 명의 망명 신청자와 난민들도 유럽과 북미에서 최소한의 보호를 받으며 삶을 이어가고 있다. 이러한 가운데 특히 유럽에서는 망명 신청자들에 대한 공포가 확산되고 있다. 이들이 정착지에서 직면하고 있는 배제와 가난, 폭력은 심각한 지경에 이르고 있다. 이주와 이주 정책이 노동 수요에 대한 정부 차원의 집중적인 노력만으로 좌우되는 것은 물론 아니다. 정부가 계급 기반의 완벽한 규제 정책을 성공적으로 정비한다 하더라도 수많은 이주자들은 비자visa상의 체류 기간을 넘겨 그대로 살아가고 있으며, 또한 국가의 보호와 안전 문제를 내세우는 정부의 경고를 무시한 채 군사화된 국경을 넘고 있다. 그리하여 결국 이주자들은 반영구적 정착을 감행하거나 혹은 오랜 기간을 버틴 후 체류 양성화를 얻어 내고, 더 나아가 마침내 시민권을 획득하기에 이른다. 또한 일부 사례에서 볼 수 있는 바와 같이 진보적 법정이 개입하여 미등록 이민자들의 추방을 금지하기도 하고, 국경 넘어 멀리 떨어져 있는 가족 구성원들의 재결합을 보장하기도 한다.

이주 현상, 그중에서도 특히 이출emigration 현상에 관한 가난한 국가정부들의 반응은 양면적ambivalent이다. 고숙련 노동력이 빠져나가는 현상은, 경제를 발전시키고 간호업nursing 같은 사회 서비스를 일으키는 데 필요한 귀중한 기술을 상실하는 것을 의미한다. 예를 들어 간호업의 경우는 남아프리카공화국에서 특별한 관심사가 되고 있다. 그런데 다른 측면에서 바라보는 시선도 있다. 즉, 이출 현상을 통해 실업 인구가 외국으로 빠져나가 실업률이 줄어들 것이고, 막대한 양의 송금이 유입될 것이며, 새로운 기술을 습득할 가능성은 높아질 것이라는 기대감으로 이를 긍정적으로 바라보는 국가들도 많다. 더 나아가 그들이 언젠가는 고국으로 귀환하여 자국 발전에 기여하게 될 것이라는 희망을 품고 있기도 하다. 하지만 그들이 반드시 귀환하는 것은 물론 아니다. 일례로 실리콘 밸리에서 훈련받은 인도 출신 컴퓨터 엔지니어가 인도 남부, 특히 방갈로르Bangalore로 귀환하여 인도의 소프트웨어 산업을 번창시키는 데 기여하기도 한다. 이러한 경우는 두뇌 유출이라기보다는 '두뇌 순환brain circulation'이라고 표현할 수 있다. 혹은 가난한 국가의

'두뇌 유입brain gain'의 분명한 사례라고 **표현할 수도 있다.** 그러나 이러한 순환으로 이익을 얻게 되는 것은 과연 누구일까? 인도인 모두일까? 방갈로르라는 도시 지역 주민들일까? 아니면 인도와 실리콘 밸리 사이를 왕래할 능력을 갖춘 사람들에게만 그 이익이 제한되어 나타나는 것일까? 이것은 쉽게 답을 구할 수 있는 문제가 아니다. 하지만 불균등 발전의 견지에서 계층과 공간의 문제에 반드시 주목해야 할 이유가 여기에 있음은 분명하다.

　제5장에서는 법적 지위, 사회적 권리, 소속감 혹은 '정체성'의 문제, 정치적 참여 등 시민성의 네 가지 상이한 차원에 대해 개략적으로 살펴보았다. 최근 점점 더 많은 국가에서 이중국적 혹은 복수 국적을 채택하고 있는 중이다. 그러나 유입 이주과 이출이 모두 다 활발한 국가들 중 일부는 복수 국적의 수용은 차치하고라도 이중국적의 수용조차도 계속 꺼려하며 침묵으로 일관하고 있다.

　아울러 시민성에 대한 국가적 모델은 **거주지주의**jus domicili에 따라 그 권리를 차별화하는 방식이 선호되면서 변질되고 있는 듯하다. 이처럼 국가적 모델이 변질되면서, 일부 학자들은 '탈국가적post-national 시민성' 혹은 '초국가적transnational 시민성', '국경을 가로지르는 권리', '글로벌 혹은 국제 인권' 등이 중요하다는 점을 주장하고 있다. 탈국가적 시민성 의식이 가장 많이 진전된 것으로 알려진 유럽연합에서 이것은 '제3국 국적 영주권자resident third country nationals: TCN's[3]와 그 가족들에게만 제한적으로 적용되고 있다. 망명 신청자나 미등록 이주자들에게는 전혀 적용되지 않는다. 벤하비브(Benhabib, 2004[2007])는 이와 관련하여, "우리 사회에서 제대로 된 서류를 갖추지 못한다면 더 이상 시민으로서의 생명은 없는 것이다"(p.215)라고 개탄한 바 있다. 하지만 이러한 가운데서도 한편으로는 국가 시민 정책에 탈국가적 요소들을 점점 더 많이 포함시키려는 움직임도 있기는 하다. **장기 체류하는** 제3국 국적 영주권자TCNs나 혹은 다른 유럽연합 국가의 시민들을 대상으로 그러한 정책이 만들어지고 있다. '거주권denizenship'과 '시민 계층화civic stratification'가 유럽연합에서 복합적으로 일어나고 있는 것이다.

유럽에서 **거주지주의**jus domicili 국적법이 출현하고 있으며, 또한 '탈국가적 권리', '국경을 가로지르는 권리' 혹은 '글로벌 인권 제도' 등과 관련된 온갖 수사들이 난무하고 있다. 그럼에도 불구하고 망명 신청자와 난민은 말할 것도 없고, 합법 이주자와 미등록 이주자의 경우에도 사회적 권한을 획득하는 것은 더욱 어려워지고 있는 실정이다. **대부분의 선진국**에서 그들에게 주어지는 복지 혜택은 축소되고 있는데, 이는 '신자유주의화'와 관련된 주장들과 맥락을 같이 한다. 그런데 캐나다와 미국의 경우는 난민 보호 문제에 있어서 만큼은 예외적인 모습을 보이고 있어 눈길을 끈다.

이와 아울러 지난 10년 동안 이주자들은 근거 없는 비난에 시달려 왔고, 아주 경미한 범죄를 이유로 추방의 고통을 당하고 있다. 이는 특히 특정 집단 출신자들에 대해서 더욱 가혹하게 적용되고 있다. 예를 들어 유럽과 북미에서는 무슬림이, 미국에서는 라틴아메리카 출신 이주자가, 말레이시아에서는 인도네시아인이, 남아프리카공화국에서는 짐바브웨인이, 사우디아라비아에서는 방글라데시인, 인도인, 파키스탄인이 이에 해당된다. 그런데 이는 국가적 탄압을 받고 있는 종교 집단, 국적 집단의 일부 사례에 불과하다. 대부분의 **가난한** 국가에서는 자국 시민들에게조차도 변변한 사회적 권리를 부여하지 못하는 구조적인 한계가 오랫동안 지속되어 왔다. 이러한 가운데 망명 신청자, 난민, 기타 이주자 등에게 국가 차원에서 사회적 권리를 부여하는 것은 요원한 일이었으며, 이는 그리 놀랄 만한 일이 아니다. 가난한 국가의 저소득 이주자들은 대체로 도시 **빈민촌**favelas, 판자촌, 기타 비공식 주거지에 정착하고 있는데, 이곳에서 그들은 선진국에서였다면 받았을지도 모르는 가장 기본적인 사회적 지원조차 받지 못한 채 살아가고 있다.

21세기 선진국의 이주자들이 지니게 되는 소속감은 그들이 어떤 법적 지위에 놓여 있으며, 또한 어떤 사회적 권리를 어떻게 인정받고 있는지에 따라 결정된다. 아울러 동화, 다문화주의, 통합과 관련된 담론과 관행과 정책 등에도 의존하고 있다. 예를 들어 비록 모순적이긴 하지만, 유럽 사회에서 시민 통합 정책이 다문화주의보다 더욱 진전된 방식으로 재출현하고 있고, '다양성'을 강조하는 분위기가 널리 확산되고 있는데, 이러한 변화는 분명 그들의 소속감에 영향을 미치고 있다. 특히 영국과 네덜란드에서 그러한 변화 사례를 분명하게 확인할 수 있다. 하지만 이주자들이 '외국인'의 상황으로부터 '동화'의 상황으로 이어지는 단선적 과정을 따라 변해간다고 보는 견해에는 주의를 기울일 필요가 있다. 끊임없이 변해가는 이민 사회의 특성을 감안한다면 이주자들이 정확히 어느 쪽으로 동화되고 통합되어 가고 있는지를 단언하기란 쉽지 않다. 다민족적, 다언어적 특성이 펼쳐지고 있는 도시의 상황 속에서 특정 근린neighborhood에서 동화 혹은 통합의 과정을 겪는다는 것은 정착국의 주류적 문화 관습을 습득할 것을 강요받는 압력을 의미하며, 또한 그에 못지않게 자신의 동포들이 지닌 국가적·민족적 문화 관습을 그대로 유지할 것을 강요받는 압력을 의미한다. 이러한 면에서 이주자 정체성은 트랜스—국가화된 관습, 트랜스—로컬화된 관습, 범종교적인 관습, 범민족적인 관습, 심지어는 친족적인 관습과 복잡하게 연루되어 있다. 또한 그러한 관습들은 피부색의 문제와 인종차별, 젠더, 계급, 성적sexual 관행, 노동시장 기술, 인터넷 사용, 향우회의 응집력, 이입국에서 접하게 되는 다른 이주자들의 다양한 문화 등의 경험에 의해 영향을 받을 수 있다.

간단히 말해서 '동화' 혹은 '통합'의 담론과 실천은 단순한 방식으로 전개되지 않고 있으며, 서로 다른 영역들을 가로질러 독특한 결과를 만들어 내면서 작동하고 있다. 같은 맥락에서 시민들은 선택적으로 혹은 필연적으로 특정 장소에서 이주자들의 문화적 관습에 적응하기도 하고, 또 그것들로부터 배워 나가기도 한다. 예를 들어 음식과 음악을 생각해 보라. 이처럼 국가적, 지역적, 로컬적 스케일에서의 '혼성화된creolized' 관습은 이주자와 시민들이 모여 있는 다양한 현장에서 독특하게 발전되어 가고 있다. 이주자들도 역시 자신들의 장소와 더 넓은 사회의 문화적, 경제적, 사회적, 정치적 특성을 만들어 가는 데 일조하고 있는 것이다. 이상과 같이 '공간'은 시민성과 소속감에 관한 논쟁에서 중심적으로 다루어져야 한다는 점을 다시 한 번 강조하고 싶다.

해체해야(un-done) 할 것은 무엇인가?

전 세계적으로 활동하고 있는 수많은 친이주자 단체에서는 이주자의 입국 및 정착과 관련된 정책들을 개선하기 위해 여러 가지 방안을 내놓고 있다. 이주자와 함께 하는 상향식 운동 및 변호 활동 외에 필자는 두 가지의 '하향식 정책'을 제안하고자 한다. 이는 새롭고 진보적인 공간을 창출할 것이라 기대된다.

첫째, 국가적 글로벌 이동성 제도mobility regimes를 정립하는 것이다(예를 들어 Papademetriou, 2007; Koslowski, 2008 참조). 이 제도를 지지하는 사람들은 정부가 이동성을 억제하려 하지 말고 그것을 받아들여야 한다고 주장한다. 국제 이동성은 피할 수 없는 현실이라는 것이다. 만약 이동성을 최대한 보장해 줄 수 있는 정부가 있다면 그 정부는 이동성으로 인한 혜택을 가장 많이 볼 것이다. 물론 이러한 주장은 신자유주의 혹은 국가 경제 공리주의utilitarianism가 근간을 이루고 있으며, 필자는 그러한 이념 자체에는 동의하지 않는다. 그럼에도 불구하고 그러한 주장을 발전시켜 대중들에게 이동성의 중요성을 설명하고, 국제 이동성이 좀 더 순탄하게 이루어질 수 있게 해 준다면, 이주자들에게는 새로운 기회가 제공될 수 있을 것이다. 그러나 국제 이동성이 단지 시민, 고용주, 국가뿐만 아니라 **이주자에게도** 이익이 되도록 하기 위해서는 반드시 해결해야 할 사항이 있다. 그것은 다름 아닌 외국인혐오증, 배제, 주변화와 같은 문제들이다. 이를 위해서 국제 이동성은 모든 개인들에게 '도덕적 인간애의 존엄성'을 부여하는 가운데 진행되어야 한다(Benhabib, 2004[2007], p.179).**4** 이와 관련하여 벤하비브(2004[2007])가 제시한 '글로벌 이주의 비범죄화decriminalization'에 주목할 필요가 있다. 또한 한나 아렌트 Hanna Arendt의 '권리를 위한 권리right to have rights'에도 주목할 필요가 있다.

이러한 인간의 존엄성과 권리를 바탕으로 하여 벤하비브와 비판적 성향의 진보적 학자들은 이동성 제도가 '초청 노동자guest worker'만을, 즉 임시 이주 프로그램만을 위한 것이 되어서는 안 된다고 주장한다. 그들에 의하면 그러한 프로그램은 이주자로 하여금 시민으로서의 동등한 권리를 갖지 못하게 하기 때문에 문제가 있다. 국제 이동성은 임시 체류자, 반영구 체류자, 영구 체류자 모두를 위한 보편적인 정치적·사회적 권리와 관련된 국제 인권 규범에 의해 보장되어야만 한다. 이는 국가적·지역적 스케일에서의 투표권, 의료 서비스 혜택, 기타 사회적 권리 등을 포함한다. 만약 대부분의 임시 '초청 이주자guests'에게 투표권이 부여된다면 이주자의 정치적 참여는 당연히 증가하게 될 것이다. 이때 벤하비브는 **각 국가가** 보편적 인권 규범에 의해 정의한 범세계주의를 받아들여 그 **안에서** 작동하는 '범세계적 연방주의cos-mopolitan federalism'가 자리 잡을 수 있도록 해야 한다고 주장한다. 즉, 완전히 **개방된** 경계가 아니라 **다공질의**porous 경계를 주장하는 것이다(Benhabib, 2004[2007], p.220). 벤하비브가 이처럼 다공질의 경계를 주장하는 이유는 다른 많은 정치 이론가들과 마찬가지로 '경계가 획정되어 있지closure' 않은 채,

즉 경계가 없어진 상태에서 과연 민주주의가 제대로 기능할 수 있을 것인지에 대해 의문을 갖기 때문이다(Cole, 2000, pp.180-188과 비교해 보자). 그럼에도 불구하고 벤하비브는 새로운 비영토적 특성에 기반한 민주주의 구현의 모델이 결코 불가능한 것이 아니라고 주장한다. 더 나아가 이는 영토와 민주주의 간의 기존의 관계를 대체할 것이며, 아니면 적어도 한층 더 복잡한 모습의 관계를 재생산할 수 있을 것이라고 본다. 그리고 그녀는 이러한 새로운 '모델'이 더욱 권장되어야 한다고 믿고 있다.

이주가 국가 민주주의의 영토적 한계를 뛰어넘어 어떤 방식으로 진행되고 있는지를 생각해 본다면 글로벌 국가가 출현하고 그 기능이 발휘될 필요가 있다는 점을 인정해야 하지 않을까? 하지만 많은 사회 사상가들은 세계 국가 또는 글로벌 국가 개념에 대해 여전히 조심스러운 태도를 보이고 있다. 이처럼 꺼림칙하면서도 신중하게 수용되고 있는 글로벌 국가 개념은 18세기 철학자 칸트Immanuel Kant의 저술에 그 뿌리를 두고 있다. 칸트는 세계 국가가 '만국 군주제universal monarchy'와 '무영혼의 전체주의soulless despotism'를 향해 나아길 것이라고 믿있다(Benhabib, 2004[2007], p.220에서 재인용).

벤하비브를 포함하여 많은 학자들을 곤혹스럽게 하는 문제는 대규모의 글로벌 국가가 민주주의 재현의 문제와 존재 자체의 정당성의 문제를 어떻게든 해결해야 한다는 점이다. 이 문제를 여기에서 적절하게 다룰 수는 없지만 현실적으로 해결되어야만 하는 큰 문제를 안고 있음은 분명하다. 왜냐하면 벤하비브의 보편적 권리 규범이라는 것은 단지 범세계주의 의식에만 그치지 않고 그 이상의 것을 요구하기 때문이다. 확실히 범세계주의 규범은 이민에 관한 국가의 행태에 영향을 미친다. 일본 같은 국가가 그 전형적인 예이다. 그러나 규범은 물론이고 강제적 집행도 반드시 필요하다.

필자가 제4장의 말미에서 지적한 것처럼 인권에 관한 수많은 '논의'가 있어 왔고, 이와 관련한 국제회의도 점점 더 많이 개최되고 있지만 이러한 논의나 회의가 법적 규제력을 갖는 것은 아니다. 그러한 회의의 협약이 글로벌 국가 없이 과연 강제력을 행사할 수 있을까? 아마도 그렇지는 못할 것이다. 하지만 다른 가능성을 모색해 볼 수는 있을 것이다. 예를 들어 저명한 경제학자인 재그대쉬 배그와티Jagdash Bagwati는 이주를 세계무역기구WTO의 보조 제도로 관리하기 위해 '세계이주조직world migration organization'을 결성할 것을 제안했다. 이러한 조직의 전신이 되었던 유사한 조직의 다자간 위원회가 이미 오래전에 등장하였다. 2003년에 창설된 국제 이주에 관한 글로벌 위원회Global Commission on International Migration가 바로 그 예이다. 이와 유사한 것이 난민을 위한 UN 고등 위원회United Nations High Commissioner for Refugees의 '미래를 위한 희망'이라는 조직이다. 이는 난민의 정착을 위해 선진국이 인구의 1% 정도 규모의 난민을 수용할 것을 권고하는 내용을 담고 있다(Taylor, 2005). 이러한 UN의 제안은 비교적 구체적으로 영향을 미치고 있는 것이 사실이긴 하다. 하지만 그럼에도 불구하고 이주 관리를 위한 이러한 다양하고도 다면적인 아이디어와 제도는 이주자의 복지보다는 사실상 국가의 발전과 시민의 복지를 염두에 두고 있다는 것을 지적하지 않을 수 없다.

주목해야 할 두 번째의 정책 아이디어는 미국에서 출현한 '보호소 도시sanctuary cities' 혹은 '난민 도시cities of refuge'라는 아이디어이다. '보호소'와 '난민'이라는 용어는 돌봄, 관대함, 환대 등을 적절히 표현할 수 있는 메타포이다. 미국 대도시의 보호소는 소도시, 마을, 농촌 지역으로도 확대되어야 하며, 다른 국가로도 확대되어야 한다. 사실 이러한 현상은 특히 미국의 소규모 대학 도시 혹은 대학 타운에서 이미 예전부터 있어 왔다. 예를 들어 오리건 주에 위치한 유진Eugene 시의 행정 관료와 실천가들은 국제 인권 원리를 시의 운영 지침으로 수용하려고 노력해 왔다. 유사한 사례로 노스캐롤라이나 주립대학교의 학자와 학생들도 채플힐Chapel Hill과 그 인접 도시 카보로Carrboro를 '인권 도시'로 지정하려고 많은 노력을 기울이고 있는 중이다(Naples, 2009). 글로벌 국제 인권 제도와 보호소 도시가 농촌 지역으로도 확장되는 현상은 견고한 국가 간 경계를 천천히 와해시키고, 더 나아가 사회적 권리를 강화시킬 수 있을 것이다. 결국 국제 협력을 발전시켜 갈 수 있을 만한 잠재력을 가진 정책이라고 할 수 있을 것이다. 또한 이주자가 국가적 억압으로부터 벗어날 수 있도록 다양한 스케일에서 공간을 수정해 나갈 수 있는 정책인 것이다. 여기에서 필자는 몇몇 정책 아이디어를 가지고 계속 논의를 이어가기보다는 이주의 세계를 새롭게 상상하는 몇 가지 방법을 제안함으로써 좀 더 학문적인 결론을 내려 보고자 한다.

■ 우리의 상상력 해체하기

우리 세계에서 자본의 이동이 제한 없이 이루어 지고 있는 것처럼 사람의 이동도 제한없이 이루어지는 세계를 갈망하는 사람에게 힘이 될 만한 지성적 원천은 분명 존재한다. 국경을 해체하자는 주장에 대해서는 매우 강력한 반발이 있을 수밖에 없다. 오직 국민국가와 그에 기반을 둔 '집단 정체성 의식'만이 안전, 경제 복지, 사회 정의를 가져다 줄 수 있다는 믿음이 퍼져 있기 때문이다(예를 들어 Walzer, 1983). 그러나 철저히 통제된 국경, 제한적 이주 정책, 진정성 있는 국제 인권 제도의 부재 등을 비판하는 주장도 제기되고 있으며, 이러한 주장을 대변하는 단체와 지성인도 많이 있다. 수많은 친이주 시민단체와 이주자는 물론이고, 세이라 벤하비브Sayla Benhabib, 조셉 카렌스Joseph Carens, 필립 코울Philip Cole 등과 같은 자유주의적 정치이론가, 헤럴드 보더Harald Bauder, 데이비드 하비David Harvey, 테레사 헤이터Theresa

Hayter와 같은 진보 지리학자 겸 활동가들이 이러한 주장을 대변하거나 옹호하고 있다. 비록 그들의 주장을 여기서 장황하게 소개하지는 못하지만, 그들의 주장은 공간, 사회 정의, 새로운 지리적 상상력의 문제와 결합되어 있다.[5]

우선 코울(Cole, 2000)은 소위 자유주의적 아이디어liberal idea가 '경계 바깥의 존재'를 고려하지 않는다는 점을 지적한다. 즉, 자유주의 국가의 정책과 실천이 사회의 '내부 구성원이 아닌 다른 사람'에게는 적용되지 않으며, 오히려 그들의 '자유를 제한한다illiberal'는 점을 밝히고 있다. 더 나아가 스스로를 자유주의적 평등주의자라고 칭하는 사람들을 향해, 국제적 이동의 자유를 반대하는 사람들을 향해, 자유주의적 평등주의가 도대체 무엇을 의미하는지를 자문해 볼 것을 주문하고 있다. 헤이터(Hayter, 2000)는 오래도록 이어져 온 국경 개방의 요구를 한층 강조하면서 모든 논의를 통해 사람들의 자유로운 이동을 보장받아야 하며, 국제 인권이 구체적인 모습으로 자리 잡아야 한다고 주장한다. 카렌스(Carens, 1987)는 '이동성을 제한했던 봉건적 장벽과 마찬가지로 국경은 정의롭지 못한 특권을 옹호하고 있다'고 주장한다.

벤하비브(Benhabib, 2008)도 역시 국경은 '도덕적 정당성'을 담보하지 못하고 있다고 주장한다. 마찬가지로 지리학자 헤럴드 보더Harald Bauder는 비판적 학술지 ACME의 2003년 특별호에서 국경의 정의에 대해 문제를 제기한다. 그는 반 파리스(Van Parijs, 1992)가 '시민권 착취citizenship exploitation'라고 부른 것, 즉 시민권이 **없다**는 이유로 인권을 착취하는 것을 인용하면서, 국경이 사회적 불공정social injustice을 재생산하고 있다고 주장한다. 국경을 통해 이주자에 대한 자본의 착취, 즉 고용주의 착취가 허용되는 것이다. 국경은 이주자를 갈라놓고 있으며, 글로벌 차원의 이주자 정치조직의 활동을 차단하고 있다. 보더Bauder는 이를 개선하고 궁극적으로 국제 사회주의를 실현하기 위하여 국경을 없앨 것을 요구한다. 보더의 주장을 반박하는 대부분의 연구는 그가 제시한 국경 없는 세계라는 비전을 '비현실적인' 것으로 간주한다. 많은 비판적 학자들도 국경 없는 세계의 비현실성에 동조하여, 오히려 국경의 존속이 어떤 면에서는 더 바람직할 수 있다고 주장한다(Naples, 2009). 필자는 보더의 논문에 대하여 논평을 게재한 바 있었는데(Samers, 2003b), 거기서 필자는 우리의 상상력을 새롭게 활짝 열어젖히고자 하는 그의 의지를 변론하고 옹호했다. 문화적 오만과 공포와 냉소와 이기심에 의해 국경 없는 세계라는 훌륭한 미래의 비전이 압살당해서는 안 된다는 그의 의지를 변론하고 옹호했다. 카렌스(Carens, 1987)가 기술한 바와 같이 "자유로운 이주는 단시일 내에 성취되기는 어려울 것이다. 하지만 그것은 우리가 지향하고 노력해야 하는 하나의 목표임에 틀림없다"(p.270). 보더(Bauder)는 데이비드 하비가 국경을 "우리 시대의 우수꽝스러운 쓰레기이자 어리석은 것"(Harvey, 2000, p.281)이라고 칭한 것을 강조하면서, 나아가 대안적 상상력을 제안하면서, 희망의 불꽃을 계속 점화해 가고 있다. 바로 이 점 때문에 그의 수장은 의미심장하다. 이것은 변화를 주장하는 하나의 방법임이 틀림없다.

이주의 세계를 새롭게 상상하기 위한 또 하나의 과제가 있다. 그것은 다름 아닌 시민이 특정 이주자를 바라보는 방식에 대해 문제를 제기하는 것이다. 시민의 상상력 속에서 이주자, 망명 신청자, 난민 등은 흔히 문화적으로나 인종적으로 '제자리를 벗어나 있는out of place' 존재로 비추어진다(Cresswell, 1996; Mitchell, 1996; Sibley, 1995). 하지만 만약 선진국의 시민들이 이주자의 기원국을 방문해 본다면, 더 이상 그들을 위험하고 이상한 혹은 '제자리에서 벗어나 있는' 존재로 보지 않게 될 것이다. 부유한 글로벌 북부에서 살아가는 시민은 자기 지역의 문화경관이 본질적으로 유대교-기독교적인 것으로, 변하지 않는 고정된 것으로 바라보는 경향이 있다. 하지만 그러한 고정관념으로부터 벗어난다면 그 경관이 지속적으로 변할 수 있고, 실제로 변하고 있다는 것을, 그리고 새로 유입된 이주자도 그러한 변화에 일정 부분 공헌할 수 있다는 점을 인정하게 될 것이다.

이주자를 '제자리를 벗어나 있는 존재'로 보는 시선은 현대의 부유한 '서구West' 사회에만 국한되는 문제는 아니며, 다른 시대에 존재했던 모든 국가사회에서도 존재했던 문제이다. 선진국의 많은 시민 사이에 퍼져 있는 '비서구적 타자'에 대한 두려움은 단지 인종차별, 문화주의, 외국인혐오증 등에만 뿌리를 두고 있지는 않다. 이러한 편견은 모두 영역을 매개로 하여 표현되고 있으며, '포스트-식민적 죄책감postcolonial guilt'이라 불리는 것과 결합하여 그 뿌리를 이루고 있다. 그런데 그러한 '포스트-식민적 죄책감'을 포스트-식민적 과업engagement으로 바꿀 수 있는 방법이 있을 수 있다. 도린 매시Doreen Massey가 주장한 바와 같이 "우리는 장소의 경계 너머에 있는 지역을 책임져야 한다. 우리가 그 지역에 대해 그동안 저질러 온 잘못 때문에 책임져야 한다는 것이 아니다. 우리가 도대체 어떤 존재인가를 생각해 본다면 책임져야 하는 이유가 분명해진다"(Massey, 2004, p.16). 매시는 '타자'를 '부유한 세계'의 일부로 간주하는 '관계적relational' 사고방식이 필요하다고 주장하고 있다. 이러한 관계적 사고방식을 이주와 이민의 맥락에 도입하게 된다면, 부유한 세계가 가난한 세계로부터 아주 많은 것을 배우고 있고, 또한 빚지고 있다는 것을 비로소 알게 될 것이다. 뿐만 아니라 가난한 세계의 빈곤화를 통해 부유한 세계가 탄생하게 되었다는 것을, 그리고 가난한 세계의 호의적인 정책을 통해 부유한 세계가 많은 득을 보고 있다는 것을 알게 될 것이다. 불균등은 부유함을 낳고, 이주는 이러한 불균등을 부분적으로나마 보여 주는 구체적인 현상인 것이다.

이주자를 (포스트-식민적) '부담' 혹은 '제자리를 벗어나 있음'으로 그려

내는 시민의 상상력은 탈식민화되어야 하고 해체되어야 한다. 그렇게 된다면 우리는 마침내 사회정의가 제대로 구현되는 세계에 대한 상상을 시작할 수 있을 것이다. 그렇게 된다면 이주는 더 이상 불행에 처한 주체가 어쩔 수 없이 하게 되는 공간적 이동으로 간주되지 않을 것이며, 그야말로 더 나은 삶을 위한 기회가 될 수 있을 것이다.

더 읽을거리

'자유 이동'의 윤리에 관한 논저는 매우 광범위하다. 그래서 필자는 여기서 논의된 내용을 다룬 일부 참고문헌을 다음과 같이 명시하고자 한다.

벤하비브(Benhabib, 2004[2007])의 『The Rights of Others』, 코울(Cole, 2000)의 『Philosophies of Exclusion』, 조세프 카렌스(Joseph Carens, 1987)가 학술지 "Review of Politics"에 게재한 논문 'Aliens and Ctizens: the case for open borders'는 인용도가 매우 높다. 온라인 저널 ACME의 2003년 특집호에는 'Engagements: borders and immigration'라는 제목하에 여러 논문들이 실렸다. 그중에서도 특히 헤럴드 보더Harald Bauder의 논문 'Equality, justice and the problem of international borders: the case of Canadian immigration regulation'을 추천할 만하다. 영국의 이주 문제 활동가인 테레사 헤이터Theresa Hayter는 『Open Borders: The case against immigration controls』(2000)에서 국경 개방을 다룬 획기적인 주장을 제기한 바 있다. 매시(Massey, 2004)와 팝크(Popke, 2007)는 범세계주의 윤리와 책임감에 대한 문제들을 비판적으로 논의하고 있다.

주

머리말

* 영어권에서 지리학자들이 저술하여 이 분야에 기여한 가장 의미 있는 교재는 아마도 보일, 할파크리, 로빈슨(P. Boyle, A. Halfacree, V. Robinson)이 1998년에 출간한 『Exploring Contemporary Migration』, 코저(K. Koser)가 1993년에 출간한 『International Migration: A very short introduction』, 같은 해에 킹(R. King)이 여러 논문을 묶어 편집한 『A New Geography of European Migration』 등일 것이다. 좀 더 전문화된 모노그라프로는 보더(H. Bauder)가 2005년에 출간한 『Labor Movement: How migration shapes labour markets』, 킹과 코넬, 화이트(R. King, J. Connell, P. White)가 1995년에 출간한 『Writing Across Worlds: Literature and migration』, 미첼(D. Mitchell)이 1996년에 출간한 『The Lie of the Land: Migrant Workers and the California Landscape』, 뉴볼드(K. B. Newbold)가 2007년에 출간한 『6 Billion Plus』, 베일리(A. Bailey)가 2005년에 출간한 『Making Population Geography』, 제니퍼 하인드먼이 2000년에 출간한 『Managing Displacement: Refugees and the politics of humanitarianism』, 클라크(W.A.V. Clark)가 1998년에 출간한 『The California Cauldron: Immigration and the fortunes of local communities』와 역시 클라크가 2003년에 출간한 『Immigrants and the American Dream: Remaking the middle class』 등이 있다. 그런데 이들 저술들 중 많은 것들이 출간된 지 10년을 훌쩍 넘은 것들이어서 한계가 있다. 지리학자들의 저서와 편집서들 말고 최근에 출간된 유명한 교재로는 캐슬과 밀러(Castles and Miller)의 『The Age of Migration』(2009, 4판)이 있다. 하지만 이 교재는 전 지구적인 내용을 백과사전식으로 담고 있는 개론서로서 만들어졌기 때문에 지리학의 핵심 아이디어 시리즈의 내용으로 구성된 핵심적인 논쟁들을 다루지 못하고 있으며, 공간적 관점을 내용 탐구의 중심에 두고 있지도 않다.

1장

1 이러한 입장의 문화지리학적 연구들을 살펴보고 싶다면 Blunt(2007)과 Creswell(2006)을 참조하라.

2 그런 점에서 필자는 파벨(Favell, 2008)이 주장한 이주 연구에서의 '포스트-학문성(post-disciplinarity)'을 실천하고자 노력했다.

3 (역자주) 라틴아메리카에서 온 이민자들이나 그 후손들을 부르는 용어로써 주로 미국

에서 사용된다. 보다 좁은 의미로 사용되는 히스패닉(Hispanic)은 에스파냐어권 출신 이민자와 그 후손을 일컫는 용어이다.

4 이러한 일반적인 정의에 벗어나는 예외적인 경우도 있는데, 예를 들어 프랑스의 해외 영토국(DOM-TOM)의 경우에는 색다른 정의를 적용하고 있다. 프랑스 통계청에서는 프랑스의 해외 영토에서 본토로 이주하는 사람들도 이민자(immigrants) 또는 '국제 이주자'로 간주한다. 하지만 '외국인'으로 간주하지는 않는다.

5 경제협력개발기구(OECD)는 유럽연합 회원국이 된 동부 유럽 국가들을 포함하여 여러 선진국들로 구성된다. 또한 멕시코와 터키를 포함한 소위 '중진(middle-income)'국도 포함되어 있다.

6 그런데 미국에 관한 논저들은 '이민자' 및 '이민'이라는 용어를 더 자주 사용하는 경향이 있다. 필자도 미국적 맥락을 논의할 때는 이민자나 이민이라는 용어를 그대로 사용하고자 한다.

7 그런데 공식적인 유럽연합 정책보고서에서는 '미등록' 이주자라는 용어가 문자 그대로 이주 관련 서류를 분실하였거나 도난당한 이주자를 의미하는 것으로 사용되고 있어 혼란을 가중시킨다. 이들은 비자 만기 이후에도 그냥 계속 남아 있는 이주자들과는 또 다른 상황이다.

8 UN난민고등사무소(UNHCR), 2008, '난민 지위에 관한 협정과 협약(Convention and Protocol Relating to the Status of Refugees), www.unhcr.org/cgi-bin/texis/vtx/home, 2008년 9월 15일 접속.

9 난민 지위에 관한 협정과 협약(Convention and Protocol Relating to the Status of Refugees), 1조 2항, www.unhcr.org/cgi-bin/texis/vtx/home, 2008년 9월 15일 접속.

10 고숙련 이주자와 '고소득' 이주자(예를 들어 부유한 사업가)를 하나로 묶어 같은 것으로 간주해서는 안 된다. 왜냐하면 고소득 이주자는 고숙련 이주자가 갖고 있지 못한 자원(명목상의 시민권을 돈으로 살 수 있는 능력 등)을 소유하고 있기 때문이다.

11 그런데 캐슬과 밀러는 자신들이 제시한 6가지의 경향이 어떤 시간적 범위 내에서 나온 것인지에 대해 언급하고 있지 않아 아쉬움을 준다. 즉, 그런 경향이 정확히 언제 어디서 시작되었는지를 제시하지 않고 있다.

12 미등록 혹은 '불법' 혹은 '비정상(irregular)' 이주자의 숫자를 추산하는 것은 용어 자체가 내포한 의미만큼이나 어려운 문제가 아닐 수 없다. 국제이주기구(IOM)는 많은 학자들이 각자의 방식대로 다양하게 제시한 자료를 끌어 모아 그 숫자를 추산하고 있다.

13 캐슬과 밀러(Castles and Miller, 2009)는 자신들의 저서 『Age of Migration』의 최신판에서 이 시대가 이주의 시대라고 할 수 있는 것은 이주의 양과 범위가 늘었기 때문이라는 단순한 사고에 근거하는 것이 아니라, 지구촌의 많은 사건들이 전에 비해 훨씬 더 많이 이주 문제와 연관되어 있기 때문이라고 주장하였다.

14 경제협력개발기구(OECD) 국가의 정의에 관해서는 각주 4를 참조하라. 필자는 이 국가들이 경제협력개발기구에 속하고 있지 않다는 점만을 가지고 이 국가들을 정의하는 것이 문제가 있다는 것을 잘 알고 있으나 그 외에 달리 어떤 방식으로도 이 국가들을 마땅히 표현하기가 어려웠다. 한 국가의 총소득으로 그 국가들을 분류하는 것이 대안이 될지도 모르겠으나 그것 역시 문제가 많다. 이 점은 독자들의 비판적 사고에 맡겨 두고자 한다.

15 '팔레스타인 점령지구'의 수치는 예외라고 할 수 있는데, 이 지역에 수많은 난민들이 존재하고 있음을 쉽게 짐작해 볼 수 있다. 그리고 이 지역의 팔레스타인은 약 460만 명으로 추산되는 전 세계 팔레스타인 난민들 중 일부에 불과하다(IOM, 2008b).

16 '창고형'이라는 용어는 수용소(camps)나 다른 '격리형 마을(segregated settlements)'에서 거주하는 난민들을 지칭할 때 사용되는 용어이다. 이는 마치 창고 안에 저장된 상품과도 같다는 의미를 내포하고 있는 매우 추악한 용어가 아닐 수 없다. (외국에서 들어온) 망명 신청자를 포함하지 않는 경우도 있으며, 오히려 국내에서 추방된 수많은 사람들이 이에 포함되기도 한다(US Committee for Refugees and Immigrants, 2008, p.24).

17 사회자본은 인간과 제도들 간의 지속성 있는 사회 네트워크가 제공하는 자원으로 이해될 수 있다. 이에 대해서는 제2장에서 좀 더 다루게 될 것이다.

18 그런 가운데에 스미스(Smith, 2001)의 연구는 예외적이라 할 만한 훌륭한 연구이다.

19 보이그트-그라프는 이것이 '문화(cultures)'가 시간과 공간상에 고정되어 있거나 혹은 정지되어 있음을 의미하는 것이 아니라는 점을 강조하고 있다.

20 (역자주) http://migration.ucdavis.edu/mn

21 (역자주) 앞의 두 개의 학술지는 주로 영국과 유럽의 연구를 싣고 있으며, 뒤의 학술지는 주로 미국, 캐나다, 일부 오스트레일리아와 뉴질랜드의 연구를 싣고 있다.

22 (역자주) 각 사이트에 들어가 보면 수많은 관련 링크들이 걸려 있다.

2장

1 본 장에서 이주 접근에 대한 방대한 논의를 다루면서 주로 매시 등(Massey et al., 1993;

1998), 보일, 할파크리, 로빈슨(Boyle, Halfacree and Robinson, 1998), 캐슬과 밀러(Castles and Miller, 2003), 고스와 린드퀴스트(Goss and Lindquist, 1995), 제니센(Jennissen, 2007), 몰러(Molho, 1986), 윌슨(Wilson, 1993)을 인용하였다. 각 이론이 독자들에게 쉽게 이해될 수 있도록 어떤 부분은 생략하거나 어떤 부분을 확대하여 최근의 이주 이론에 적용하였다.

2 라벤스타인은 그것들이 법칙으로 불리는 것을 주저하였다(1885; 1889).

3 신고전주의 이주 연구를 요약하면서 연구의 다양성을 축소하는 경향이 있지만, 어떤 연구는 다양한 종류의 이주를 정교하고 상세하게 다루고 있기도 하다. 그럼에도 신고전주의 연구의 공통점은 경제적 합리성이 행위를 결정한다는 것이다.

4 여기서는 "국가나 세금, 사회보장, 노동법에서 배제되고 있지만 다른 모든 부분에서는 합법적인" 직종을 의미한다(Williams and Windebank, 1998, p.4).

5 엔클레이브에서 사업하는 사람들이 반드시 같은 국적이나 인종의 이주 노동자를 고용하는 것은 아니다. 예를 들어 로스엔젤레스나 뉴욕의 한인 타운에서 멕시코나 에콰도르 노동자가 일하는 경우가 많다. 그래서 한국 고용주들에게는 영어보다 스페인어가 중요한 언어가 된다.

6 자본주의는 일반적으로 임금노동, 사유재산의 일반화, 잉여가치의 생산으로 이해된다(예를 들어 Harvey, 1982). 전자본주의 생산양식은 물물교환이나 토지 공유와 같은 자본주의 요소를 일부 결합하는 자연(생산품)의 변형에 관련된 개인과 집단의 관계로 이해된다. 어떤 학자들은 자본주의가 형성되는 데 이러한 관계가 반드시 필요한 것은 아니라 보고 자본주의 앞에 전(pre-)이라는 접두어를 붙이는 것이 적절하지 않다고 본다. 전자본주의 앞에 '이른바'라는 말을 붙인 이유는 바로 이 때문이다.

7 매판 정부(Comprador governments)란 일반적으로 '서양'의 이해관계에 맞춘 정책과 관행을 갖는 정부를 의미한다.

8 신자유주의 개념은 뒤에서 구체화하였다.

9 구조 조정은 가난한 국가의 경제 특성을 재구조화하려는 국제통화기금과 세계은행에 의해 만들어진 정책을 의미한다. 이는 '당근과 채찍'을 통해 가난한 나라에서 수입을 개방하고 정부 보조금과 사회복지 예산을 삭감하도록 종용한다. 이러한 점에서 '구조 조정은' 신자유주의의 일부분으로 이해되고 있다.

10 사센의 글로벌 도시 개념은 많은 비판을 받고 있다. 맥캔(McCann, 2002)과 로빈슨(Robinson, 2002)를 참조하라.

11 신자유주의를 구성하는 것이 무엇인지에 대한 많은 연구들 가운데 신자유주의의 지속적이고 불완전한 속성을 강조하는 경우, '신자유주의화(neo-liberalisation)'라는 용어를 더 선호하기도 한다(예를 들어 Ward and England, 2007). 신자유주의의 다양성과 진실에 대해 논의하는데 관심이 있다면 최근에 나온 펙과 티켈(Peck and Tickell, 2006), 워드와 잉글랜드가 엮은 책의 서론(Ward and England, 2007), 라이트너, 펙, 셰파드(Leitner, Peck and Sheppard, 2007), 바네트(Barnett, 2006)의 논의를 참조하라.

12 주석 11번을 참조하라.

13 멕시코와 미국에서의 자유주의화 및 산업 재구조화와 그것이 이주에 미친 영향에 대해 살펴본 커널스(Canales, 2003)의 연구를 참조하라.

14 이러한 형태의 교육의 글로벌화가 계속 확대되어 진행될지는 불확실하다. 사실 몇몇 경우는 이미 실패를 맛보고 있다. 버지니아 조지 메이슨 대학의 아랍에미리트 캠퍼스도 그중 하나이다. 두바이 북쪽에 위치한 이 대학은 2009년 초에 캠퍼스 철수를 결정했다('George mason University, among first with an Emirates branch, is pulling out', 『New York Times』, 2009. 03. 01)

15 '개발'이 이주 연구 논문에서 의미하는 바가 무엇인지 비판적으로 논의한 연구들이 거의 없다는 점은 놀라운 일이 아닐 수 없다. 일반적으로 개발은 송출국의 GDP나 빈곤 축소 효과와 같은 산출 효과로 이해된다. '개발'에 대한 좀 더 창조적이고 문화적인 또는 '지속 가능한' 개념이 아직까지 거론되지 않고 있다.

16 (역자 주) 미국에 본사를 두고 전 세계 200여 개국에 지사를 둔 금융·통신 회사이다.

17 이주 이론에서 '단기'·'장기' 이주라는 말이 빈번하게 사용되긴 하나 정확히 그것이 몇 년을 의미하는지에 대해서는 정의된 바가 없다.

18 맥도날드와 맥도날드(MacDonald and MacDonald, 1964)에 따르면 '연쇄 이주는 미래의 이주자가 기회를 인지하고, 통신수단을 확보하며, 이전 이주자와의 사회적 관계를 통해 일자리와 거주지를 확보하였을 때 이루어지는 이동으로 정의될 수 있다'(p.82).

19 레비트와 야월스키(Levitt and Jaworsky, 2007)는 초국가주의가 규정되는 다양한 방식에 대해 심도 깊은 논의를 제시했다

20 이주 맥락에서 '본질주의'는 문화, 정치, 특정 인종이나 국적의 특성으로 추정되는 자질에 대해 전제하는 것을 의미한다. 그렇게 추정된 집단은 '본질적'인 특성을 갖는 것으로 이해된다. 그러므로 '본질주의'는 사실 '유형화'와 별반 다를 게 없다.

21 2006년판은 '외국인 고용'에서처럼 이주 항목에서 성별 분리를 보여 주지는 못했다.

22 멕시코-미국 이주가 아니더라도 '독립적' 이주자로서 여성은 '새로운' 것으로, 아니면 멕시코에 제한된 것으로 이해되어서는 안 된다.

23 위에서 인용한 책 이외에도 다양한 국적의 연구가 나오고 있다. 관심이 있는 독자들은 Anderson(2001b), Ehrenreich and Hochschild(2004), Elias(2008), Lutz(2002), Mateman and Renooy(2001), Parrenas(2001), Pratt(1999), Reyneri(2001), Sole and Renooy(2001)나 Viega(1999), Yeates(2004), Yeoh and Huang(1998)을 참조하라. 특히 Raghuram(2008)은 전통적으로 남성 중심 영역에서 여성의 이주를 살핀 몇 안 되는 연구이다.

24 보일 등(Boyle et al., 1998), 로손(Lawson, 2000), 마일스와 크러쉬(Miles and Crush, 1993), 니 라오야르(Ni laoire, 2000; 2007), 밴셈(Vansemb, 1995), 윌슨과 하베커(Wilson and Habecker, 2008)를 참조하라.

3장

1 여기서 논할 수 있는 무수한 지리가 있지만, 보다 구체적인 공간 개념으로 관심을 축소할 필요가 있었다. 제2장에서 논의한 것처럼 '글로벌 도시 가설'은 이주에 관해서 분명한 공간적 관점을 보여 준다. 글로벌 도시 가설은 비공식 고용에 대해 더 살펴본 다음 뒤에서 다시 살펴보도록 하자. 이 단계에서 글로벌 도시에 대한 분석을 피하는 이유는 글로벌 도시 가설을 이주 노동 수요에 대한 가설로 보아 노동 수요에 대한 절에서 논하는 것이 적절하다고 판단했기 때문이다. 공간적 연구로서 또 다른 중요한 연구는 '초국가주의'에 대한 연구인데 이는 다음 절의 국제 노동시장 분절화에 대한 이 개념에 포함하고자 한다.

2 사센의 주장은 많은 비판을 받고 있는데 여기서는 간단히 세 가지를 언급하겠다. 첫째, 우리가 말하는 런던, 홍콩, 뉴욕, 파리, 싱가포르, 시드니, 토론토와 같은 소위 '글로벌 도시'는 각각의 경제적·사회적 특성에 따라 조금씩 차이가 있다(예를 들어 White, 1998). 그러므로 '생산 의무'와 그것에 관련된 노동시장은 다양한 스케일과 영토성을 통해 형성된다. 둘째, 실제로 글로벌 도시와 다른 도시를 구별하는 것이 쉽지 않다(McCann, 2000; Samers, 2002). 모든 도시는 세계를 순환하는 흐름에 의해 형성되기 때문에 어느 정도 글로벌 도시로서의 성격을 갖는다(Robinson, 2002; Taylor, 2004). 흥미로운 사례로 세계 거대 도시를 가로지르는 민족 다양성을 차별적 특성으로 보면 어떤 학자도 '글로벌 도시'라고 생각 하지 않는 메카가 로스앤젤레스보다 더 다양성을 띤다

(Benton Short et al., 2004). 이는 두 가지를 시사하는데, '생산 의무'의 자질은 '글로벌' 도시나 '일반' 도시나 서로 비슷하며 '일반' 도시는 그동안 관심받지 못했지만 노동과 이주의 다른 지리를 드러낸다(Samers, 2010).

3 로스(Ross, 2003)의 '제로 드래그(zero drag)'(업무에 대한 목표치가 높아 개인 사정을 거의 봐주지 않고 장시간 근무하며 출장을 자주 가고 근무 통보를 받으면 바로 나가서 일하는)에 대한 개념은 스미스와 윈더스(Smith and Winders, 2008)에서 인용했다.

4 더 자세한 정보는 내무부 출입국관리 웹사이트에서 볼 수 있다(www.ind.homeoffice. gov.uk/workingintheuk/, 2008년 8월 20일 접속).

5 'overcrowding'은 우세한 주민이나 규준, 관행, 법률과 항상 관련 있다.

6 '자본축적'은 '경제 발전'을 의미하는 비판/마르크스주의자 개념이다.

7 'ethnic niching'라는 용어가 이와 같은 영역에서 고숙련 이주자의 집중을 설명할 때 주로 사용되지는 않지만, 이 용어를 사용하는 것이 틀린 것은 아니다.

8 2008년에 리히텐슈타인, 아이슬란드, 노르웨이는 유럽경제지역을 결성했는데 상호 간 특혜 무역과 관련 조항으로 이익을 얻었다.

9 Open Doors On-line(http://opendoors.iienetwork.org/), 2008년 9월 12일 접속.

10 비판 학자들에 의해 미등록 이주자들이 국외 추방이나 고용주에 대한 절대적 복종과 같은 위험에 처해 있다는 점이 강조되면서부터 이러한 고정관념은 예측 가능하고 다루기 쉬운 것으로 자리 잡아 쉽게 사라지지 않고 있다. 물론 바소토인 노동자가 불만을 제기할 수 있는 경로는 거의 없다. 그러나 존스턴(Johnston)의 연구에 따르면 바소토 여성과 다른 노동자들은 종족 집단이나 업무 종류에 따라 내부 조직을 나누어서 파업이 반나절도 지속되기가 어려운 상황에서도 근로조건에 대해 빈번하게 저항하는 모습을 보였다.

4장

1 이러한 접근의 장점 및 단점은 보스웰(Boswell, 2007a), 홀리필드(Hollifield, 1992), 매시(Massey, 1999), 메이어스(Meyers, 2000)에서 잘 검토되고 있다. 필자는 이 점을 다시 한 번 강조하는 바인데, 메이어스(Meyers, 2000)는 이에 대해 소위 '국내 정치적' 접근, '제도·관료 정치적' 접근, '실재론 및 신실재론' 문헌으로 나누어 논의하고 있다. 필자는 이 중 몇몇 논의에 접근하고자 하나, 그렇다고 해서 이 모두를 포괄적으로 아우르려는 것은 아니다.

2 자본축적은 마르크스주의에서 '경제성장'을 일컫는다. 전자는 노동계급의 착취가 이윤 축적 과정의 일부라는 점을 강조한다.

3 부르주아 개념은 19세기에 출현한 것으로서 중세의 영주와 귀족 지주를 대신하여 등장한 중산층 이상의 사업가와 자산 소유 계급을 지칭한다. 마르크스주의자의 말을 빌리자면 이들은 산업 자본주의라는 '어두운 사탄의 공장'에 고용된 노동 대중을 착취하는 계급이다.

4 '남성' 이주자가 어느 곳에서나 선호된다고 하는 것은 무리가 있다. 그러나 스미스와 윈더스는 미국적 맥락과 고용주의 입장에서 볼 때, 임신 중인 여성은 생산성 '지연'을 유발하기 때문에 바람직하지 못한 사람들로 간주된다는 점을 지적한다.

5 다시 말하지만 메이어스(Meyers, 2000)는 이러한 접근에 대해 체계적으로 비판한다.

6 이와 관련하여 Jordan and Duvell(2003), Massey et al.(2002), Samers(2003a), OECD(2000), Van der Leun(2003)을 참조하라.

7 경기 후퇴 이전에 미국 내(특히 관광객이 집중하는 지역의) 호텔과 레스토랑에 대한 대대적인 단속으로 인해 노동력 부족 문제가 나타났다. 실제로, '비농업 외국인 노동자'에게 발급되는 임시노동비자(H2B)의 수는 2007년 12만 건에서 현재 6만 6000건으로 급속히 감소했는데, 이는 미국 내에서 이민에 대한 통제를 엄격하게 하고 범법자를 적극적으로 출국시켰기 때문이다(『New York Times』, 2008년 3월 14일).

8 유럽연합에 있어서 이주 정책의 상위국가화에 대한 논의로 Bendel(2005), CEC(2005), Geddes(2003), Kofman(2004), Lavenex(2006a, p.200), Samers(2004a), OECD/SOPE-MI(2008)을 참조하라.

9 이와 관련하여 글상자 4.4에서는 더블린 협약과 고통 분담에 대해 논의하고 있다. 2008년부터 2013년까지 유럽난민기금(ERF)에 6억 2800만 유로가 배정되어 있으며, 각 회원국은 망명 신청자, 난민, 다른 회원국으로부터 '통합'이라는 이유로 추방된 사람의 수에 따라 이를 차등적으로 분담한다.

10 망명 관련 정책이 엄격해진 데에는 다른 많은 이유가 있지만 대체로 소비에트 연방의 붕괴, 유고슬라비아의 분열과 내전, 아시아, 아프리카, 중동 지역에서의 지속적인 갈등과 관련하여 망명 신청자가 급격히 증가한 것과 관련있다. 또한 많은 연구자들이 지적하는 것처럼 교통 및 통신 비용의 감소도 이러한 배경이라고 볼 수 있다(Thielemann, 2004; Schuster, 2005).

11 글상자에서의 필자의 논의는 힌드만과 마운츠(Hyndman and Mountz)에 거의 전적

으로 근거한 것이지만, 국제사면위원회의 분석도 사용하였다(www.amnesty.org.au/refugees/comments/2247).

12 이민관세집행국(www.ice.gov/pi/news/factsheets/070622factsheet287gprogover.htm)의 웹사이트를 참조하라.

13 Nevins(2008, p.170)에 인용된 웹사이트 www.minutemanhq.com을 참조하라.

14 안전과 이주에 관한 연구는 이주자의 안전이나 '불안전'보다는 국가와 시민의 안전에 초점을 두는 경향이 있다(Castles and Miller, 2009). 이는 '안전화'와 관련된 문헌을 재개념화하고 재조명할 수 있는 좋은 기회이다. 그러나 이 절에서 필자의 관심은 이주자의 불안전의 문제가 아니기 때문에 이에 대해서는 접어 두기로 한다. 이에 대해서는 이입국에서 이주자들이 직면하고 있는 상황을 다루고 있는 제5장에서 꼼꼼하게 살펴볼 것이다. 이 절에서는 테러리스트의 폭력에 대한 국가의 집착이(그리고 '안전'이라는 용어의 사용이) 얼마나 상이한 공간적 형식을 띠고 있는지에 초점을 둘 것이다. 또한 캐슬과 밀러는 국제 이주가 항상 안전을 위협하는 것으로 보아서는 안 된다는 점을 강조한다(Adamson, 2006). 왜냐하면 국가는 '경제적 안전'도 추구해야 하고, 전쟁 기간 동안 통역의 도움도 필요하며, 자국의 인구 감소 문제를 해결해야 하기 때문에 이주에 의존할 수밖에 없기 때문이다. 다시 한 번 말하지만 이처럼 '안전'이라는 개념을 보다 긍정적이고 폭넓은 방식으로 이해해야 하지만, 이 절에서는 이에 초점을 두지 않기로 한다.

15 예를 들어 '오바마, 이민법을 최우선시하여 밀어붙이다'(『New York Times』, 2009년 4월 9일)는 글을 참조하라.

16 보다 최근의 사례로 말레이시아의 경우 '어떤 가정부, 묽은 죽을 만들다가 구타와 화상을 입다(achancetobeopen.blogspot.com/2009/03/maid-beaten-and-scalded-for-making-thin.html)'라는 글을 참조하라.

5장

1 이 이야기는 "가족은 합법과 불법이라는 두 단어로 나뉜다"라는 2009년 4월 26일자 『New York Times』에서 발췌한 것이다.

2 뉴욕 시 대학으로부터 미등록 이주자가 졸업하는 것은 합법적이며, 미국의 고등학교를 졸업한 미등록 이주자는 약 6만 5000명에 이르는 것으로 추산된다(자료는 도시연구소의 것이며, 위의 『New York Times』 기사에서 인용함).

3 라틴어의 원래 스펠링은 ius('I'로서)지만 이제는 'j'로 쓰는 것이 보다 일반적이다.

4 실버맨(Silverman, 1992)이 지적하듯이 프랑스의 출생지주의 모델이 민족—문화적 토대를 갖고 있지 않다고 믿는 것은 오류이다.

5 유럽의 다른 곳에서 이중국적의 이슈는 이주자 자신보다는 정치적, 경제적 엘리트에 의해 추동된 것으로 보인다(Karler, 2006). 그러나 이것이 미국의 사례는 아닌데, 라틴 아메리카로부터 수많은 이주자가 1990년대 이중 시민권을 위한 캠페인을 시작하였다.

6 유럽인권재판소(ECHR)는 그 자체로 유럽연합 법에 관련되지는 않으나 그럼에도 불구하고 만약 한 국가정부가 인권에 대해 유럽이사회에 의뢰한다면 국가적 법정을 능가하는 권한을 갖는다.

7 가난한 국가에서 이는 심지어 기본 교육에 관련된다. 예를 들어 케냐의 캄팔라에 거주하는 난민 어린이 중 절반은 학교에 다니지 못하고 있다(Dryden-Peterson, Jacobsen, 2006에서 재인용).

8 Driskell 등(2008)이 지적하듯이 잭슨 하이츠 인구의 약 66%는 외국 출신자이며, 겨우 50%만이 시민이다. 이 지역에는 70개 이상의 국적이 존재하며, 거주자의 80% 이상은 집에서 영어가 아닌 언어로 이야기한다.

9 이러한 문헌에 대한 리뷰를 위하여 Alba and Nee(2003), Hiebert and Ley(2003), Kivisto(2005), Levitt and Jaworsky(2007), Water and Jiminez(2005)의 연구를 참조하라.

10 '복잡성'에 의해 그들은 아마도 사회적 삶은 복잡한 힘, 제도, 과정 등으로 구성된다고 의미하는 것 같다.

11 유럽연합위원회, 좁케(Joppke, 2007, p.3)에서 인용하였나.

12 이 조직은 해체되었고, 이제는 형평과 인권위원회로 바뀌었다.

13 "*Journal of Ethnic and Migration Studies*"(2008, 34권, 7호)는 '디아스포라 긴장: 초국가적 개입의 딜레마와 갈등'이란 이슈의 주제를 포함하고 있으며, 초국가주의와 초국가적 소속의 모순에 대한 최근의 민족지학적 연구를 담고 있다.

14 글릭—쉴러, 캐글라와 굴브랜드슨(Glick-Schiller, Caglar and Gulbrandsen, 2006)에 의하면 '사회적 장은 지역적으로 위치하거나 국가적 또는 초국가적으로 확대되는 네트워크의 네트워크이다'(p.614).

15 이주자, 초국가주의, 종교에 대한 중요한 리뷰와 연구는 Cadge and Ecklund(2007), Glick-Schiller et al.(2006), Kaag(2008), Hondagneu-Sotelo(2007), Levitt(2008), Portes and Rumbaut(2006), Saraiva(2008), Van Tubergen(2006)를 참조하라.

16 그러나 1996년 프린스턴대학의 학자들에 의해 수행된 설문에 의하면 최소한 미국에

서 모든 이주자들이 종교를 갖는 것은 아니다. 이 설문에 의하면 약 15%는 종교를 갖고 있지 않다고 밝혀졌다(미국 시민의 무종교 비율은 12%이다)(Cadge and Ecklund, 2007).

17 그러나 1960년대, 1970년대, 1980년대에 노조는 제조업 지역에서 실제적인 산업화 이동의 장이 되었고(Castells, 1975), 노조는 현재 유럽연합에서는 사라진 정치적 이동의 형태이나, 예를 들어 미국에서는 노조가 반드시 필요한 것은 아니다.

18 몰루카는 인도네시아에 있는 섬이며(인도네시아는 네덜란드의 식민지였다), 몰루카인은 네덜란드에서 가장 큰 민족 집단 중의 하나이다.

19 수리남은 남아메리카의 북서부에 있으며 네덜란드의 식민지였다. 수리남인들은 또한 네덜란드에서 가장 큰 민족 집단 중의 하나이다.

6장

1 (역자 주) 이주 문제는 반드시 이주를 성공적으로 단행한 주체들의 규모와 그 결과만을 가지고 논할 수 없다는 것이 이 개념의 핵심이다. 즉, 이주하고자 하는 열망과 실제 이주를 성사시키는 능력은 반드시 일치하지 않으며, 따라서 이 양자를 분리하여 주목할 필요가 있다.

2 이 책에서 인용된 여러 논저들을 비롯하여 다른 관점에 서 있는 많은 논저들도 물론 존재하고 있다. 특히 필자는 라이트너 등(Leitner et al., 2008)의 논문과 글릭–실러와 캐글라(Glick-Schiller and Caglar, 2010)의 저서에서 보여 준 참신한 노력이 이러한 문제를 환기시키는 데 두드러진 공헌을 하였음을 강조하고 싶다.

3 (역자 주) 유럽연합의 경우, 이는 유럽연합 내 국가에 거주하고 있는 비유럽연합 국가 출신의 합법적 이주자들(영주권자, 시민권자 포함)을 의미한다. 예를 들어 에스파냐에서 합법적으로 체류하고 있는 아프리카 출신 이주자가 프랑스로 넘어가 체류하게 되는 경우이다.

4 그러나 보편적 혹은 범세계적 규범과 윤리가 큰 문제가 있을 수 있다는 주장도 있다. 이에 대해서는 팝크(Popke, 2007)를 참고하라.

5 이들의 주장을 보고 싶다면 이 장의 마지막 부분에 이어져 있는 '더 읽을거리'를 참조하라.

용어해설

강제 이주 Forced migrant　이 개념은 기원국으로부터 강제된 이주를 의미한다. '강제된'은 모호한 용어로 경제적·환경적·정치적·사회적 요인이나, 그 모든 요인 또는 그중 몇 가지 요인의 합으로 인해 발생할 수 있다.

거리 마찰 Friction of distance　거리를 극복하는 데 드는 시간과 비용을 말한다.

거버넌스Governance　다양한 '수준'의 통치(government)를 통해 이주와 여타 다른 사회 과정을 규제, 통제, 강화, 촉진 또는 완화하는 과정을 의미한다. 여기서 '수준'은 국제, 국가, 지역, 로컬 등처럼 지리적인 근거에 바탕을 둔 것일 수도 있고, 기능적인 근거에 바탕을 둔 것일 수도 있다. 예를 들어 다양한 기능을 가진 전 범위의 다른 조직들이 이주를 규제하는 데 관여할 수 있게 된다.

거주지주의Jus domicili　체류 기간을 기준으로 이입국의 국적을 획득하거나 사회적 권리에 접근이 가능해지는 것을 뜻한다. 거주지주의는 주로 범죄 연루 여부, 거주의 연속성 등 다른 조건의 영향을 받는다.

결절Node　네트워크 내의 특정한 지점을 말한다. 이주에 있어서 결절은 초국가적 커뮤니티의 '문화적 심장' 또는 '문화 중심지'를 설명할 때 사용된다.

고소득 이주자'High-income' migrants　개인의 순재산을 토대로 한 국가로의 입국을 승인받은 사람, 이입국 내 사업에 투자하거나 사업 계획과 순재산을 토대로 입국을 승인받게 될 사람, 드물게는 문자 그대로 시민권을 산 사람을 의미한다.

고숙련 이주자 Highly-skilled migrants　'고숙련'라는 용어의 합의된 정의는 없다. 하지만 적어도 다음 두 집단을 포함하는 것으로 보인다. 첫 번째는 이입국에서 고숙련 직업군으로 간주되는 분야에서 요구되는 교육적 배경, 자질, 기술을 가졌기 때문에 즉시 취직되는 집단이다. 두 번째는 흔치 않은 형태이지만, 기원국에서는 고숙련 직업군에 속하나 이민국에서는 결국 단순직을 수행하게 되는 집단이다.

공민권Denizenship　이주자들 사이에서 문화적·경제적·정치적·사회적 권리를 부여받고 적법하게 행사하는 것을 말한다.

국제 노동시장 분절화 International labour market segmentation, ILMS　이 용어는 다음 세 가지 방식으로 노동 '분절화'를 설명할 때 사용된다. 첫째는 국제적 기초, 즉 이주자의 국적을 바탕으로 이주 노동을 분류하는 초국가적, 국가적 이주 정책을 통해서이다. 둘째는 이주 노동력을 국가 경제 내 특정 부문으로 국한하여 '분할'시키는 것이다. 셋째는 회사와 조직 내에서 이주자들을 '분할'시키는 것이다.

귀화Naturalization　비시민권자인 이주자가 이입국(또는 심지어 여러 국가)의 법적 시민이 되는 것을 뜻한다.

귀환 신화 Myth of return　이주자가 끊임없이 기원국으로 되돌아가길 꿈꾸는 심리 상태를 의미한다. '신화'라는 용어는 기원국에서 더 영구적으로 정착하기가 어려워지는 현실적 문제와 이민국에서 체류가 길어지면서 돌아가지 못할 가능성이 높아지는 상황을 뜻하는 의미로 사용된다. 물론 기원국으로의 영구적인 귀환이 불가능한 것은 아니다. 하지만 '귀환 신화'라는 말은 그것이 불가능한 일반적인 상태만을 뜻한다.

난민Refugees　국가 또는 국제기관에 의해 승인된 난민 신분을 갖고, 다른 국가에 도착하기 전에 국제법 내에서 인정받고 등록된, 그리고 대체로 종족적으로 혹은 국가적으로 규정되는 집단을 의미한다. 그러나 일정 기간 동안 망명지를 물색한 후에 개인 신분으로 난민의 지위를 부여받을 수도 있다.

네트워크(사회 네트워크 또는 이주자 네트워크)Networks(social networks or migrant networks)　사회 또는 이주자 네트워크는 개인적 관계와 상호작용의 망을 의미하는데, 특히 공간을 가로질러 개인 이주자들과 각종 제도들을 연결시키는 망이라고 정의할 수 있다.

다문화주의Multi-culturalism　인정과 재현의 이름으로 이루어지는 담론, 이데올로기, 정치 철학, 정책, 정치 활동의 목표 등을 일컫는다. 그리고 사람들이 소속감을 느끼는 다원주의 맥락을 뜻하기도 한다.

동화Assimilation　동화는 다음의 최소한 세 가지 의미를 지닐 수 있다. 첫째, 시간이 지남에 따라 이주자들은 지배 문화의 문화적 개념과 관습을 받아들이거나 여기에 적응해 나간다. 둘째, 이주자들의 사회경제적 지위가 '원주민'의 '평균'에 결국은 도달하게 된다. 셋째, 이주자들이 거주 및 고용에 있어서 지배 문화 집단과 다를 바 없는 공간적 패턴을 발전시키게 된다.

두뇌 순환 Brain circulation　'고숙련' 이주자들이 이출국과 이입국 사이를 반복해서 이동하는 것을 의미한다. 이들의 기술은 이출국과 이입국 모두에서 획득되고, 그 사이에서 이전(순환)된다.

두뇌 유입 Brain gain　일반적으로 '숙련' 또는 '고숙련' 노동 이주자의 유입으로 경제적인 이익을 이입국에서 얻게 되는 것을 의미한다.

두뇌 유출 Brain drain　'두뇌 유입'의 반의어. 기원국이 '숙련' 또는 '고숙련' 이주자들을 잃게 되는 것을 의미한다. 주로 가난한 국가를 떠나는 이주자들이 해당 국가의 경제에 미치는 영향을 설명할 때 쓰인다.

디아스포라Diaspora　용어의 의미나 범위에 있어서 매우 논쟁이 되고 있는 개념이다. 일반적으로는 '고국' 혹은 고토(homeland)로부터 세계 곳곳으로 흩어진 다음 다양한 국가 내에서 재정착하고, 내부적으로 커뮤니티를 재구축해 나가는 이주자들을 의미한다.

망명 신청자 Asylum-seeker　어떤 국가로 비밀리에 또는 합법적인 수단을 통해서 들어간 후에 망명을 요청한 이주자를 의미한다. 망명하려는 국가의 외부에서도 망명을 신청할 수 있는데, 이 경우에는 '망명 신청자'로서 입국하게 된다. 망명 신청자는 최종적으로 해당 국가 정부에 의해 망명자 또는 난민으로 인정받을 수도 있고, 신청을 거부당할 수도 있다.

미등록 이주자 Undocumented migrant　이주자 스스로와 대부분의 비판 학자들이 선호하는 개념이다. 관련 서류를 구비하지 못한 다양한 개인을 지칭할 수 있지만, 가장 일반적으로는 구비 서류 없이 비밀리에 입국한 이주자 또는 합법적으로 입국했지만 비자나 다른 체류 법에서 규정한 허용 기한을 넘겨 체류하는 경우를 가리킨다.

미숙련 이주자'Low-skilled' migrants　다른 이주 범주와 마찬가지로 '저숙련'라는 용어의 정의는 무척 모호하다. 이는 이입국의 기술 수요와 관련되지만 저임금과도 관련될 수 있다.

밀입국Smuggling　이주자가 다양한 행위주체와 기관을 활용하여 한 국가에서 다른 국가로 몰래 이동하는 것을 설명하는 용어이다.

불법 이주자'illegal' or clandestine or irregrular migrant/immigrant　'미등록 이주자'를 참조하라.

사회적 배제 Social exclusion　직업, 집, 교육 등 사회적 삶의 여러 부문에서 사람들을 배제하거나 주변화시키는 일련의 과정을 설명하기 위해 사용된다.

사회적 송금 Social remittances　이주자가 고향으로 보내거나 가져가는 금융 자산뿐만 아니라 새롭게 전해지는 사고방식, 관습 등을 의미한다. 사회적 송금은 구체적으로 학교, 도로, 종교 시설, 마을 시설, 기타 사회 제도를 만드는 데 공헌하게 된다. ('송금'도 참조)

사회적 재생산 Social reproduction　사회적 재생산은 마르크스주의-페미니즘의 논리에서 영감을 받아 고안된 용어로서 사람들이 의식주를 공급받고, 교육을 받으면서 자본주의하의 노동자로서, 시민으로서 양육되는 과정을 의미한다. 즉, 사람들은 자본주의에 적절히 '복무'할 수 있도록 특정 방식으로 재생산될 것을 요구받는다.

송금Remittances   이주자가 이입국에서 이출국으로 보내거나 혹은 손수 가지고 들어오는 돈을 일컫는다.

순환 이주 Circular migration   이주자가 이출국과 이입국을 반복해서 이동하는 과정을 의미한다. 순환 이주의 전형적인 사례는 양 국가 내에서 계절별로 체류하는 것이며, 대체로 일시적이거나 계절적 주기를 가진 직종과 관련된다. 국내 이주에서는 교외 지역에서 도심으로 갔다가 다시 돌아오는 식의 일정한 흐름을 의미할 때도 사용된다.

스케일Scale   지리학 연구 문헌에서도 난해하고 혼동스럽게 사용되는 개념이다. 예를 들어, 스케일은 영역이나 혹은 어떤 과정의 공간적 범위 즉, '공간성(spatiality)'을 의미할 수 있다. 이 책에서는 도시 스케일 또는 국가 스케일 같은 '영역(territory)'과 동의어로서 사용되기도 하고, 좀 더 다양한 뜻으로 쓰이기도 한다. 다시 말해 스케일은 국민국가, 유럽연합과 같은 거대 지역뿐만 아니라 인간의 몸, 기타 작은 것들을 의미할 수도 있는 다공질적이고 유연한 '담지체'이다.

스케일러 또는 스케일의 공간성 Scalar or scalar spatiality   특정 스케일에 영향을 받거나, 그것을 뛰어넘는 과정을 설명하는 용어이다.

신자유주의Neo-liberalism   일반적으로 사회 또는 경제 개발 문제에 대한 '해결책'으로 정부의 개입이나 사회복지 프로그램보다 친(親)시장적인 정책, 프로그램, 담론('이데올로기'라는 용어로 사용되기도 한다) 등을 총체적으로 지칭한다. 신자유주의는 주로 사회복지를 감축하는 대신 기업에 우호적인 '자본의 복지(capital welfare)'를 증진하는 것과 연관이 있다.

실질적 시민권 Substantive citizenship   가족 문제, 거주지나 일터를 찾는 문제, 학교 교육, 조직이나 행사 참여, 적절한 법적 자문을 구하는 문제, 의료 서비스를 받는 문제 등 이민자들의 일상생활과 관련된 다양한 관심 사안을 의미한다.

영역Territory   특정 개인이나 집단 혹은 제도 등이 영향력을 발휘하거나 통치할 목적으로 점유하거나 통제하고 있는 일정 범위의 지리적 공간을 의미한다.

영역성Territoriality   특정 지리적 공간을 통제하기 위해 행사되는 능력, 실천, 전략 등을 의미한다.

이민자Immigrants　'이민자'의 명료한 정의는 없다. '이민자'의 개념은 좀 더 영구적인 정착의 의미를 갖고 있지만, 이 책에서 이민자는 '이주자'와 서로 바꿔 쓸 수 있는 의미로 사용하였다. 때로는 그들의 기원을 감안하여 이민자 신분으로 최근에 귀화한 시민을 뜻할 수도 있다. ('이주자'도 참조)

이주–개발 연계 Migration-development nexus　이주와 '경제개발'의 관련성을 서술하기 위한 용어이다. 항상 이주자를 송출하는 가난한 국가의 맥락에서 사용된다.

이주 관리 Migration management　1990년대 등장한 용어로, 국가가 특정 범주에 속하는 이주자들의 이주를 어떻게 규제하는지를 설명할 때 사용된다.

이주자Migrants　몇몇 국제 기관에서는 3개월 이상 다른 나라에 거주하는 사람들을 해외 이주자로 정의하고 있다. 하지만 '이주자'에 대한 정확한 정의가 합의되어 있지는 않다. 이 책에서는 '이주자'와 '이민자'를 서로 바꿔 쓸 수 있는 용어로 사용하고 있다. 다만 '이주자'는 상대적으로 일시적인 거주를 의미한다. ('이민자'도 참조)

인신매매Trafficking　중개인을 통해 이주자들을 비밀리에 한 국가에서 다른 국가로 이동시키는 것을 표현하는 용어이다. 이 용어는 또한 이주자들의 밀입국 비용을 받아 내기 위한 일종의 '강제적' 고용을 뜻하는 것으로 사용되기도 한다.

일시적 이주자 Temporary migrants　경제협력개발기구(OECD)의 정의에 따르면 체류 기간이 3개월을 넘지 않는 많은 국제 이주자를 지칭한다.

임시 체류 이주 Sojourner migration　'일시적 이주자'를 참조하라.

자발적 이주자 Voluntary migrant　일반적으로 기원국으부터 어쩔 수 없는 이유가 있어서라기보다 스스로의 선택에 의해 외부로의 이주를 단행하는 사람을 의미한다. '자발적'이라는 말은 애매하고 상대적인 의미를 내포하며, 따라서 자발성의 정도는 다양하다. 자발적 이주자는 결혼을 목적으로 이주하거나 가족, 친구 또는 다른 사람들과 가까이 살기 위해서 이주할 수 있다. 또 특정 직업 때문에, 아니면 단순히 다른 문화를 경험하기 위해 이주할 수도 있다. 이처럼 이주의 이유는 무척 다양하다.

자본주의Capitalism　넓은 의미의 임금노동, 사유재산제, 잉여가치 추출(착취) 등을 결합한 사회관계들의 글로벌 체계를 말한다.

장소Place　도시, 마을, 시골, 동네 등을 이야기할 때 전형적으로 사용되는 지리적 개념이며, 개별 이주자들에게 나름의 의미를 던져 준다.

저소득 이주자'Low-income' migrants   '저소득'의 의미도 역시 모호하다. 저소득 이주자는 고소득 이주자에 대비되어 정의될 수 있다. 즉, 저소득 이주자는 이민국의 정책에 의해서 인정되는 고소득 이주자가 아닌 이주자이다. 그들의 낮은 임금은 그들이 가진 기술과 관련이 있을 수도 있고, 관련이 없을 수도 있다.

저임금 이주자'Low-wage' migrants   다른 이주 범주와 마찬가지로 '저임금' 이주자에 대한 정의를 명확하게 내리기는 어렵다. 이는 이입국에서 '저임금' 직종에 취업한 이주자, 이민을 떠나면서부터 '저임금 일자리(low-wage work)'만을 기대하거나 찾는(search) 사람, 저임금 일에만 취직되는(find) 사람을 의미할 수 있다. '저임금 일자리'는 일반적으로 자본이나 기술 등을 거의 요구하지 않는 진입 장벽이 낮은 일을 의미하지만, 그 자체는 상대적인 개념이다.

정치적 기회 구조 Political opportunity structure   국가, 도시 등 어떤 정해진 영역 내에서 이주자들에게 정치적인 참여를 허용하는 사회적 관계 구조를 뜻한다.

제네바 협약 Geneva Convention   종교, 종족적 배경, 정치적 소속, 피부색, 부족 병합 등의 이유로 박해받는 사람들을 보호하고자 1951년 체결된 협약. 이주자가 기원국으로 돌아갈 경우 위험에 처하거나 박해를 받아야 하는 상황에 처해 있다면 본 협정에 서명한 이민국으로부터 난민 자격을 부여받을 수 있다.

초국가주의Transnationalism   이주 맥락에서 초국가주의는 한 개 이상의 국가를 가로질러 이주자들을 묶어 주는 다양한 문화적·경제적·정치적·사회적 관계를 의미한다.

출생지주의Jus soli(or 'law of soil')   이주자 또는 이주자 부모의 출생지에 근거하여 국적을 취득하는 것. 출생지주의와 결합될 수 있다.

통합integration   최소 세 가지 핵심 의미를 갖는 논쟁적인 개념이다. 첫 번째는 '동화'와 유사한 의미를 지닌다. 즉, 이주자가 주류 시민 집단이 상상하여 구성하고 이상화시킨 지배적 관습과 가치에 순응하거나 주택, 고용, 교육, 건강과 같은 물질적 재원에 대한 접근이 가능해지는 것을 의미한다. 두 번째는 다문화주의의 의미와 유사하다. 통합으로 인해 이민자들은 '그들의 문화를 다소 잃게 되지만' 그보다는 '그들의 기본적인 문화'는 유지한 채 불확실한 서구 자유민주주의의 자유로운 정치 문화에 참여하게 된다. 셋째, 이주자와 이입국 시민들이 '하나가 되는 것(coming together)'을 의미하기도 하는데, 이는 그리 흔한 경우는 아니다. 이 경우에는 서로가 상대의 언어, 종교, 음식, 음악 등의 문화 관습을 받아들이게 된다.

혈통주의Jus sanguinis(or 'law of blood')　이입국에서 개인의 혈통이나 종족적 유대를 바탕으로 국적을 취득하는 것. 출생지주의와 결합될 수도 있지만 주로 부모의 국적을 기준으로 한다.

참고문헌

ACME: *an international e-journal for critical geographies* (2003) Engagements, borders, and immigration: a symposium. Special Issue, 2, 2.

Adamson, F.B. (2006) Crossing borders - International migration and national security, *International Security*. 31, 1: 165-99.

Ager, A. and Strang, A. (2008) Understanding integration: a conceptual framework, *Journal of Refugee Studies*. 21, 2: 166-91.

Agnew, j. (1994) The territorial trap: the geographical assumptions of international relations theory, *Review of International Political Economy*. 1, 1: 53-80.

Agustín, L. (2006) The disappearing of a migration category: migrants who sell sex, *Journal of Ethnic and Migration Studies*. 32, 1:29-47.

Ahmad, A.N. (2008a) Dead men working: time and space in London's ('illegal') migrant economy, *Work, Employment and Society*. 22: 301-18.

Ahmad, A.N. (2008b) The labour market consequences of human smuggling: 'illegal' employment in London's migrant economy, *Journal of Ethnic and Migration Studies*. 34, 6: 853-74.

Alba, R.D., and Nee, V. (2003) *Remaking the American Mainstream: Assimilation and contemporary Immigration*. Cambridge: Harvard University Press.

Aleinikoff, A. and Klusmeyer, D. (2001) Plural nationality: facing the future in a migratory world, in *Citizenship Today: Global Perspectives and Practices*. Washington, DC: Carnegie Endowment for International Peace/Migration Policy Institute. pp.63-88.

American Sociological Review (1987) 52, 6.

Amin A. (2002) Spatialities of globalisation, Environment and Planing A, 34, 3: 385-99.

Anderson, B. (2001a) Why Madam has so many bathrobes?: demand for migrant workers in the EU, *Tijdschrift voor economische en social geografie*. 92, 1: 18-26.

Anderson, B. (2001b) *Doing the Dirty Work? The global politics of domestic labour*. London and New York: Zed Books.

Anderson, B., and Rogaly, B. (2005) Forced labour and migration to the UK. Study prepared by COMPAS in collaboration with the Trades Union Congress, available at www.tuc.org.uk/international/tuc09317-fo.cfm

Anderson, B., and Ruhs, M. (2006) Fair enough? Central and Eastern European migrants in low-wage employment in the UK, Study Prepared by COMPAS in collaboration with the Trades Union Congress, Available at http://www.jrf.org.uk/sites/files/jrf/1677-

migrants-low-wage-employment.pdf.

Andreas, P. (2000) *Border Games: Policing the U.S-Mexico Divide*. Ithaca, NY: Cornell University Press.

Anthias, F. (1998) Evaluating 'diaspora': beyond ethnicity? *Sociology*. 32, 3: 557-80.

Anzaldua, G. (1987) *Borderlands/La Frontera*. San Francisco, CA: Aunt Lute Books.

Ashutosh, I. (2008) Re-creating the community: South Asian transnationalism on Chicago's Devon Avenue, *Urban Geography*, 29, 3: 224-45.

Askola, H. (2007) Violence against women, trafficking, and migration in the European Union, *European Law Journal*. 13, 2: 204-17.

Audit Commission (2000) *Another Country: Implementing dispersal under the immigration and asylum act 1999*, London: The Audit Commission.

Back, L. (2006) Remarkable things: the scale of global sociology. *Goldsmiths Sociology Research Newsletter*. 21, 6-8.

Bacon, C. (2005) The evolution of immigration detention in the UK: the involvement of private prison companies, *Refugee Studies Centre Working Paper No. 27*. Oxford: Refugee Studies Centre.

Bailey, A. (2001) Turning transnational: note on theorization of international migration, *International Journal of Population Geography*. 7: 413-28.

Bailey, A. (2005) *Making Population Geography*. Oxford: Oxford University Press.

Bailey, T., and Waldinger, R. (1991) Primary, secondary, and enclave labor markets: a training systems approach, *American Sociological Review*. 56: 432-45.

Bailey, A., Wright, R., Mountz, A., and Miyares, I. (2002) (Re)producing Salvadoran transnational geographies, *Annals of the Association of American Geographers*. 92, 1: 125-44.

Bakewell, O. (2008) 'Keeping them in their place': the ambivalent relationship between development and migration in Africa, *Third World Quarterly*. 29, 7: 1341-58.

Baliba, E. and Wallerstein, I. (1991) *Race, Nation, Class: Ambiguous identities*. London: Verso.

Barkan, E. (2004) America in the hand, homeland in the heart: Transnational and translocal immigrant experiences in the American West, *Western Historical Quarterly*. 35, 3: 331-56.

Barnett, C. (2006) The consolations of neo-liberalism, *Geoforum*. 36, 1: 7-12.

Barré, P., Hernandez, V., Meyer, j-P., and Vinck, D. (eds.) (2003) *Diasporas scientifiques. Expertise collégiale*. Paris: Institut de Recherche sur le Développenment, Ministère des Affaires Etrangères.

Basch, L., Glick Schiller, N., and Szanton Blanc, C. (eds.) (1994) *Nations Unbound: Transnational projects*, postcolonial predicaments and deterritorialized nation-states. Amsterdam: Gordon Breach.

Bauböck, R. (1994) Transnational citizenship: Membership and rights in political participation. Amsterdam: Amsterdam University Press.

Bauböck, R. (ed.) (2006) *Migration and Citizenship: Legal status, rights and political participation*. Amsterdam: Amsterdam University Press.

Bauder, H. (2003) Equality, justice and the problem of international borders: the case of canadian immigration regulation, *ACME: an international e-journal of critical geographies*. 2, 2: 167-82.

Bouder, H. (2005) *Labor Movement: How migration shapes labor markets*. Oxford: Oxford University Press.

Bauder, H. (2008) Neoliberalism and the economic utility of immigration: media perspective of Germany's immigration law, *Antipode*, 40, 1: 55-78.

Bauer, T.K., and Kunze, A. (2004) The demand for high-skilled workers and immigration policy, Forschungsinstitut zur Zukunft der Arbeit (Institute for the Study of Labor), IZA Discussion Paper No. 999, January.

Beaverstock, J.V. (2002) Transnational elites in global cities: British expatiates in Singapore's financial district, *Geoforum*. 33, 4: 525-38.

Beaverstock, J.V. (2005) Transnational elites in the City: British highly-skilled inter-company transferees in New York City's financial district, *Journal of Ethnic and Migrantion Studies*. 31, 2: 245-68.

Beaverstock, J.V., and Boardwell, J.T. (2000) Negotiating globalization, transnational corporations and global city financial centres in transient migration studies, *Applied Geography*. 20, 3: 277-304.

Beck, U. (2000a) *The brave New World of Work*. Cambridge: Polity Press.

Beck, U. (2000b) Cosmopolitan legacy: sociology of the second age of modernity, *British Jornal of Sociology*. 51: 79-105.

Becker, G. (1964) *Human capital*. New York: National Bureau of Economic Research/Columbia University Press.

Bende, P. (2005) Immigration policy in the European Union: still bring up the walls for fortress Europe? *Migration Letters*. 2, 1: 20-31.

Beneria, L. (2001) Shifting the risk: new employment patterns, informalization and women's work, unpublished paper, available at www.arts.cormell.edu/poverty/Papers/Beneria_InformalizationUrbana.pdf.

Benhabib, S. (2008) *Another Cosmopolitanism*. Oxford: Oxford University Press.

Benton Short, L, Price, MD, and Friedman, S. (2005) Globalization from below: the ranking of global immigrant cities, *International Journal of Urban and Regional Research*. 29, 4: 945-59.

Bhabha, H. (1994) *The Location of Culture*. London: Routledge.

Bigo, D. (2002) Security and immigration: toward a critique of the governmentality of unease, *Alternatives* 27, 1 (suppl): 63-92.

Bigo, D. (2005) Frontier controls in the European Union: who is in control? In Bigo, D., and Guild, E. (eds.) *Controlling Frontiers: Free movement into and within Europe*. Aldershot: Ashgate.

Bigo, D., and Guild, E. (eds.) (2005) *Controlling Frontiers: Free movement into and within Europe*. Aldershot: Ashgate.

Bilodeau, A. (2008) Immigrants' voice through protest politics in Canada and Australia: assessing the impact of pre-Migration political repression, *Journal of Ethnic and Migration Studies*. 34, 6: 975-1002.

Black, R. (2003) Breaking the convention: researching the 'illegal' migration of refugee to Europe, *Antipode*. 35, 1: 34-54.

Black, R., and Castaldo, A. (2009) Return migration and entrepreneurship in Ghana and Cote d'Ivoire: the role of capital transfers, *Tijdschrift voor economische en social geografie*. 100, 1: 44-58.

Bloch, A. (2007) Methodological challenges for national and multi-sited comparative survey research, *Journal of Refugee Studies*. 20, 2: 230-47.

Bloemraad, I. (2006) *Becoming a citizen: Incorporating immigrants and refugees in the United States and Canada*, Berkeley: University of California Press.

Bloemraad, I., Korteweg, A. and Yurdakul, G. (2008) Citizenship and immigration: multiculturalism, assimilation, and challenges to the nation-state, *Annual Review of Sociology*. 34: 153-79.

Blue, S.A. (2004) State policy, economic crisis, gender, and family ties: determinants of family remittances to Cuba, *Economic Geography*. 80, 1: 63-82.

Blumenberg, E.(2008) Immigrants and transport barriers to employment: The case of Southeast Asian welfare recipients in California, *Transport Policy*, 15, 1: 33-42.

Blunt, A. (2007) Cultural geographies of migration: mobility, transnationality and diaspora, *Progress in Human Geography*. 31, 5: 684-94.

Boehm. D.A. (2008) 'Now I am a man and a woman!'- Gendered moves and migrations in a transnational Mexican community, *Latin American Perspectives*, 35, 1: 16-30.

Böhning, W.R. and Oishi, N. (1995) Is international migration spreading? *International migration Review*, 29,3: 794-99.

Bommes, M., and Geddes, A.(eds) (2000) *Immigration and Welfare: Challenging the borders of the welfare: Challenging the borders of the welfare state*. London: Routledge.

Bonacich. E. and Modell, J. (1980) *The Economic Basis of Ethnic Solidarity: Small Business in the Japanese American Community*. Berkeley: University of California Press.

Borjas, G. (1989) Economic theory and international migration, *International Migration Review*. 23, 3: 457-85.

Borjas, G., Grogger, J. and Hanson, G.H. (2006) Immigration and African-American employment opportunities: the response of wages, employment, and incarceration to labor supply shocks, NBER Working Paper, No. 12518.

Bosniak, L. (2000) Citizenship denationalized. Symposium: The state of citizenship, Indiana *Journal of Global Legal Studies*. 7: 447-90.

Boswell, C. (2007a) Theorizing migration policy: is there a third way? *International Migration Review*. 41, 1: 75-100.

Boswell, C. (2007b) Migration control in Europe after 9/11: explaining the absence of securitization, *Journal of Common Market Studies*. 45, 3: 589-610.

Boswell, C. (2008) Evasion, reinterpretation and decoupling: European Commission responses to the 'external dimension' of immigration and asylum, *West European Politics*. 31,3: 491-512.

Boyd, M. (1989) Family and personal networks in international migration: recent developments and new agendas, *International Migration Review*. 23, 3: 638-70.

Boyle. M., Halfacree, K and Robinson, V. (1998) *Exploring Contemporary Migration*. Harlow: Addison Wesley Longman.

Bradley, H., Erikson, M., Stephenson, C. and Williams, S. (2002) *Myths at Work*. London: Polity Press.

Brenner, N. (2001) The limits to scale? Methodological reflections on scalar structuration, *Progress in Human Geography*, 25, 4: 591-614.

Brenner, N. and Theodore, N. (2002) Cities and the geographies of 'actually existing neoliberalism', *Antipode*. 34, 3: 349-79.

Brettell, C.B., and Hollifield, J.F. (2008a) Migration theory: talking across disciplines, in Brettell, C.B., and Hollifield, J.F. (eds) *Migration Theory: Talking across disciplines*. New York and London: Routledge.

Brettell, C.B., and Hollifield, J.F. (eds) (2008b) *Migration Theory: Talking across disciplines*. New York and London: Routledge.

British Broadcasting Company (BBC) (2002) Spain's immigration 'stepping stone', May 28, available at http://news.bbc.co.uk/2/hi/europe/2012940.stm.

Brown, L.A., Mott, T.E., and Malecki, E.J. (2007) Immigrant profiles of Us urban areas and agents of resettlement, *Professional Geographer*, 59, 1: 56-73.

Brubaker, R. (1992) *Citizenship and Nationhood in France and Germany*. Cambridge: Harvard University Press.

Brubaker, B. (2005) The 'diaspora' diaspora, *Ethnic and Racial Studies*. 28, 1: 1-19.

Brubaker, B., Loveman, M, and Stamatov, P. (2004) Ethnicity as cognition, *Theory and Society* 33, 1: 31-64.

Bryant, C. (1997) Citizenship, national identity and the accommodation of difference: reflections on the German, French, Dutch, and British cases, *New Community*. 23: 157-72.

Burawoy, M. (1976) The functions and reproduction of migrant labor: comparative material from South Africa and the United States, *American Journal of Sociology*. 81, 5: 1050-87.

Burchell, G., Gordon, C., and Miller, P. (1991) *The Foucault Effect: studies in governmentality*. Chicago: University of Chicago Press.

Burgers, J. and Engbersen, G. (1996) Globalisation, migration, and undocumented immigrants, *New Community*. 22, 4: 619-35.

Cadge, W., and Ecklund, E. (2007) Immigration and religion, *Annual Review of Sociology*, 33: 359-79.

Caglar, A. (2006) Hometown associations, the rescaling of state spatiality and migrant grassroots transnationalism, *Global Network*. 6, 1: 1-22.

Canales, A.I. (2003) Mexican labour migration to the United States in the age of globalization, *Journal of Ethnic and Migration Studies*. 29, 4: 741-61.

Carens, J. (1987) Aliens and citizens: the case for open borders, *Review of Politics*. 49, 2: 251-73.

Carle, R. (2007) Citizenship debates in the new Germany, *Society*. 44: 147-54.

Carling, J. (2002) Migration in the age of involuntary immobility: theoretical reflections and Cape Verdean experiences, *Journal of Ethnic and Migration Studies*. 28, 1: 5-42.

Castells, M. (1975) Migration workers and class struggles in advanced capitalism-Western European experience, *Politics and Society* 5, 1: 33-66

Castells, M. (1996) *The Rise of the Network Society*, Volume I. Oxford: Basil Blackwell.

Castells, M., and Portes, A. (1989) Worlds underneath: the origins, dynamics, and effects of the informal economy, in Portes, A., Castells, M. and Benton, L. (eds.) *The Informal Economy: Studies in advanced and less developed countries*, Baltimore: Johns Hopkins University Press.

Castles, S. (1984) *Here for Good: Western Europe's new ethnic minorities*. London: Pluto Press.

Castles, S. (2004) The factors that make and unmake migration policies, *International Migration Review*. 38, 3: 852-84.

Castles, S. and Kosack, G. (1973) *Immigrant Workers and Class Structure in Western Europe*. London: Oxford University Press.

Castles, S., and Miller, M. (1993) The Age of Migration. London: Macmillan.

Castles, S., and Miller, M. (2003, 3rded.) *The age of Migration: Population movements in the modern world*. NewYork: GuilfordPress.

Castles, S., and Miller, M. (2009, 4thed.) *The Age of Migration: International population movements in the modern world*. NewYork: GuilfordPress.

CEC (2005) Green Paper on an EU approach to managing economic migration, COM (2004) 811 Final.

Chemillier-Gendreau, M. (1998) *L'injustifiable: les Politiques Françaises de l'immigration*. Paris: Bayard.

Chiang, L.H.N. (2004) The dynamics of self-employment and ethnic business ownership among Taiwanese in Australia, *International Migration*. 42, 2: 153-73.

Clark, W.A.V. (1986) *Human Migration*. Beverly Hills, CA: Sage.

Clark, W.A.V. (1998) *California Cauldron: Immigration and the fortunes of local communities*. New York: Guilford Press.

Clark, W.A.V. (2003) *Immigrants and the American Dream*. New York and London: Guilford Press.

Cloke, P., Philo, C., and Sadler, D. (1991) *Approaching Human Geography*. London: Paul Chapman.

Cloke, P., Crang, M., and Goodwin, M. (eds) (2005) *Introducing Human Geographies*, 2nd edn. London: HodderArnold.

Cohen, R. (1987) *The New Helots: Migrants in the international division of labour*. Aldershot: Gower.

Cohen, R. (1997) *Global Diasporas: An introduction*. Seattle: University of Washington Press.

Cohen, S. (2003) *No one is Illegal*. Stoke on Trent: Trentham Books.

Cole, P. (2000) *Philosophies of Exclusion: Liberal political theory and immigration*. Edinburgh: Edinburgh University Press.

Coleman, M. (2005) U.S. statecraft and the U.S.-Mexico border as security/economy nexus, *Political Geography*. 24: 185-209.

Collyer, M. (2005) When do social networks pail to explain migration? Accounting for the movement of Algerian asylum-seekers to the UK, *Journal of Ethnic and Migration Studies*. 31, 4: 699-718.

Connell, J. (2008) Niue: embracing a culture of migration, *Journal of Ethnic and Migration Studies*. 1021-40.

Conway, D. (2007) Caribbean transnational migration behavior: reconceptualising its 'strategic flexibility', *Population, Space and Place*. 13: 415-31.

Cornelius, W. (1994) Spain: the uneasy transition from labor exporter to labor importer, in Cornelius, W., Martin, P., and Hollifield, J. (eds.) *Controlling Migration: A global perspective*. Stanford: Stanford University Press.

Cornelius, W. (2004) Spain: the uneasy transition from labor exporter to lavor importer, in Cornelius, W., Tsuda, T., Martin, P.L, and Hollifield, J. (eds.) *Controlling Immigration: A global perspective*. Stanford: Stanford University Press.

Cornelius, W. (2005) Controlling 'unwanted' immigration: lessons from the United States, 1993-2004, *Journal of Ethnic and Migration Studies*. 31, 4: 775-94.

Correia, A, do Valle, PO, and Moco, C. (2007) Modeling motivations and perceptions of Portuguese tourists, *Journal of Business Research*. 60, 1: 76-80.

Costello, T. (2001) Summary of paper delivered, 'The underground economy in North America', Conference of 21-22 May 2001, Harvard University.

Council of the European Union (2004) Immigrant integration policy in the European Union. Brussels, 19 November, 14615/04 (Presse 321).

Council of Europe/Parliamentary Assembly (2003) Migrants in irregular employment in the agricultural sector of southern European countries, Doc. 9883, July 18.

Cox, K. (1997) *Spaces of Globalization: Reasserting the power of the local*. New York: Guilford Press.

Cravey, A. (2003) Toque una Ranchera, Por Favor, *Antipode*. 35, 3: 603-21.

Cresswell, T. (1996) *In Place/Out of Place: Geography, ideology and transgression*. Minneapolis: University of Minnesota Press.

Cresswell, T. (2004) *Place: A short introduction*. Oxford: Blackwell.

Cresswell, T. (2006) *On the move: Mobility in the modern western world*. London: Routledge.

Dannecker, P. (2006) Transnational migration and the transformation of gender relations: the case of Bangladeshi labour migrants, *Current Sociology*. 53: 655-74.

Datta, K., McIlwaine, C., Wills, J., Evans, Y., Herbert, J. and May, J. (2007) The new development finance or exploiting migrant labour? Remittance sending among low-Paid migrant workers in London, *International Development Planning Review*, 29, 1.

Davis, M. (1999) Magical urbanisum: Latinos reinvent the US big city, *New Left Review*. 234: 3-43.

Davis, M. (2003) Planet of slums. Urban inbolution and the informal proletariat, *New Left*

Review. 25: 5-34.

Davis, M. (2006) Fear and money in Dubai, *New Left Review*. 41: 47-68.

de Haas, H. (2006) Migration, remittances and regional development in southern Morocco, *Geoforum*. 37: 565-80.

de Haas, H. (2007) Turning the tide? Why development will not stop migration, *Development and Change*. 38, 5: 819-41.

de Lange, A. (2007) Child labour migration and trafficking in rural Burkina Faso, *International Migration*. 45, 2: 147-67.

Dean, M and Nagashima, M. (2007) Sharing the burden: the role of government and NGOs in protecting and providing for asylum seekers and refugees in Japan, *Journal of Refugee Studies*. 20, 3: 481-508.

DeChaine, D.R. (2009) Bordering the civic imaginary: alienization, fence logic, and the minuteman civil defense orps, *Quarterly Journal of Speech*. 95, 1: 43-65.

Delaney, D. (2005) *Territory: A short introduction*. Oxford: Blackwell.

Dell'Olio, F. (2004) Immigration and immigrant policy in Italy and the UK: is housing policy a barrier to a common approach towards immigration in the EU? *Journal of Ethnic and Migration Studies*. 30, 1: 107-28.

Dickenson, J. and Bailey, A.J (2007) (Re)membering diaspora: uneven geographies of Indian dual citizenship, *Political Geography*. 26, 7: 757-74.

Driskell, D., Fox, C., and Kudva, N. (2008) Growing up in the new New York: youth space, citizenship, and community change in a hyperglobal city, *Environment and Planning A*. 40: 2831-44.

Dumount, A. (2008) Representing voiceless migrants: Moroccan Political transnationalism and Moroccan migrants' organizations in France, *Ethnic and Racial Studies*. 31, 4: 792-811.

Dunn, T. (1996) *The Militarization of the US-Mexican Border*, 1978-1992: *Low-Intensity Conflict Doctrine Comes Home*. Austin: University of Texas Press.

Durden, E. (2007) Nativity, duration of residence, citizenship, and access to health care for Hispanic children, *International Migration Review*. 41, 2: 537-45.

Dwyer, P. (2005) Governance, forced migration and welfare, Social Policy and Administration. 39, 6: 622-39.

Edin, P.-A., Fredriksson, P. and Aslund, O. (2004) Settlement policies and the economic success of immigrants, *Journal of Population Economics*. 17, 1: 133-55.

Ehrenreich, B. Hochschild, A. (2004) (eds.) *Global Women: Nannies, maids*. New York: metropolitan Books.

Ehrkamp, P. (2006) 'We Turks are no Germans': assimilation discourse and the dialectical construction of identities in Germany, *Environment and Planning A*. 38: 1673-92.

Ehrkamp, P. (2008) Risking publicity: masculinities and the racialization of public neighborhood space, *Social and Cultural Geography*. 9, 2: 117-33.

Elias, J. (2008) Struggles over the rights of foreign domestic workers in Malaysia: the possibilities and limitations of 'rights talk', *Economy and Society*. 37, 2: 282-303.

Ellis, M., Wright, R., and Parks, V. (2007) Geography and the immigrant division of labor, *Economic Geography*. 83, 3: 255-81.

Engelen, E. (2003) Conceptualizing economic incorporation: from 'institutional linkages' to 'institutional hybrids', paper written for the conference on 'Conceptual and Methodological Developments in the Study of International Migration', Princeton University, 23-25 May.

Enke, S. (1962) Economic development with unlimited and limited supplies of labour, *Oxford Economic Papers*. 14, 2: 158-72.

Escobar, C. (2007) Extraterritorial political rights and dual citizenship in Latin America, *Latin American Research Review*. 42, 3: 43-75.

Faist, T. (1995) Boundaries of welfare states: immigrants and social rights on the national and supranational level, in Miles, R., and Tranhardt, D. (eds.) *Migration and European Integration: The dynamics of inclusion and exclusion*. London: Printer.

Faist, T. (2000) Transnationalization in international migration: implications for the study of citizenship and culture, *Ethnic and Racial Studies*. 23: 189-222.

Faist, T. (2008) Migrants as transnational development agents: an inquiry into the newest round of the migration-development nexus, Population, Space and Place. 14: 21-42.

Faist, T. (2009) Diversity- a new mode of imcoporation? *Ethnic and Racial Studies*. 32, 1: 171-90.

Fan, C.C. (2001) Migration and labor-market returns in urban China: results from a recent survey in Guangzhou, *Environment and Planning A*. 33: 479-508.

Fanvell, A. (1998[2001, 2nded]) *Philosophies of Integration*. Basingstoke: Plagrave.

Favell, A. (2008) Rebooting migration theory: interdisciplinarity, globality and postdisciplinarity in migration studies, in Brettell, C.B. and Hollified, J.F. (eds) *Migration Theory: Talking across disciplines*. New York and London: Routledge.

Favell, A., and Hanse, R. (2002) Markets against politics: migration, EU enlargement and the idea of Europe, *Journal of Ethnic and Migration Studies*. 28, 4: 581-601.

Feldblum, M. (1993) Paradoxes of ethnic politics: the case of Franco-Maghrebis in France, *Ethnic and Racial Studies*. 16: 52-74.

Feldblum, M.(1998) Reconfiguring Citizenship in Western Europe, in Joppke, C. (ed.) *Challenge to the Nation-state*. Oxford: Oxford University Press.

Feldblum, M. (1999) *Reconstructing Citizenship: The politics of nationality reform and immigration in contemporary France*. Albany: SUNY Press.

Fetzer, J.S. and Soper, J.C. (2005) *Muslims and the State in Britain, France, and Germany*. Cambridge: Cambridge University Press.

Fonseca, M.L. (2008) New waves of Immigration to small towns and rural areas in Portugal, *Population Space and Place*, 14, 6: 525-535.

Forcese, C. (2006) The capacity to protect: diplomatic protection of dual nationals in the 'war on terror', *European Journal of International Law*. 17, 2: 369-94.

Foucalt, M. (1977) *Discipline and Punish*. Harmondsworth: Penguin.

Freeman, G. (1955) Modes of immigration politics in liberal democracies, *International Migration Review*. XXIX, 4: 881-902.

Frey, W. (1998) Emerging Demographic Balkanization: toward one America or two? Ann Arbor, NY: Population Studies Center.

Friedmann, J. and Wolff. G. (1982) World city formation: an agenda for research and action, *International Journal of Urban and Regional Research*. 15, 1: 269-83.

Fröbel, F., Heinrichs, J., and Kreye, O. (1980) The New International Division of Labour. Cambridge: Cambridge University Press.

Fuller, S. (1994) Making agency count: a brief foray into the foundations of social theory, *American Behavioral Scientist*. 37: 741-53.

Gabriel. C. (2008) A 'healthy' trade? NAFTA, labour mobility and Canadian nurses, in Gabriel, C. and Pellerin, H. (eds.) *Governing International Labour Migration*. London: Routledge.

Gabriel. C. and Pellerin, H. (eds.) (2008) *Governing International Labour Migration*. London: Routledge.

Gallie, D. (1991) Patterns of skill change- upskilling, deskilling or the polarization of skills, *Work Employment and Society*. 5, 3: 319-51.

GCIM (Global Commission on International Migration) (2005) *Migration in an interconnected world: new directions for action*. Report of the Global Commission on International Migration Commission.

Geddes, A. (2000a) Denying access: asylum-seekers and welfare benefits in the UK, in Bommes, M. and Geddes, A. (eds) *Immigration and Welfare: hallenging the borders of the welfare state*. London: Routledge.

Geddes, A. (2000b) *Immigration and European Integration: Towards fortress Europe?* Manchester: Manchester University Press.

Geddes, A. (2003) *The Politics of Migration and Immigration in Europe*. London: Sage.

Ghosh, B. (1998) *Huddled Masses an Uncertain Shores: Insights into irregular migration*. The Hague: Nijhoff.

Gibney, M. and Hansen, R. (2003) Deportation and the liberal state: the forcible return of asylum-seekers and unlawful migrants in Canada, Germany and the United Kingdom. *New Issues in Refugee Research*, Working Paper. Geneva: UNHCR EPAU.

Gibason-Graham, J.K. (1996) *The End of Capitalism (as we knew it)*. Oxford: Blackwell.

Gibson-Graham, J.K. (2002) Beyond global vs. local: economic politics outside the binary frame, in Herod, A. and Wright, M.W. (eds.) *Geographies of Power: Placing scale*. Oxford: Blackwell.

Giddens, A. (1984) *The constitution of Society*. Cambridge: Polity Press.

Gidwani, V., and Sivaramakrishnan, K. (2003) Circular migration and the spaces of cultural assertion, *Annals of the Association of American Geographers*. 93, 1: 186-213.

Gill, N. (2009) Presentational state power: temporal and spatial influences over asylum sector desisionamaers, *Transactions of the Institute of British Geographers*. 34: 215-33.

Giordano, C. (2008) Practices of translation and the making of migrant subjectivities in contemporary Italy, *American Ethnologist*. 35, 4: 588-606.

Glick-Schiller, N. (2003) The centrality of ethnography in the study of transnational migration, in Foner, N. (ed.) *American Arrivals: Anthropology engages the new immigration*. Santa Fe, NM: School of American Research Press.

Glick-Schiller, N., Basch, L., and Blanc-Szanton, C. (1992) *Towards a Transnational Perspective on Migration: Race, class, ethnicity, and nationalism reconsidered*, Vol. 645. New York: New York Academy of Sciences.

Glick-Schiller, N. and Caglar, A. (eds) (2010) *The location of Migration*. Ithaca, NY: Cornell University Press.

Glick-Schiller, N., Calar, A., and Guldbranse, T.C. (2006) Beyond the ethnic lens: locality, globality, and born-again incorporation, *American Ethnologist*. 33, 4: 612-33.

Goldring, L. (2001) Dissaggregating transnational social spaces: gender, place and citizenship in Mexico-U.S. transnational spaces, in Pries, L. (ed) *New Transnational Social Spaces: International migration and transnational companies in the early twenty-first century*. London and New York: Routledge.

Gordon, D., Edwards, R., and Reich, M. (1982) *Segmented Work, Divided Workers*. Cambridge: Cambridge University Press.

Goss, J. and Lindquist, B. (1995) Conceptualising international labor migration, *International*

Migration Review. 29, 2: 317-51.

Grabher, G. (2002) Cool projects, boring institutions: temporary collaboration in social context, *Regional Studies.* 36, 3: 204-14.

Graham, S. (2002) Bridging urban digital divides? Urban polarization and information and communications technologies (ICTs). *Urban Studies.* 39: 33-56.

Granotier, B. (1970) *Les Travailleurs Immigrés en France.* Paris: Francois Maspero.

Granovetter, M. (1973) The strength of weak ties, *American Journal of Sociology.* 78, 6: 1360-80.

Green, S. (2001) Immigration, asylum, and citizenship in Germany: the impact of unification and the Berlin Republic, *West European Politics.* 24, 4: 82-104.

Grillo, R. and Mazzucato, B. (2008) Africa-Europe: a double engagement, *Journal of Ethnic and Migration Studies.* 34, 2: 75-198.

Grzymala-Kazlowska, A. (2005) From ethnic cooperation to in-group competition: undocumented Polish workers in Brussels, *Journal of Ethnic and Migration Studies.* 31, 4: 675-97.

Guardian, The (2001) Chronicle of the Dover tragedy, April 5.

Guardian, The (2001) Search for a new life ends up in a cauldron of death, April 6.

Guardian, The (2003) Rotterdam plans to ban poor immigrants from moving in, December 2.

Guiraudon, V. (2000) *Les Politiques d'Immigration en Europe: Allemagne, France, Pays-Bas.* Paris: L'Harmattan.

Guiraudon, V. (2003) The constitution of a European immigration policy domain: a political sociology approach, *Journal of European Public Policy.* 10, 2: 263-82.

GUiraudon, V. and Lahav, G. (2000) The state sovereignty debate revisited: the case of migration conrol, *Comparative Political Studies.* 33, 2: 163-95.

Gurak, D.T. and Caces, F. (1992) Migration networks and the shaping of migration system, in Kritz, M., Lim, L., and Zlotnik, H. (eds) *International Migration Systems: A global approach.* Oxford: Clarendon.

Hadley, C., Galea, S., Nandi, V., Nandi, A., Lopez, G., and Strongarone, S. (2008) Hunger and health among undocumented Mexican migrants in a US urban area, *Public Health Nutrition.* 11, 2: 151-58.

Hagan, J., Eschbach, K., and Rodriguez, N. (2008) US deportation policy, family separation, and circular migration, *International Migration Review.* 42, 1: 64-88.

Halfacree, K. (1995) Household migration and the structuration of patriarchy: evidence from the U.S.A., Progress in Human Geography. 19: 159-82.

Halfacree, K. and Boyle, M. (1993) The challenge facing migration research: the case for a biographical approach, *Progress in Human Geography*. 17: 333-48.

Hamilton, L.C., Colocousis, C.R. and Johansen, S.T. (2004) Migration from resource deplection: the case of the Faroe Islands, *Society and Natural Resources*. 17: 443-53.

Hammar, T. (1990) *Democracy and the Nation State: Aliens, denizens, and citizens in a world of international migration*. Aldershot: Avebury.

Hammermesh, D. and Bean, F. (1998) *Help or hindrance? The economic implications of immigration for African-Americans*, New York: The Russell Sage Foundation.

Hansen, R. (2002) The dog that didn't bark: dual nationality in the United Kingdom, in Hansen. R. and Weil, P. (eds.) *Dual Nationality, Social Rights and Federal Citizenship in the U.S. and Europe*. New York and Oxford: Berghahn Books.

Hansen, R. and Weil, P. (2002b) Dual citizenship in a changed world: immigration, gender and social rights, in Hansen, R. and Wiel, P. (eds.) (2002) *Dual Nationality, Social Rights and Federal Citizenship in the U.S. and Europe*, New York and Oxford: Berghahn Books.

Hansen, R. and Weil, P. (2002a) *Dual Nationality, Social Rights and Federal Citizenship in the U.S. and Europe*, New York and Oxford: Berghahn Books.

Hanson, S. and Pratt. G. (1991) Time, space, and the occupational segregation of women-a critique of human-capital theory, *Geoforum*. 22, 2: 149-57.

Hardwick, S. (2008) Place, space, and pattern: geography theories in international migration, in Brettell, C.B. and Hollifield, J.F. (eds.) *Migration Theory: Talking across disciplines* (2nd ed.). New York: Routledge.

Harney, N.D. and Baldassar, L. (2007) Tracking transnationalism: migrancy and its futures, *Journal of Ethnic and Migration Studies*. 33, 2: 189-98.

Harris, J.R. and Todaro, M.P. (1970) Migration, unemployment and development: a two-sector analysis, *The American Economic Review*. 60: 126-42.

Harriss-White, B. (2003) Inequality at work in the informal economy: key issues and illustrations, *International Labour Review*. 142, 4: 459-69.

Hart, K. (1973) Informal income opportunities and urban employment in Ghana, *Journal of Modern African Studies*. 11, 1: 61-89.

Harvey, D. (1982, [1989 reprint edition]) *Limits to Capital*. Chicago: Chicago University Press.

Harvey, D. (1996) *Justice, Nature and the Geography of Difference*. Oxford: Blackwell.

Harvey, D. (2000) *Spaces of Hope*. Edinburgh: Edinburgh University Press.

Harvey, D. (2005) *A Breif History of Neoliberalism*. Oxford: Oxford University Press.

Hayter, T. (2000) *Open Borders: The case against Immigration controls*. London: Pluto Press.

Hazen, H.D. and Alberts, H.C. (2006) Visitors or immigrants? International students in the united States, *Population, Space and Place*. 12: 201-16.

Hedman, E-L. E. (2008) Refuge, governmentality and citizenship: capturing 'illegal migrants' in Malaysia and Thailand, *Government and Opposition*. 43, 2: 358-83.

Held, D., McGrew, A., Goldblatt, D., and Perraton, J. (1999) *Global Transformations: Politics, economics and culture*. London: Polity Press.

Hero, R.E., and Preuhs, R.R. (2007) Immigration and the evolving American welfare state: examining policies in the US states, *American Journal of Political Science*. 51, 3: 498-517.

Hiebert, D. (2002) The spatial limits to entrepreneurship: immigrant entrepreneurs in Canada, *Tijdschrift voor Economische en Sociale Geographie*. 93, 2: 173-90.

Hiebert, D. and Ley, D. (2003) Assimilation, cultural pluralism, and social exclusion among ethno-cultural groups in Vancouver, *Urban Geography*. 24, 1: 16-44.

Higham, J. (1955) *Strangers in the Land: Patterns of American nativism*, 1860-1920. New Brunswick: Rutgers University Press.

Hilsdon, A-M. (2006) Migration and human rights the case of Filipino Muslim women in Sabah, Malaysia, *Women's Studies international Forum*. 29, 4: 405-16.

Hirst, P. and Thompsom, G. (1996) *Globalization in Question*. Oxford: Polity Press.

Hjarnø, J. (2003) *Illegal Immigrants and Developments in Employment in the Labour Markets of the EU*. Aldershot: Ashgate.

Ho, C. and Alcorsco, C. (2004) Migrants and employment- challenging the success story, *Journal of Sociology*. 40, 3: 237-59.

Hochschild. A. (1983) *The managed Heart: Commercialization of human feeling*. Berkeley, CA: University of California Press.

Hochschild, A.R. (2000) Global care chains and emotional surplus value, in Hutton, W. and Giddens, A. (eds.) *On The Edge: Living with global capitalism*. London: Jonathan Cape.

Holgate, J. (2004) Organizing migrant workers: a case study of working condition and unionization in a London sandwich factory, *Work, employment and society*. 19, 3: 463-80.

Holifield, J. (1992) *Immigrants, Markets, and States: The political economy of postwar Europe*. Cambridge: Harvard University Press.

Hollifield, J. (2000) Immigration and the politics of rights: the French case in comparative perspective, in Bommes, M. and Geddes, A. (eds.) *Immigration and Welfare: Challenging the borders of the welfare state*. London: Routledge.

Hollifield, J. (2004) The emerging migration state, *International Migration Review*. 38, 3:

885-912.

Home Office (2005) *Controlling Our Borders: Making migration work for Britain. Five year strategy for asylum and immigration.* Norwich. HMSO.

Home Office/DTI(2002) Knowledge migrants: The motivations and experiences of professionals in the UK on work permits. London: Home Office/DTI.

Home Office/UK Border Agency (2008) www.bia.homeoffice.gov.uk/employers/preventingillegalworking/penaltiesemployers/, accessed August 22.

Hondaguneu-Sotelo, P. (1994) *Gendered Transitions: Mexican experiences of immigration.* Berkeley: University of California Press.

Hondagneu-Sotelo, P. (2002) Families on the frontier: from braceros in the fields to braceros in the home, in Suárez-Orozco, M.M. and Páez, M.M. (eds.) *Latinos: Remaking America.* Berkeley: University of California Press.

Hondagneu-Sotelo, P. (2007) *Religion and Social Justicce for Immigrants.* New Brunswick: Rutgers University Press.

Howell, S. and Shryock, A. (2003) Cracking down on diaspora: Arab Detroit and America's 'War on Terror', *Anthropological Quarterly.* 76: 443-62.

Hubbard, P. (2005a) Inappropriate and incongruous: opposition to asylum centres in the English countryside, *Journal of Rural Studies.* 21, 1: 3-17.

Hubbard, P. (2005b) Accomodating otherness: anti-asylum centre protest and the maintenance of white privilege, *Transactions of the Institute of British Geographers.* 30, 1: 52-65.

Hughes, D.M. (1999) Rufugees and squatters: immigration and the politics of territory on the Zimbabwe-Mozambique border, *Journal of Southern African Studies.* 25, 4: 533-52.

Hugo, G. (1996) Environmental concern and international migration, *International Migration Review.* 30, 1: 105-31.

Hugo, G. (2006) Immigration responses to global change in Asia: a review, *Geographical Research.* 44, 2: 155-72.

Huysmans, J. (2000) The European Union and the securitization of migration, *Journal of Common Market Studies.* 38, 5: 751-77.

Hyndman, J. (2000) *Managing Displacement.* Minneapolis: University of Minnesota Press.

Hyndman, J. (2003) Aid, conflict and migration: the Canada-Sri Lanka connection, *The Canadian Geographer.* 47, 3: 251-68.

Hyndman, J. and Mountz, A. (2008) Another brick in the wall? Noe-refoulement and the externalization of asylum by Australia and Europe, *Government and Opposition.* 43, 2: 249-69.

Ignatiev, N. (1995) *How the Irish Became White*. London: Routledge.

IOM (International Organization for Migration) (2003) *World Migration* 2003. Geneva: IOM.

IOM (International Organization for Migration) (2008a) *World Migration* 2008. Geneva: IOM.

IOM (International Organization for Migration) (2008b) IOM's Activities on Migration Data: An Overview. Geneva: International Organization for Migration. Report available on-line at www.iom.int.

IPPR (Institute for Public Policy Research) (2006) Irregular migration in the UK, an IPPR FactFile. London: IPPR.

Iredale, R. (2005) Gender, immigration policies and accreditation: valuing the skills of professional women migrants, *Geoforum*. 36, 2: 155-66.

Isin, E.F. (ed.) (2000) Democracy, *Citizenship and the Global City*. London and New York: Routledge.

Isin, F.F. and Wood, P.K. (1999) *Citizenship and Identity*. London: Sage.

Iskander, N. (2000) Immigrant workers in an irregular situation: the case of the garment industry in Paris and its suburbs, in OECD (ed.) *Combating the Illegal Employment of Foreign Workers*. Paris: OECD.

Jacabsen, K. (2006) Editorial introduction: Refugees and asylum seekers in urban areas: a livelihoods approach, *Journal of Refugee Studies*. 19, 3: 273-86.

Jacobson, D. (1996) *Rights Across Borders: Immigration and the decline of citizenship*. Baltimore: The Johns Hopkins Press.

Jenissen, R. (2007) Causality chains in the international migration systems approach, *Population Research Policy Review*. 26: 411-36.

Jessop, B. (1997) Capitalism and its future: remarks on regulation, government and governance, *Review of International Political Economy*. 4, 3: 561-81.

Johannsson, H. and Shulman, S. (2003) Immigration and the employment of African American workers, *The Review of Black Political Economy*. 31, 1-2: 95-110.

Johnston, D. (2007) Who needs immigrant farm workers? A South African case study, *Journal of Agrarian Change*. 7, 4: 494-525.

Johnston, R., Poulsen, M., and Forrest, J. (2008) Asians, Pacific Islanders, and ethnoburbs in Auckland, New Zealand, *Geographical Review*. 98, 2: 214-241.

Jones, M.A. (1960) *American Immigration*. Chicago: University of Chicago Press.

Joppke, C. (1998a) Immigration challenges the nation-state, in Joppke. C. (ed.) *Challenge to the Nation-State*. Oxford: Oxford University Press.

Joppke, C. (ed.) (1998b) *Challenge to the Nation-State*. Oxford: Oxford University Press.

Joppke, C. (2007) Beyond national models: civic integration policies for immigrants in Western Europe. *Western European Politics*. 30, 1: 1-22.

Jordan, B. and Duvell, F. (2003) *Irregular Migration: Dilemmas of transnational mobility*. Cheltenham: Edward Elgar.

Jouin, N. (2006) Les travailleure immigrés du batiment entre discrimination et precarité. L'exemple d'une activité externalisée: le feraillage, *Revue de l'IRES*. 50, 1: 3-25.

Journal of Ethnic and Migration Studies (2008) Diasporic tensions: the dilemmas and conflicts of tansnational engagement. Special Issue, 34: 7.

Kaag, M. (2008) Mouride transnational livelihoods at the margins of a European society: the case of residence Prealpino, Brescia, Italy, *Journal of Ethnic and Migration Studies*. 34, 2: 271-85.

Kaplan, D.D. (1998) The spatial structure of urban ethnic economies, *Urban Geography*, 19, 6: 489-501.

Kapur, D. (2004) Remittances: The new development mantra? G-24 Discussion Paper Series no. 29 New York and Geneva: UN Conference on Trade and Development.

Kastoryano, R. (2002) *Negotiating Identities: States and immigrants in France and Germany*. Princeton: Princeton University Press.

Kearney, M. (1986) From the invisible hand to visible feet: anthropological studies of migration and development, *Annual Review of Anthropology*. 15: 331-61.

Keaton, T.D. (2006) *Muslim Girls and the Other France: Race, identity politics and social exclusion*. Bloomington and Indianapolis: Indiana University Press.

Keith, M. (1993) From punishment to discipline? Racism, racialization and the policing of social control, in Keith, M. and Cross, M. (eds.) *Racism, the City and the State*. London: Routledge.

Kelson, G. and De Laet, D. (eds.) (1999) *Gender and immigration*. New York: New York University Press.

Kempadoo, K. (2007) The war on human trafficking in the Caribbean, *Race and Class*. 49: 79-85.

Kepel, G. (1997) *Allah in the West: Islamic movements in America and Europe*. Cambridge: Policy Press.

Kim, D.Y (1999) Beyond co-ethnic solidarity: Mexican and Ecuadorian employment in Korean-owned businesses in New York city, *Ethnic and Racial Studies*. 22, 3: 581-605.

King, R. (ed.) (1993) *New Geography of European Migrations*. London: John Wiley.

Kong, R., Connell, J., and White, P. (1995) *Writing Across Worlds: Literature and migration*.

London: Routledge.

King, R., Dalipaj, M., and Mai, N. (2006) Gendering migration and remittances: envidence from London and Northern Albania, *Population, Space and Place.* 12: 409-34.

Kivisto, P. (2005) *Incorporating Diversity: Re-thinking assimilation in a multicultural age.* Boulder, CO: Paradigm.

Kloosterman, R. and Rath, J. (2003) *Immigrant Entrepreneurs: Venturing abroad in the age of globalization.* Oxford: Berg Press.

Kloosterman, R., Van der Leun, J., and Rath, J. (1999) Mixed embeddedness: (in)formal economic activity and immigrant businesses in the Netherlands, *International Journal of Urban and Regional Research.* 23: 253-67.

Klotz, A. (2000) Migration after Apartheid: deracializing South African foreign policy, *Third World Quarterly.* 21, 5: 831-47.

Klusmeyer, D. (2001) A 'guiding culture' for immigrants? Integration and diversity in Germany, *Journal of Ethnic and Migration Studies.* 26, 3: 519-32.

Knox, P.L and Marston, S.A (2007, 4thed.) *Human Geography: Places and regions in a global-context. Upper Saddle River,* NJ: Pearson Prentice Hall.

Kobayashi, A. and Ley, D. (2005) Back to Hong Kong: return migration or transnational sojourn? *Global Network.* 2: 111-27.

Kobayashi, A. and Prestion, V (2007) Transnationalism through the life course: Hong Kong immigrants in Canada, *Asia Pacific Viewpoint.* 48, 2: 151-67.

Kofman, E. (1999) 'Birds of passage' a decade later: gender and immigration in the European Union, *International Migration Review.* 33, 2: 269-99.

Kofman, E. (2002) Contemporary European migrations, civic stratification and citizenship, *Political Geography.* 21: 1035-54.

Kofman, E. (2004) Family-related migration: a critical review of European studies, *Journal of Ethnic and Migration Studies.* 30, 2: 243-62.

Kofman, E. (2005a) Gender and skilled migrants: into and beyond the work place, *Geoforum.* 36: 149-54.

Kofman, E. (2005b) Citizenship, migration and the reassertion of national identity, *Citizenship Studies.* 9, 5: 453-67.

Kofman, E. (2008) Managing migration and citizenship in Europe: towards an overarching framework, in Gabriel, C. Pellerin, H. (eds.) *Governing International Labour Migration.* London: Routledge.

Kofman, E. and Raghuram, P. (2006) Gender and global labour migrations: incorporating skilled workers, *Antipode.* 38, 2: 282-303.

Kogan, I. (2004) Last hired, first fired? The unemployment dynamics of male immigrants in Germany, *European Sociological Review*. 20, 5: 445-61.

Koh, H.H. (1997) How in international human rights law enforced? *Indiana Law Journal*. 74, 4: 1397-1417.

Koopmans, R. (2004) Migrant mobilization and political opportunities: variation among German cities and a comparison with the United Kingdom and the Netherlands, *Journal of Ethnic and Migration Studies*. 30, 3: 449-70.

Köppe, O. (2003) The leviathan of competitiveness: how and why do liberal states (not) accept unwanted immigration? *Journal of Ethnic and Migration Studies*. 29, 3: 431-48.

Koser, K. (2005) Migration and refugees, in Cloke. P., Crang, M., and Goodwin, M. (eds., 2nded.) *Introducing Human Geographies*. London: Hodder Arnold.

Koser, K. (2007) Migration: Aa very short introduction. Oxford: Oxford University Press.

Koslowski, R. (1997) Comments on roundtable at roundtable discussion on plural citizenship. Carngie Endowment for International Peace. Washington, DC, April 25, 1997.

Koslowski, R. (2008) Global mobility and the quest for an international migration regime, in Chamie, J. and Dall'Oglio, L. (eds) *International Migration and Development: Continuing the dialogue: legal and policy perspectives*. Geneva: International Organization for Migration.

Kostakopoulou, D. (2002) Long-term resident third country nationals in the European Union: normative expectations and institutional openings, *Journal of Ethnic and Migration Studies*. 28, 3: 443-62.

Kraler, A. (2006) The legal status of immigrants and their access to nationality, in Bauböck, R. (ed) *Migration and Citizenship: Legal states, rights and political participation*. Amsterdam: Amsterdam University Press.

Krissman, F. (2005) Sin Coyote Ni Patron: Why the 'migrant network' fails to explain international migration, *International Migration Review*. 39, 1: 4-44.

Kritz, M.M., Keely, C.B., and Tomasi, S.M. (1981) (eds) *Global Trends in Migration*. Staten Island, NY: Centre for Migration Studies.

Kritz, M., Lim, L., and Zlotnik, H. (1992) (eds) *International Migration Systems: A global approach*. Oxford: Clarendon.

Kyle, D. and Dale, J. (2001) Smuggling the state back in: agents of human smuggling reconsidered, in Kyle, D. and Koslowski, R. (eds.) *Global Human Smuggling*, Baltimore: Johns Hopkins University Press.

Kyle, D. and Koslowski, R. (2001) Global Human Smuggling: Comparative perspectives. Baltimore and London: Johns Hopkins University Press.

Kymlicka, W. (1995) *Multicultural Citizenship*. Oxford: Oxford University Press.

Larner, W. (2003) Neoliberalism? *Environment and Planning D: Society and Space*. 21, 5: 509-12.

Laurence, J. and Vaisse, J. (2006) *Integrating Islam: Political and religious challenges in contemporary France*. Washington, DC: Brookings Institution.

Lavenex, S. (2006a) Shifting up and out: the foreign policy of European immigration control, *West European Politics*. 29, 2: 329-50.

Lavenex, S. (2006b) Towards the constitutionalization of aliens' rights in the European Union? *Journal of European Public Policy*. 13, 8: 1284-1301.

Lavenex, S. (2007) The competition state and highly skilled migration, Society. 44, 2: 32-41.

Lawson, V. (1999) Questions of migration and belonging: understandings of migration under neoliberalism in Ecuador, *International Journal of Population Geography*. 5: 261-76.

Lawson, V. (2000) Arguments within geographies of movement: the theoretical potential of migrants' stories, *Progress in Human Geography*. 24: 173-89.

LaytonHenry, Z. (2004) Britain: from immigration control to migration management, in Cornelius, W., Tsuda, T., Martin, P.L., and Hollifield, J. (eds.) *Controlling Immigration: A global perspective*. Stanford: Stanford University Press.

Le Monde (2001) Le traitement par l'Ofpra des demandes d'asile est contesté par les associations humanitaires, April 28.

Le Monde (2006) L'outremer s'alarme de l'afflux d'immigrés clandestins, November 22.

Le Monde (2007), 47 clandestins périssent en mer, annonce la Mauritanie, June 11.

Lee, D.J. and Turner, B.S. (1996) *Conflicts about Class*. Harlow: Longman.

Lee, E.S. (1969) A theory of migration, in Jackson, J.A. (ed.) *Migration*. London: Cambridge University Press.

Lee, E. (2008) Citizenship in Korea: From ethnic purity to multicultural identity, *Canadian diversity/Diversite Canadienne*. 6, 4: 82-85.

Lefebvre, H. (1974[1991]) *The Production of Space*. Oxford: Blackwell.

Legoux, L. (1999) La politique d'asile, in Dewitte, P. (ed.) *Immigration et Intégration: l'état des saviors*. Paris: La Découverte.

Leitner, H. and Ehrkamp, P. (2006) Transnationalism and migrants' imaginings of citizenship, Environment and Planning A. 38: 1615-32.

Leitner, H. and Miller, B. (2007) Scale and the limitations of ontological debate: a commentary on Marston, Jones and Woodward, *Transactions of the Institute of British Geographers*. 32, 1: 116-25.

Leitner, H., Peck, J., and Sheppard, E.S. (eds.) (2007) *Contesting Neoliberalism: Urban frontiers*.

New York: Guilford Press.

Leitner, H., Sheppard, E., and Sziarto, K.M. (2008) The spatialities of contentious politics, Transactions of the Institute of British Geographers 33, 2: 157-72.

Levitt, P. (1998) Social remittances: Migration driven local-level forms of cultural diffusion, *International Migration Review*. 32, 4: 926-948.

Levitt, P. (2001) *The Transnational Villagers*. Berkeley: University of California Press.

Levitt, P. (2002) Variations in transnational belonging: lessons from Brazil and the Dominican Republic, in Hansen, R. and Weil, P. (eds.) (2002a) *Dual Nationality, Social Rights and Federal Citizenship in the U.S. and Europe*. New York and Oxford: Berghahn Books.

Levitt, P. (2003) You know, Abraham was really the first immigrant: religion and transnational migration, *International Migration Review*. 37, 3: 847-73.

Levitt, P. (2008) Religion as a path to civic engagement, Ethnic and Racial Studies. 31, 4: 766-91.

Levitt, P. and Jaworksy, N. (2007) Transnational migration studies: past developments and future trends, *Annual Review of Sociology*. 33: 129-56.

Lewis, A. (1954) Development with unlimited supplies of labour, *The Manchester School*. 22: 139-92.

Lewis, G. and Neal, S. (2005) Introduction: Contemporary political contexts, changing terrains and revisited discourses, *Ethnic and Racial Studies*. 28, 3: 423-44.

Ley, D. (2003) Seeking homo economicus: the Canadian state and the strange story of the business immigration program, *Annals of the Association of American Geographers*. 93, 2: 426-41.

Ley, D. (2004) Transnational spaces and everyday lives, *Transactions of the Institute of British Geographers*. 29: 151-64.

Ley, D. (2006) Explaining variations in business performance among immigrant entrepreneurs in Canada, *Journal of Ethnic and Migration Studies*. 32, 5: 743-64.

Ley, D. (2008) The immigrant church as an urban service hub, *Urban Studies*. 45, 10: 2057-74.

Li, M. and Bray, M. (2007) Cross-border flows of students for higher education: pushpull factors and motivations of mainland Chinese students in Hong Kong and Macau, *Higher Education*. 53, 6: 791-818.

Li, W. (1998a) Anatomy of a new ethnic settlement: the Chinese ethnoburb in Los Angeles, *Urban Studies*. 35, 3: 479-501.

Li, W. (1998b) Los Angeles's Chinese ethnoburb: from ethnic service center to global economy outpost, *Urban Geography*. 19, 6: 502-17.

Liaw, K.L. and Frey, W.H. (2007) Multivariate explanation of the 1985-1990 and 1995-2000 destination choices of newly arrived immigrants in the United States: the beginning of a new trend, *Population, Space and Place.* 13, 5: 377-399.

Light, I. (2004) Immigration and ethnic economies in giant cities, *International Social Science Journal.* 181: 385-98.

Light, I. (2005) The ethnic economy, in Smelser, N. and Swedberg, R. (eds.) *Handbook of Economic Sociology* (2nd ed.). Princeton: Princeton University Press.

Light, I., Bernard, R.B., and Kim, R. (1999) Immigrant incorporation in the garment industry of Los Angeles, *International Migration Review.* XXXIII, 1: 5-25.

Light, I., Sabagh, G., Bozorgmehr, M., and DerMartirosian, C. (1994) Beyond the ethnic enclave economy, *Social Problems.* 41, 1: 65-80.

Lillie, N. and Greer, I. (2007) Industrial relations, migration, and neoliberal politics: the case of the European construction sector, *Politics and Society.* 35: 551-81.

Lister, M. and Pia, E. (2008) *Citizenship in Contemporary Europe.* Edinburgh: Edinburgh University Press.

Logan, J.R., Alba, R.D., Dill, M., and Zhou, M. (2000) Ethnic segmentation in the American metropolis: increasing divergence in economic incorporation. 1980-90, *International Migration Review.* 34, 1: 98-132.

Logan, J.R., Alba, R.D., and Stults, B.J. (2003) Enclaves and entrepreneurs: assessing the payoff for immigrants and minorities, *International Migration Review.* 37, 2: 344-88.

Lucassen, L.A.C.G. (2066) Is transnationalism compatible with assimilation? Examples from Western Europe since 1850, IMIS-Beiträge, 29: 15-35.

Lutz, H. (2002) At your service madam! The globalization of domestic service, *Feminist Review.* 70: 89-104.

MacDonald, J.S. and MacDonald, L.D. (1964) Chain migration, ethnic neighborhood formation, and social networks, *The Milbank Memorial fund Quarterly.* 42, 1: 82-97.

Madanipour, A., Cars, G., and Allen, J. (1998) *Social Exclusion in European Cities.* London and Philadelphia: Regional Studies Association.

Mahler, S. (1995) *American Dreaming.* Princeton: Princeton University Press.

Mahler, S. (2001) Transnational relationships: the struggle to communicate across borders, *Identities: Global Studies in Culture and Power.* 7, 4: 583-619.

Mahroun, S. (1999) Highly Skilled globetrotters, in OECD (ed.) *Mobilising human resources for innovation. Proceedings of the OECD workshop on science and technology labour.* Paris: OECD.

Malecki, E. and Ewers, M.C. (2007) Labor migration to world cities: with a research agenda for the Arab Gulf, *Progress in Human Geography*. 31, 4: 467-84.

Malos, E. (ed.) (1980) *The Politics of Housework*. London: Allison and Busby.

Mansfield, B. (2005) Beyond re-scaling: reintegrating the 'national' as a dimension of scalar relations, *Progress in Human Geography*. 29, 4: 458-73.

Marchevsky, A. and Theoharis, J. (eds.) (2006) *Not working: Latina immigrants, low-wage jobs, and the failure of welfare reform*. New York and London: New York University Press.

Marie, C.V. (1996) L'Union européene face aux déplacements de populations: logiques d'Etat et de droits des personnes, *Revue Européene des Migrations Internationales,* 12, 2: 169-209.

Marie, C.V. (2000) Measures taken to combat the employment of undocumented foreign workers in France, in OECD (eds.) *Combating the Illegal Employment of Foreign Workers*. Paris: OECD.

Maron, N. and Connell, J. (2008) Back to Nukunuku: employment, identity and return migration in Tonga, *Asia Pacific Viewpoint*. 49, 2: 168-84.

Marshall, T.H. (1950) Citizenship and Social Class. London: Cambridge University Press.

Marston, S.A., Jones III, J.P., and Woodward, K. (2005) Human geography without scale, *Transactions of the Institute of British Geographers*. 30, 4: 416-32.

Martin, S. (2002) The attack on social rights: US citizenship devalued, in Hansen, R. and Weil, P. (eds.) *Dual Nationality, Social Rights and federal Citizenship in the U.S. and Europe*. New York an Oxford: Berghahn Books.

Martiniello, M. (2006) Political participation, mobilisation and representation of immigrants and their offspring in Europe, *Migration and Citizenship: Legal status, rights and political participation*. Amsterdam: Amsterdam University Press.

Massey, D. (Doreen) (1994) *Space, Place, and Gender*. Cambridge: Polity Press.

Massey, D. (Doreen) (2004) Geographies of responsibility, *Geografiska Annaler B*. 86, 5-18.

Massey, D. (Doreen) (2005) *For Space*. London: Sage.

Massey, D.S. (1999) International migration at the dawn of the twenty-first century: the role of the state, *Population and Development Review*. 25, 2: 303-22.

Massey, D.S., Alarcón, R., Durand, J., and González, H. (1987) *Return to Aztlan: the social process fo international migration from Western Mexico*. Berkeley and Los Anglels: University of California Press.

Massey, D.S., Arango, J., Hugo, G., Kouaouci, A., Pellegrino, A., and Taylor, J.E. (1993) Theories of international migration: a review and appraisal, *Population and Development Review*. 19, 3: 431-66.

Massey, D.S., Arango, J., Hugo, G., Kouaouci, A., Pellegrino, A., and Taylor, J.E. (1994) An evaluation of international migration theory, *Population and Development Review*. 20, 4: 699-751.

Massey, D.S., Arango, J., Hugo, G., Kouaouci, A., Pellegrino, A., and Taylor, J.E. (1998) *Worlds in Motion: Understanding international migration at the end of the millennium*. Oxford: Oxford University Press.

Massey, D.S. and Capoferro, C. (2006) Sálvese Quien Pueda: Stractural adjustment and emigration from Lima, *Annals of the American Academy of Political and Social Science*. 606: 116-27.

Massey, D.S., Durand, J., and Malone, N.J. (2002) *Beyond smoke and Mirrors: Mexican immigration in an era of economic integration*. New York: Russell Sage Foundation.

Mateman, S. and Renooy, P. (2001) Undeclared labour in Europe: towards an integrated approach of combating undeclared labour, Final Report, October. Amasterdam: Regioplan.

Mattingly, D. (1999) Job search, social networks, and local labour market dynamics: the case of paid household work in San Diego, California, *Urban Geography*. 20: 46-74.

Mavroudi, E. (2008) Palestinians and pragmatic citizenship: negotiating relationships between citizenship and national identity in diaspora, *Geoforum*. 39, 1: 307-18.

May, J., Wills, J., Datta, K., Evans, Y., Herbert, J., and McIlwaine, C. (2007) Keeping London working: global cities, the British state and London's new migrant division of labour, *Transactions of the Institute of British Geographers*. 32: 151-67.

Mbembe, A. (2003) Necropolitics, *Public Culture*, 15, 1: 11-40.

McAuliffe, C. (2008) Transnationalism within: internal diversity in the Iranian diaspora, *Australian Geographer*. 39, 1: 63-80.

McCann, E. (2002) The urban as an object of study in global cities literatures: representational practices and conceptions of place and scale, in Herod, A. and Wright, M. (eds.) *Geographies of Power. Placing scale*. Oxford: Blackwell.

McDonald, D.A., Zinyama, L., Gay, J., de Vletter, F., and Mattes, R. (2000) Guess who's coming to dinner: migration from Lesotho, Mozambique and Zimbabwe to South Africa, *International Migrations Review*. 34, 3: 813-41.

McDowell, L. (1991) Life without father and Ford: the new gender order of post-Fordism, *Transactions of the Institute of British Geographers*. 16: 400-419.

McDowell, L., Batnitsky, A., and Dyer, S. (2007) Division, segmentation, and interpellation: the embodied labors of migrant workers in a Greater London Hotel, *Economic Geography*. 83, 1: 1-25.

McGregor (2008) Abject spaces, transnational calculations: Zimbabweans in Britain navigating work, class and the law, *Transactions of the Institute of British Geographers*, 33: 466-82.

Meillassoux, C. (1992) *Femmes, Greniers and Capitaux*. Paris: L'Harmattan.

Mendoza, C. (2001) The role of the state in influencing African labor outcomes in Spain and Portugal, *Geoforum*. 32: 167-80.

Menjivar (1999) Religious institutions and transnationalism: a case study of Catholic and evangelical Salvadoran immigrants, *International Journal of Politics, Culture and society*. 12: 589-612.

Meyers, E. (2000) Theories of international immigration policy - a comparative analysis, *International Migrations Review*. 34, 4: 1245-82.

Miles, R. (1982) *Racism and Migrant Labour*. London: Routledge and Kegan Paul.

Miles, M. and Crush, J. (1993) Personal narratives as interactive texts: collecting and interpreting migrant lifehistories, *Professional Geographer*. 45: 84-94.

Mitchell, C. (1959) Labour migration in Africa south of the Sahara: the causes of labour migrations, *Bulletin of the InterAfrican Labour Institute*. 6, 1: 12-46.

Mitchell, D. (1995) The end of public space? People's park, definitions of the public, and democracy, *Annals of the Associations of American Geographers*, 85: 108-133.

Mitchell, D. (1996) *The Lie of the Land: Migrant workers and the California landscape*. Minneapolis: University of Minnesota Press.

Mitchell, D. (2000) *Cultural Geography: An introduction*. Oxford: Blackwell.

Mitchell, D. (2003) *The Right to the City*. New York: Guilford Press.

MItchell, K. (1997) Different diaspora and the hype of hybridity, *Environment and Planning D: Society and space*. 15, 5: 533-53.

Mitchell, K. (2003) Educating the national citizen in neoliberal times: from the multicultural self to the strategic cosmopolitan, *Transactions of the Institute of British Geographers*. 28, 4: 387-403.

Mittelman, J. (20002) *The Globalization Syndrome: transformation and resistance*. Princeton: Princeton University Press.

Moberg, M. (1996) Transnational labor and refugee enclaves in a central American banana industry, *Human Organization*. 55, 4: 425-35.

Mohan, G. (2008) Making neoliberal states of development: the Ghanaian diaspora and the politics of homelands, *Environment and Planning D: Society and Space*. 26, 3: 464-79.

Molho, I. (1986) Theories of migration: a review, *Scottish Journal of Political Economy*. 33: 396-419.

Morakvasic, M. (1984) Birds of passage are also women, *International Migration Review*. 18, 4:

886-907.

Morris, L. (2001) The ambiguous terrain of rights: civic stratification in Italy's emergent immigration regime, *International Journal of Urban and Regional Research*. 25, 3: 497-516.

Morris, L. (2002) *Managing Migration: Civic* stratification *and migrant's rights*. London and New York: Routledge.

Morrisens, A. and Sainsbury, D. (2005) Migrants' social rights, ethnicity and welfare regimes, *Journal of Social Policy*. 34, 4: 637-60.

Mountz, A. (2004) Embodying the nation-state: Canada's response to human smuggling, *Political Geography*. 23, 3: 323-45.

Mountz, A. and Wright, R. (1996) Daily life in the transnational migrant community of San Agustin, Oaxaca and Poughkeepsie, New York, *Diaspora*. 5, 3: 403-28.

Mueller, C.F. (1981) *The Economics of Labor Migration*. New York: Academic Press.

Mumford, K. and Smith, P.N. (2004) Job tenure in Britain: employee characteristics versus workplace effects, *Economica*. 71: 275-98.

Murdoch, J. (1997) Towards a geography of heterogenous associations, *Progress in Human Geography*. 21, 3: 321-37.

Musterd, S., Murie, A., and Kesteloot, C. (2006) *Neighborhoods of Poverty: Urban social exculsion and integration in Europe*. London: Palgrave Macmillan.

Nagar, R., Lawson, V., McDowell, L., and Hanson, S. (2002) Locating globalization: feminist (re)readings of the subjects and spaces of globalization, Economic Geography. 78, 3: 257-84.

Nam, Y.J., and Jung, H.J. (2008) Welfare reform and older immigrants: food stamp program participation and food insecurity, *Gerontoligist*. 48, 1: 42-50.

Naples, N.A. (2009) Crossing borders: Community activism, globlaliztion and social justice, *Social Problems*. 56, 1: 2-20.

Ni Laoire, C.N. (2000) Conceptualizing Irish rural youth migration: a biographical approach, *International Journal of Population Geography*. 6: 229-43.

Ni Laoire, C.N. (2007) To name of not to name: reflections on the use of anonymity in an oral archive of migrant life narratives, *Social and Cultural Geography*. 8, 3: 373-90.

Nevins, J. (2008) *Dying to Live: A story of US immigrations in an age of global aparatheid*. San Francisco: Open Media Books.

Newbold, K.B. (2007, 2nd ed.) *Six Billion Plus: World population in the twenty-first century*. Lanham, MD: Rowman and Littlefield.

New York Times (2006) Leaving New York, with bodega in tow, October 29.

New York Times (2007) Judge strikes down town's immigrations law, July 26.

New York Times (2007) Challenge in Connecticut over immigrants arrest, September 26.

New York Times (2008) Small businesses face cut in immigrant work force, March 14.

New York Times (2008) After Iowa raid, immigrants fuel labor inquiries, July 27.

New York Times (2008) Iowa rally protests raid and conditions at plant, July 28.

New York Times (2009) Obama to push Immigration Bill as one priority, April 9.

New York Times (2009) A family divided by 2 words, legal and illegal, April 26.

New York Times Magazine (2007) All immigration politics is local (and complicated, nasty and personal), August 5.

New Yorker, The (2008) The countertraffickers: rescuing the victims of the global sex trade, May 5.

Noiriel, G. (1984) *Longwy: Immigrés et prolétaires 1880-1980.* Paris: PUF.

NybergSorensen, N., Van Hear, N., and EngbergPedersen, P (2002) The migration-development nexus evidence and policy options state-of-the-heart overview, *International Migration.* 40, 5: 3-47

OECD (2000) *Combating the Illegal Employment of Foreign Workers.* Paris: OECD.

OECD (2006) *International Migration Outlook Annual Report 2006.* Paris: OECD.

OECD (2007a) *Globalization and Regional Economies: Can OECD regions compete in global industries?* Paris: OECD.

OECD/SOPEMI (2007b) *International Migration Outlook Annual Report 2007.* Paris: OECD.

OECD/SOPEMI (2008) *International Migration Outlook Annual Report 2008.* Paris: OECD.

Ondiak, N. (2007) Refugees in a global era, *Journal of Refugee Studies.* 20, 3: 542-46.

Ong, A. (1999) *Flexible Citizenship: The cultural logics of transnationality.* Durham and London: Duke University Press.

Ong, A. (2006) *Neoliberalism as Exception: Mutations in Citizenship and Sovereignty.* Durham and London: Duke University Press.

Orozco, M. (2002) Globalization and migration: the impact offamily remittances in Latin America, *Latin American Politics and Society.* 44, 2: 41-66.

Orozco, M. and Rouse, R. (2007) Migrant hometown associations and opportunities for development: a global perspective, Migration Information Source, Migration Policy Institute, February. Available at www.migrationinformation.org/USfocus/display.cfm?ID=579.

Ozuekren, A.S. and Van Kempen, R. (2002) Housing careers of minority ethnic groups: experiences, explanations and prospects, *Housing Studies.* 17, 3: 365-79.

Pai, H.H. (2004) The invisibles - migrant cleaners at Canary Warf, *Feminist Review.* 78: 164-74.

Papademetriou, D.G. (2007) The age of mobility: how to get more out of migration in the 21st century, Migration Policy Institute, March.

Papastergiadis, N. (2006) The invasion complex: the abject other and spaces of violence, *Geografiskar Annaler*. 88 B, 4: 429-42.

Parekh, B. (2000) *Rethinking Multiculturalism: Cultural diversity and political theory*. Basingstroke: Mascmillan.

Parreñas, R.S. (2001) *Servants of Globalization*. Stanford: Stanford University Press.

Peck, J. (1996) *Workplace: The social regulation of labour markets*. New York: Guilford Press.

Peck, J. (2001) *Workfare states*. New York: Guilford Press.

Peck, J. and Tickell, A. (2002) Neoliberalizing space, *Antipode*. 34, 3: 380-404.

Peck, J. and Tickell, A. (2006) Conceptualizing neoliberalism, thinking Thatcherism, in Leitner, H., Peck, J., and Sheppard, E.S. (eds.) (2007) *Contesting Neoliberalism: Urban frontiers*. New York: Guilford Press.

Pellerin, H. (2008) Governing labour migration in the era of GATS: the growing influence of *lex mercatoria*, in Gabriel, C. and Pellerin, H. (eds.) *Governing International Labour Migration*. London: Routledge.

Perchinig, B. (2006) EU citizenship and the status of third country nationals, in Bauböck, R. (ed.) *Migration and Citizenship: Legal status, rights and political participation*. Amsterdam: Amsterdam University Press.

Perrin, M.E., Hagopian, A., Sales, A. and Huang, B. (2007) Nurse migration and its implications of Philippine hospitals, *International Nursing Review*. 54, 3: 219-26.

Pessar, P.R. and Mahler, S. (2003) Transnational migration: bringing gender in, *International Migration Review*. 37: 812-46.

Peutz, N. (2006) Embarking on an anthropology of removal, *Current Anthropology*. 47, 2: 217-41.

Philimore, J. and Goodson, L. (2006) Problem or opportunity? Asylum-seekers, refugees, employment and social exclusion in deprived urban areas, *Urban Studies*. 43, 10: 1715-36.

Piore, M. (1979) Birds of Passage: Migrant labor and industrial societies. New York: Cambridge University Press.

Piper, N. (2004) Gender and migration policies in Southeast and East Asia: legal protection and socio-cultural empowerment of unskilled migrant women, *Singapore Journal of Tropical Geography*. 25, 2: 216-31.

Piper, N. (2006) Gendering the politics of migration, *International Migration Review*. 40, 1:133-64.

Popke, J. (2007) Geography and ethics: spaces of cosmopolitan responsibility, *Progress in Hu-*

man Geography. 31, 3: 509-18.

Portes, A. (1978) Migration and underdevelopment, *Politics and Society*. 8, 1: 1-48.

Portes, A. (1997) Immigration theory for a new century: some problems and opportunities, *International Migration Review*. 31: 799-825.

Portes, A. (1999) Conclusion: towards a new world - the origins and effects of transnational activities, *Ethnic and Racial Studies*. 22, 2: 463-77.

Portes, A. (2000) Book review of Massey, D. et al. *Worlds of Motion*, in *International Migration Review*. 34, 3: 976-78.

Portes, A. and Bach, R.L. (1985) *Latin Journey: Cuban and Mexican immigrants in the United States*. Berkeley: University of California Press.

Portes, A., Castells, M., and Benton, L. (1989) *The Informal Economy: Studies in advanced and less developed countries*. Baltimore: Johns Hopkins University Press.

Portes, A. and DeWind, J. (2004a) A crossAtlantic dialogue: the progress of research and theory in the study of international migration, *International Migration Review*. 38, 3: 828-51.

Portes, A. and DeWind, J. (2004b) Conceptual and methodological developments in the study of international migration, *International Migration Review*. 38. Special issue.

Portes, A. and FernandezKelly, P. (2008) No margin for error: educational and occupational achievement among disadvantaged children of immigrants, *Annals of the American Academy of the Political and Social Science*. 620: 12-36.

Portes, A., Guarnizo, L., and Landolt, P. (1999) The study of transnationalism: pitfalls and promise of an emergent research field, *Ethnic and Racial Studies*. 22, 2: 217-37.

Portes, A. and Rumbaut, R.G. (2006, 3rd ed.) *Immigrant America: A Portrait*. Berkeley: University of California Press.

Portes, A. and Sensenbrenner, J. (1993) Embeddedness and immigrants: notes on the social determinants of economic action, *American Journal of Sociology*. 98, 6: 1320-50.

Portes, A. and Walton, J. (1981) *Labor, Class and the International System*. New york: Academic Press.

Portes, A. and Zhou, M. (1993) The new second generation: segmented assimilation and its variants, *The Annals of the American Academy of Political and Social Science*. 530: 74-96.

Pratt, G. (1999) From registered nurse to registered nanny: discursive geographies of Filipina domestic workers in Vancouver, BC, *Economic Geography*. 75, 3: 215-36.

Predelli, L.N. (2008) Religion, citizenship an participation - A case study of immigrant Muslim women in Norwegian Mosques, *European Journal of Women's Studies*. 15, 3: 241-60.

Preston, V., Kobayashi, A., and Man, G. (2006) Transnationalism, gender, and civic paricipation: Canadian case studies of Hong Kong immigrants, *Environment and Planning A*. 38: 1633-51.

Prothero, M. (1990) Labor recruiting organizations in the developing world: introduction, *International Migration Review*. 24, 2: 221-28.

Purcell, M. (2003) Islands of practice and the Marston/Brenner debate: toward a more synthetic critical human geography, *Progress in Human Geography*. 27, 3: 317-32.

Quassoli, F. (1998) Migrants in the Italian underground economy, *International Journal of Urban and Regional Research*. 23, 2: 212-31.

Raes, S., Rath, J., Dreef, M., Kumcu, A., Reil. F., and Zorlu, A. (2002) Amsterdam: stitched up, in Rath, J. (ed.) *Unravelling the Rag Trade*. Oxford: Berg Press.

Raghuram, P. (2004) The difference that skills make: gender, family migration strategies and regulated labour markets, *Journal of Ethnic and Migration Studies*. 30, 2: 303-21.

Raghuram, P. (2008) Migrant women in male-dominated sector of the labour market: a research agenda, *Population Space and Place*. 14, 1: 43-57.

Raghuram, P. and Kofman, E. (2002) The state, skilled labour markets, and immigration: the case of doctors in England, *Environment and Planning A*. 34, 11: 2071-89.

Ram, M., Gilman, M., Arrowsmith, J., and Edwards, P. (2003a) The dynamics of informality: employment relation in small firms and the effects of regulatory change, *Work, Employment and Society*. 15, 4: 845-61.

Ram, M., Gilman, M., Arrowsmith, J., and Edwards, P, (2003b) once more into the sunset? Asian clothing firms after the national minimum wage, *Environment and Planning C: Government and Policy*. 21, 1: 71-88.

Ranis, G. and Fei, J.C.H. (1961) A theory of economic development, *The American Economic Review*. LI, 4: 533-58.

Rath, J. (ed.) (2002) *Unravelling the Rag Trade*. Oxford: Berg Press.

Rath, J. and Kloosterman, R. (2000) A critical review of research on immigrant entrepreneurship, *International Migration Review*. XXXIV, 3: 657-81.

Ravenstein, E.G. (1885) *The laws of migration, Journal of the Statistical Society*. 48, 2: 167-245.

Ravenstein, E.G. (1889) The laws of migration, *Journal of the Royal Statistical Society*. 52: 241-301.

Reich, M., Gordon, D., and Edwards, R. (1973) A theory of labor segmentation, *American Economic Review*. 63: 359-65.

Reniers, G. (1999) On the history and selectivity of Turkish and Moroccan migration to Belgium, *International Migration*. 37, 4: 679-713.

Reyneri, E. (2001) Migrants' involvement in the underground economy in the Mediterranean countries of the European Union. ILO - International Migration Working Paper no. 41.

Reyneri, E. (2004) Immigrants in a segmented and often undeclared labour market, *Journal of Modern Italian Studies.* 9, 1: 71-93.

Riano, Y., and Baghdadi, N. (2007) I thought I could have a more egalitarian relationship with a European – the role of gender and geographical imaginaries in women's migration, *Nouvelles Questions Feministes.* 26, 1.

Riccio, B. (2008) West African transnationalisms compared: Chanaians and Senegalese in Italy, *Journal of Ethnic and Migration Studies.* 24, 2: 217-34.

Richmond, A.H. (2002) Globalization: implications for immigrants and refugees, *Ethnic and Racial Studies.* 25, 5: 707-27.

Ridgley, J. (2008) Cities of refuge: immigration enforcement, police, and the insurgent genealogies of citizenship in US sanctuary cities, *Urban Geography.* 29, 1: 53-77.

Robins, K. and Aksoy, A. (2001) From spaces of identity to mental spaces: lessons from Turkish-Cypriot cultural experience in Britain, *Journal of Ethnic and Migration Studeis.* 27, 4: 685-711.

Robinson, J. (2002) Global and wourld cities: a view form off the map, *International Journal of Urban and Regional Research.* 26, 3: 531-54.

Rogaly, B. (2008) Intensification of workplace regimes in British horticulture: The role of migrant workers, *Population Space and Place.* 14, 6: 497-510.

Room, G. (1995) Poverty and social exclusion: the new European agenda for policy and research, in Room, G. (ed.) *Beyond the Threshold: The measurement and analysis of social exclusion.* Bristol: Policy Press.

Ross, A. (2003) *No-collar: The humane workplace and its hidden costs.* New York: Basic Books.

Rotte, R. (2000) Immigration control in United Germany: toward a broader scope of national policies, *International Migration Review.* 34, 3: 357-89.

Rouse, R. (1992) Making sense of settlement: class transformation, cultural struggle and transnationalism among Mexican migrants in the United States, in Glick Schiller, N., Basch, L, and Bwards and Blanc-Szanton, C. (eds) *Towards a Transnational Perspective on Migration.* New York: New York Academy of Sciences.

Rudnyckyj, D. (2004) Technologies of servitude: governmentality and Indonesian transnational labor migration, *Anthropological Quarterly.* 77, 3: 407-34.

Ruggie, J.G. (1982) International regimes transactions, and change: embedded liberalism in the postwar economic order, *International Organization.* 36, 2: 379-415.

Ryan, L. (2008) 'I had a sister in England': family-led migration, social networks and Irish nurses, *Journal of Ethnic and Migration Studies*. 34, 3: 453-70.

Sack, R. (1986) *Human Territoriality: Its theory and history*. Cambridge: Cambridge University Press.

Safran, W. (1991) Diasporas in modern societies: myths of homeland and return. *Diaspora*, 1: 83-99.

Said, E. (1978) *Orientalism*, London: Penguin.

Sainsbury, D. (2006) Immigrants' social rights in comparative perspective welfare regimes, forms of immigration and immigration policy regimes, *Journal of European Social Policy*. 16, 3: 229-44.

Salih, R. (2001) Moroccan migrant women: transnationalism, nation-states and gender, *Journal of Ethnic and Migration Studies*. 27, 4: 655-71.

Salt, J. (2000) Trafficking and human smuggling: a European perspective, *International Migration*. 38, 3: 31-56.

Salzinger, L. (2003) Genders in Production: *Making Workers in Mexico's Global Factories. Berkeley*: University of California Press.

Samers, M. (1997a) The production and regulation of North African immigrants in the Paris automobile industry, 1970-90. Unpublished D.Phil. Thesis, Oxford University, Oxford, UK.

Samers, M. (1997b) The production of diaspora: Algerian emigration from colonialism to neo-colonialism (1840-1970), *Antipode*. 29, 1: 32-64.

Samers, M. (1998a) Immigration, ethnic minorities' and 'social exclusion' in the European Union: a critical perspective, *Geoforum*. 29, 2: 119-21.

Samers, M. (1998b) 'Structured coherence': immigration, racism and production in the Paris car industry, *European Planning Studies*. 6, 1: 166-99.

Samers, M. (1999) 'Globalization', migration, and the geo-political economy of the 'spatial vent', *Review of International Political Economy*. 6, 2: 166-99.

Samers, M. (2001) 'Here to work': undocumented immigration in the United States and Europe, *SAIS Review*, XXI, 1: 131-45.

Samers, M. (2002) Immigration and the global city hypothesis: towards and alternative research agenda, International Journal of Urban and Regional Research. 26, 2: 389-402.

Samers, M. (2003a) Invisible capitalism: political economy and the regulation of undocumented immigration in France, *Economy and Society*. 32, 4: 555-83.

Samers, M. (2003b) Immigration and the spectre of Hobbes: some comments for the quixotic Dr. Bauder, ACME: *an international e-journal of critical geographies*. 2, 2: 210-17.

Samers, M. (2003c) Diaspora unbound: Muslim identity and the erratic regulation of Islam in France, *International Journal of Population Geography*. 9: 351-64.

Samers, M. (2004a) An emerging geopolitics of 'illegal' immigration in the European Union, *European Journal of Migration and Law*. 6: 27-45.

Samers, M. (2004b) Do welfare systems matter? A preliminary analysis of welfare retrenchment and the employment of young people in France, *Kolor*. 4, 2: 75-96.

Samers, M. (2005) The 'underground economy', immigration and economic development in the European Union: an agnostic-skeptic perspective, *International Journal of Economic Development*. 6, 3: 199-272.

Samers, M. (2008) At the heart of migration management: immigration and labour markets in the European Union, in Gabriel, C. and Pellerin, H. (eds.) *Governing International Labour Migration*. London: Routledge.

Samers, M. (2012) The 'socio-territoriality' of cities, 'international labour markets, in Glick-Schiller, N. and Caglar, A. (eds.) *Locating Migration: Migrants and cities*. Ithaca, NY: Cornell University Press, in press.

Sanders, J.M. and Nee, V. (1987) Limits of ethnic solidarity in the enclave economy, *American Sociological Review*. 52: 745-73.

Sanders, J.M. and Nee, V. (1992) Problems in resolving the enclave economy debate, *American Sociological Review*. 57, 3: 415-418.

Saraiva, C. (2008) Transnational migrants and transnational spirits: an African religion in Lisbon, *Journal of Ethnic and Migration Studies*. 34, 2: 253-69.

Sassen, S. (1988) *The Mobility of Labor and Capital*. Cambridge: Cambridge University Press.

Sassen, S. ([1991]2001, 2nd ed.) *The Global City*. Princeton and Oxford: Princeton University Press.

Sassen, S. (1996a) *Losing Control: Sovereignty in an age of globalization*. New York: Columbia University Press.

Sassen, S. (1996b) New employment regimes in cities: the impact on immigrant workers, *New Community*. 22, 4: 579-94.

Sassen, S. (1998) *Globalization and its Discontents*. New York: New Press.

Sassen, S. (1999) *Guests and Aliens*. New York: New Press.

Sassen, S. (2006a, 3rd ed.) *Cities in a World Economy*. Thousand Oaks, CA: Pine Forge Press.

Sassen, S. (2006b) Territory, Authority, Rights: From medieval to global assemblages. Princeton: Princeton University Press.

Sassen-Koob, S. (1984) Notes on the incorporation of Third World women into wage-labor through immigration and off-shore production, *International Migration Review*. 119:

1114-67.

Saxenian, A.L. (2005) From brain drain to brain circulation: transnational communities and regional upgrading in India and China, Studies in Comparative International Development. 40, 2: 35-61.

Sayad, A. (1977) Les trois âges de l'émigration Algérienne en France, *Actes de la recherche en Sciences Sociales.* 15: 59-80.

Sayad, A. (1991) *L'immigration ou les paradoxes de l'alterité.* Bruxelles: Editions Universitaires/ De Boeck Université.

Sayer, A. (1984) *Method in Social Science.* London: Hutchinson.

Sayyid (2000) Beyond Westphalia: nations and diaspora – the case of the Muslim Umma. In Hesse, B. (ed.) *Un/settled Multiculturalisms: Diaspora, entangle-ments, transruptions.* London: Zed Books.

Schierup, C.U., Hansen, P., and Castles, S. (2006) Understanding the dual crisis, in Schierup, C.U., Hansen, P., and Castles, S. (eds.) *Migration, Citizenship, and the European Welfare State.* Oxford: Oxford University Press.

Schneider, F. and Enste, D. (2000) Shadow economies: size, causes, and consequences, *Journal of Economic Literature.* 38: 77-114.

Schuck, P. (2002) Plural citizenships, in Hansen, R. and Weil, P. (eds.) *Dual Nationality, Social Rights and Federal Citizenship in the U.S. and Europe.* New York and Oxford: Berghahn Books.

Schuster, L. (2000) A comparative analysis of the asylum policy of seven European goverments, *Journal of Refugee Studies.* 13, 1:118-31.

Schuster, L. (2003) Sangatte: smoke and mirrors, *Global Dialogue.* 4, 4: 57-68.

Schuster, L. (2005) A sledgehammer to crack a nut: deportation, detention and dispersal in Europe, *Social Policy and Administration.* 39, 6: 606-21.

Sciortino G. (2000) Toward a political sociology of entry policies: conceptual problems and theoretical proposals, *Journal of Ethnic and Migration Studies.* 26, 2: 213-38.

Seol, D.H. and Skrentny, J.D. (2004) South Korea: importing undocumented workers, in Cornelius, W., Tsuda, T., Martin, P., and Hollifield, J. (eds.) *Controlling Immigration: A global perspective.* Stanford: Stanford University Press.

Sheffer (1986) A new field of study: modern diasporas in international politics, in G. Sheffer (ed.) *Modern Diasporas in International Politics.* London: Croom Helm.

Sheffer (2003) *At Home Abroad: Diaspora politics.* Cambridge: Cambridge University Press.

Sheller, M. and Urry, J. (2006) The new mobilities paradigm, *Environment and Planning A.* 38: 207-26.

Shoeb, M., Weinstein, H.M., and Halpern, J. (2007) Living in religious time and space: Iraqi refugees in Dearborn, Michigan, *Journal of Refugee Studies*. 20, 3: 441-59.

Sibley, D. (1995) *Geographies of Exclusion*, London: Routledge.

Silverman, M. (1992) *Deconstructing the Nation: Immigration, racism and citizenship in modern France*. London: Routledge.

Silvey, R. (2004a) Power, difference and mobility: feminist advances in migration studies, *Progress in Human Geography*. 28, 4: 490-506.

Silvey, R. (2004b) Transnational domestification: state power and Indonesian migrant women in Saudi Arabia, *Political Geography*. 23: 245-64.

Silvey, R. (2006) Geographies of gender and migration: spatializing social difference, *International Migration Review*. 40, 1: 64-81.

Silvey, R., and Lawson, V. (1999) Placing the migrant, *Annals of the Association of American Geographers*. 89, 1: 121-32.

Simmons, T. (2008) Sexuality and immigration: UK family reunion policy and the regulation of sexual citizens in the European Union, *Political Geography*, 27, 2: 213-230.

Singer, A. and Massey, D. (1998) The social Process of undocumented border crossing among Mexican migrants, *International Migration Review*. 32, 3: 561-92.

Sivanandan, A. (2001) Poverty is the new black, *Race and Class*. 43, 2: 1-5.

Sjaastad, L.A. (1962) The costs and returns of human migration, *Journal of Political Economy*. 70, 5: 80-93.

Sklair, L. (2001) *The Transnational Capitalist Class*. Oxford: Blackwell.

Smith, A. and Stenning, A. (2006) Beyond household economies: articulation and spaces of economic practice in postsocialism, *Progress in Human Geography*. 30: 190-213.

Smith, M.P. (2001) *Transnational Urbanism: Locating globalization*, Oxford: Blackwell.

Smith, M.P. (2005) Transnational urbanism revisited, *Journal of Ethnic and Migration Studies*. 31, 2: 245-44.

Smith, M.P. and Guarnizo, L. (1998) (eds.) *Transnationalism from Below*. New Brunswick: Transaction Publishers.

Smith, N. (1984) *Uneven Development: Nature, capital and the production of space*. Oxford: Blackwell.

Smith, B.E. and Winders, J. (2008) 'We're here to stay': economic restructuring, Latino migration and place-making in the US South, *Transactions of the institute of British Geographers*. 33: 60-70.

Soja, E. (1989) *Postmodern Geographies*. London: Verso.

Solé, C. and Parella, S. (2003) The labour market and racial discrimination in Spain, *Journal of*

Ethnic and Migration Studies, 29, 1: 121-140.

Sousa-Poza, A. (2004) Is the Swiss labour market segmented? An analysis using alternative approaches, *Labour*. 18, 1: 131-61.

Soysal, Y.N. (1997) Changing parameters of citizenship and claims-making: organized Islam in European public spheres, *Theory and Society*. 26, 4: 509-27.

Spaan, E., Van Naerssan, T., and Kohl, G. (2002) Re-imagining borders: Malay identity and Indonesian migrants in Malaysia, *Tijdschrift Voor Economische en Sociale Geografie*. 93, 2: 160-72.

Sparke, M. (2006) A neo-liberal nexus: Economy, security and the biopolitics of citizenship on the border, *Political Geography*. 25, 2:151-80.

Spence, L. (2005) Country of Birth and Labour Market Outcomes in London: *An Analysis of Labour Force Survey and Census Data*. London: GLA.

Staeheli, L.A. and Nagel, C.R. (2006) Topographies of home and citizenship: Arab-american activists, in the United States, *Environment and Planning A*. 38: 1599-1614.

Stalker, P. (2000) *Workers Without Frontiers: The impact of globalization on international migration*. Geneva: ILO.

Stark, O. (1991) *The Migration of Labor*. Oxford: Blackwell.

Stewart, E. (2008) Exploring the asylum-migration nexus in the context of health professional migration, *Geoforum*. 39, 1: 223-35.

Storey, D. (2001) *Territory*. Harlow: Prentice Hall.

Suárez-Orozco, M.M. and Páez, M.M. (2002) *Latinos: Remaking America*. Berkeley: University of California Press.

Surak, K. (2008) Convergence in foreigners' rights and citizenship policies? A loot at Japan, *International Migration Reiview*. 42, 3: 550-75.

Swyngedouw, E. (1997) Excluding the other: the production of scale and scaled politics, in Lee, R. and Wills, J. (eds.) *Geographies of Economies*. London: Arnold.

Taylor, P.J. (1996) Embedded statism and the social sciences: opening up to new spaces. *Environment and Planning A*. 28: 1917-27.

Taylor, P. (2004) *World City Network: A global urban analysis*. London: Routledge.

Taylor, S. (2005) From border control to migration management: the case of paradigm change in the Western response to transborder population movement, *Social Policy and Administration*. 39, 6: 563-86.

Teitelbaum, M.S. (2008, 2nd ed.) Demographic analyses of international migration, in Brettell, C. and Hollifield, J.F. (eds.) *Migration Theory: Talking across disciplines*. New York: Taylor and Francis.

Theodore, N. (2003) Political economies of day Labour: regulation and restructuring of Chicago's contingent labour markets, *Urban Studies.* 40, 9: 1811-28.

Thielemann, E. (2004) Why asylum policy harmonisation undermines refugee burden-sharing. *European Journal of Migration and Law.* 6, 1: 47-65.

Tiilikainen, M. (2003) Somali women and daily Islam in the diaspora, *Social Compass.* 50, 1: 59-69.

Tilly, C. (2007) Trust networks in transnational migration, Sociological Forum. 22, 1: 3-24.

Tirman, J. (2004) Introduction: The movement of people and the security of states, in Tirman, J. (ed.) *The Maze of Fear: Security and migration after 9/11.* New York: New Press.

Tobler, W. (1995) Migration, Ravenstein, Thornwaite, and beyond, *Urban Geography.* 16, 4: 327-43.

Todaro, M.P. (1969) A model of labor migration and urban unemployment in less developed countries, *The American Economic Review.* 59, 1: 138-48.

Tollefsen, A. and Lindgren, U. (2006) Transnational citizens or circulating semi-proletarians? A study of migration circulation between Sweden and Asia, Latin America and Africa between 1968 and 2002, *Population Space and Place.* 12: 517-27.

Torpey, J. (2000) *The Invention of the Passport: Surveillance, citizenship and the state.* Cambridge: Cambridge University Press.

Toyota, M., Yeoh, B.S.A., and Nguyen, L. (2007) Editorial introduction: Bringing the 'left behind' back into view in Asia: a framework for understanding the 'migration left-behind nexus', Population, *Space and Place.* 13: 157-61.

Tremblay, K. (2002) Student mobility between and towards OECD countries: a comparative analysis, in OECD, *International Migration of the Highly Skilled.* Paris: OECD. pp. 39-67.

Tripier, M. (1990) *Immigration dans la class ouvrière en France.* Paris: L'Harmattan.

Tsuda, T. and Cornelius, W.A. (2004) Japan: government policy, immigrant reality in Cornelius, W., Tsuda, T., Martin, P.L, and Hollifield, J. (eds.) *Controlling Immigration: A global perspective.* Stanford: Stanford University Press.

Turner, S. (2008) Studying the tensions of transnational engagement: from the nuclear family to world-wide web, *Journal of Ethnic and Migration.* 34, 7: 1049-56.

Tyner, J. (2006) Made in the Philippines: Gendered discourses and the making of migrants. London: Routledge Curzon.

UNESCO (1999) *Statistical Yearbook.* Paris: United Nations Educational and Scientific Organization.

United Nations Department of Economic and Social Affairs: Population Division (2006) International Migration 2006, available at www.un.org/esa/population, accessed September 2, 2008.

United Nations High Level Dialogue on Migration and Development (2006) Follow up to the high-level dialogue, United Nations General Assembly, September 14-15, 2006. Available at www.un.org/esa/population/migration/hld/index.html.

United Nations (2000) Protocol to prevent, suppress and punish trafficking in persons, especially women and children, supplementing the United Nations Convention against Transnational Organized Crime, United Nations, available on-line at www.uncjin.org/Documents/Conventions/dcatoc/final_documents_2/convention_%2otraff_eng.pdf.

US Committee for Refugees and Immigrants (2008) World Refugee Survey: The Worst places for refugees, available at www.refugees.org/article.aspx?id+2324&subm=179&area=about%20 Refugees, accessed April 1, 2009.

Valenzuela, A. (2001) Day labourers as entrepreneurs, *Journal of Ethnic and Migration Studies.* 27, 2: 335-52.

Van Amersfoort, H. (1996) Migration: the limits of governmental control, *New Community.* 22, 2: 243-57.

van der Leun, J. (2003) *Looking for Lopholes: Processes of incorportation of illegal immigrants in the Netherlands.* Amsterdam: Amsterdam University Press.

Van Hook, K. and Balistieri, J.S. (2006) Ineligible parents, eligible children: food stamps receipt, allotments, and food insecurity among children of immigrants, *Social Science Research.* 35, 1: 228-51.

van Houtum, H. and Pijpers, R. (2007) The European Union as a gated community: the two faced border and immigration regime of the EU, *Antipode.* 39, 2: 291-309.

Van Liempt, I., and Doomernik, J. (2006) Migrant's agency in the smuggling process: the perspectives of smuggled migrants in the Netherlands, *International Migration.* 44, 4: 165-89.

Van Parijs, P. (1992) Commentary: citizenship exploitation, unequal exchange and the breakdown of popular sovereignty, in Barry, B. and Goodin, R.E. (eds.) *Free Movement: Ethical issues in the transnational migration of people and money.* New Jersey: Harvester Wheatsheaf.

Van Tubergen, F. (2006) Religious affiliation and attendance among immigrants in eight western countries: individual and contextual effects, *Journal of the Scientific Study of Religion.* 45, 1: 1-22.

Vandsemb, B. (1995) The place of narrative in the study of Third World migration: the case of spontaneous rural migration in Sri Lanka, *Professional Geographer.* 47, 4: 411-25.

Varsanyi, M. (2008) Immigration Policing through the backdoor: city ordinances, the 'right to the city', and the exclusion of undocumented day laborers, *Urban Geography*. 29, 1: 29-52.

Veiga, U.M. (1999) Immigrants in the Spanish labour market, in Baldwin-Edwards, M. and Arango, J. (eds.) *Immigrants and the Informal Economy in Southern Europe*. London: Frank Cass.

Veronis, L. (2006) The Canadian Hispanic Day Parade, or how Latin American immigrants practice (sub)urban citizenship in Toronto, *Environment and Planning A*. 38: 1653-71.

Vertovec, S. (1999) Conceiving and researching transnationalism, *Ethnic and Racial Studies*. 22, 2: 447-62.

Vertovec, S. (ed.) (2001) Transnationalism and identity, *Journal of Ethnic and Racial Studies*. Special Issue, 27, 4: 573-82.

Vertovec, S. (2004) Migrant transnationalism and modes of transformation, *International Migration Review*. 38, 3: 970-1001.

Vertovec, S. (2007) Super-diversity and its implications, *Ethnic and Racial Studies*. 30, 6: 1024-54.

Voigt-Graf, C. (2004) Towards a geography of transnational spaces: Indian transnational communities in Australia, *Global Networks*. 4, 1: 25-49.

Wahlbeck, O. (2002) The concept of diaspora as an analytical tool in the study of refugee communities, *Journal of Ethnic and Migration Studies*. 28: 221-38.

Wahlbeck, O. (2007) Work in the kebab economy – a study of the ethnic economy of Turkish immigrants in Finland, *Ethnicities*. 7, 4: 543-63.

Waldinger, R. and Lichter, M. (2003) How the Other Half Works: *Immigration and the social organization of labor*. Berkeley: University of California Press.

Waldinger, R. (2008) The border within: citizenship facilitated and impeded, a review of *Becoming a Citizen: Incorporating Immigrants and Refugees in the United States and Canada*, by Irene Bloemraad, Contemporary Sociology – a journal of review. 37, 4: 306-8.

Waldrauch, H. (2004) European Centre for Social Welfare Policy and Research, Vienna, last update December 2004.

Wallerstein, I. (1974) *The Modern World-System, vol. I: Capitalist agriculture and the origins of the European world-economy in the sixteenth century*. New York/London: Academic Press.

Wallerstein, I. (1979) *The Capitalist World-Economy*. Cambridge: Cambridge University Press.

Walsh, J. (2007) Navigating globalization: immigration policy in Canada and Australia, 1945-2007, *Sociological Forum*. 23, 4: 786-813.

Walters, W. (2004) Secure borders, safe haven, domopolitics, *Citizenship Studies*. 8, 3: 237-60.

Walters, W. (2008) Anti-illegal immigration policy: the case of the European Union, in Gabriel, C. and Pellerin, H. (eds.) *Governing International Labour Migration*. New York: Routledge.

Walton-Roberts, M. (2004) Rescaling citizenship: gendering Canadian immigration policy, *Political Geography*. 23, 3: 265-81.

Walzer, M. (1983) *Spheres of Justice*. New York: Basic Books.

Ward, K. and England, K. (2007) Introduction: Reading neoliberalization, in Ward, K. and England, K. (eds.) *Neoliberalization: States, networks, peoples*. Oxford: Blackwell.

Waters, J. (2003) Flexible citizens? Transnationalism and citizenship amongst economic, immigrants in Vancouver, *Canadian Geographer-Geographe Canadian*, 47, 3: 219-234.

Waters, M.C. and Jiminez, T.R. (2005) Assessing immigrant assimilation: new empirical and theoretical challenges, *Annual Review of Sociology*. 31: 105-25.

Weiner, M. (1995) *Global Migration Crisis: Challenges to states and human rights*. New York: Harper Collins.

Wells, M. (1996) *Strawberry Fields: politics, class and work in California* agriculture. Ithaca, NY: Cornell University Press.

White, J. (1998) Old wine, cracked bottle? Tokyo, Paris and the global city hypothesis, *Urban Affairs Review*. 33: 451-77.

White, P., Winchester, H., and Guillon, M. (1987) South-east Asian refugees in Paris: the evolution of a minority community. *Ethnic and racial studies*. 10, 1: 48-61.

Williams, A., Baláz, V., and Wallace, C. (2004) International labour mobility and uneven regional development in Europe: human capital, knowledge and entrepreneurship, *European Urban and Regional Studies*. 11, 1: 27-46.

Williams, C. and Windebank, J. (1998) *Informal Employment in the Advanced Economies*. London: Routledge.

Wills, K. and Yeoh, B. (eds.) (2000) *Gender and Migration*. Cheltenham and Northampton: Edward Elgar.

Wilpert, C. (1998) Migration and informal work in the new Berlin: new forms of work or new sources of labour, *Journal of Ethnic and Migration Studies*. 24, 2: 269-94.

Wilson, T.D. (1993) Theoretical approaches to Mexican wage labor migration, *Latin American Perspectives*. 20, 3: 98-129.

Wilson, T.D. (1998) Weak ties, strong ties: network principles in Mexican migration, *Human Organization*. 57, 4: 394-403.

Wilson, J.H. and Habecker, S. (2008) The lure of the capital city: an anthro-geographical analysis of recent African immigration to Washington, DC, *Population, space and place.* 14: 433-48.

Wimmer, A. and Glick-Schiller, N.G. (2002) Methodological nationalism and the study of migration, *Archives Européene de Sociologie.* 43, 2: 217-40.

Wimmer, A. and Glick-Schiller, N.G. (2003) Methodological nationalism, the social sciences, and the study of migration: and essay in historical epistemology, *International Migration Review.* 37, 3: 576-610.

Wolpe, H. (1980) *The Articulation of Modes of Production.* London: Routledge.

Wolpert, J. (1965) Behavioural aspects of the decision to migrate, *Papers of the Regional Science Association.* 15: 159-69.

Wright, R. and Ellis, M. (2000a) The ethnic and gender division of labor compared among immigrants to Los Angeles, *International Journal of Urban and Regional Research.* 24, 3: 583-600.

Wright, R. and Ellis, M. (2000b) Race, region and the territorial politics of immigration in the US, *International Journal of Population Geography.* 6: 197-211.

Yeates, N. (2004) A dialogue with 'global care chain' analysis: nurse migration in the Irish context, *Feminist Review.* 77: 79-95.

Yeoh, B. and Huang, S. (1998) Negotiating public space: strategies and styles of migrant female domestic workers in Singapore, *Urban Studies.* 35, 3: 583-602.

Yeoh, B. and Willis, K. (1999) Heart and wing: nation and diaspora: gendered dimensions in Singapore's Regionalisation Process, *Gender, Place and Culture.* 64, 4: 355-72.

Zelinsky, W., and Lee, B. (1998) Heterolocalism: and alternative model of the socio-spatial behaviour of immigrant ethnic communities, *International Journal of Population Geography.* 4, 4: 281-98.

Zang, H.X., Kelly, P.M., Locke, C., Winkels, A., and Anger, W.N. (2007) Migration in a transitional economy: beyond the planned and spontaneous dichotomy in Vietnam, *Geoforum.* 37: 1066-81.

Zhou, M. (1992[1995]) Chinatown: *The socioeconomic potential of an urban enclave.* Philadelphia, PA: Temple University Press.

Zhou, M. (1997) Segmented assimilation: issues, controversies, and recent research on the new second generation, *International Migration Review.* 31, 4: 825-58.

Zhou, M., Lee, J., Vallejo, J.A., Tafoya-Estrada, R., and Xiong, Y.S. (2008) Success attained, deterred, and denied: divergent pathways to social mobility in Los Angeles's new second generation, *Annals of the American Academy of Political and Social Science.* 620: 37-61.

Zimmerman, W. and Tumlin, K.C. (1999) Patchwork policies: state assistance for immigrants under welfare reform, Occassional Paper 24. Washington, DC: The Urban Institute.

Zlotnick, H. (1998) International migration 1965-96: an overview, *Population and Development Review*. 24, 3: 429-68.

Zolberg, A. (2002) Guarding the gates, on-line paper, available at www. newschool.edu/icmec/guardingthegates.html.

Zolberg, A.R. (2006) Managing a world on the move, *Population and Development Review*, 32: 222-253. Suppl. S.

색인